高等院校信息技术系列教材

数据结构（C语言版）
（第2版·微课版）

秦锋　汤亚玲 主编
程泽凯　储岳中　袁志祥
秦　飞　黄　俊　徐　浩　副主编

清华大学出版社
北京

内 容 简 介

本书通过案例导引，结合各种数据结构基本算法，配合微课视频的讲解，全面介绍了线性表、队列、堆栈、树、图等基本数据结构的概念、存储及算法实现，系统说明了各种查找及排序算法的实现和效率分析，在第 10 章给出了数据结构综合应用实例。书中各种算法采用 C 语言描述，注重程序设计风格。

本书语言流畅，内容通俗易懂，算法描述力求精练易读；同时为了适应当前互联网学习、移动学习新浪潮，编者对本书中所描述的各种数据结构核心算法和部分案例录制了微课讲解视频，便于学生自学参考，帮助读者实现随时随地学习。本书可以作为计算机、信息等专业本科生数据结构课程的教材，也可作为广大计算机爱好者或软件开发人员的参考书。

图书在版编目(CIP)数据

数据结构：C 语言版：微课版/秦锋，汤亚玲主编. —2 版. —北京：清华大学出版社，2021.12(2024.7 重印)
高等院校信息技术系列教材
ISBN 978-7-302-59618-9

Ⅰ. ①数… Ⅱ. ①秦… ②汤… Ⅲ. ①数据结构－高等学校－教材 ②C 语言－程序设计－高等学校－教材 Ⅳ. ①TP311.12 ②TP312.8

中国版本图书馆 CIP 数据核字(2021)第 242345 号

责任编辑：袁勤勇　杨　枫
封面设计：常雪影
责任校对：李建庄
责任印制：刘　菲

出版发行：清华大学出版社
网　　址：https://www.tup.com.cn，https://www.wqxuetang.com
地　　址：北京清华大学学研大厦 A 座　　**邮　　编**：100084
社 总 机：010-83470000　　**邮　　购**：010-62786544
投稿与读者服务：010-62776969，c-service@tup.tsinghua.edu.cn
质量反馈：010-62772015，zhiliang@tup.tsinghua.edu.cn
课件下载：https://www.tup.com.cn，010-83470236
印 装 者：三河市龙大印装有限公司
经　　销：全国新华书店
开　　本：185mm×260mm　　**印　　张**：24　　**字　　数**：556 千字
版　　次：2011 年 3 月第 1 版　2021 年 12 月第 2 版　　**印　　次**：2024 年 7 月第 4 次印刷
定　　价：69.00 元

产品编号：094443-01

前言 preface

贯彻党的二十大精神，筑牢政治思想之魂。编者在对本书进行修订时牢牢把握这个根本原则。党的二十大报告提出，要坚持教育优先发展、科技自立自强、人才引领驱动，加快建设教育强国、科技强国、人才强国，坚持为党育人、为国育才，全面提高人才自主培养质量，着力造就拔尖创新人才，聚天下英才而用之。而“数据结构”相关课程是落实立德树人根本任务，培养德智体美劳全面发展的社会主义建设者和接班人不可或缺的环节，对提高人才培养质量具有较大的作用。

以计算机科学技术为核心的信息技术正在深刻地改变着人们的工作、生活和思维方式。软件是计算机的灵魂，程序设计是计算机科学技术最重要的基础，写出高质量的程序是每个软件开发者追求的目标。要达到这个目标仅靠学习几门高级语言程序设计是远远不够的，正如我们即使认识汉字并懂得中文语法，也难以写出好文章一样。数据结构这门课程正是开启程序设计知识宝库的金钥匙，学习数据结构的主要目的是培养学生将现实世界抽象为数据和数据模型的能力，以及利用计算机进行数据存储和数据加工的能力。学好数据结构，可以使读者掌握更多的程序设计技巧，为以后学习计算机专业课程及走上工作岗位从事计算机大型软件开发打下良好的基础。数据结构是我国高校计算机类专业（含计算机科学与技术、软件工程、网络工程、信息安全等专业）的核心课程之一；是其他信息类专业（含信息管科类、电子信息类、数学类专业等）的必修课程之一；也是全国硕士研究生统一招生考试计算机科学与技术学科联考的科目之一。

本书内容共 10 章，第 2～9 章以案例导引的方式引入相关数据结构的基本概念；在具体内容组织上，侧重求解问题的思路导引和具体算法的设计分析，并且在每章实例应用部分给出了导入案例的详细求解过程及其算法实现。

第 1 章重点介绍数据结构与算法的基本概念，介绍评价算法优劣的主要指标以及衡量算法效率的时间复杂度和空间复杂度；第 2～4 章重点介绍线性表、栈和队列、串等线性结构的逻辑特性、存储结构，以及基本操作算法；第5～7章重点介绍多维数组、广义表、树、二叉树、图等非线性结构的逻辑特征、存储表示及基本操作算法的实现和具体应用；第8、9章介绍在软件开发中广泛使用的两种操作：查找和排序，对一些常用的查找和排序算法进行了详细描述及效率分析；第10章将线性结构和非线性结构进行归纳总结，指出线性结构是特殊的非线性结构，树是特殊的图，利用图的相关算法设计思想解决诸多实际问题，通过例题让读者理论联系实际，以加深对各种数据结构知识的理解。

书中算法采用C语言描述，针对基础知识、核心算法和典型应用案例，编者精心录制了微课视频供读者学习参考。同时，算法C语言实现源代码遵从友好、统一的编码风格，易懂易读。此外，每章还配有丰富的例题和习题。

数据结构是一门实践性很强的课程，读者在进行理论学习的同时，需要多练习编写程序并上机调试，以加深对所学知识的理解，提高编程能力。

本书可作为高等院校计算机类或信息类相关专业数据结构课程的教材，建议理论课时为50～70学时，上机及课程设计等实践课时为20～30学时。主讲教师可根据本校的专业特点和具体情况适当增删教学内容。

本书配套教材是《数据结构(C语言版)例题详解与课程设计指导》，内容包括各知识点的归纳与总结，有例题详解及习题解答以及课程设计指导。

本书由秦锋、汤亚玲任主编，程泽凯、储岳中、袁志祥、秦飞、黄俊、徐浩任副主编。

第1、6、10章由秦锋编写，第3章由汤亚玲编写，第8章由程泽凯编写，第5章由储岳中编写，第4章由袁志祥编写，第2章由秦飞编写，第9章由黄俊编写，第7章由徐浩编写。

全书由秦锋、汤亚玲负责修改并统稿，因编者水平有限，书中难免有不足甚至错误之处，敬请广大读者批评指正！

读者可以在清华大学出版社官网(http://www.tup.com.cn)下载本书配套的课件、源代码等教学资源，扫描书中的二维码获取相应知识点的微课视频，从封底的刮刮卡处获取配套题库。

编　者

2023年7月

目录 Contents

第 1 章　绪论 …… 1

1.1　什么是数据结构 …… 1
1.1.1　数据结构的定义 …… 1
1.1.2　学习数据结构的意义 …… 4
1.2　基本概念和术语 …… 5
1.2.1　数据与数据元素 …… 5
1.2.2　数据的逻辑结构与存储结构 …… 5
1.2.3　数据运算 …… 6
1.2.4　数据类型与抽象数据类型 …… 7
1.3　算法和算法描述语言 …… 8
1.4　算法分析 …… 9
1.4.1　算法评价 …… 9
1.4.2　算法性能分析与度量 …… 13
本章小结 …… 18
习题 …… 18

第 2 章　线性表 …… 22

2.1　案例导引 …… 22
2.2　线性表的逻辑结构 …… 24
2.2.1　线性表的定义 …… 24
2.2.2　线性表的基本操作 …… 24
2.3　线性表的顺序存储及运算实现 …… 25
2.3.1　顺序表 …… 25
2.3.2　顺序表上基本运算的实现 …… 27
2.4　顺序表应用举例 …… 31
2.5　线性表的链式存储和运算实现 …… 33
2.5.1　单链表 …… 33
2.5.2　单链表基本运算的实现 …… 35

2.5.3 循环链表 …… 40
2.5.4 双向链表 …… 40
2.5.5 静态链表 …… 42
2.6 单链表应用举例 …… 43
2.7 顺序表和链表的比较 …… 55
2.8 案例分析与实现 …… 46
本章小结 …… 56
习题 …… 57

第3章 栈和队列 …… 61

3.1 案例导引 …… 61
3.2 栈 …… 63
3.2.1 栈的定义及基本操作 …… 63
3.2.2 栈的顺序存储及操作实现 …… 64
3.2.3 栈的链式存储及操作实现 …… 67
3.3 栈的应用举例 …… 70
3.4 递归 …… 82
3.4.1 递归定义 …… 82
3.4.2 递归和栈的关系 …… 83
3.4.3 递归算法实例 …… 84
3.5 队列 …… 87
3.5.1 队列的定义及基本操作 …… 87
3.5.2 队列的顺序存储实现及操作实现 …… 88
3.5.3 队列的链式存储实现及操作实现 …… 92
3.6 队列应用举例 …… 95
3.7 案例分析与实现 …… 97
本章小结 …… 101
习题 …… 101

第4章 串 …… 105

4.1 案例导引 …… 105
4.2 串及其基本运算 …… 106
4.2.1 串的基本概念 …… 106
4.2.2 串的基本运算 …… 107
4.3 串的顺序存储及基本运算 …… 108
4.3.1 串的定长顺序存储 …… 109
4.3.2 定长顺序串的基本运算 …… 109
4.4 模式匹配 …… 111
4.4.1 简单的模式匹配算法 …… 111

4.4.2　KMP 算法 …… 113
4.5　串的堆存储结构 …… 118
4.5.1　动态堆存储 …… 118
4.5.2　静态堆存储 …… 121
4.6　串的链式存储结构 …… 124
4.7　案例分析与实现 …… 125
本章小结 …… 131
习题 …… 132
第 5 章　数组和广义表 …… 135
5.1　案例导引 …… 135
5.2　数组 …… 139
5.2.1　数组的定义 …… 139
5.2.2　数组的内存映像 …… 139
5.3　特殊矩阵的压缩存储 …… 140
5.3.1　对称矩阵 …… 140
5.3.2　三角矩阵 …… 141
5.3.3　稀疏矩阵 …… 141
5.4　广义表 …… 147
5.4.1　广义表的定义 …… 147
5.4.2　广义表的存储 …… 148
5.4.3　广义表基本操作的实现 …… 148
5.5　案例分析与实现 …… 154
本章小结 …… 156
习题 …… 156
第 6 章　树和二叉树 …… 160
6.1　案例导引 …… 160
6.2　树的基本概念 …… 162
6.2.1　树的定义及其表示 …… 162
6.2.2　基本术语 …… 163
6.3　二叉树 …… 164
6.3.1　二叉树的定义 …… 164
6.3.2　二叉树的性质 …… 165
6.3.3　二叉树的存储结构 …… 167
6.4　遍历二叉树 …… 168
6.4.1　先序遍历 …… 169
6.4.2　中序遍历 …… 171
6.4.3　后序遍历 …… 172

6.4.4 按层次遍历二叉树 …… 175
6.4.5 遍历算法的应用举例 …… 175
6.5 线索二叉树 …… 178
6.5.1 线索的概念 …… 178
6.5.2 线索的算法实现 …… 180
6.5.3 线索二叉树上的运算 …… 182
6.6 树与森林 …… 184
6.6.1 树的存储结构 …… 184
6.6.2 树、森林和二叉树的转换 …… 186
6.6.3 树和森林的遍历 …… 189
6.7 哈夫曼树 …… 190
6.7.1 基本术语 …… 191
6.7.2 哈夫曼树的建立 …… 191
6.8 案例分析与实现 …… 197
本章小结 …… 205
习题 …… 205

第7章 图 …… 210

7.1 案例导引 …… 210
7.2 图的基本概念 …… 213
7.2.1 图的定义和术语 …… 213
7.2.2 图的基本操作 …… 217
7.3 图的存储结构 …… 217
7.3.1 邻接矩阵 …… 218
7.3.2 邻接表 …… 219
7.3.3 十字链表 …… 221
7.3.4 邻接多重表 …… 223
7.4 图的遍历 …… 224
7.4.1 深度优先搜索 …… 225
7.4.2 广度优先搜索 …… 226
7.4.3 应用图的遍历判定图的连通性 …… 228
7.4.4 图的遍历的其他应用 …… 229
7.5 最小生成树 …… 239
7.5.1 生成树及生成森林 …… 239
7.5.2 最小生成树的概念 …… 240
7.5.3 构造最小生成树的Prim算法 …… 241
7.5.4 构造最小生成树的Kruskal算法 …… 243
7.6 最短路径 …… 245
7.6.1 从一个源点到其他各点的最短路径 …… 245

7.6.2　每一对顶点之间的最短路径 …… 249
7.7　有向无环图及其应用 …… 251
7.7.1　有向无环图的概念 …… 251
7.7.2　AOV 网与拓扑排序 …… 252
7.7.3　AOE 图与关键路径 …… 256
7.8　案例分析与实现 …… 261
本章小结 …… 265
习题 …… 266

第 8 章　查找 …… 270

8.1　案例导引 …… 270
8.2　基本概念 …… 271
8.3　线性表的查找 …… 272
8.3.1　顺序查找 …… 272
8.3.2　折半查找 …… 273
8.3.3　分块查找 …… 275
8.4　树表查找 …… 276
8.4.1　二叉排序树 …… 277
8.4.2　平衡二叉树 …… 282
8.4.3　平衡二叉树的建立 …… 289
8.4.4　B 树和 B+树 …… 293
8.5　哈希表查找 …… 297
8.5.1　哈希表与哈希方法 …… 297
8.5.2　常用的哈希方法 …… 298
8.5.3　处理冲突的方法 …… 299
8.5.4　哈希表的操作 …… 302
8.5.5　哈希表查找及其分析 …… 303
8.6　案例分析与实现 …… 304
本章小结 …… 312
习题 …… 312

第 9 章　排序 …… 316

9.1　案例导引 …… 316
9.2　插入排序 …… 319
9.2.1　直接插入排序 …… 319
9.2.2　折半插入排序 …… 321
9.2.3　希尔排序 …… 322
9.3　交换排序 …… 324
9.3.1　冒泡排序 …… 324

9.3.2 快速排序 …… 326
9.4 选择排序 …… 329
9.4.1 简单选择排序 …… 329
9.4.2 堆排序 …… 331
9.5 归并排序 …… 334
9.6 基数排序 …… 336
9.6.1 多关键码排序 …… 336
9.6.2 链式基数排序 …… 337
9.7 案例分析与实现 …… 340
本章小结 …… 348
习题 …… 349

第 10 章 数据结构综合应用 …… 352

10.1 各种结构类型之间的关系概述 …… 352
10.2 二叉树与分治策略 …… 355
10.3 图的遍历及其应用 …… 360
本章小结 …… 370
习题 …… 370

参考文献 …… 372

第1章 chapter 1

绪　论

思政教学设计

数据结构是计算机、信息管理、信息与计算科学等信息类专业最重要的专业基础课程，掌握好数据结构的知识直接关系到后续专业课程的学习。数据结构主要研究4个方面的问题：(1)数据的逻辑结构，即数据之间的逻辑关系；(2)数据的物理结构，即数据在计算机内的存储方式；(3)对数据的加工，即基于某种存储方式的操作算法；(4)算法的分析，即评价算法的优劣。本章重点介绍数据结构研究问题所涉及的基本知识和概念。

【本章学习要求】

了解：研究数据结构的目的和意义。

了解：数据结构基本概念和相关术语。

掌握：算法基本概念和算法评价依据。

掌握：算法的时间复杂度和空间复杂度。

1.1 什么是数据结构

程序设计是计算机学科各领域的基础。在计算机发展的早期，程序设计所处理的数据都是整型、实型等简单数据，绝大多数的应用软件都用于数值计算。随着信息技术的发展，计算机逐渐进入金融、商业、管理、通信以及制造业等各个行业，广泛地应用于数据处理和过程控制，计算机加工处理的对象也由纯粹的数值型数据发展到字符、表格和图像等各种具有一定结构的数据，这就给程序设计带来一些新的问题，数据结构的概念就是在这种背景下产生的。

1.1.1 数据结构的定义

计算机解决一个具体问题一般需要经过下列几个步骤：首先要从具体问题抽象出一个适当的数学模型，然后设计或选择一个解此数学模型的算法，最后编写出程序进行调试、测试，直至得到最终的解答。显然如何抽象出数学模型并设计解此数学模型的算法就成为问题的关键，由于早期计算机所涉及的运算对象是简单的整型、实型或布尔类型数据，数学模型或者比较简单或者就是某个数学公式，程序设计者的主要精力可以集中于程序编码的设计上，无须重视数据的逻辑关系和存储结构。随着计算机应用领域的扩大和软、硬件技术的发展，非数值计算问题显得越来越重要。据统计，当今用计算机处理的非数值计算性问题约占90%以上的计算机时间。如图书资料的检索、职工档案管理、博弈游戏等，这类问题涉及的数据结构相当复杂，数据元素之间的相互关系无法用数学方程或数学公式来描述。这类问题的处理对象中的各分量不再是单纯的数值型数据，更多的是字符、字符串或其他编码表示的信息。对这类复杂问题的处理，设计者必须把重点放在如何将加工对象的各种信息按其逻辑特性组织起来，抽象出合适的数学模型并合理地存储到计算机中。只有做完了这些工作，设计者才能设计解决具体问题的算法，并编写出相应的程序进行调试。请看下面几个例子。

【例 1.1】 人口信息查询。

根据身份证号码来查询一个人的信息，解决此问题，首先要构造一张人口信息登记表，表中每个登记项至少有身份证号、姓名等内容，如图 1.1(a)所示。这张图表达出人口信息数据的逻辑关系，也可以说图 1.1(a)就是一个数学模型。要写出好的查找算法，取决于这个登记表的结构及存储方式。最简单的方式是把表中的信息按照某种次序（如登记的次序）依次存储在计算机内一组连续的存储单元中。用高级语言表述，就是把整个表作为一个数组，表中的每个记录（即一个人的身份证号、姓名等）是数组的一个元素。按身份证号查找时，从表的第一项开始，依次查对身份证号，直到找出指定的身份证号或确定表中没有要找的人。

身份证号	姓名	…
340105750209001	王成明	…
100202861021007	陈海龙	…
220104800923002	王利芳	…
…	…	…
340504560511039	丁凯非	…
100104730816011	李达明	…

(a) 无序的人口信息表

身份证号	姓名	…
100104730816011	李达明	…
100202861021007	陈海龙	…
220104800923002	王利芳	…
…	…	…
340105750209001	王成明	…
340504560511039	丁凯非	…

(b) 有序的人口信息表

北京	10	1
…	…	…
吉林	22	11567
…	…	…
安徽	34	35689

地址	身份证号	姓名	…
1	100104730816011	李达明	…
…	100202861021007	陈海龙	…
…	…	…	…
11567	220104800923002	王利芳	…
…	…	…	…
35689	340105750209001	王成明	…
…	340504560511039	丁凯非	

(c) 人口信息索引表

图 1.1 人口信息表

这种查找速度太慢，对于一个人口数量不多的地区或许是可行的，但对于全国范围或者一个有几千万甚至几亿人口的地区就不行了。一种常用的做法是把登记表按照身份证号从小到大排序(见图 1.1(b))，并存储在计算机内一组连续的存储单元中，在查找时可以采用折半查找算法(在第 9 章有详细介绍)，查找速度将大大提高。还可以根据身份证前两位数字代表省份这一特征将此表建成索引表的形式(见图 1.1(c))，查找时根据身份证前两位数字首先找到所在的地区或省份，然后再按照某种方法继续查找下去，这种查找速度也比较快。

从这个例子可以看出，人口信息登记表如何构造、如何存储在计算机内存中将直接影响查找算法的设计以及算法的执行效率。图 1.1 所示的表便是为解决问题而建立的数学模型。这类模型的主要操作是查询、修改、插入、删除等。诸如此类的还有库存管理、图书资料管理等。在这种数学模型中，计算机处理的对象之间通常存在一种简单的线性关系，故这类数学模型可称为线性的数据结构。

【例 1.2】 人机对弈问题。

1996 年 IBM“深蓝”计算机与国际象棋大师卡斯帕罗夫进行人机大战，结果“深蓝”取得胜利，震惊了整个世界。十年之后的 2006 年浪潮“天梭”计算机战胜了由柳大华等 5 位中国象棋大师组成的大师团队。二十年之后的 2016 年，谷歌旗下的 AlphaGo 战胜了围棋高手李世石。计算机之所以能和人对局并取胜是因为有人将对局的策略事先存入计算机，通过其超强的逻辑判断和计算能力寻找最佳走法。在对弈问题中，计算机操作的对象是对弈过程中可能出现的棋盘格局或棋盘状态。图 1.2(a)是井字棋的一个格局，而格局之间的关系是由比赛规则决定的。图 1.2(b)是由图 1.2(a)可能产生的各种棋局，如果将对弈过程从初始状态到最后状态的各种可能都描述出来就会形成一棵“博弈树”。显然这种关系不是线性的，因为从一个棋盘格局可以派生出许多格局。“博弈树”的树根是对弈开始之前的棋盘状态，而所谓的叶子就是可能出现的结局，对弈的过程就是从树根到某个叶子的过程。棋子走法越多，“博弈树”就越大，对计算机存储和计算机的要求就越高，如浪潮“天梭”计算机每秒最多可计算 42 亿步棋。“博弈树”就是解决这类问题的数学模型，它也是一种数据结构。

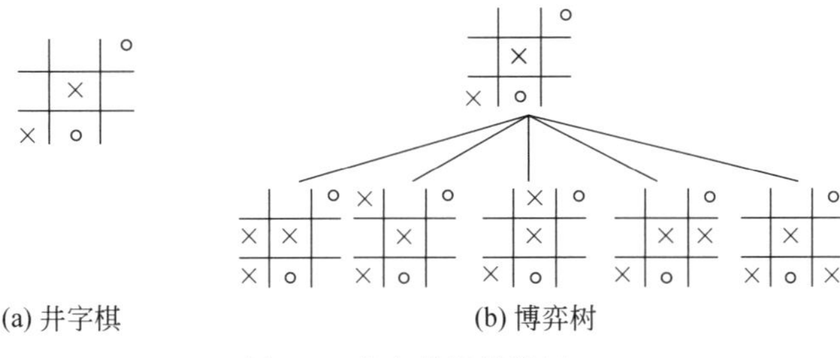

图 1.2 井字棋及博弈树

【例 1.3】 最小代价问题。

几个村庄之间要架设输电线路，根据电能的可传递性，并不需要在每对村庄之间架设线路。如何用最小代价解决这个问题。

处理此类问题就需要用到图这种数学模型。用顶点代表村庄,每对顶点之间的边代表村庄之间的线路,边的权值就是线路的建设费用,如图1.3所示。只要把这个图的有关信息存储在计算机中,利用图论中最小生成树算法,就可以解决最小代价问题。显然在图这种数学模型中,数据之间的关系更为复杂,但它能更准确地描述客观世界。图也是常见的数据结构之一。

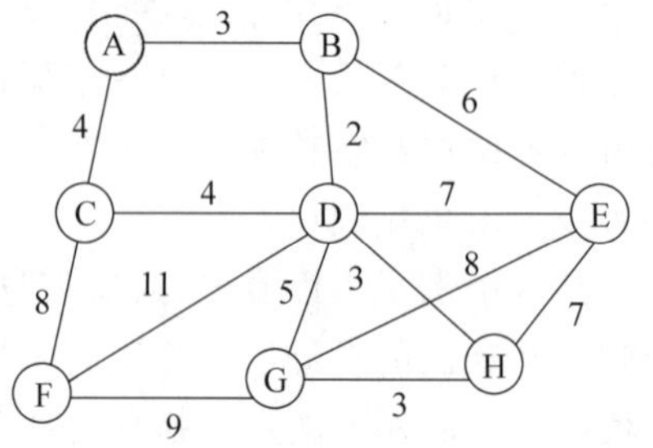

图1.3 输电线路示意图

从上述3个例子可见,描述非数值计算问题的数学模型不再是数学方程或数学公式,而是诸如表、树、图之类的数据结构。因此,简单地说,数据结构是一门研究如何用计算机求解非数值计算问题的学科。

1.1.2 学习数据结构的意义

数据结构是计算机科学与技术专业的核心基础课程。所有的计算机系统软件和应用软件都要用到各种类型的数据结构。因此,要想更好地运用计算机来解决实际问题,仅掌握几种计算机程序设计语言是难以应付众多复杂问题的。要想有效地使用计算机、充分发挥计算机的性能,还必须学习和掌握好数据结构的相关知识。学好"数据结构"这门课程,将为学习计算机专业的其他课程(如操作系统、编译原理、数据库管理系统、软件工程、人工智能等)打下良好的基础。

数据结构作为一门独立的课程最早是在美国开设的,1968年美国唐纳德·E.克努斯(D.E. Knuth 1974年获图灵奖)开创了数据结构的最初体系。他所著的《计算机程序设计技巧》第一卷《基本算法》,是第一本较系统地阐述数据的逻辑结构和存储结构及其操作的著作。从20世纪60年代末到70年代初,规模较大的软件系统不断被设计出来,结构程序设计成为程序设计方法学的主要内容,数据结构的地位显得更为重要。人们认为程序设计的实质是对确定的问题选一个好的结构,加上一种好的算法。当时,数据结构几乎和图论(特别是表、树的理论)为同义语。随后,数据结构这个概念被扩充到包括网络、集合代数、格、关系等方面,从而变成现在称为"离散结构"的内容。然而,由于数据必须在计算机中进行处理,因此,不仅要考虑数据本身的数学特性,而且还要考虑数据的存储结构,这就进一步扩大了数据结构的内容。

瑞士计算机科学家沃斯(Niklaus Wirth 1984年获图灵奖)曾以"算法+数据结构=程序"作为他的一本著作的名称。可见,程序设计的实质是对实际问题选择一种好的数据结构,并设计一个好的算法。因此,仅仅掌握几种计算机语言和程序设计方法,而缺乏数据结构知识,则难以解决众多复杂的问题。

数据结构的研究不仅涉及计算机硬件(特别是编码理论、存储装置、存取方法等),而且与计算机软件的研究有着密切的关系,无论是编译程序还是操作系统,都涉及如何组织数据,使检索和存取数据更为方便。因此,可以认为,数据结构是介于数学、计算机硬件和软件三者之间的一门核心课程。

目前,数据结构是我国高校计算机类相关专业的核心课程之一,也是其他信息类专业如信息管理、通信工程、信息与计算科学等必修课程之一。

1.2 基本概念和术语

本节对一些基本概念和术语加以定义和解释,这些概念和术语将在以后的章节中多次出现。

1.2.1 数据与数据元素

数据(data)是对客观事物的符号表示,它能被计算机识别、存储和加工处理。它是计算机程序加工的“原料”。例如,一个代数方程求解程序所用到的数据是整数和实数;一个编译程序处理的对象是字符串(源程序)。在计算机科学中,数据的含义相当广泛,如客观世界中的声音、图像等,经过某些处理也可被计算机识别、存储和处理,因而它们也属于数据的范畴。

数据元素(data element)是数据的基本单位,有时也称为元素、结点、顶点或记录。一个数据元素可能由若干数据项(data item)组成。例如,在例 1.1 中的人口信息查询系统中身份证号、姓名等数据项组成了一个数据元素,即一个数据元素包含了两个以上的数据项。数据项是最小标识单位,有时也称为字段、域或属性。数据元素也可以仅有一个数据项。

数据结构(data structure)是指数据元素之间的相互关系,即数据的组织形式。它一般包括以下 3 方面的内容。

(1) 数据元素之间的逻辑关系,也称为数据的逻辑结构(logical structure)。它独立于计算机,是数据本身所固有的。

(2) 数据元素及逻辑关系在计算机存储器内的表示方式,称为数据的存储结构(storage structure)。它是逻辑结构在计算机存储器中的映射,必须依赖于计算机。

(3) 数据运算,即对数据施加的操作。运算的定义直接依赖于逻辑结构,但运算的实现必须依赖于存储结构。

1.2.2 数据的逻辑结构与存储结构

数据的逻辑结构是从逻辑关系上描述数据,不涉及数据在计算机中的存储,是独立于计算机的。可以说,数据的逻辑结构是程序员根据具体问题抽象出来的数学模型。数据中元素通常有下列几种形式的逻辑关系。

(1) 集合结构。任何两个元素之间都没有逻辑关系,每个元素都是孤立的。

(2) 线性结构。结构中的元素之间存在一对一的关系,即所谓的线性关系。例如例 1.1 中的人口信息表就是一个线性结构。在这个结构中,各元素(由一个人的身份证号、姓名和其他信息组成)排列成一个表,第一个元素之后紧跟着第二个元素,第二个元素之后紧跟着第三个元素,以此类推,整个结构就像一条“链”,故有“线性结构”之称。

（3）树形结构。结构中的数据元素之间存在一对多的关系。这种结构像自然界中的倒长的"树"一样，呈分支、层次状态。在这种结构中，元素之间的逻辑关系通常称为双亲与子女关系。例如，家谱、行政组织结构等都可用树形结构来表示。

（4）图结构。结构中的元素之间存在多对多的关系，也就是说元素间的逻辑关系可以是任意的。在这种结构中，元素间的逻辑关系也称为邻接关系。

通常将树形结构、图结构归纳为非线性结构。因此，数据的逻辑结构可分为两大类，即线性结构和非线性结构。

数据的存储结构（也称为物理结构）是指数据在计算机内的表示方法，是逻辑结构的具体实现。因此，存储结构应包含两方面的内容，即数据元素本身的表示与数据元素间逻辑关系的表示。数据的存储结构有下列 4 种基本方式。

（1）顺序存储。其方法是把数据元素依次存储在一组地址连续的存储单元中，元素间的逻辑关系由存储单元的位置直接体现，由此得到的存储表示称为顺序存储结构（sequential storage structure）。高级语言中，常用一维数组来实现顺序存储结构。该方法主要用于线性结构，非线性结构也可以通过某种线性化的处理，实现顺序存储。

（2）链式存储。将数据元素存储在一组任意的存储单元中，而用附加的指针域表示元素之间的逻辑关系，由此得到的存储表示称为链式存储（linked storage structure）。使用这种存储结构时，往往把一个数据元素及附加的指针放在一个结构体中作为一个结点。在高级语言中，常用指针变量来实现链式存储。

（3）索引存储。该方法的特点是在存储数据元素的同时，还建立附加的索引表。图 1.1（c）就是一个索引表，索引表中每一项称为索引项。索引项的一般形式：（关键字，地址）。关键字是指能唯一标识数据元素的数据项。若每个数据元素在索引表中均有一个索引项，则该索引表称为稠密索引（dense index）。若一个索引项对应一组数据元素，则该索引表称为稀疏索引（sparse index）。

（4）散列存储。该方法是依据数据元素的关键字，用一个事先设计好的函数计算出该数据元素的存储地址，然后把它存入该地址中。这种函数称为散列函数，由散列函数计算出的地址称为散列地址。

上述 4 种存储方式，既可以单独使用，也可以组合使用。逻辑结构确定后，采取何种存储结构，要根据具体问题而定，主要的考虑因素是运算方便、算法效率的要求。

存储结构的描述与程序设计语言有关。通常用高级语言中的类型说明来描述存储结构，不必涉及计算机的内存地址。

1.2.3 数据运算

数据运算是对数据施加的操作。每种逻辑结构都有一个基本运算的集合，最常用的基本运算有：检索（查找）、插入、删除、更新、排序等。因为这些运算是在逻辑结构上施加的操作，因此它们同逻辑结构一样也是抽象的，只规定"做什么"，无须考虑"如何做"。只有确定了存储结构后，才能考虑"如何做"。简而言之，运算是在逻辑结构上定义，在存储结构上实现。

必须注意，数据结构包含逻辑结构、存储结构和运算 3 方面的内容。同一逻辑结构采用不同存储结构，得到的是不同的数据结构，可以用不同的数据结构名来标识它们。例如，线性结构采用顺序存储，称为顺序表；采用链式存储时则称为链表。同样，同一逻辑结构定义不同的运算也会导致不同的数据结构。例如，若限制线性结构的插入、删除在一端进行，则该结构称为栈；若限制插入在一端进行，而删除在另一端进行，则称为队列。更进一步，若栈采用顺序存储结构，则称为顺序栈；若栈采用链式存储，则称为链栈。顺序栈与链栈也是两种不同的数据结构。

1.2.4 数据类型与抽象数据类型

数据类型(data type)是和数据结构密切相关的概念，几乎所有高级语言都提供这一概念。数据类型是一个值的集合和在这个集合上定义的一组操作的总称。例如，C 语言中的整型变量，其值集为某个区间上的整数(区间大小依赖于不同的计算机)，定义在其上的操作为加、减、乘、除和取模等运算。

按"值"可否分解，可以把数据类型分为两类。

(1) 原子类型：其值不可分解，如 C 语言的基本类型(整型、字符型、实型、枚举型)、指针类型和空类型。

(2) 结构类型：其值可分解成若干成分(或称分量)，如 C 语言的数组类型、结构类型等。结构类型的成分可以是原子类型，也可以是某种结构类型。可以把数据类型看作程序设计语言已实现的数据结构。

引入数据类型的目的，从硬件角度考虑，是作为解释计算机内存中信息含义的一种手段；对用户来说，实现了信息的隐蔽，即将一切用户不必了解的细节都封装在类型中。例如，用户在使用整数类型时，既不必了解整数在计算机内如何表示，也不必了解硬件是如何实现其操作的(如两个整数相加)。

抽象数据类型(abstract data type，ADT)是指一个数学模型以及定义在该模型上的一组操作。抽象数据类型的定义取决于它的一组逻辑特性，而与其在计算机内部如何表示和实现无关。即不论其内部结构如何变化，只要它的数学特性不变，都不影响其外部的使用。

抽象数据类型和数据类型实质上是一个概念。例如，整数类型是一个 ADT，其数据对象是指能容纳的整数，基本操作有加、减、乘、除和取模等。尽管它们在不同处理器上的实现方法可以不同，但由于其定义的数学特性相同，在用户看来都是相同的。因此，"抽象"的意义在于数据类型的数学抽象特性。

但在另一方面，抽象数据类型的范畴更广，它不再局限于上述各处理器中已定义并实现的数据类型，还包括用户在设计软件系统时自己定义的数据类型。为了提高软件的重用性，在近代程序设计方法学中，要求在构成软件系统的每个相对独立的模块上，定义一组数据和实施于这些数据上的一组操作，并在模块的内部给出这些数据的表示及其操作的细节，而在模块的外部使用的只是抽象的数据及抽象的操作。这就是面向对象的程序设计方法。

抽象数据类型的定义可以由一种数据结构和定义在其上的一组操作组成，而数据结构又包括数据元素间的关系，因此抽象数据类型一般可以由元素、关系及操作三要素来定义。

1.3 算法和算法描述语言

数据运算是通过算法来描述的,因此讨论算法是数据结构课程的重要内容之一。

算法(algorithm)是对特定问题求解步骤的描述,是指令的有限序列,其中每条指令表示一个或多个操作。对于实际问题不仅要选择合适的数据结构,还要有好的算法,只有这样才能更好地求解问题。

一个算法必须具备下列5个特性。

(1) 有穷性:一个算法对于任何合法的输入必须在执行有限步骤之后结束,且每步都可以在有限时间内完成。

(2) 确定性:算法的每条指令必须有确切含义,不能有二义性。在任何条件下,算法只有唯一的一条执行路径,即对相同的输入只能得出相同的结果。

(3) 可行性:算法是可行的,即算法中描述的操作均可以通过已经实现的基本运算的有限次执行来实现。

(4) 输入:一个算法有零个或多个输入,这些输入取自算法加工对象的集合。

(5) 输出:一个算法有一个或多个输出,这些输出应是算法对输入加工后合乎逻辑的结果。

程序与算法十分相似,但程序不一定要满足有穷性。例如,操作系统是一个程序,但它一旦启动后,即使没有作业要处理,它仍然会处于等待循环中,以等待新的作业进入,所以操作系统不满足有穷性。

算法可以使用各种不同的方法来描述。最简单的方法是使用自然语言,用自然语言来描述算法的优点是简单且便于人们对算法的阅读,缺点是不够严谨,容易产生二义性。可以使用程序流程图、N-S图等算法描述工具。其特点是描述过程简洁、明了。

用以上两种方法描述的算法不能够直接在计算机上执行,若要将它转换成可执行的程序还有编程的问题。

可以直接使用某种程序设计语言来描述算法,不过直接使用程序设计语言并不容易,而且不太直观,常常需要借助于注释才能使人看明白。

为了解决理解与执行之间的矛盾,人们常常使用一种称为伪码语言的描述方法来进行算法描述。伪码语言介于高级程序设计语言和自然语言之间,它忽略高级程序设计语言中一些严格的语法规则与描述细节,因此它比程序设计语言更容易描述、更容易理解,而比自然语言更接近程序设计语言。它虽然不能直接执行但很容易被转换成高级语言。本书采用C语言作为描述数据结构和算法的工具,但在具体描述时有所简化,如常常将类型定义和变量定义省略。书中所有的算法都是以函数形式表达出来,算法的书写格式如下:

```
<函数类型><函数名>([<参数表>])
/* 函数功能的简单说明 */
```

```
{
    <语句系列>
}
```

其中,方括号中的内容可缺省(如无特别申明)。除函数的参数需说明类型外,算法中使用的辅助变量可以不作说明,必要时对其作注释。一般而言,i、j、k 等常用作整型变量,p、q、r、s 等常用作指针变量。

1.4 算法分析

1.4.1 算法评价

什么是好的算法?同一个问题可能有多种求解算法,到底哪个更优?通常对算法的评价按照下面4个指标来衡量。

1. 正确性

算法的正确性(correctness)主要有4个层次的要求。第一层次是指算法没有语法错误;第二层次是指算法对于几组输入数据能够得出满足规格说明所要求的结果;第三层次是指算法对于精心选择的经典、苛刻并带有刁难性的几组输入数据能够得出满足规格说明所要求的结果;第四层次是指算法对于一切合法的输入数据都能够得出满足规格说明所要求的结果。显然,一个算法要达到第四层次的正确是非常困难的,因为一一验证所有不同输入数据,其工作量巨大,这种办法既不可取也不现实。要证明一个算法完全正确不是件容易的事情,目前也只处于理论研究阶段。当今对于大型软件进行专业测试,满足第三层次的要求就认为该软件是合格产品。

2. 可读性

可读性(readability)指算法便于人们阅读、交流与调试。可读性好将有助于人们对算法的理解;晦涩难懂的算法容易隐藏错误,人们难以调试和修改。

在此提供几个在程序编写上提高可读性的方法,以帮助读者建立良好的编写风格。

1) 注释

一份良好的程序,除了程序本身外,最重要的是要有一份完整的程序说明文件。一份没有注释的程序,宛如一部天书,常常会让负责维护的程序员搞不懂原设计者的设计目的。而一份注释完整的程序,除了程序员自己阅读和维护方便外,更容易让人读懂,并赞叹程序员在程序设计上的巧思与创意。通常选择在重要的程序语句后面加上一个注释。

C语言的注释符为"/ * … * /"。C++语言中,程序块的注释常采用"/ * … * /",行注释一般采用"//…"。注释通常用于:

- 版本、版权声明。

• 函数接口说明。
• 重要的代码行或段落提示。图 1.4 给出了一个程序注释的示例。

```
/*
* 函数介绍:
* 输入参数:
* 输出参数:
* 返回值 :
*/
void Function(float x, float y, float z)
{
  …
}
```

```
if (…)
{
  …
  while (…)
  {
    …
  }/*end of while*/
  …
} /*end of if*/
```

图 1.4　程序注释的示例

2）空行

空行起着分隔程序段落的作用。恰当的空行使程序的布局更加清晰。通常在每个类型声明之后、每个函数定义结束之后都要加空行，如图 1.5(a)所示。在一个函数体内，逻辑上密切相关的语句之间不加空行，其他地方应加空行分隔，如图 1.5(b)所示。

```
/*空行*/
void Function1(…)
{
  …
}
/*空行*/
void Function2(…)
{
  …
}
/*空行*/
void Function3(…)
{
  …
}
```

(a) 函数之间的空行示例

```
/*空行*/
while (condition)
{
    statement1;
    /*空行*/
    if (condition)
    {
        statement2;
    }
    else
    {
        statement3;
    }
    /*空行*/
    statement4;
}
```

(b) 函数内部的空行示例

图 1.5　空行示例

3）代码行

一行代码只做一件事情，如只定义一个变量，或只写一条语句。这样的代码容易阅读，并且方便于写注释。if、for、while、do 等语句自占一行，执行语句不得紧跟其后。不论执行语句有多少都要加“{…}”。这样可以防止书写失误。

图 1.6(a)为格式良好的代码行示例，图 1.6(b)为格式不良的代码行示例。

<table>
<tr><td><pre>int width;   /* 宽度 */
int height;   /* 高度 */
int depth;   /* 深度 */</pre></td><td><pre>int width, height, depth;
/* 宽度高度深度 */</pre></td></tr>
<tr><td><pre>x=a+b;
y=c+d;
z=e+f;</pre></td><td><pre>X=a+b; y=c+d; z=e+f;</pre></td></tr>
<tr><td><pre>if (width<height)
{
  dosomething();
}</pre></td><td><pre>if (width<height) dosomething();</pre></td></tr>
<tr><td><pre>for (initialization; condition; update)
{
  dosomething();
}
/* 空行 */
other();</pre></td><td><pre>for (initialization; condition; update)
    dosomething();
other();</pre></td></tr>
<tr><td>(a) 格式良好的代码行示例</td><td>(b) 格式不良的代码行示例</td></tr>
</table>

图 1.6　代码行示例

4）对齐

程序的分界符{和}应独占一行并且位于同一列，同时与引用它们的语句左对齐。{}之内的代码块在{的右边数格处左对齐。

图 1.7(a)为格式良好的对齐示例，图 1.7(b)为格式不良的对齐示例。

5）变量命名

变量是程序中用于记录中间变量、输入值或输出结果的一个内存位置，所以变量所象征的意义正如该变量在程序中所代表的意义。如果想要写一个计算学生成绩的程序，程序中需要用户输入学生学号、语文成绩、英语成绩、数学成绩，最后再计算出 3 科的平均成绩。此时如果程序中的变量声明为

```
int    X;
int    A,B,C;
int    D;
```

没有人能看懂几个变量所代表的意义，就算在程序之初就注明 X 是代表学生学号、A 代表语文成绩、B 代表英语成绩、C 代表数学成绩，D 代表 3 科平均成绩，在程序中，也会很容易忘记了某变量代表什么。如果把这 4 个变量声明为

```
int    StudentNum;            /* 学生学号 */
int    Chinese;               /* 语文成绩 */
int    English;               /* 英语成绩 */
int    Math;                  /* 数学成绩 */
int    Average;               /* 3 科平均 */
```

<table>
<tr><td>

```
void Function(int x)
{
  … /* program code */
}
```

</td><td>

```
void Function(int x){
  … /* program code */
}
```

</td></tr>
<tr><td>

```
if (condition)
{
  … /* program code */
}
else
{
… /* program code */
}
```

</td><td>

```
if (condition){
  … /* program code */
}
else {
  … /* program code */
}
```

</td></tr>
<tr><td>

```
for (initialization; condition; update)
{
  … /* program code */
}
```

</td><td>

```
for (initialization; condition; update){
  … /* program code */
}
```

</td></tr>
<tr><td>

```
while (condition)
{
  … /* program code */
}
```

</td><td>

```
while (condition){
  … /* program code */
}
```

</td></tr>
<tr><td>

如果出现嵌套的“{…}”，则使用缩进对齐，如：

```
    {
      …
        {
          …
        }
      …
}
```

</td><td>

出现嵌套的{}：

```
{

}
{

}
```

</td></tr>
</table>

(a) 格式良好的对齐示例　　(b) 格式不良的对齐示例

图 1.7　对齐示例

这样是不是比较清楚易懂呢？因为变量的声明通常会在某一个特定的区域(如程序开头)，如果在变量之后再加上一些注释说明，这样在编写或修改程序之际，变量声明的区域就像是一个小字典，提供了所有在此程序中的输入和输出信息。

3. 健壮性

健壮性(robustness)是指当输入数据非法使运行环境改变时，算法能恰当地做出反应或进行处理，不会产生莫名其妙的输出结果。为此，算法中应对输入数据和参数进行合法性检查。例如，从键盘输入三角形的3条边的长度，求三角形的面积。当输入的3个值不能组成三角形时，不应继续计算，应该报告输入出错并进行处理。处理的方法应是返回一个表示错误或错误性质的值，并中止程序的执行，以便在更高的抽象层次上进行处理。

4. 时空效率

时空效率(efficiency)要求算法的执行时间尽可能短,占用的存储空间尽可能少。但时空要求往往是相互矛盾的,节省了时间可能牺牲空间,反之亦然。设计者应在时间与空间两方面有所平衡。

上述4个目标,除"正确性"要求达到第三层次以上,其他目标很难有具体要求,有时目标之间还会互相抵触,因此只能根据具体情况有所侧重。例如,若算法需重复多次使用,则力求节省时间;若问题的数据量很大,计算机的存储量又较小,则力求节省空间。本节的算法分析主要讨论算法的时间性能以及空间性能。

1.4.2 算法性能分析与度量

可以用一个算法的时间复杂度与空间复杂度来评价算法的优劣。

当将一个算法转换成程序并在计算机上执行时,其运行所需要的时间取决于下列因素。

(1) 硬件的速度。例如使用微机还是使用服务器。

(2) 书写程序的语言。实现语言的级别越高,其执行效率就越低。

(3) 编译程序所生成目标代码的质量。对于代码优化较好的编译程序其所生成的程序质量较高。

(4) 问题的规模。例如,求100以内的素数与求1000以内的素数的执行时间肯定是不同的。

显然,在各种因素都不能确定的情况下,很难比较出算法的执行时间。也就是说,使用执行算法的绝对时间来衡量算法的效率是不合适的。为此,时间复杂度的定义如下所示。

一个算法的时间复杂度(time complexity)是指,算法运行从开始到结束所需要的时间。这个时间就是该算法中每条语句的执行时间之和,而每条语句的执行时间是该语句执行次数(也称为频度)与执行该语句所需时间的乘积。但是,当算法转换为程序之后,一条语句执行一次所需的时间与计算机的性能及编译程序生成目标代码的质量有关,是很难确定的。为此,假设执行每条语句所需的时间均为单位时间,在这一假设下,一个算法所花费的时间就等于算法中所有语句的频度之和。这样,就可以脱离计算机的硬件、软件环境而独立地分析算法所消耗的时间。

【例1.4】 两个N阶方阵的乘积$\boldsymbol{C}=\boldsymbol{A}\times\boldsymbol{B}$的算法(见算法1.1)。

【算法1.1】

```
#define N 100
void  MatrixMultiply(int A [N][N],int B[N][N],int C[N][N])
{
① for(i=0;i<N; i++)                                      //n+1
②   for(j=0; j<N;j++)                                    //n(n+1)
③   {  C[i][j]=0;                                        //n²
```

```
④       for(k=0;k<N;k++)                              //n²(n+1)
⑤         C[i][j]=C[i][j]+A[i][k] * B[k][j];          //n³
     }
  }
```

其中右边列出的是各语句的频度，n 是方阵的阶数（即 N）。语句①是循环控制语句，它的频度由循环条件“$i<n$”的判断次数决定，故是 $n+1$，但是它的循环体却只执行 n 次。语句②作为语句①的循环体内的语句应执行 n 次，但每次执行时它本身又要执行 $n+1$ 次，故语句②的频度为 $n(n+1)$。其他语句的频度可类似得到。

综合上述分析，可以确定上述算法的执行时间（即语句的频度之和）是：

$$T(n)=2n^3+3n^2+2n+1$$

显然，它是方阵阶数 n 的函数。

一般而言，一个算法的执行时间是求解问题的规模 n（如矩阵的阶数、线性表的长度）的函数，这是因为问题的规模往往决定了算法工作量的大小。但是，不必关心它是个怎样的函数，只需要关心它的数量级量度，即它与什么简单函数 $f(n)$ 是同一数量级的，即 $T(n)=O(f(n))$。其中O 是数学符号，其数学定义如下：

如果存在的常数 C 和 n_0，使得当 $n\geqslant n_0$ 时都满足 $0\leqslant T(n)\leqslant C\times f(n)$，则称 $T(n)$ 与 $f(n)$是同一数量级的，并记作 $T(n)=O(f(n))$。它表示随着问题规模 n 的增大，该算法执行时间的增长率和 $f(n)$的增长率相同。

对于上面的例子，当 $n\to\infty$时：

$$T(n)/n^3=(2n^3+3n^2+2n+1)/n^3\to 2$$

按 O 的定义可知 $T(n)=O(n^3)$，所以例 1.4 中求两个方阵之积算法的时间复杂度是 $O(n^3)$。

一般而言，总是以算法的时间复杂度来评价一个算法时间性能的好坏。也就是说，对解决同一问题的不同算法，其时间性能可以宏观地评价。例如，用两个算法 A_1 和 A_2 求解同一问题，它们的时间耗费分别是 $T_1(n)=100n^2+5000n+3$，$T_2(n)=2n^3$。如果问题规模 n 不太大，则二者的时间花费也相差不大；若问题规模 n 很大，如 $n=10\,000$ 时，二者的时间花费相差则很大。二者的差别从时间复杂度上看一目了然，因为 $T_1(n)=O(n^2)$，$T_2(n)=O(n^3)$，所以算法 A_1 的时间性能优于算法 A_2。

如果一个算法的所有语句的频度之和是问题规模 n 的多项式，即：

$$T(n)=C_kn^k+C_{k-1}n^{k-1}+\cdots+C_1n+C_0\quad C_k\neq 0$$

则按 O 的定义可知 $T(n)=O(n^k)$，称该算法为 k 次方阶算法。例如 $T(n)=C$，其中 C 为一个常数，即算法耗费的时间与问题规模 n 无关，记 $T(n)=O(1)$，则称该算法为常数阶算法。

常见的时间复杂度，按数量级递增排序有：常数阶 $O(1)$、对数阶 $O(\log_2 n)$、线性阶 $O(n)$、平方阶$O(n^2)$、立方阶 $O(n^3)$、指数阶 $O(2^n)$。指数阶算法的执行时间随 n 的增大而迅速地放大，所以其时间性能极差，当 n 值稍大时就无法忍受。

【例 1.5】 有如下递归算法 fact(n)，分析其时间复杂度（见算法 1.2）。

【算法 1.2】

```
int  fact(int n)
{
   if(n<=1) return (1);                    (1)
   else  return(n*fact(n-1));              (2)
}
```

设 fact(n)的运行时间复杂度函数是 $T(n)$,该函数中语句(1)的运行时间是 $O(1)$,语句(2)的运行时间 $T(n-1)+O(1)$,其中 $O(1)$为基本运行时间,因此:

如果 $n\leqslant1$

$$T(n)=O(1)$$

如果 $n>1$

$$T(n)=T(n-1)+O(1)$$

则:

$$\begin{aligned}T(n)&=T(n-1)+O(1)=T(n-2)+2\times O(1)=T(n-3)+3\times O(1)=\cdots\\&=T(1)+(n-1)\times O(1)=n\times O(1)=O(n)\end{aligned}$$

即 fact(n)的时间复杂度为 $O(n)$。

类似于算法的时间复杂度,本书以空间复杂度(space complexity)作为算法所需存储空间的量度,记作 $S(n)=O(f(n))$。其中 n 为问题的规模。请注意,这里所说的算法所需的存储空间,通常不含输入数据和程序本身所占的存储空间,而是指算法对输入数据进行运算所需的辅助工作单元。这类空间被称为额外空间。算法的输入数据所占的空间是由具体问题决定的,一般不会因算法不同而改变。算法本身占用的空间不仅和算法有关,而且和编译程序产生的目标代码的质量有关,所以也难以讨论。算法所占的额外空间却是与算法的质量密切相关,好的算法既节省时间又节省额外空间。

在大多数的算法设计中,时间效率和空间效率两者很难兼得,设计者往往要根据具体问题进行取舍,有时会用更多的存储空间来换取时间,有时也会浪费时间来获取较少的存储空间。

【例 1.6】 若矩阵 $\boldsymbol{A}_{m\times n}$ 中存在某个元素 a_{ij} 满足:a_{ij} 是第 i 行中最小值且是第 j 行列中的最大值,则称该元素为矩阵 $\boldsymbol{A}$ 的鞍点,试编写算法计算矩阵的鞍点个数。

【方法一】 基本思路:用枚举法,对矩阵中的每一个元素 a_{ij} 进行判别。若 a_{ij} 是第 i 行的最小数,则继续判别,看它是否也是第 j 列的最大数,如果成立则是鞍点。当 a_{ij} 不是第 i 行的最小数或者不是第 j 列的最大数则选择下一个元素继续。显然,矩阵 $\boldsymbol{A}$ 可用一个二维数组表示,具体算法如下。

【算法 1.3】

```
#define  m  10
#define  n   10
#define  true  1
#define  false  0
int  saddle (int A[m][n])      /*求 m 行 n 列矩阵的鞍点*/
```

```
{  int count=0,i,j,k,rowmin,colmax;
                              /* rowmin 为 true 时表示 A[i][j]是第 i 行最小数,colmax 为
                                 true 时表示 A[i][j]是第 j 列的最大数 */
for (i=0;i<m;i++)            /* 用枚举法对矩阵的每个元素进行判断 */
    for (j=0;j<n;j++)
    {
        k=0;
        while  (k<n)&&(A[i][k]>=A[i][j])        /* 是否是第 i 行最小数 */
                  k++;
        if  (k<n)   rowmin=false;
        else    rowmin=true;
        if  (rowmin==true)                     /* 是第 i 行最小数时继续判断 */
        {
            k=0;
            while  (k<m) && (A [k] [j]<=A[i][j]) /* 是否是第 j 列最大数 */
                    k++;
            if  (k<m)   colmax=false;
            else    colmax=true;
        }
        if  (rowmin==true  &&  colmax==true)
                  count++;                     /* 鞍点计数 */
    }
  return(count);
}
```

时间效率分析:

双重循环体内有两个并列的 while 循环语句。第一个 while 循环执行 $O(n)$次,第二个 while 循环最多执行 $O(m)$次。所以总的时间效率应该是 $O(m\times n\times(m+n))$。

空间效率分析:

除矩阵 **A** 用二维数组存储外,用了几个辅加空间存储中间变量,所以空间效率为 $O(1)$。

【方法二】 方法一采用枚举法,时间效率应该最低,能否设计一个时间效率较优的算法呢?可以通过增加辅助空间来提高时间效率,具体方法如下:先将矩阵每行的最小数和每列的最大数求出来,并分别存放在 $C[m]$和 $B[n]$两个一维数组中,如图 1.8 所示。

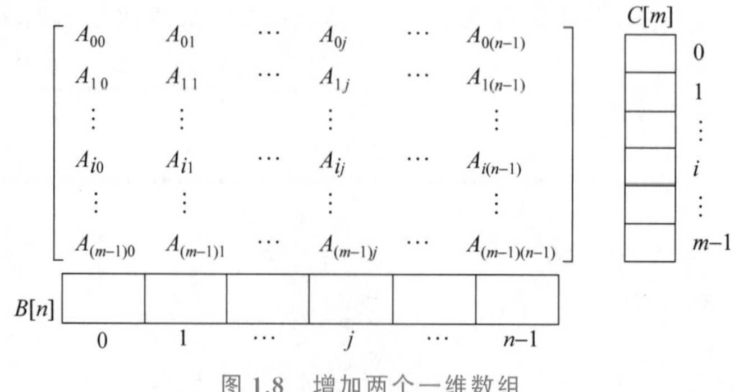

图 1.8 增加两个一维数组

然后对 $B[n]$ 和 $C[m]$ 的每对元素进行比较，假定 $B[j]$ 和 $C[i]$ 相等(见图 1.9)，则 $A[i][j]$ 一定是鞍点。

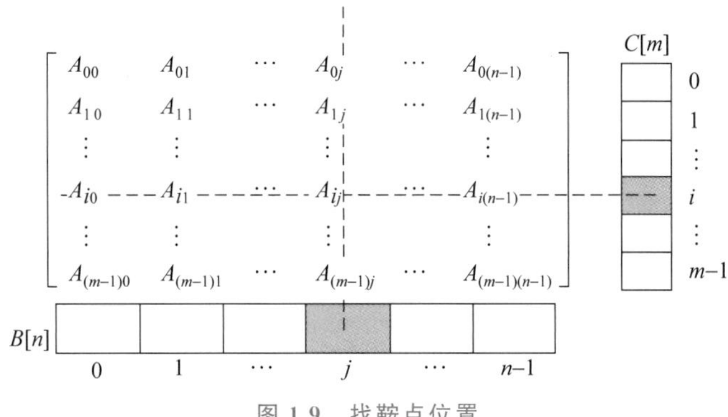

图 1.9 找鞍点位置

可以证明：因为 $C[i]$ 是第 i 行的最小数，所以 $A[i][j] \geqslant C[i]$；

又因为 $B[j]$ 中第 j 列的最大数，所以 $A[i][j] \leqslant B[j]$。

根据 $B[j]$ 和 $C[i]$ 相等，得出：

$$A[i][j] == B[j] == C[i]$$

即 $A[i][j]$ 既是第 i 行的最小数，又是第 j 列的最大数，具体算法如下。

【算法 1.4】

```
#define  m  10
#define  n  10
#define  true  1
#define  false  0
int  Saddle(int A[m][n])
{   int  count=0, i,j,k;
    int B [n],C[m];
    for (i=0;i<m;i++)                        /* 求每行的最小数 */
    {
            C[i]=A[i][0];
            for (j=1;j<n;j++)
            if (C[i]>A[i] [j])
               C[i]=A[i][j]
        }
        for (j=0;j<n;j++)                    /* 求每列的最大数 */
        {
            B[j]=A[0] [j];
            for (i=1;i<m;i++)
                 if  (B[j]<A[i] [j])
                      B[j]=A[i] [j];
        }
      /* 求所有鞍点 */
```

```
        for (i=0;i<m;j++)
        for (j=0;j<n;j++)
            if  (C[i]==B[j])
               count++;              /* 鞍点计数 */
        return(count);
}
```

时间效率分析:

本算法共有三小段并列的函数。

求每行最小数的时间效率:$O(m\times n)$。

求每列最大数的时间效率:$O(m\times n)$。

统计所有鞍点的时间效率:$O(m\times n)$。

所以总的时间效率为 $O(m\times n)$。

空间效率分析:

显然空间效率为 $O(m+n)$。

比较这两种算法,显然方法二的时间效率大大优于方法一,但空间效率较差。这是典型的空间换时间算法实例之一。

本章小结

数据类型有两种,即原子类型(如整型、字符型、实型、布尔型等)和结构类型。原子类型不可再分解,结构类型由原子类型或结构类型组成。

数据元素是数据的一个基本单位,它通常由若干数据项组成。

数据项是具有独立含义的最小标识单位,有时也称为域或字段,其数据可以是一个原子类型,也可以是结构类型。

从逻辑上讲,数据有集合结构、线性结构、树形结构和图结构 4 种。从物理实现上讲,数据有顺序结构、链式结构、索引结构和散列结构 4 种。理论上,任一种数据逻辑结构都可以用任何一种存储结构来实现。

在集合结构中,不考虑数据之间的任何关系,它们处于无序的、各自独立的状态。在线性结构中,数据之间是一对一的关系。在树形结构中,数据之间是一对多的关系。在图结构中,数据之间是多对多的关系。

算法的评价指标主要为正确性、健壮性、可读性和时空效率 4 方面。时空效率就是时间复杂度和空间复杂度。

习　题

一、选择题

1. 根据数据元素之间关系的不同特性,以下解释错误的是(　　)。

A. 集合结构中任何两个结点之间都有逻辑关系但组织形式松散
B. 线性结构中结点形成一对一的关系
C. 树形结构具有分支、层次特性，其形态有点像自然界中的树
D. 图状结构中的各个结点按逻辑关系互相缠绕，任何两个结点都可以邻接

2. 关于逻辑结构，以下说法错误的是(　　)。
A. 逻辑结构是独立于计算机的
B. 运算的定义与逻辑结构无关
C. 同一逻辑结构可以采用不同的存储结构
D. 一些表面上很不相同的数据可以有相同的逻辑结构
E. 逻辑结构是数据组织的某种“本质性”的东西

3. 下面关于算法的说法正确的是(　　)。
A. 算法的时间效率取决于算法所花费的 CPU 时间
B. 在算法设计中不能用牺牲空间代价来换取好的时间效率
C. 算法必须具有有穷性、确定性等 5 个特性
D. 通常用时空效率来衡量算法的优劣

4. 下面关于算法说法正确的是(　　)。
A. 计算机程序一定是算法
B. 算法只能用计算机高级语言来描述
C. 算法的可行性是指指令不能有二义性
D. 以上几个都是错误的

5. 程序段

```
for(i=n-1;i>=0;i--)
    for(j=1;j<=n;j++)
      if A[j]>A[j+1]
        A[j]与 A[j+1]互换;
```

其中 n 为正整数，则最后一行的语句频度在最坏情况下是(　　)。
A. $O(n)$　　B. $O(n^2)$　　C. $O(n^3)$　　D. $O(n\log_2 n)$

6. 以下说法正确的是(　　)。
A. 数据元素是数据的最小单位　　B. 数据项是数据的基本单位
C. 原子类型不可再分解　　D. 数据项只能是原子类型

二、填空题

1. 通常从________、________、________、________等几方面评价算法的(包括程序)的质量。

2. 对于给定的 n 个元素，可以构造出的逻辑结构有________、________、________、________ 4 种。

3. 存储结构主要有________、________、________、________ 4 种。

4. 抽象数据类型的定义仅取决于它的一组________，而与________无关，即不论其

内部结构如何变化，只要它的________不变，都不影响其外部使用。

5. 一个算法具有五大特性：________、________、________、有零个或多个输入、有一个或多个输出。

三、判断题

1. 数据元素是数据的最小单位。 （ ）
2. 数据的逻辑结构是指数据的各数据项之间的逻辑关系。 （ ）
3. 算法的优劣与算法描述语言无关，但与所用计算机有关。 （ ）
4. 程序一定是算法。 （ ）
5. 数据的物理结构是指数据在计算机内的实际存储形式。 （ ）
6. 数据结构的抽象操作的定义与具体实现有关。 （ ）
7. 数据的逻辑结构表达了数据元素之间的关系，它依赖于计算机的存储结构。 （ ）

四、应用题

1. 解释下列概念：数据、数据元素、数据类型、数据结构、逻辑结构、存储结构、线性结构、非线性结构、算法、算法的时间复杂度、算法的空间复杂度。

2. 数据的逻辑结构有哪几种？常用的存储结构有哪几种？

3. 试举一个数据结构的例子，叙述其逻辑结构、存储结构和运算3方面的内容。

4. 什么叫算法？它有哪些特性？

5. 设 n 为正整数，用大 O 做记号，将下列程序段的执行时间表示为 n 的函数。

(1)

```
int  sum1(int n)
{
    int  i, p=1,s=0;
    for(i=1;i<=n;i++)
    {
        p*=i;
        s+=p;
    }
    return s;
}
```

(2)

```
int  sum2(int n)
{
    int i,j,p,s=0;
    for(i=1;i<=n;i++)
    {
      p=1;
```

```
        for(j=1;j<=i;j++)
        p*=j;
        s+=p;
    }
    return s;
}
```

(3)

```
int fun(int n)
{
    int i=1,s=1;
    while(s<n)
        s+=++i;
    return i;
}
```

第2章 chapter 2

线 性 表

思政教学设计

线性表是实际应用中最简单、最常用的一种数据结构。线性结构的基本特点：元素与元素之间的关系表现为所有元素排成一个线性序列，除第一个元素无前驱元素，最后一个元素无后继元素外，其余元素均有前驱和后继元素。线性表的存储结构有两种方式：顺序存储和链式存储。线性表的主要操作是插入、删除、检索等。

【本章学习要求】

了解：线性表的基本概念和基本运算。

掌握：顺序表的存储结构和查找、插入、删除等基本运算。

掌握：单链表的存储结构以及单链表的建立、查找、插入、删除等操作。

掌握：双向链表的存储结构以及插入、删除操作。

了解：静态链表的存储结构和基本运算。

掌握：利用线性表的基本运算解决复杂问题。

2.1 案例导引

线性表是一种最基本、最常用的线性结构，也是其他数据结构的基础。所谓线性表，简单来说，就是由同种类型的数据元素组成的一个有序序列。

日常生活中，具有线性表特性的例子随处可见，例如，军训时同学们排成的队伍、图书馆书架上的图书、学生的点名册等。如何用计算机来处理这些现实的问题呢？先来看两个具体的案例。

【案例 2.1】 一元多项式的运算问题。

一元多项式的表达式按照升幂可写为 $f(x)=a_0+a_1x+a_2x^2+\cdots+a_{n-1}x^{n-1}+a_nx^n$，相关的运算主要有一元多项式的相加、相减、相乘等。如何利用计算机来实现一元多项式的相关操作呢？

按照计算机解决问题的一般步骤，首先需要建立求解这个问题的数据模型，也就是如何有效地表示一元多项式，在此基础上再设计相应运算的算法。一元多项式 $f(x)=a_0+a_1x+a_2x^2+\cdots+a_{n-1}x^{n-1}+a_nx^n$ 由 $n+1$ 项组成，将所有项的系数抽取出来排成一个序列 $F=(a_0,a_1,a_2,\cdots,a_{n-1},a_n)$，那么多项式 $f(x)=a_0+a_1x+a_2x^2+\cdots+a_{n-1}x^{n-1}+$

$a_n x^n$ 就可以由这个系数序列 $F=(a_0,a_1,a_2,\cdots,a_{n-1},a_n)$ 来唯一表示(指数隐含在对应系数的序号中)。一元多项式 $f(x)=a_0+a_1x+a_2x^2+\cdots+a_{n-1}x^{n-1}+a_nx^n$ 与 $g(x)=b_0+b_1x+b_2x^2+\cdots+b_{m-1}x^{m-1}+b_mx^m$ 相加的结果可以用序列 $R=(a_0+b_0,a_1+b_1,a_2+b_2,\cdots,a_m+b_m,a_{m+1},\cdots,a_{n-1},a_n)$ 表示(设 $m\leqslant n$)。形如 $(a_0,a_1,a_2,\cdots,a_{n-1},a_n)$ 这样的序列即本章所要介绍的线性表结构,此类多项式的运算可以很容易地运用数组表示的顺序存储的线性表来实现。

有些多项式可能表现为阶数很高且非零项很少的所谓稀疏多项式,例如多项式 $f(x)=1+5x^{50000}$,采用上述方式,则需要一个长度为 50001 的线性表来表示,而这样的表中仅有两个非零元素,在存储时需要存储大量的零元素,空间浪费很大,对于这样的多项式,可以采用另外一种表示形式,将每一非零项的系数 a_i 和指数 i 抽取出来,用一个二元组 (a_i,i) 来表示,这样,可以将多项式看成是一个由这样的二元组组成的线性表 $((a_0,0),(a_1,1),\cdots,(a_{n-1},n-1),(a_n,n))$,此种方式下,多项式 $f(x)=1+5x^{50000}$ 只需要用含有两项数据元素的一个线性序列((1,0),(5,50000))来唯一确定,可以只用一个很小的结构数组来存储,大大节约了空间。但用数组这样的顺序存储结构来存储数据,由于事先无法确定多项式可能的非零项数,因而只能根据可能的最大值来定义数组的大小,在实际项数比较小时,空间的浪费同样严重。改进的方法是利用链式存储结构来存储表示多项式的非零序列,相比于数组,更具有灵活性。

【案例 2.2】 手机通讯录

每个人的手机上都有一个通讯录,通讯录中包含了联系人信息,每个联系人含有姓名、手机号码、单位等信息,通讯录包含以下操作。

(1) 查找:查找某人的手机号码。

(2) 新建:添加一个新的联系人信息。

(3) 删除:删除某联系人信息。

(4) 修改:修改某人的通信信息。

要实现通讯录,与案例 2.1 一样,首先需要建立求解这个问题的数据模型。同样,可以根据通讯录的特点将其抽象成一个有序序列,每一个联系人作为有序序列中的一个元素,再采用合适的存储结构来存储序列中的元素,在此基础之上设计实现相关的操作。

在现实生活与工作中,经常需要处理诸如通讯录这样的问题,如医院的挂号排队管理、学生的成绩管理、图书馆的图书信息管理等。这些问题抽象出来的数据元素类型可能各不相同,但是各元素之间都具有单一的前趋后继关系,其需要做的处理也都是诸如增加、删除、修改和查找之类。这一类问题都可以组织为本章所要学习的数据结构——线性表。

在本章中,学习的内容包括线性表的逻辑结构和相应算法的定义、基于顺序存储和链式存储的线性表的相关算法实现。

在学习完本章知识之后,上述问题都可以很容易去实现。

2.2 线性表的逻辑结构

2.2.1 线性表的定义

线性表 List 是 n 个具有相同数据类型的数据元素的集合。通常描述为

$$List=(e_1,e_2,\cdots,e_{i-1},e_i,e_{i+1},\cdots,e_n) \quad (n \geqslant 0)$$

线性表 List 中所含元素的个数 n 称为表长，$n=0$ 时称为空表。List 表中相邻元素之间存在着线性关系，将 e_{i-1} 称为 e_i 的直接前驱，e_{i+1} 称为 e_i 的直接后继。其中，第一个元素 e_1 为首元素，无直接前驱；最后一个元素 e_n 为尾元素，无直接后继。List 表中的数据元素类型相同，元素之间存在前驱与后继关系。

线性表中的数据元素也称为结点或记录，可以是原子类型(整型等)，也可以是聚合类型(结构体类型等)。

实际应用中，关于线性表的例子很多，如学生点名册、课程表、电话号码簿等。其中学生点名册如表 2.1 所示，表中的数据元素由一条记录构成，记录是由序号、姓名、缺勤次数等数据项构成。

表 2.1 学生点名册

序 号	姓 名	缺勤次数
1	马全力	0
2	李华均	1
3	王天敏	0
4	刘为一	2
…	…	…

2.2.2 线性表的基本操作

数据结构不仅研究数据元素、数据元素之间的关系，还要研究数据结构的运算(操作)。数据结构的运算是定义在逻辑结构层次上的，而运算的具体实现(操作)是建立在存储结构上的，因此在线性表逻辑结构中定义的基本运算作为逻辑结构的一部分，每一个操作的具体实现只有在确定了线性表的存储结构之后才能实现。

线性表上的基本操作如下。

(1) 线性表初始化：Init_List()。

初始条件：表 L 不存在。

操作结果：构造一个空的线性表。

(2) 销毁线性表：Destroy_List(L)。

初始条件：表 L 存在。

操作结果：销毁线性表。

(3) 求线性表的长度：Length_List(L)。

初始条件：表 L 存在。

操作结果：返回线性表中所含元素的个数。

(4) 检索查找：Locate_List(L,x)，x 是给定的一个数据元素。

初始条件：线性表 L 存在。

操作结果：在表 L 中查找值为 x 的数据元素，其结果返回在 L 中首次出现值为 x 的

那个元素的序号或地址，称为查找成功；否则，在 L 中未找到值为 x 的数据元素，返回一特殊值表示查找失败。

(5) 插入操作：Insert_List(L,i,x)。

初始条件：线性表 L 存在，插入位置正确 ($1\leqslant i\leqslant n+1$,$n$ 为插入前的表长)。

操作结果：在线性表 L 的第 i 个位置上插入一个值为 x 的新元素，这样使原序号为 $i,i+1,\cdots,n$ 的数据元素的序号变为 $i+1,i+2,\cdots,n+1$，插入后表长=原表长+1。

(6) 删除操作：Delete_List(L,i)。

初始条件：线性表 L 存在，并且 $1\leqslant i\leqslant n$。

操作结果：在线性表 L 中删除序号为 i 的数据元素，删除后使序号为 $i+1,i+2,\cdots,n$ 的元素变为序号为 $i,i+1,\cdots,n-1$，新表长=原表长-1。

以上是线性表常见的基本运算。每个基本运算在实现时，不同的存储结构有一些具体的差别。一般说来，没有必要定义出它的全部运算集，读者掌握了某一数据结构上的基本运算后，其他的复杂运算可以通过基本运算来实现，当然也可以直接去实现。例如线性表插入运算要求在某一具体的元素 y 之前插入 x，可以先利用查找检索运算 Locate_List(L,y)找出位置，再利用插入运算将该新元素 x 插入适当位置上；如果要判断一个线性表是否为空，可以利用求线性表的长度 Length_List(L)来判断，若长度为零则为空，反之不为空；插入、删除操作可以用来实现线性表的创建和清空操作，等等。

上述的基本运算实现的对象仅是一个抽象在逻辑结构层次的线性表，不涉及它的存储结构。具体的算法在不同的存储结构下实现方法是不同的。

2.3 线性表的顺序存储及运算实现

2.3.1 顺序表

线性表的顺序存储是线性表的一种最简单最直接的存储结构。它是用内存中的一段地址连续的存储空间顺序存放线性表的每一个元素，用这种存储形式存储的线性表称为顺序表。在顺序表中用内存中地址的线性关系表示线性表中数据元素之间的关系。这种用物理上的相邻关系实现数据元素之间的逻辑相邻关系简单明了，如图 2.1 所示。设 e_1 的存储地址为 $\mathrm{Loc}(e_1)$，每个数据元素占 d 字节存储单元，则第 i 个数据元素的地址为

$$\mathrm{Loc}(e_i)=\mathrm{Loc}(e_1)+(i-1)*d \quad 1\leqslant i\leqslant n$$

这意味着只要知道顺序表首地址和每个数据元素所占地址单元的个数就可求出第 i 个数据元素的地址，所以线性表的顺序存储结构是一种随机存取的存储结构，具有按数据元素的序号随机存取的特点。

在程序设计语言中，一维数组在内存中占用的存储空间就是一组连续的存储区域，因此用一维数组来表示顺序表的数据存储区域是再合适不过的。考虑到线性表的运算有插入、删除等运算(即表长是不断变化的)，因此数组的容量需足够大，当然也可以考虑在实际运行中动态分配内存和动态增加内存。本章中暂不考虑数组的动态分配问题，当

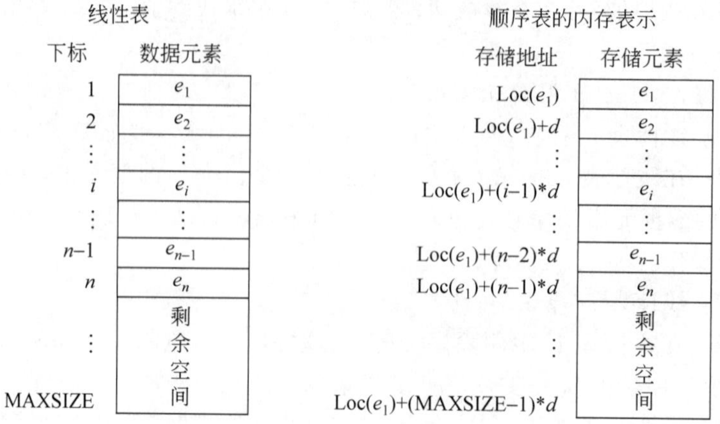

下标	数据元素
1	e_1
2	e_2
⋮	⋮
i	e_i
⋮	⋮
$n-1$	e_{n-1}
n	e_n
⋮ MAXSIZE	剩余空间

线性表

存储地址	存储元素
$Loc(e_1)$	e_1
$Loc(e_1)+d$	e_2
⋮	⋮
$Loc(e_1)+(i-1)*d$	e_i
⋮	⋮
$Loc(e_1)+(n-2)*d$	e_{n-1}
$Loc(e_1)+(n-1)*d$	e_n
⋮ $Loc(e_1)+(MAXSIZE-1)*d$	剩余空间

顺序表的内存表示

图 2.1　线性表的顺序存储结构示意图

表长超过数组的容量时视为溢出。

顺序表可以用一维数组 data[MAXSIZE]表示，其中 MAXSIZE 是一个根据实际问题定义的足够大的整数，用一个变量 length 记录当前线性表中元素的个数，即线性表的长度，同时由于顺序表中的数据从 data[0]开始依次顺序存放。因此，length－1 表示最后一个元素的下标，始终指向线性表中最后一个元素。当表空时 length＝0。用 DataType 表示线性表中数据元素的类型，这种存储思想在 C 语言中的定义如下：

```
#define  MAXSIZE  100
DataType  data[MAXSIZE];                    /* DataType 可以是整型、实型等数据类型 */
int  length;
```

表长为 length，数据元素分别存放在 data[0]到 data[length －1]中。MAXSIZE 为最大使用内存空间，length≤MAXSIZE。通常将 data 和 length 封装成一个结构作为顺序表的类型：

```
typedef  struct  node {
          DataType  data[MAXSIZE];
          int  length;
} SeqList, * PSeqList;
```

定义一个顺序表：

```
SeqList L;
```

根据 C 语言中函数参数的传递采用值传送的规则，有时定义一个指向 SeqList 类型的指针更为方便，能够实现信息的回送，因此可以定义一个指针类型的线性表：

```
PSeqList  PL;
```

PL 是一个指针变量。

线性表的存储空间可以通过 PL＝(PSeqList)malloc(sizeof(SeqList))操作来获得，也可以通过 PL＝&L 来实现。

PL是顺序表的地址,这样表示的线性表在内存中的表示如图2.2所示。表长为(*PL).length或PL－＞length。

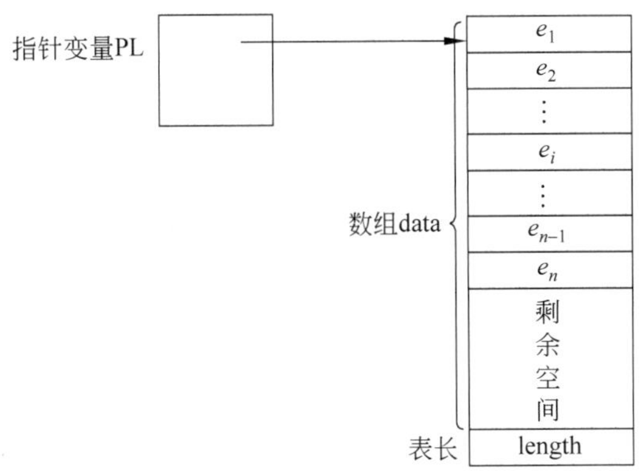

图2.2 顺序表内存分布示意图

线性表的存储区域为PL－＞data数组。

2.3.2 顺序表上基本运算的实现

1. 顺序表的初始化

顺序表的初始化即构造一个空表,要返回该线性表,所以将返回一个指向顺序表的指针。首先动态分配存储空间,然后将表中length置为0,表示表中没有数据元素。具体算法如下。

【算法2.1】

```
PSeqList  Init_SeqList(void)
{  /*创建一顺序表,入口参数无,返回一个指向顺序表的指针,指针值为零表示分配空间失败*/
    PSeqList  PL;
    PL=(PSeqList)malloc(sizeof(SeqList));
    if (PL)                                          /*若PL=0表示分配失败*/
         PL->length=0;
    return (PL);
}
```

2. 求顺序表的长度

求顺序表的长度是在顺序表存在的情况下,求顺序表中元素的个数。具体算法如下。

【算法2.2】

```
int Length_SeqList (PSeqList  L)
{  /*求顺序表的长度,入口参数为顺序表,返回表长*/
   return (L->length);
}
```

3. 顺序表的检索操作

顺序表的检索是在表存在的情况下,查找值为 x 的数据元素,若成功,返回在表中首次出现的值为 x 的那个元素的序号(不是下标);未找到值为 x 的数据元素,返回 0 表示查找失败。在顺序表中完成该运算最简单的方法是:从第一个元素 e_1 起依次和 x 比较,直到找到一个与 x 相等的数据元素,返回它在顺序表中的 data 数组的下标加 1(第一个元素存放在 data[0]);或者查遍整个表都没有找到与 x 相等的元素,返回 0。具体算法如下。

【算法 2.3】

```
int Location_SeqList (PSeqList  L, DataType  x)
{  /*顺序表检索,入口参数为顺序表,检索元素,返回元素位置,0 表示查找失败*/
    int i=0;
    while (i<L->length && L->data[i]!=x)
         i++;
    if (i>=L->length)  return 0;
    else   return (i+1);
}
```

本算法的主要操作是比较。显然比较的次数与 x 在表中的位置有关,也与表长有关。当 $e_1=x$ 时,比较一次成功,当 $e_n=x$ 时比较 n 次成功,平均比较次数为 $(n+1)/2$;检索不成功时须循环 $n+1$ 次。时间复杂度为 $O(n)$。

4. 顺序表的插入运算

顺序表的插入是指在表的第 i 个位置上插入一个值为 x 的新元素,即在第 i 个元素之前插入 x,使原表长为 n 的表 $(e_1,e_2,\cdots,e_{i-1},e_i,e_{i+1},\cdots,e_n)$ 变为表长为 $n+1$ 的表 $(e_1,e_2,\cdots,e_{i-1},x,e_i,e_{i+1},\cdots,e_n)$,其中 $1\leqslant i\leqslant n+1$。

在一个顺序表中插入一个元素的前后变化过程如图 2.3 所示。假设:原表长为 8,在第 5 个位置(下标为 4)上插入元素 Z,必须将第 5~8 个元素(下标位为 4~7)后移一位,空出第 5 个的位置,再将 Z 插入第 5 个位置上。

顺序表插入运算的操作步骤如下。

(1) 检查待插入的表是否存在,若不存在则退出。

(2) 判断顺序表是否满(即表长 length 是否大于或等于 MAXSIZE)? 若满,退出;否则执行步骤(3)。

(3) 检查插入位置的合法性(i 满足 $1\leqslant i\leqslant \text{length}+1$)。若不满足,退出;否则执行步骤(4)。

(4) 将 $e_i\sim e_n$ 顺序向下移动一位,为新元素的插入腾出位置(注意数据的移动方向)。

(5) 将 x 置入腾出位置。

(6) 修改表长。

下标	元素
0	A
1	B
2	C
3	D
4	E
5	F
6	G
7	H
	⋮
MAXSIZE−1	

插入前

下标	元素
0	A
1	B
2	C
3	D
4	Z
5	E
6	F
7	G
8	H
	⋮
MAXSIZE−1	

插入后

图 2.3　顺序表的插入操作示意图

具体算法如下。

【算法 2.4】

```
int  Insert_SeqList(PSeqList PL,int i,DataType  x)
{  /* 在顺序表的第 i 个元素之前插入 x,入口参数为顺序表指针,插入位置,插入元素,返回标
     志,1 表示成功,0 表示插入位置不合法,-1 表示溢出,-2 表示表不存在 */
   int  j;
   if (!PL)
   {
      printf("表不存在");
      return(-2);                          /* 表不存在,不能插入 */
   }
   if (PL->length>=MAXSIZE)
   {
      printf("表溢出");
      return(-1);                          /* 表空间已满,不能插入 */
   }
   if (i<1||i>PL->length+1)                /* 检查插入位置的合法性 */
   {
      printf("插入位置不合法");
      return(0);
   }
   for(j=PL ->length -1; j>=i-1; j--)
       PL ->data[j+1]=PL ->data[j];         /* 移动元素 */
   PL ->data[i-1]=x;                       /* 新元素插入 */
   PL ->length++;                          /* 表长加 1 */
   return(1);                              /* 插入成功,返回 */
}
```

顺序表的插入运算，时间主要消耗在数据的移动上，在第 i 个位置上插入 x，从 e_i 到 e_n 都要向下移动一个位置，共需要移动 $n-i+1$ 个元素。设在第 i 个位置上作插入的概率为 p_i，则平均移动数据元素的次数：

$$E_{\text{in}}=\sum_{i=1}^{n+1}p_i(n-i+1)$$

由于 $1\leqslant i\leqslant n+1$，共有 $n+1$ 个位置可以插入，即在等概率情况下 $p_i=1/(n+1)$，则：

$$E_{\text{in}}=\sum_{i=1}^{n+1}p_i(n-i+1)=\frac{1}{n+1}\sum_{i=1}^{n+1}(n-i+1)=\frac{n}{2}$$

因此在顺序表上作插入运算，该算法的时间复杂度为 $O(n)$。

5. 顺序表的删除运算

顺序表的删除运算是指将表中第 i 个元素从线性表中去掉，删除后使原表长为 n 的线性表 $(e_1,e_2,\cdots,e_{i-1},e_i,e_{i+1},\cdots,e_n)$ 变为表长为 $n-1$ 的线性表：

$(e_1,e_2,\cdots,e_{i-1},e_{i+1},\cdots,e_n)$，其中 $1\leqslant i\leqslant n$。

例如，图 2.4 表示在一个顺序表中删除一个元素的前后变化过程。原表长为 8，删除第 5 个元素 E，在删除后，为了满足顺序表的先后关系，必须将第 6～8 个元素（下标位 5～7）前移一位。

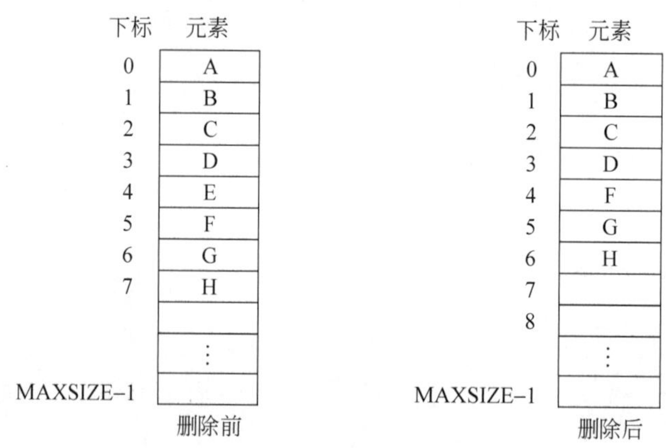

图 2.4 顺序表的删除操作示意图

在顺序表上完成删除操作的算法步骤如下。

(1) 检查表是否存在，若不存在则退出。

(2) 检查删除位置的合法性（i 是否满足 $1\leqslant i\leqslant$ length），若不满足，退出。

(3) 将 $e_{i+1}\sim e_n$ 顺序向上移动一位，e_{i+1} 占据 e_i 位置，以此类推（注意数据的移动方向）。

(4) 修改表长。

具体算法如下。

【算法 2.5】

```
int Delete_SeqList(PSeqList PL,int i)
```

```
{   /* 删除顺序表第 i 个元素,入口参数为顺序表指针,删除元素位置,返回标志 1 表示成功,0
       表示删除位置不合法,-1 表示表不存在 */
   int  j;
   if (!PL)
   {
      printf("表不存在");
      return(-1);                       /* 表不存在,不能删除元素 */
   }
   if(i<1||i>PL->length)                /* 检查删除位置的合法性 */
   {
      printf("删除位置不合法");
      return(0);
   }
   for(j=i;j<PL->length;j++)
      PL->data[j-1]=PL->data[j];        /* 向上移动 */
   PL->length--;
   return(1);                           /* 删除成功 */
}
```

与插入运算相同,其时间主要消耗在移动表中元素上,删除第 i 个元素时,其后面的元素 $e_{i+1}\sim e_n$ 都要向上移动一个位置,共移动了 $n-i$ 个元素,所以平均移动数据元素的次数为:

$$E_{\mathrm{de}}=\sum_{i=1}^{n}p_i(n-i)$$

由于 $1\leqslant i\leqslant n$,共有 n 个删除位置,在等概率情况下,$p_i=1/n$,则:

$$E_{\mathrm{de}}=\sum_{i=1}^{n}p_i(n-i)=\frac{1}{n}\sum_{i=1}^{n}(n-i)=\frac{n-1}{2}$$

因此在顺序表上做删除操作运算,该算法的时间复杂度为 $O(n)$。

请读者思考:在上述删除算法中被删除的数据元素并没有保存下来,如果要保存的话,算法应做如何修改?

2.4 顺序表应用举例

【例 2.1】 已知集合 A 和 B,编写一个算法求 $A=A\cap B$,$A=A\cup B$。

解题思路:分别用两个顺序表存储集合 A 和 B,$A\cap B$ 就是 A 和 B 中都存在的元素,方法是删除顺序表 A 中所有没有在 B 中出现的元素。$A\cup B$ 就是 A 或者 B 中存在的元素,方法是将 B 中有而 A 中没有的元素加入 A 中去。

具体算法如下(假定顺序表 A 和 B 的存储空间足够):

【算法 2.6】

```
void Inter_sec(PSeqList A, PSeqList B)
```

```
{  /*求集合A和B的交集,入口参数为指向顺序表的指针,返回值:无*/
    int i=0;
    while(i<A->length)
    {
        if(!Location_SeqList (B, A->data[i]))   /* 集合B中没有A->data[i]*/
            Delete_SeqList(A,i+1);              /*删除线性表A中第i+1个元素*/
        else i++;
    }
}
```

【算法 2.7】

```
void Merge_sec(PSeqList A, PSeqList B)
{  /*求集合A和B的并集,入口参数为指向顺序表的指针,返回值:无*/
    int i;
    for (i=0 ; i<B->length ; i++)
    {
        if(! Location_SeqList (A, B->data[i]))
                                                /* 集合A中没有B->data[i]*/
            Insert_SeqList(A, A->length+1, B->data[i]);
                                                /*在集合A中加入B->data[i]*/
    }
}
```

上述两种算法的时间复杂度均为 O(A－> length ＊ B－> length)。算法 Merge_sec 中没有考虑顺序表实现的集合存储空间溢出的问题,如果考虑集合空间溢出的情况,可以用内存重新分配函数 realloc 实现内存的重新分配来扩充集合的存储空间。

【例 2.2】 约瑟夫问题:设有 n 个人围坐在一个圆桌周围,现从第 s 个人开始从 1 报数,数到 m 的人出列,然后从出列的下一个人重新开始从 1 报数,数到 m 的人再出列……如此反复,直到所有的人都出列,求出出列的次序。

算法思路:采用顺序表存储结构,将 n 个人的编号顺序存放在顺序表中,从顺序表中的第 s 个元素开始寻找第 $s+m-1$ 个元素,找到后输出(在寻找过程中若到表尾,则跳到开始位置,通过取模实现),再删除该元素,下一次从该位置重复上述过程。

具体算法如下。

【算法 2.8】

```
int Josephus_ SeqList(PSeqList josephus_seq, int s, int m)
{  /*求解约瑟夫问题的出列元素序列入口参数:已经存放数据的顺序表,起始序号s,计数值
   m */
   /*出口参数:1表示成功,0表示表中没有元素*/
   int s1,i,w;
   if (!josephus_seq->length)
   {
       printf("表中无元素");
```

```
        return(0);
    }
    s1=s -1;                                   /* data 数组中下标从 0 开始 */
    printf("输出约瑟夫序列: ");
    while(josephus_seq->length>0)
    {
        s1=(s1+m-1)%josephus_seq->length;      /* 找到出列元素的下标 */
        w=josephus_seq->data[s1];
        printf("%d\t", w)
        Delete_SeqList(josephus_seq,s1+1);     /* 删除出列元素 */
    }                                          /* while */
    return(1);                                 /* 成功返回 */
}
```

该算法运行的主要时间耗费在求出列元素(总共需要出 n 个元素),每求出一个出列元素调用 Delete_SeqList 函数一次,所以时间复杂度是 $O(n^2)$。

2.5 线性表的链式存储和运算实现

顺序表的存储特点是利用物理上的相邻关系表达出逻辑上的前驱和后继关系,它要求用连续的存储单元顺序存储线性表中各元素。因此,对顺序表进行插入和删除时需要通过移动数据元素来实现线性表的逻辑上的相邻关系,从而影响其运行效率。本节介绍线性表的另一种存储形式——链式存储结构,它不需要用地址连续的存储单元来实现,而是通过"链"建立起数据元素之间的次序关系。因此它不要求逻辑上相邻的两个数据元素在物理结构上也相邻,在插入和删除时无须移动元素,从而提高其运行效率。链式存储结构主要有单链表、循环链表、双向链表、静态链表等几种形式。

2.5.1 单链表

单链表是通过一组任意的存储单元(可以连续也可以不连续)来存储线性表中的数据元素。根据线性表的逻辑定义,单链表的存储单元不仅能够存储元素,而且要求能表达元素与元素之间的线性关系。对数据元素 e_i 而言,除存放数据元素自身的信息 e_i 之外,还需要存放后继元素 e_{i+1} 所在存储单元的地址,这两部分信息组成一个"结点",每个结点包括两个域:数据域——存放数据元素本身的信息;指针域——存放其后继结点的地址,结点的结构如图 2.5 所示。因此 n 个元素的线性表通过每个结点的指针域构成了一个"链条",称为链表。因为每个结点中只有一个指向后继的指针,所以称其为单链表。为了访问单链表,只要知道第一个结点地址就能访问第一个元素,通过第一个元素的指针域得到第二个结点的地址,以此类推,可以访问所有元素。这样称第一个元素的地址为"头指针"。

data	next

图 2.5 单链表结点结构

例如,假设有线性表(A,B,C,D,E,F,G,H)对应的链式存储结构如图 2.6 所示。头指针为 1000H，最后一个结点没有后继，其指针域必须置空（以 NULL 表示），表明此表到此结束，这样就可以从第一个结点的地址开始"顺藤摸瓜"，找到每个结点。

头指针 1000H

存储地址	数据域	指针域
0FFFH	C	2005H
	⋮	⋮
1000H	A	1005H
1005H	B	0FFFH
	⋮	⋮
2000H	F	3000H
2005H	D	200AH
200AH	E	2000H
	⋮	⋮
2020H	H	NULL
	⋮	⋮
3000H	G	2020H

图 2.6 链式存储结构

作为线性表的一种存储结构，我们关心的是结点间的逻辑结构（线性关系），而对每个结点的实际地址并不关心，所以通常的单链表用图 2.7 的形式表示。

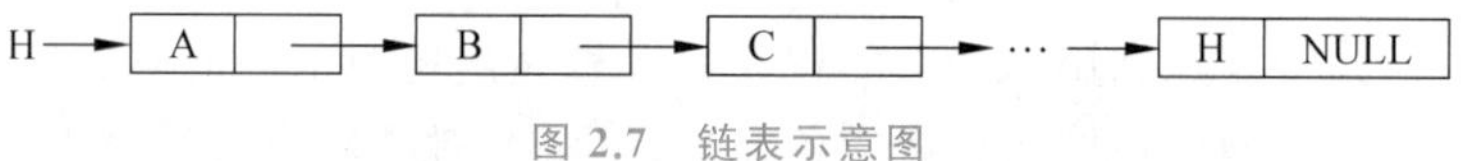

图 2.7 链表示意图

链表的每个元素构成一个结点，结点定义如下：

```
typedef  struct  node{
                    DataType data;              /* 每个元素的数据信息 */
                    struct node  * next;        /* 存放后继元素的地址 */
} LNode, * LinkList;
```

定义头指针变量：

```
LinkList  H;
```

上面定义的 LNode 是结点的类型，LinkList 是指向 LNode 类型结点的指针类型。当单链表为空时 H＝NULL，如图 2.8(a)所示；H 为头指针变量，指向单链表的第一个结点，如图 2.8(b)所示。

为了方便操作单链表，一般在单链表的第一个结点之前加一个称为"头结点"的附加结点，如图 2.8(c)所示。"头结点"的设置会给单链表操作带来方便，当然，用户也可以在附加结点的数据域中存放一些与整个单链表相关的信息（如单链表长度等），指针域中存放的是第一个数据结点的地址，空表时指针域为空（NULL）。注意：在这种情况下，以 H－>next 等于 NULL 表示单链表为空，如图 2.8(d)所示。

声明：在以后的算法中，若不作特别说明，链表是指采用带头结点的链表形式。在链表的示意图中，通常规定用符号 ∧ 表示 NULL。

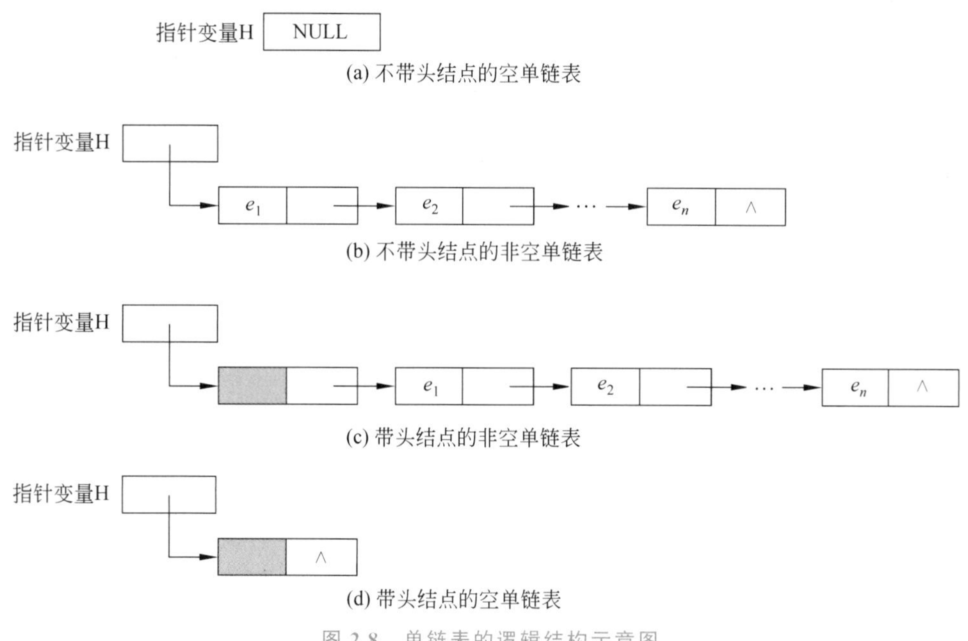

图 2.8 单链表的逻辑结构示意图

2.5.2 单链表基本运算的实现

1. 创建空单链表

链表与顺序表不同，它是一种动态管理的存储结构，链表中的每个结点占用的存储空间不是预先分配，而是运行时系统根据需求生成的，因此建立空单链表就是建立一个带头结点的空表。该算法主要是为单链表申请头结点。具体算法如下。

【算法 2.9】

```
LinkList  Creat_LinkList(void)
{  /* 创建空单链表,入口参数: 无;返回值: 单链表的头指针,0 代表创建失败,非 0 代表成功 */
   LinkList  H;
   H=(LinkList)malloc(sizeof(LNode));
   if (H)  /* 确认创建头结点是否成功,若成功,修改单链表头结点的指针域为 0,代表空表 */
     H->next=NULL;
   return H;
}
```

2. 销毁单链表

单链表被构造，使用完后，由于其结点均为动态分配的内存空间，所以必须要销毁，以释放空间，否则会造成空间的浪费。单链表的销毁操作是创建操作的逆运算。销毁后单链表的头指针发生变化（变为空指针），所以要将头指针的地址作为形参。具体算法如下。

【算法 2.10】

```
void  Destroy_LinkList(LinkList * H)
{   /* 销毁单链表,入口参数:单链表头指针的地址 */
   LinkList p,q;
   p= * H;
   while (p)                                    /* 释放单链表的所有结点 */
   {
       q=p;
       p=p->next;
       free(q);
   }                                            /* while */
    * H=NULL;
}
```

设调用函数为主函数,主函数对创建函数和销毁函数的调用如下:

```
main()
{
    LinkList H;
    H=Creat_LinkList();
     ⋮
    Destroy_LinkList(&H);
}
```

3. 求表长

由于单链表采用离散的存储方式并且没有显示表长的存储信息,因此要求出单链表的表长,必须将单链表遍历一遍。

算法思路:设一个移动指针 p 和计数器 count,初始化后,p 指向头结点,p 后移一个结点,count 加 1 直至 p 为 NULL。具体算法如下。

【算法 2.11】

```
int  Length_LinkList(LinkList H)
{  /* 求单链表表长,入口参数:单链表头指针,出口参数:表长,-1 表示单链表不存在 */
  LinkList  p=H;                    /* p 指向头结点 */
  int  count=-1;                    /* H 带头结点所以从-1 开始 */
  while (p)                         /* p 所指的是第 count+1 个结点 */
  {
      p=p->next;
      count++;
  }                                 /* while */
  return(count);
}
```

该算法的时间复杂度为 $O(n)$，其中 n 为单链表的结点数。

4. 查找操作

1）按序号查找

从单链表的第一个元素结点起，判断当前结点是否是第 i 个，若是，则返回该结点的指针，否则继续下一个结点的查找，直到表结束为止。若没有第 i 个结点则返回空。如果 $i==0$ 返回头指针。

具体算法如下。

【算法 2.12】

```
LinkList  Locate_LinkList_Pos(LinkList  H, int  i)
{  /* i 不正确或者链表不存在，则返回 NULL，i==0 返回头指针，否则返回第 i 个结点的指针 */
   LinkList   p;
   int j;
   p=H;  j=0;
   while (p && j<i)                  /* 查找第 i 个结点 */
   {
      p=p->next;
      j++;
   }                                 /* while */
   if (j!=i||!p)
   {
      printf("参数 i 错或单链表不存在");
      return (NULL);
   }                                 /* 第 i 个结点不存在 */
   return (p);
}
```

2）按值查找

单链表的按值查找是在线性表存在的情况下，查找值为 x 的数据元素，若成功，返回首次出现的值为 x 的那个元素所在结点的指针；否则，未找到值为 x 的数据元素，返回 NULL 表示查找失败。

算法思路：从链表的第一个元素结点起，判断当前结点其值是否等于 x，若等于，则返回该结点的指针，否则继续执行下一个，直到表结束为止。

具体算法如下。

【算法 2.13】

```
LinkList  Locate_LinkList_Value(LinkList  H, DataType  x)
{  /* 在单链表中查找值为 x 的结点，入口参数：单链表指针，检索元素 */
   /* 出口参数：找到后返回其指针，否则返回 NULL */
    LinkList p=H->next;
    while (p && p->data!=x)
        p=p->next;
```

```
    return(p);
}
```

该算法的时间复杂度均为 $O(n)$。

5. 插入

插入运算是指在单链表的第 i 个位置前插入一个值为 x 的新结点，即在第 $i-1$ 结点的后面插入值为 x 的新结点，假设第 $i-1$ 结点的指针为 p，q 指向待插入的值为 x 的新结点，将 q 插入 p 的后面，其插入操作如图 2.9 所示。具体操作如下：

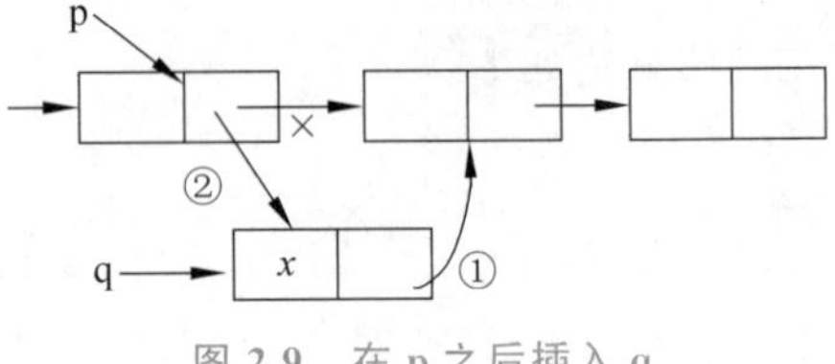

图 2.9　在 p 之后插入 q

```
① q->next=p->next;
② p->next=q;
```

注意：两个指针的操作顺序不能交换。

具体算法如下。

【算法 2.14】

```
int  Insert_LinkList(LinkList H, int i, DataType x)
{  /*在单链表 H 的第 i 个位置前插入值为 x 的结点,入口参数:单链表,插入位置,插入元素*/
   /*返回参数:成功标志,0 表示不成功,1 表示成功*/
   LinkList  p, q;
   p=Locate_LinkList(H, i-1);          /*找第 i-1 个结点地址,见算法 2.12*/
   if (!p)
   {  printf("i 有误");
      return(0);
   }
   q=(LinkList) malloc(sizeof(LNode));
   if (!q)
     {  printf("申请空间失败");
        return(0);
     }                                  /*申请空间失败,不能插入*/
     q->data=x;
     q->next=p->next;                   /*新结点插入在第 i-1 个结点的后面*/
     p->next=q;
     return 1;                          /*插入成功,则返回*/
}
```

该算法的时间主要花费在查找第 $i-1$ 个元素结点上，所以其时间复杂度为 $O(n)$。

6. 删除

删除运算是指删除单链表的第 i 个结点，即将第 $i-1$ 个元素结点的指针域指向第

$i+1$ 个元素结点。要实现删除，首先要找到第 i 个元素结点的前驱结点，设单链表第 $i-1$ 个元素结点指针为 p，要删除第 i 个元素结点（指针为 q），操作如图 2.10 所示。具体操作如下：

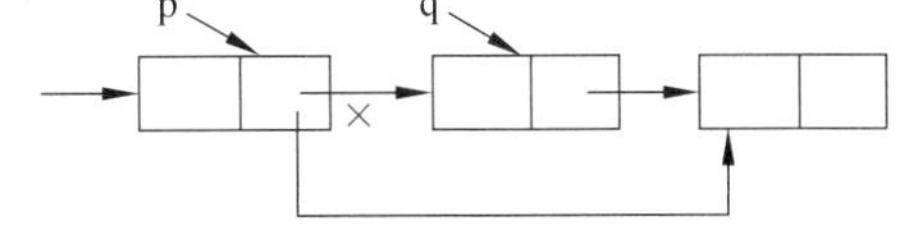

图 2.10 删除 * q

```
p->next=q->next;   free(q);
```

具体算法如下。

【算法 2.15】

```
int  Del_LinkList(LinkList  H,int i)
{  /* 删除单链表 H 上的第 i 个结点,入口参数: 单链表,删除元素序号,返回参数: 成功标志,
     0 表示不成功,1 表示成功 */
   LinkList   p, q;
   if (H==NULL||H->next==NULL)
   {    printf("链表不存在或者空表不能删除");
        return(0);
   }
   p=Locate_LinkList(H, i-1);               /* 找第 i-1 个结点地址,见算法 2.12 */
   if (p==NULL||p->next==NULL)
   {    printf("参数 i 错");
        return(0);                          /* 第 i 个结点不存在 */
   }
   q=p->next;                               /* q 指向第 i 个结点 */
   p->next=q->next;                         /* 从链表中删除 */
   free(q);                                 /* 释放第 i 个结点空间 */
   return(1);
}
```

该算法同插入算法一样，时间主要消耗在查找第 $i-1$ 个元素结点上，故其时间复杂度为 $O(n)$。

另外，在上面插入和删除的算法中，第一个元素结点的处理和其他结点是相同的，因为在第一个元素结点之前有一个“头结点”（可以看作第 0 个结点），所以在查找第 $i-1$ 个元素结点时，只要 i 值合法，总能找到第 $i-1$ 个结点的指针，处理起来非常方便；如果采用不带头结点的单链表，则需要对插入位置具体考虑，在第一个元素结点之前插入时，它没有直接前驱结点，需修改头指针；而在其他结点之前插入时，只要找到前驱结点地址（指针）进行正常插入即可。在不带头结点的链表中删除结点时，删除第一个结点和其他结点的处理也是不同的，删除第一个结点要修改头指针变量，删除其他结点只要修改其直接前驱的指针域即可。有兴趣的读者可以考虑用不带头结点的单链表实现插入、删除操作，比较一下它们的区别，以便进一步理解单链表的插入和删除操作的实现。总之，在通常情况下，无表头结点的单链表的处理工作往往比有表头结点的单链表的处理工作更为复杂。

2.5.3 循环链表

对于单链表而言,最后一个结点的指针域是空指针,如果将该链表头结点地址(头指针)置入最后一个结点的指针域中,则使得链表头尾结点相连,就构成了循环单链表(也称为单循环链表),如图 2.11 所示。

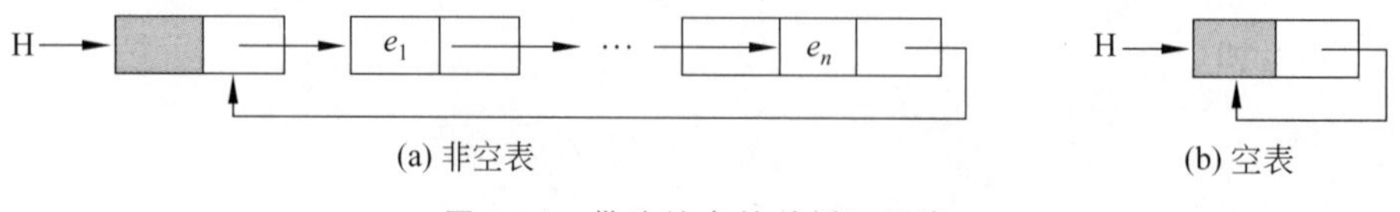

图 2.11 带头结点的单循环链表

对于单链表只能从头结点开始遍历整个链表,而对于循环单链表则可以从表中任意结点开始遍历整个链表,不仅如此,在很多情况下,对链表的操作是在表尾、表头进行的,此时可以改变链表的标识方法,不用头指针而用一个指向尾结点的指针 R 来标识,既可以找到尾结点,又可以找到头结点(R－>next),可以使操作效率得以提高。

例如对两个循环单链表 H1、H2 的连接操作,是将 H2 的第一个元素结点接到 H1 的尾结点,如用头指针标识,则需要找到第一个链表的尾结点,其时间复杂性为 $O(n)$,而链表若用尾指针 R1 、R2 来标识,则时间性能为 $O(1)$。操作如下:

```
p=R1->next;                  /* 保存 R1 的头结点指针 */
R1->next=R2->next->next;     /* 头尾连接 */
free(R2->next);              /* 释放第二个表的头结点 */
R2->next=p;                  /* 组成循环链表 */
```

操作过程如图 2.12 所示。

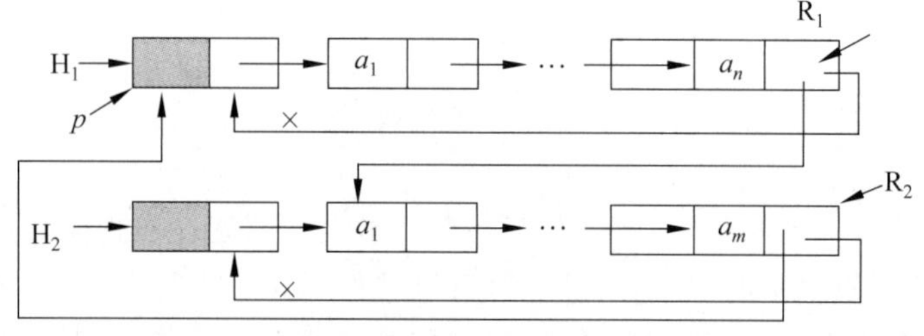

图 2.12 两个用尾指针标识的单循环链表的连接

2.5.4 双向链表

以上讨论的单链表,其结点只含有一个指向其后继结点的指针域 next。因此若已知某结点的指针为 p,其后继结点的指针则为 p－>next,若要找其前驱则只能从该链表的头指针开始,顺着各结点的 next 域进行,也就是说查找后继的时间性能是 $O(1)$,查找前驱的时间性能是 $O(n)$,如果要克服单链表的缺点,希望查找前驱的时间性能达到 $O(1)$,

则只能付出空间的代价：每个结点再加一个指向前驱的指针域，结点的结构如图 2.13 所示，用这种带前驱和后继指针结点组成的链表称为双向链表。

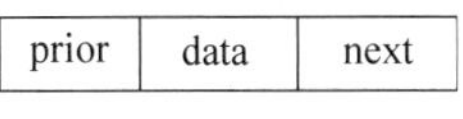

图 2.13 双向链表

双向链表结点的定义如下：

```
typedef struct  node{
      DataType  data;
      struct node   * prior, * next;
}DuNode, * DLinkList;
```

和单链表类似，双向链表也有几种变形形式：图 2.14 给出了带头结点的双向链表示意图，链表中存在从头到尾和从尾到头的两条链；图 2.15 给出了带头结点的双向循环链表示意图，链表中存在两个环。

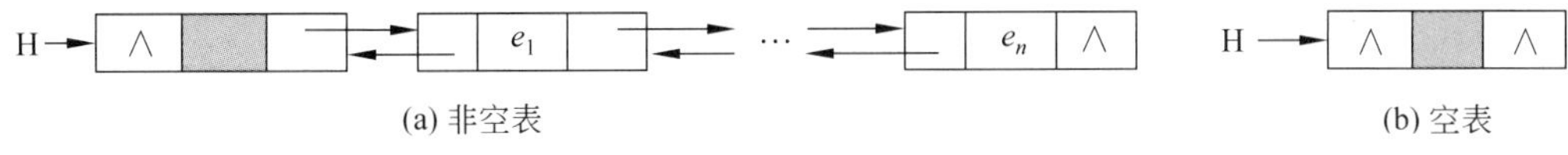

图 2.14 带头结点的双向链表

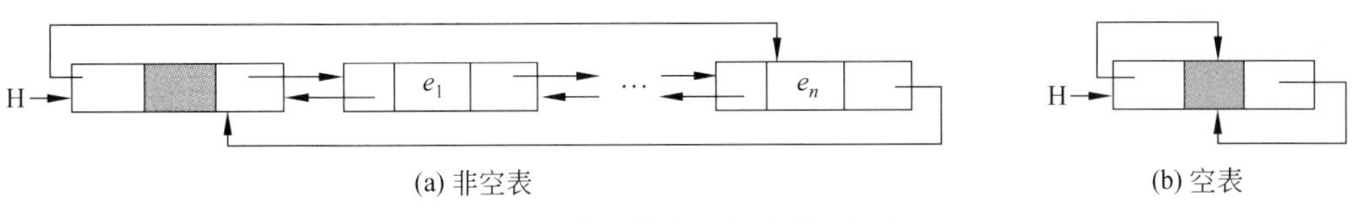

图 2.15 带头结点的双向循环链表

显然通过某结点的指针 p 可以直接得到它的后继结点的指针 p－＞next，也可以直接得到它的前驱结点的指针 p－＞prior。这样在有些需要查找前驱的操作中时间效率大大提高。

设 p 指向双向循环链表中的某一结点，即 p 是该结点的指针，则 p－＞prior－＞next 表示的是 * p 结点之前驱结点的后继结点的指针，即与 p 相等；类似，p－＞next－＞prior 表示的是 * p 结点之后继结点的前驱结点的指针，也与 p 相等，所以有以下等式：

```
p==p->prior->next==p->next->prior
```

双向链表中结点的插入：设 p 指向双向链表中某结点，s 指向待插入的值为 x 的新结点，将 * s 插入 * p 的前面，插入示意图如图 2.16 所示。

操作如下：

```
① s->prior=p->prior;
② p->prior->next=s;
③ s->next=p;
④ p->prior=s;
```

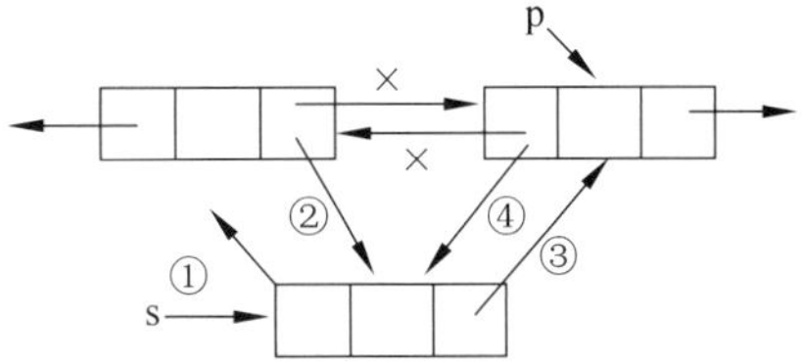

图 2.16 双向链表中的结点插入

注意：对于双向链表由于有前驱和后继指

针，插入时要修改4个指针，并且指针操作的顺序虽然不是唯一的，但也不是任意的，操作①必须要放到操作④的前面完成，否则 *p 的前驱结点的指针就丢掉了。请读者理解清楚每条指针操作的含义。

双向链表中结点的删除：

设 p 指向双向链表中某结点，删除 *p。

操作示意图如图 2.17 所示。

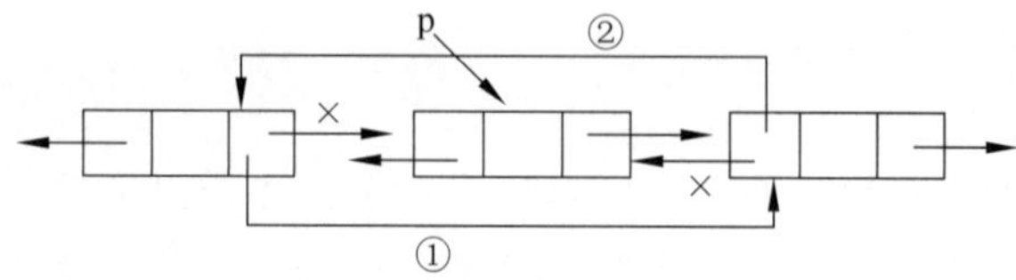

图 2.17　双向链表中删除结点

操作如下：

```
① p->prior->next=p->next;
② p->next->prior=p->prior;
  free(p);
```

从图 2.17 中可以看出，断开 p－>prior－>next 和 p－>next－>prior 后，我们仍然能够找到 p 的前驱和后继，所以操作①和操作②可以调换。

双向链表的结束条件和单链表相同，双向循环链表的结束条件和单向循环链表的结束条件相同。

2.5.5　静态链表

根据第 2.5.1 节单链表的知识，用单链表表示线性表时，其结点空间是在运行时根据需要动态分配的，利用指针实现线性表的线性关系。但在有些语言中不提供指针类型，这时就无法创建单链表，但可以借助数组来模拟单链表。用数组下标相对地表示地址称为静态指针或索引，这种链表称为静态链表。首先定义一个结构体记录类型：

```
typedef  struct {
       DataType  data;                  /* 元素 */
       int  next;                       /* 相对指针 */
} SNode;                                /* 结点类型 */
```

再定义一个静态链表：

```
#define  MAXSIZE  100                   /* 链表可能的最大长度 */
typedef  struct {
     SNode  sp[MAXSIZE];
     int  SL;                           /* 静态链表头指针 */
} StList, * PStList;
```

这种链表的结点中也有数据域 data 和指针域 next，与前面所讲的链表中的指针不同的是，这里的指针是结点的相对地址（数组的下标），因为上面定义的数组中没有下标为－1 的单元，所以空指针用－1 表示。图 2.18 所示的静态单链表表示线性表（e_1, e_2, e_3, e_4, e_5）。

静态链表在算法设计中有比较广泛的应用，如例 2.2 所述的用顺序表求解约瑟夫问题，其每次出列都必须删除这个元素，顺序表删除元素需移动大量元素，利用静态链表的思想来求解约瑟夫问题时可以避免移动大量元素。读者可试着写出利用静态链表求解约瑟夫问题的算法并和例 2.2 的算法进行比较。

SL=0

下标	data	next
0		4
1	e_4	5
2	e_2	3
3	e_3	1
4	e_1	2
5	e_5	–1
6		
7		
8		
9		
10		

图 2.18　静态链表

2.6　单链表应用举例

【例 2.3】　有一线性表的单链表表示（$a_1, a_2, \cdots, a_n$），设计一算法将该单链表逆置成逆线性表（$a_n, a_{n-1}, \cdots, a_1$）。

算法思路：首先将单链表拆开成一个空表 H 和一个不带头结点的单链表，然后将不带头结点的单链表从第一个结点开始依次取出每个结点，将其插入 H 单链表的第一个位置。具体算法如下。

【算法 2.16】

```
void  reverse_LinkList(Linklist H)
{  LinkList  p,q;
   p=H->next;                     /* p 指向第一个数据结点 */
   H->next=NULL;                  /* 将原链表置为空表 H */
   while (p)
   {  q=p;
      p=p->next;
      q->next=H->next;            /* 将当前结点插到头结点的后面 */
      H->next=q;
   }                              /* while */
}
```

本算法中，时间主要消耗在 while 循环上，while 循环执行的次数为原单链表的长度，所以其时间复杂度为 $O(n)$。

【例 2.4】　已知集合 A 和 B，编写一个算法求 $A=A\cap B$，$A=A\cup B$。

解题思路：分别用两个带头结点的单链表存储集合 A 和 B，$A\cap B$ 就是 A 和 B 中都存在的元素，方法是删除单链表 A 中所有没有在 B 中出现的元素。$A\cup B$ 就是 A 或者 B 中存在的元素，方法是将单链表 B 中所有不在单链表 A 中出现的元素加入 A 中。

具体算法如下。

【算法 2.17】

```
void Inter_sec(Linklist A,Linklist B)
{  /*求集合 A 和 B 的交集,入口参数:指向集合 A 和 B 的指针,返回值:无*/
   DataType x;
   Linklist pre,p;
   pre=A; p=pre->next;           /*初始 pre 指向头结点,p 指向第一个链表结点*/
   while(p)
   {
      x=p->data;
      if(!Locate_LinkList _Value(B,x))        /*集合 B 中没有 x*/
      {   pre->next=p->next;
          free(p);                            /*删除该结点,考察下一个结点*/
          p=pre->next;
      }
      else
      {   pre=p;
          p=p->next;                          /*考察下一个结点*/
      }
   }
}
```

【算法 2.18】

```
   void  Merge_sec(Linklist A, Linklist B)
   {  /*求集合 A 和 B 的并集,入口参数:指向集合 A 和 B 的指针,返回值:无*/
      DataType x;
      Linklist p;
      p=B->next;                              /*初始 p 指向第一结点*/
      while(p)
      {  x=p->data;
         if(!Locate_LinkList _Value(A,x))     /*集合 A 中没有 x*/
            Insert_LinkList(A, 1,x);          /*将集合 B 中有而集合 A 中没有的
                                                元素加入集合 A 中*/
          p=p->next;
      }
}
```

算法的时间性能是 $O(\text{Length\_LinkList}(A) * \text{Length\_LinkList}(B))$。

【例 2.5】 用链表求解约瑟夫问题。

算法思路:由于约瑟夫问题是 n 个人围坐一圈,所以采用循环链表实现,又由于报数时可能循环到开始,所以采用不带头结点的循环链表结构。为了便于删除操作,设置两个指针变量 pre 和 p,p 指向当前待删除结点,pre 指向其前趋结点,为了方便从 1 开始计数,循环链表采用尾指针指向的单循环链表,将指针 pre 初始化为指向最后一个结点,指针 p 指向首元结点。

其算法步骤如下。

(1) 在不带头结点的循环链表中查找第 s 个结点，用 p 作为第 s 个结点的指针。

(2) 从 p 所指的结点开始计数查找第 m 个结点，pre 指向 p 的前驱。

(3) 输出该结点元素值。

(4) 删除该结点，同时将该结点下一结点指针作为当前指针，即 p 指针，重复步骤(2)，直到链表中所有结点都被删除为止。

具体算法如下。

【算法 2.19】

```
int Josephus_ LinkList(LinkList rear, int s, int m)
{  /*求约瑟夫问题的出列元素序列，入口参数：已经存放数据的链表尾指针，起始位置 s，从
     1 报数到 m，出口参数：1 表示成功，0 表示表中没有元素*/
   LinkList p,pre;                     /*p 指向当前结点，pre 指向其前驱结点*/
   int count;
   if (!rear)
   {  printf("表中无元素");
      return(0);
   }
   /*找第 s 个元素*/
   pre=rear;
   p=pre->next;
   for(count=1; count<s; count++)    /*查找第 s 个结点，用 p 作为第 s 个结点的指针*/
   {
       pre=p;
       p=pre->next;
   }
   printf("输出约瑟夫序列：");
   while ( p!=p->next)                 /*输出 n-1 个结点*/
   {
       for(count=1;count<m;count++)
       {
           pre=p;
           p=p->next;
       }                               /*for*/
       printf("%d\t", p->data);
       pre->next=p->next;
       free(p);
       p=pre->next;
   }/*while*/
   printf("%d\t",p->data);             /*输出最后一个结点*/
   free(p);
   return 1;
}
```

该算法时间复杂度是 $O(n\times m)$。

2.7 顺序表和链表的比较

作为线性表的两种基本的存储结构：顺序表和链表。它们在存储和操作上各有优缺点，比较如表2.2所示。

表2.2 顺序表与链表的优缺点比较

	顺序表	链表
优点	• 方法简单，各种高级语言中都有数组，容易实现； • 不用为表示结点间的逻辑关系而增加额外的存储开销，存储密度大； • 具有按元素序号随机访问的特点，查找速度快	• 插入、删除时，只要找到对应前驱结点，修改指针即可，无须移动元素； • 采用动态存储分配，不会造成内存浪费和溢出
缺点	• 插入、删除操作时，需要移动元素，平均移动大约表中一半的元素，元素较多的顺序表效率低； • 采用静态空间分配，需要预先分配足够大的存储空间，会造成内存的浪费和溢出	• 在有些语言中，不支持指针，不容易实现； • 需要用额外空间存储线性表的关系，存储密度小； • 不能随机访问，查找时要从头指针开始遍历

链表的优缺点基本上与顺序表相反。在实际应用中选取哪种存储结构应根据实际情况进行权衡考虑。

1. 基于存储的考虑

顺序表的存储空间是静态分配的，在程序执行之前必须明确规定它的存储规模，也就是说事先对MAXSIZE要有合适的设定，过大造成浪费，过小造成溢出。如果对线性表的长度或存储规模难以估计时，不宜采用顺序表；链表不用事先估计存储规模，但链表的存储密度较低(存储密度是指一个结点中数据元素所占的存储单元和整个结点所占的存储单元之比)。

2. 基于操作的考虑

在顺序表中按序号访问元素的时间性能为 $O(1)$，而链表中按序号访问的时间性能是 $O(n)$，所以如果经常做的运算是按序号访问数据元素，显然顺序表优于链表；而在顺序表中做插入、删除时需移动元素，当数据元素的信息量较多且表较长时，这一点是不应忽视的；在链表中作插入、删除操作，虽然也要找插入位置，但主要是比较操作，从这个角度考虑，显然链表较优。

3. 基于开发语言的考虑

顺序表容易实现，任何高级语言中都有数组类型，链表的操作是基于指针的，有些语言不支持指针类型，并且相对指针来讲，顺序表较简单。

总之，两种存储结构各有长短，选择哪一种存储方式应由实际问题决定。通常“较稳定”的线性表选择顺序存储，而频繁做插入删除的即动态性较强的线性表宜选择链式存储。

2.8　案例分析与实现

【案例 2.3】　一元多项式的加法运算，如 $P_1=P_1+P_2$，其中 P_1、P_2 为一元多项式。

方法一：按 2.1 节讨论，将一元多项式 $f(x)=a_0+a_1x+a_2x^2+\cdots+a_{n-1}x^{n-1}+a_nx^n$ 抽象成为 $n+1$ 项系数组成的线性表$(a_0,a_1,a_2,\cdots,a_{n-1},a_n)$，由一个顺序表来保存。在此基础之上实现多项式加法运算。

例如，多项式 $P(x)=8+5x-7x^2+9x^3+12x^4-6x^7$ 在顺序表中的存储如图 2.19 所示。

下标	0	1	2	3	4	5	6	7	…	MAXSIZE-1
元素	8	5	-7	9	12	0	0	-6	…	

图 2.19　一元多项式的顺序存储示意图

算法思路：如上所示，用两个顺序表分别存储一元多项式 P_1 和 P_2，依次将 P_1 和 P_2 对应下标的元素相加，结果存于 P_1，如果 P_2 中的元素多于 P_1，将 P_2 中多出的元素全部复制到 P_1。

具体算法如下。

【算法 2.20】

```
void Add_Polynomial(PSeqList P1, PSeqList P2 )
    {   /*两个一元多项式 P1,P2 求和,求和的结果保存到 P1 中*/
        int i=0;
        while(i<P1->length&& i<P2->length)
        {
            P1->data[i]=P1->data[i]+P2->data[i];    /*对应项系数相加存于 P1*/
            i++;
        }/*end while*/
        while(i<P2->length)
        {/*如果 P2 中还有数据未处理,全部复制到 P1 中*/
            P1->data[i]=P2->data[i];
            P1->length++;
            i++;
        }/*end while*/
}
```

该算法比较简单，其时间复杂度为 O(P2－> length)。如前所述，在此种存储方式下，顺序表的大小由多项式的阶数而不是非零项的个数所确定，在多项式比较稀疏时，此算法的时间和空间效率都比较差，对于稀疏多项式的运算，可以考虑只存储非零项的信息。

方法二：按照 2.1 节的分析，可以将多项式抽象成一个由非零项系数 a_i 和指数 i 构成的二元组 (a_i, i) 组成的线性序列 $((a_0,0),(a_1,1),\cdots,(a_{n-1},n-1),(a_n,n))$。同样可以用一个顺序表来存储这个线性序列来实现一元多项式的加法运算。

图 2.20 给出多项式 $P(x)=8+5x-7x^2+9x^9+12x^{12}-6x^{37}$ 在顺序表中的存储示意图。

下标	0	1	2	3	4	5	…	…	…	MAXSIZE-1
系数	8	5	-7	9	12	-6	…	…	…	
指数	0	1	2	9	12	37	…	…		

图 2.20　一元多项式非零项的顺序存储示意图

算法思路：将多项式 P_1、P_2 按指数值递增顺序存储于两个顺序表中。同时扫描多项式 P_1、P_2 的各项(从第一项开始)，比较它们的指数值，有如下 3 种情形。

(1) 指数相等，P_1、P_2 当前项的系数相加，如果系数和为零，则从多项式中 P_1 删除该项，否则将系数和写入 P_1 的当前项中，继续扫描 P_1、P_2 的下一项。

(2) 如果 P_1 的当前项的指数值小于 P_2 当前项的指数值，则继续扫描 P_1 的下一项。

(3) 如果 P_1 的当前项的指数值大于 P_2 当前项的指数值，则将 P_2 当前项插入 P_1 当前项的前面，继续扫描 P_2 的下一项。

如果 P_1 的所有项都扫描完，将 P_2 中剩余项加入 P_1 中来，算法结束；或者 P_2 中所有项扫描完，算法结束。

详细的算法实现如下：

```
typedef struct DataType{
    int coef;                                        //系数
    int exp;                                         //指数
}                                                    //数据元素类型定义
```

【算法 2.21】

```
void Add_Polynomial(PSeqList P1, PSeqList P2)
{/* 两个一元多项式 P1,P2 求和,求和的结果保存到 P1 中 */
    int i,j;                          /* 扫描过程中的 P1、P2 的当前分量的下标 */
    int temp;
    i=0;j=0;
    while(i<P1->length&&j<P2->length)         /* 多项式 P1,P2 没有扫描完 */
    {
        if(P1->data[i].exp==P2->data[j].exp)
0        { /* 第一种情形,P1 和 P2 当前项的指数相等 */
```

```
            temp =P1->data[i].coef+P2->data[j].coef;   /*系数相加*/
            if(temp ==0)
            {   /*系数相加结果为 0,删除,继续 P1,P2 下一项*/
                    Delete_SeqList(P1,i+1);
                    j++;
            }
            else
            {   /*系数相加结果不为 0,存入 P1,继续 P1,P2 下一项*/
                    P1->data[i].coef=temp;
                    i++;
                    j++;
            }
        }/*第一种情形结束*/
        else if(P1->data[i].exp <P2->data[j].exp)
        {   /*第二种情形,P1 当前项的指数小于 P2 的当前项指数,P1 移向下一项*/
                i++;
        }   /*第二种情形结束*/
        else
        {   /*第三种情形:P1 当前项指数大于 P2 的当前项指数, P2 的当前项加入到 P1
                中*/
                Insert_SeqList(P1,i+1,P2->data[j]);
                i++;
                j++;
        }/*第三种情形结束*/
    } /*end while*/
    while(j<P2->length)
    {   /*如果 P2 没有扫描完,依次将 P2 剩余项加入到 P1 表尾*/
            Insert_SeqList(P1,P1->length+1,P2->data[j]);
            j++;
    }
} /*end Add_Polynomial */
```

方法三：在顺序存储结构下用两种方式实现了一元多项式的加法运算。第一种方式虽然运算简单但对于阶数很高的稀疏一元多项式,空间浪费严重;第二种方式理论上可以解决空间浪费问题,然而在实际的应用中,由于事先无法知道多项式可能的非零项个数,只能根据预期估计可能的最大项数事先定义数组大小。一方面,当实际非零项个数较少时,空间的浪费同样也会严重;另一方面,当实际非零项个数超过最大值时,容易出现溢出现象,需要开辟新的空间;此外,在进行运算时,要频繁地执行插入和删除操作。因此,更好的解决方法是利用链表来存储多项式的非零项,相比于顺序表,链表更具有灵活性。

用链表存储多项式时,链表的每个结点存储多项式中的一个非零项,包括系数和指数两个数据域和一个指针域,其结点结构如图 2.21 所示。

coef	exp	next

图 2.21 一元多项式链式存储结点结构示意图

将前面单链表结点的定义修改如下:

```
typedef struct node{
        int coef;                                         /* 各项的系数 */
        int exp;                                          /* 各项的指数 */
        struct node * next;                               /* 存放后继元素的地址 */
}Polynomial, * P_Polynomial;
```

下面用带头结点的单链表实现一元多项式的加法(假定单链表中的结点按照多项式的指数值递增排列)。

算法思路:同时扫描多项式 P_1、P_2 的各项分量(从第一个分量开始),比较它们的指数值,如果相同,则对此指数对应的系数合并求和(如果系数和为零,则从多项式中 P_1 消去该项)将系数和写入 P_1 的当前分量中,继续扫描 P_1、P_2 的下一个分量;否则 P_1 和 P_2 的当前分量的指数值不等,分如下两种情形讨论。

(1) 如果 P_1 的当前分量的指数值小于 P_2 当前分量的指数值,则继续扫描 P_1 的下一项。

(2) 如果 P_1 的当前分量的指数值大于 P_2 当前分量的指数值,则将 P_2 当前分量插入 P_1 当前分量的前面。

如果 P_1 的所有分量都扫描完,将 P_2 中剩余分量加入 P_1 中,算法结束;或者 P_2 中所有分量扫描完,算法结束。

具体算法如下。

【算法 2.22】

```
void Add_Polynomial(P_Polynomial P1, P_Polynomial P2)
{   /* 两个一元多项式 P1,P2 求和,求和的结果保存到 P1 中 */
    P_Polynomial pre,pa, pb;
                        /* 保存扫描过程中的 P1 的前一分量,当前分量及 P2 的当前分量 */
    P_Polynomial temp;
    pre=P1; pa=P1->next; pb=P2->next;

    while(pa&&pb) /* 多项式 P1,P2 没有扫描完 */
    {
          if(pa->exp==pb->exp)
          { /* 第一种情形,P1 和 P2 当前项的指数相等 */
              pa->coef=pa->coef+pb->coef;
              if(pa->coef ==0)
              {   /* 合并后系数为零,释放当前分量 */
                 pre->next=pa->next;
                 free(pa);
              }
              else
              {
                 pre =pa;
              }
```

```
            pa=pre->next;
            pb=pb->next;                          /* 同时扫描下一项 */
        }
        else if(pa->exp<pb->exp)
        {   /* 第二种情形,P1 当前项的指数小于 P2 的当前项指数 */
            pre=pa;
            pa=pa->next;
        }
        else
        {   /* 第三种情形: P1 当前项指数>P2 当前项指数,将多项式 P2 的当前分量加入到 P1
            中 */
            if(!(temp=(P_Polynomial)malloc(sizeof(Polynomial))))
            {
                printf("内存不足!\n");
                exit(0);
            }
                temp->exp=pb->exp;
                temp->coef=pb->coef;              /* 复制 P2 当前分量 */
                temp->next=pa;
                pre->next=temp;
                pre=pre->next;                    /* 复制的当前分量插入 P1 中 */
                pb=pb->next;
    }/* end else */
    } /* end while */

    while(pb) /* 如果 P2 没有扫描完 */
    {
        if(!(temp=(P_Polynomial)malloc(sizeof(Polynomial))))
        {
            printf("内存不足!\n");
            exit(0);
        }
        temp->coef=pb->coef;
        temp->exp=pb->exp;
        temp->next=NULL;
        pre->next=temp;                           /* 将复制的当前分量加到 P1 的尾部 */
        pre=pre->next;
        pb=pb->next;
    }

} /* end Add_Polynomial */
```

【案例 2.4】 手机通讯录的设计与实现。

由 2.1 节分析可知,如果把每个联系人的信息抽象为一个数据元素(简单起见,假定联系人只包含姓名、手机号码信息)。那么整个通讯录就可以抽象为一个线性表。采用顺序存储的通讯录的数据类型可以用如下定义来描述：

```
#define MAXSIZE 100
typedef struct
{
    char name[20];
    char tel[15];
} DataType;                                    /* 联系人信息仅包含姓名和手机号码 */
typedef struct
{
    DataType data[MAXSIZE];
    int length;
} SMailList, * PSMailList;                          /* 通讯录类型定义 */
```

通讯录的建立，联系人的添加、删除和查找就可以用顺序表的初始化、增加、删除和查找等基本操作来实现，修改操作则可以通过调用查找算法，找到满足条件的联系人进行修改即可。此例涉及的操作都是顺序表的基础算法，实现起来比较容易。

详细的实现程序如下：

```
#include<stdio.h>
#include<stdlib.h>
#include<malloc.h>
#include<string.h>
#define MAXSIZE 100
typedef struct
{
    char name[20];
    char tel[15];
} DataType;                                    /* 联系人信息仅包含姓名和手机号码 */
typedef struct
{
    DataType data[MAXSIZE];
    int length;
} SMailList, * PSMailList;                          /* 通讯录类型定义 */

PSMailList InitList()                               /* 建立空通讯录 */
{
    PSMailList L;
    L=(PSMailList)malloc(sizeof(SMailList));     /* 分配存放联系人信息的空间 */
    L->length=0;
    return(L);
}

int Insert_MailList(PSMailList PL,int i,DataType x)      /* 新建联系人 */
{  /* 在通讯录的第 i 个元素之前插入 x,入口参数：通讯录指针，插入位置，插入联系人信息，
```

```
返回标志,1表示成功,0表示插入位置不合法,-1表示溢出,-2表示通讯录不存在*/
        int j;
        if (!PL)
        {
            printf("通讯录未建立\n");
            return(-2);                          /*通讯录未建立,不能插入*/
        }
        if (PL->length >=MAXSIZE)
        {
            printf("溢出错误\n");
            return(-1);                          /*空间已满,不能插入*/
        }
        if (i<1 || i>PL->length +1)              /*检查插入位置的合法性*/
        {
            printf("插入位置不合法\n");
            return(0);
        }
    for(j=PL->length-1; j>=i-1; j--)
        PL->data[j+1]=PL->data[j];               /* 移动元素 */
    PL->data[i-1]=x;                             /*新元素插入*/
    PL->length ++;                               /*表长加 1*/
    return(1);                                   /*插入成功,返回*/
}
int Delete_MailList(PSMailList PL,int i)         /*删除第 i 个联系人*/
{   /*删除通讯录中第 i 个元素,入口参数:通讯录指针,删除元素位置,返回标志 1 表示成功,
    0 表示删除位置不合法,-1 表示表不存在*/
    int j;
    char delflag;
    DataType x;
        if (!PL)
        {
            printf("通讯录不存在\n");
            return(-1);                          /*通讯录不存在,不能删除元素*/
        }
        if(i<1 || i>PL ->length)                 /*检查删除位置的合法性*/
        {
            printf("删除位置不合法\n");
            return(0);
        }
    for(j=i;j<PL ->length;j++)
        PL->data[j-1]=PL->data[j];               /*向上移动*/
        PL->length--;
        return(1);                               /*删除成功*/
}
```

```
int Location_MailList(PSMailList L, DataType x)   /*查找联系人*/
{  /*检索联系人,入口参数:通讯录,查找的联系人(仅包含姓名),返回联系人在顺序表中的序
   号,0表示查找失败*/
    int i=0;
    while (i<L->length && strcmp(L->data[i].name,x.name)!=0)
      i++;
    if (i>=L->length) {
        printf("未找到此联系人!\n");
        return 0;
        }
    else
    {

        return(i+1);
    }
}
void DispList(PSMailList L)                          /*输出线性表*/
{
    int i;
    printf(" NO NAME TEL \n");
    for (i=0;i<L->length;i++)
    {
        printf(" %d %s %s",i+1,L->data[i].name,L->data[i].tel);
        printf("\n");
    }
    printf("目前联系人总数:%d\n",L->length);
    printf("\n");
}

void menu()
{
printf("      -----------------------------------\n");
    printf("        手机通讯录 (顺序存储)\n");
    printf("      -----------------------------------\n");
    printf("        1.建立通讯录\n");
    printf("        2.添加联系人信息\n");
    printf("        3.删除联系人信息\n");
    printf("        4.查找联系人信息\n");
    printf("        5.显示联系人信息\n");
    printf("        6.退出!!!\n");
    printf("      -----------------------------------\n\n");
}

int main()
```

```
{
    PSMailList L;
    int flag=1;
    char delflag;
    int i,j;
    DataType mail[5]={"夏雪宜","18505553250","包不同","13805519760","陈家洛","
    13905535350","袁冠南","13105552378","丁 典","13505503878"};
    DataType x;
    printf("  (1)初始化通讯录\n");
    L=InitList();
    printf("  (2)依次插入元素\n");
    menu();
    for(int i=0;i<5;i++)
        Insert_MailList(L,i+1,mail[i]);
    DispList(L);
    while(flag==1)
    {
    printf("请选择: ");
      scanf("%d",&j);
      switch(j)
      {
        case 2: printf("请输入联系人的姓名和电话号码: ");
            scanf("%s %s",x.name,x.tel);
            printf("请输入插入数据的位置: ");
            scanf("%d",&i);
            fflush(stdin);
            printf("\n");
            Insert_MailList(L,i,x);
            break;

        case 3: printf("请输入删除的联系人姓名: ");
            scanf("%s",&x.name);
            i=Location_MailList(L,x);              //查找联系人的位置
            if(i>0)                          //如果该联系人存在,调用删除算法删除该联系人
              {
                  j=Delete_MailList(L,i);
                  if(j>0)
                  {
                      printf("联系人 %s 信息已删除!\n",x.name);
                  }

              }
            break;
```

```
            case 4:printf("请输入查找的联系人姓名: ");
                scanf("%s",&x.name);
                i=Location_MailList(L,x);
                if(i>0){
                    printf("%s\n%s\n",L->data[i-1].name,L->data[i-1].tel);
                }
                break;

            case 5:DispList(L);
                break;

            case 6:flag=0;
                printf("\n 不再输入记录,退出!!\n\n");
                break;
          }/* end switch */
        }/* end while */
    }
```

采用顺序表存储的通讯录存储人数要受到预先分配的空间大小的限制,另一种可行的方案是采用链式存储,此时,通讯录的建立、联系人的添加、删除和查找可以用链表的初始化、增加、删除和查找等基本操作来实现。涉及的操作都是基础算法,实现起来比较容易。读者可以参照上述顺序表的实现程序写出链式存储结构的手机通讯录的相应功能程序。此处不再赘述。

本章小结

本章主要讨论线性表的概念、存储形式以及在各种存储形式下的基本运算的实现。线性表是一种简单的数据结构,它是由 n 个相同数据类型的元素组成的有限序列。线性表常用的存储结构有两类:顺序存储和链式存储。

在线性表的顺序存储结构中,元素与元素之间的逻辑关系通过相邻的存储位置来表示,因此,顺序存储结构中只需要存储数据元素本身的信息而不需要存储元素与元素之间的关系,存储密度大。元素之间的关系可以用一个线性函数表示(序号与物理位置的映射),可以随机存取;正是由于元素之间物理上的相邻关系决定了在顺序存储结构上进行插入和删除操作时,可能需要移动其他元素,当元素信息较多时影响其速度。另外,顺序存储结构采用静态空间分配方式,必须按最大空间分配存储,对内存的浪费比较严重。

在线性表的链式存储结构中,元素与元素之间的逻辑关系通过在结点里增加指针域来实现。因此不仅要存储数据元素本身的信息还要存储元素与元素之间的关系信息的指针,存储密度相对较小。结点地址之间不连续,因而不能够实现随机存取,只能以遍历的方式进行存取;也正是由于结点地址不连续,在插入和删除操作时不需要移动元素而只要修改指针。

在介绍线性表的顺序存储结构和链式存储结构时分别给出几个例题，有些问题分别采用顺序和链式两种不同的存储结构来解决，如约瑟夫问题，读者可以从中看出，采用不同的存储结构会使算法的效率和复杂程度有所不同。

习　题

一、选择题

1. 线性表是(　　)。

A. 一个有限序列，可以为空　　B. 一个有限序列，不能为空

C. 一个无限序列，可以为空　　D. 一个无序序列，不能为空

2. 从一个具有 n 个结点的单链表中查找值为 x 的结点，在查找成功情况下，需平均比较(　　)个结点。

A. n　　B. $n/2$　　C. $(n-1)/2$　　D. $(n+1)/2$

3. 线性表采用链式存储时，其各元素存储地址(　　)。

A. 必须是连续的　　B. 部分地址必须是连续的

C. 一定是不连续的　　D. 连续与否均可以

4. 用链表表示线性表的优点是(　　)。

A. 便于随机存取

B. 花费的存储空间较顺序存储少

C. 便于插入和删除

D. 数据元素的物理顺序与逻辑顺序相同

5. (　　)插入、删除速度快，但不能随机存取。

A. 链接表　　B. 顺序表　　C. 顺序有序表　　D. 上述三项无法比较

6. 若希望从链表中快速确定一个结点的前驱，则链表最好采用(　　)方式。

A. 单链表　　B. 循环单链表　　C. 双向链表　　D. 任意

7. 下面关于线性表的叙述错误的是(　　)。

A. 线性表采用顺序存储，必须占用一片地址连续的单元

B. 线性表采用顺序存储，便于进行插入和删除操作

C. 线性表采用链式存储，不必占用一片地址连续的单元

D. 线性表采用链式存储，便于进行插入和删除操作

8. 带头结点的单链表 head 为空的判定条件是(　　)。

A. head＝＝NULL　　B. head－＞next＝＝NULL

C. head－＞next＝＝head　　D. head!＝NULL

9. 若某线性表中最常用的操作是在最后一个元素之后插入一个元素和删除第一个元素，则采用(　　)存储方式最节省运算时间。

A. 单链表　　B. 仅有头指针的单循环链表

C. 双链表　　D. 仅有尾指针的单循环链表

10. 在循环双链表的 p 所指结点之后插入 s 所指结点的操作是（　　）。

A. p->next=s; s->prior=p; p->next->prior=s; s->next=p->next;

B. p->next=s; p->next->prior=s; s->prior=p; s->next=p->next;

C. s->prior=p; s->next=p->next; p->next=s; p->next->prior=s;

D. s->prior=p; s->next=p->next; p->next->prior=s; p->next=s;

二、填空题

1. 对于采用顺序存储结构的线性表，当随机插入一个数据元素时，平均移动表中________元素；删除一个数据元素时，平均移动表中________元素。

2. 当对一个线性表经常进行的是插入和删除操作时，采用________存储结构为宜。

3. 当对一个线性表经常进行的是存取操作，而很少进行插入和删除操作时，最好采用________存储结构。

4. 在一个长度为 n 的顺序存储结构的线性表中，向第 i 个元素（$1 \leqslant i \leqslant n+1$）之前插入一个新元素时，需向后移动________个元素。

5. 从长度为 n 的采用顺序存储结构的线性表中删除第 i 个元素（$1 \leqslant i \leqslant n$），需向前移动________个元素。

6. 带头结点的单链表 L 中只有一个元素结点的条件是________。

7. 在具有 n 个结点有序单链表中插入一个新结点并仍然有序的时间复杂度为__________。

8. 在双向链表结构中，若要求在 p 指针所指的结点之前插入指针为 s 所指的结点，则需执行下列语句：________。

9. 在单链表中设置头结点的作用是________。

10. 对于一个具有 n 个结点的单链表，在已知的结点 *p 后插入一个新结点的时间复杂度为________，在给定值为 x 的结点后插入一个新结点的时间复杂度为________。

三、判断题

1. 链表中的头结点仅起到标识的作用。（　　）

2. 顺序存储的线性表可以按序号随机存取。（　　）

3. 线性表采用链表存储时，存储空间可以是不连续的。（　　）

4. 顺序存储方式插入和删除时效率太低，因此它不如链式存储方式好。（　　）

5. 对任何数据结构，链式存储结构一定优于顺序存储结构。（　　）

6. 在线性表的顺序存储结构中，逻辑上相邻的两个元素在物理位置上并不一定紧邻。（　　）

7. 循环链表可以在尾部设置头指针。（　　）

8. 为了方便插入和删除，可以使用双向链表存放数据。（　　）

9. 在单链表中，要取得某个元素，只要知道该元素的指针即可，因此，单链表是随机

存取的存储结构。 ( )

10. 取线性表的第 i 个元素的时间与 i 的大小有关。 ( )

四、应用题

1. 线性表有两种存储结构：一是顺序表，二是链表。试问：

(1) 如果有 n 个线性表同时并存，并且在处理过程中各表的长度会动态变化，线性表的总数也会自动地改变。在此情况下，应选用哪种存储结构？为什么？

(2) 若线性表的总数基本稳定，且很少进行插入和删除，但要求以最快的速度存取线性表中的元素，那么应采用哪种存储结构？为什么？

2. 线性表的顺序存储结构具有 3 个弱点。其一，在作插入或删除操作时，需移动大量元素；其二，由于难以估计，必须预先分配较大的空间，往往使存储空间不能得到充分利用；其三，表的容量难以扩充。线性表的链式存储结构是否一定都能够克服上述三个弱点，试讨论之。

3. 线性表$(a_1,a_2,\cdots,a_n)$用顺序存储表示时，a_i 和 $a_{i+1}(1\leqslant i<n)$的物理位置相邻吗？链式表示时呢？

4. 试述头结点、首元结点、头指针这 3 个概念的区别。

5. 在单链表、双向链表和单循环链表中，若仅知道指针 p 指向某结点，不知道头指针，能否将结点 * p 从相应的链表中删除？若可以，其时间复杂度各为多少？

6. 如何通过改链的方法，把一个单向链表变成一个与原来链接方向相反的单向链表？

7. 在顺序表中插入和删除一个结点需平均移动多少个结点？具体地移动次数取决于哪两个因素？

8. 在单链表和双向链表中，能否从当前结点出发访问到任一结点？

9. 请推导顺序存储结构下的插入和删除操作在等概率条件下的平均移动次数。

10. 分析说明静态链表的存储形式，并比较静态链表和动态链表的优缺点。

五、算法设计题

1. 已知单链表 L，写一个算法，删除其中的重复结点。

2. 编写一个函数，从一给定的顺序表 A 中删除值在 $x\sim y(x\leqslant y)$之间的所有元素，要求以较高的效率来实现。

3. 已知递增有序的两个单链表 A、B 分别存储了一个集合。设计算法实现求两个集合的交集的运算 $A=A\cap B$。

4. 设 L 为单链表的头结点地址，其数据结点的数据都是正整数且无相同的，试设计算法把该链表整理成数据递增的有序单链表。

5. 已知线性表$(a_1,a_2,a_3,\cdots,a_n)$按顺序存于内存，每个元素都是整数，试设计用最少时间把所有值为负数的元素移到全部非负值元素前边的算法，例如$(x,-x,-x,x,x,-x,\cdots,x)$变为$(-x,-x,-x,\cdots,x,x,x)$。

6. 已知非空线性链表由 list 指出，链结点的构造为(data，next)，请写一个算法，将链

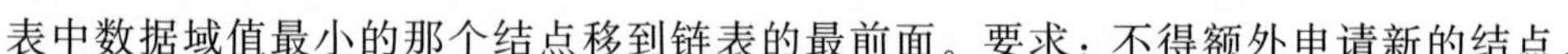

表中数据域值最小的那个结点移到链表的最前面。要求：不得额外申请新的结点。

7. 线性表中有 n 个元素，每个元素是一个字符，现存于向量 $\boldsymbol{R}[n]$ 中，试写一个算法，使 $\boldsymbol{R}$ 中的字符按字母字符、数字字符和其他字符的顺序排列。要求利用原来的存储空间，元素移动次数最小。

8. 假设长度大于 1 的循环单链表中，既无头结点也无头指针，p 为指向该链表中某一结点的指针，编写一个函数删除该结点的前驱结点。

第3章 chapter 3

栈和队列

思政教学设计

栈和队列广泛应用于计算机软硬件系统中。在编译系统、操作系统等系统软件和各类应用软件中经常需要使用栈和队列完成特定的算法设计。它们的逻辑结构和线性表相同,但它们是一种特殊的线性表。其特殊性在于运算操作受到了一定限制,因此栈和队列又被称为操作受限的线性表。栈按"后进先出"的规则进行操作,队列则按"先进先出"的规则进行操作。

【本章学习要求】

掌握:栈的基本概念,存储结构以及入栈、出栈等基本操作。

掌握:在处理实际问题中如何运用栈特点解决问题。

了解:栈在递归实现过程中的作用。

掌握:队列的基本概念,存储结构和入队、出队等基本操作。

了解:如何运用队列解决实际问题。

3.1 案例导引

什么是栈,什么是队列?可以用一句话描述:如果物品(数据结构里是数据)存放的顺序和取用的顺序一致,是队列,反之,物品存放的顺序和取用顺序相反,是栈。

厨房中碗碟的垒放顺序是自下而上,取用的顺序是自上而下,这是生活中的栈式存取结构。车站的购票通道中,旅客窗口购票的顺序是旅客排队加入购票通道的顺序,先来先购票,顾客按照排队顺序依次进行购票,这是生活中队列式存取结构。

再如,枪械是士兵的必备武器,有两种很有代表性的枪械,手枪和重机枪,这两种枪械通过发射子弹进行射击,一般手枪使用弹匣,配备数发子弹的弹匣,如图 3.1 所示。

图 3.1　弹匣

手枪射击的过程中,会从弹匣中提取子弹,提取子弹的顺序和压入子弹的顺序是恰好相反的。

而重机枪一般采用弹链进行供弹,如图 3.2 所示。

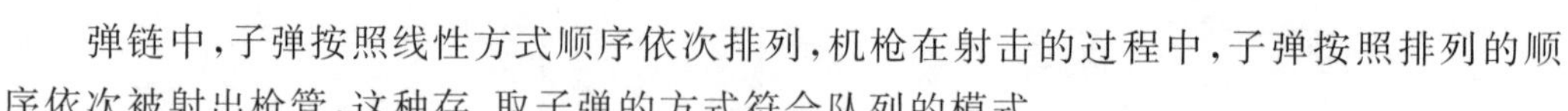

弹链中,子弹按照线性方式顺序依次排列,机枪在射击的过程中,子弹按照排列的顺序依次被射出枪管,这种存、取子弹的方式符合队列的模式。

数据结构课程中,不仅可以用栈和队列处理类似的简单问题;还有一些较复杂问题的求解,同样需要栈和队列这两种特殊的数据结构。一般的方法是,找出问题自身隐含的与某种数据结构的内在联系,再设计算法进行求解,下面举例说明。

【案例 3.1】 迷宫问题。

迷宫问题是一个经典的问题,要求游戏者从迷宫入口开始,找出一条路径到达迷宫的出口,游戏爱好者在一些探险类游戏里会经常遇到设置了复杂路径或者通道的迷宫,掌握走迷宫的技巧是迷宫通关游戏的基本要求,图 3.3 是一个游戏迷宫。

图 3.2 弹链

图 3.3 迷宫

如何设计算法求解迷宫问题呢?在迷宫存在路径的前提下,求解迷宫问题的要点有两方面:一是要记住曾经走过的路径或者位置点;二是当遇到走不通的情形时,从当前位置回退到最近一个曾经走过的位置,并重新寻找新的路径去走迷宫。如果从最近的回退位置找不出走出迷宫的路径,从该位置继续回退至上一个位置,继续搜索路径,重复这样的过程直至走出迷宫。这两点综合在一起正好可以利用栈来实现迷宫的路径搜索,因为栈是后进先出的数据结构,最后保存在栈里的位置点,是最新刚走过的位置点,让它最先出栈,正好满足了回退重新搜索路径的需要。

【案例 3.2】 Web 导航。

标准的 Web 浏览器包含前后翻页的功能,使用者在浏览网页的时候,可以根据当时访问的需要,对曾经访问过的页面,进行回退或者前进恢复访问,方便了用户的使用。

浏览器是如何支持这样的功能的实现呢?

一般情况下,栈可以保存曾经走过的路径结点,可以用一个栈 back_Stack 来保存向前浏览网页过程中所访问过的页面,当需要回退时,从栈里取出之前每一步访问过的页面地址,重新让浏览器去解析,就可以实现访问路径的回退功能。

但是,回退过程中,又想再次沿着曾经走过的路径向前浏览,怎么实现呢?其实,道理是一样的,可以把回退浏览的过程看成另一种方式的前进,把回退过程中依次访问的页面逐一保存在另一个栈 forward_Stack 中,这样,当访问者在回退的过程中,如果想再一次依照之前前进的路径进行恢复时，可以从 forward_Stack 栈中去取最近回退的页面，实现了回退过程中再前进浏览的功能。

也就是说，Web 导航的功能可以通过设置两个辅助栈的方式来实现。

【案例 3.3】 稳定婚姻问题

稳定婚姻问题是生活中的一个典型问题，可通俗地叙述为有 N 位男生和 N 位女生最后要组成稳定的婚姻家庭；择偶过程开始之前，男生和女生在各自的心目中都按照喜爱程度对 N 位异性有了各自的排序，然后开始选择自己的对象，要求组成 N 对伴侣是感情稳定的。稳定的标准就是在最大程度上尊重男生和女生愿望的前提下，任何一位男生和女生能找到各自满意的对象。

1962 年，美国数学家 David Gale 和 Lloyd Shapley 发明了一种寻找稳定婚姻的策略，称为延迟认可算法(Gale-Shapley 算法)。

其核心思想如下。

先对所有男生进行落选标记，称其为自由男。当存在自由男时，进行以下操作。

(1) 每一位自由男在所有尚未拒绝他的女士中选择一位被他排名最优先的女生。

(2) 每一位女生将正在追求她的自由男与其当前男友进行比较，选择其中排名优先的男生作为其男友，即若自由男优于当前男友，则抛弃前男友；否则保留其男友，拒绝自由男。

(3) 若某男生被其女友抛弃，重新变成自由男。

该问题可以选择队列作为核心数据结构来进行求解。

以上是在实际应用中，可能会遇到的典型的栈与队列问题，其求解需要选择相关的数据结构并设计相关的算法来实现。对这些问题的具体求解过程，在介绍完栈与队列的基本知识后，再进行详细描述。

3.2 栈

3.2.1 栈的定义及基本操作

栈是限制在表的一端进行插入和删除的线性表。在线性表中允许插入、删除的这一端称为栈顶，栈顶的当前位置是动态变化的；不允许插入和删除的另一端称为栈底，栈底是固定不变的。当表中没有元素时称为空栈。栈的插入操作称为进栈、压栈或入栈，栈的删除操作称为退栈或出栈。图 3.4 所示为栈的进栈和出栈过程，进栈的顺序是 e_1、e_2、e_3，出栈的顺序为 e_3、e_2、e_1，所以栈又称为后进先出线性表(last in first out)，简称 LIFO 表或称先进后出线性表。

在日常生活中，有很多后进先出的例子，如食堂里碟子在叠放时是从下到上，从大到小，在取碟子时，则是从上到下，从小到大。在程序设计中，常常需要栈这样的数据结构，使得取数据与保存数据时呈相反的顺序。对于栈，常用的基本操作如下。

(1) 栈初始化：Init_Stack()。

初始条件：栈 S 不存在。

操作结果：构造了一个空栈 S。

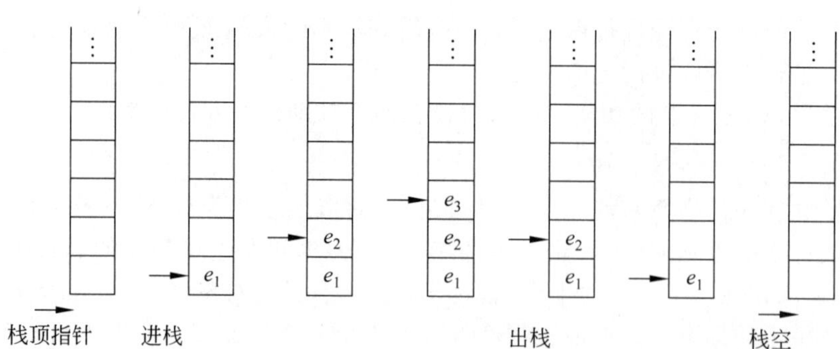

图 3.4　进出栈示意图

(2) 判栈空：Empty_Stack(S)。

操作结果：若 S 为空栈返回为 1，否则返回为 0。

(3) 入栈：Push_Stack(S,x)。

初始条件：栈 S 已存在。

操作结果：在栈 S 的顶部插入一个新元素 x，x 成为新的栈顶元素。栈发生变化。

(4) 出栈：Pop_Stack(S)。

初始条件：栈 S 存在且非空。

操作结果：栈 S 的顶部元素从栈中删除，栈中少了一个元素。栈发生变化。

(5) 取栈顶元素：GetTop_Stack(S)。

初始条件：栈 S 存在且非空。

操作结果：栈顶元素作为结果返回，栈不变化。

(6) 销毁栈：Destroy_Stack(S)。

初始条件：栈 S 已存在。

操作结果：销毁一个已存在的栈。

3.2.2　栈的顺序存储及操作实现

栈的存储与一般线性表的实现类似，也有两种存储方式：顺序存储和链式存储。

利用顺序存储方式实现的栈称为顺序栈。类似于顺序表的定义，要分配一块连续的存储空间存放栈中的元素，用一个一维数组来实现：DataType data[MAXSIZE]，栈底位置可以固定设置在数组的任一端，如固定在下标为 −1 的位置，而栈顶指示当前实际的栈顶元素位置，它是随着插入和删除而变化的，用一个 int top 变量指明当前栈顶的位置，同样将 data 和 top 封装在一个结构中，顺序栈的类型描述如下：

```
#define MAXSIZE  100
typedef  struct {
    DataType  data[MAXSIZE];
    int  top;
}SeqStack, * PSeqStack;
```

定义一个指向顺序栈的指针：

```
PSeqStack  S;
S=(PSeqStack)malloc(sizeof(SeqStack));
```

栈的顺序存储如图 3.5 所示。

由于顺序栈是静态分配存储,而栈的操作是一个动态过程:随着入栈的进行,有可能栈中元素的个数超过给栈分配的最大空间的大小,这时产生栈的溢出现象——上溢;随着出栈的进行,也有可能栈中元素全部出栈,这时栈中再也没有元素出栈了,也会造成栈的溢出现象——下溢。所以,在下面的操作实现中,请读者注意在出栈和入栈时要首先进行栈空和栈满的检测。

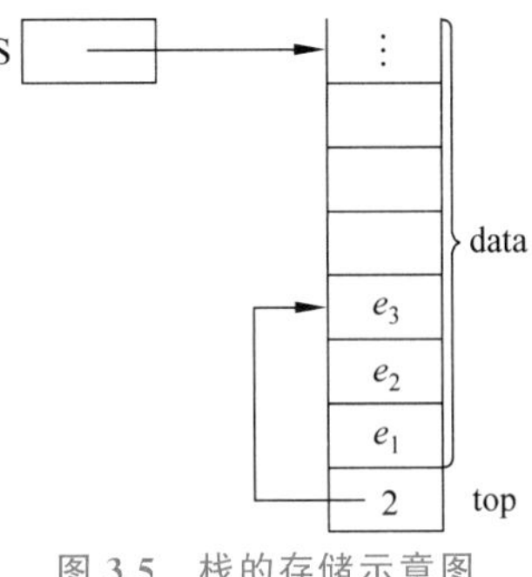

图 3.5 栈的存储示意图

顺序栈的基本操作实现如下。

1. 初始化空栈

顺序栈的初始化即构造一个空栈,要返回一个指向顺序栈的指针。首先动态分配存储空间,然后,将栈中 top 置为−1,表示空栈。具体算法如下。

【算法 3.1】

```
PSeqStack  Init_SeqStack(void)
{  /*创建一个顺序栈,入口参数无,返回一个指向顺序栈的指针,为零表示分配空间失败*/
    PSeqStack  S;
    S=(PSeqStack)malloc(sizeof(SeqStack));
    if (S)
      S->top=-1;
    return S;
}
```

2. 判栈空

判断栈中是否有元素,算法思想:只需判断 top 是否等于−1 即可。具体算法如下。

【算法 3.2】

```
int Empty_SeqStack(PSeqStack  S)
{  /*判断栈是否为空,入口参数:顺序栈,返回值:1表示为空,0表示非空*/
   if (S->top==-1)
      return 1;
   else
      return 0;
}
```

3. 入栈

入栈操作是在栈的顶部进行插入操作,也即相当于在线性表的表尾进行插入,因而无

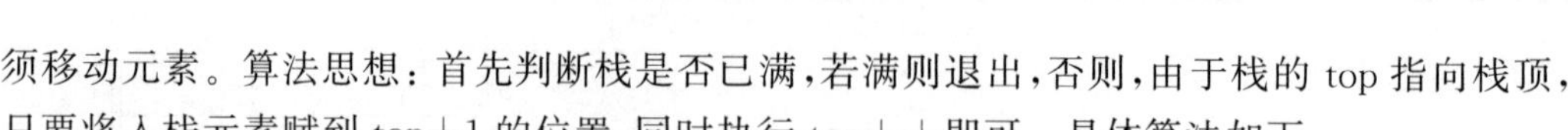

须移动元素。算法思想：首先判断栈是否已满，若满则退出，否则，由于栈的 top 指向栈顶，只要将入栈元素赋到 top+1 的位置，同时执行 top++即可。具体算法如下。

【算法 3.3】

```
int Push_SeqStack(PSeqStack  S, DataType  x)
{  /* 在栈顶插入一新元素 x,入口参数：顺序栈,返回值：1 表示入栈成功,0 表示失败 */
  if (S->top==MAXSIZE-1)
    return 0;                         /* 栈满不能入栈 */
  else
  {   S->top++;
      S->data[S->top]=x;
      return 1;
  }
}
```

4. 出栈

出栈操作是在栈的顶部进行删除操作，也即相当于在线性表的表尾进行删除，因而无须移动元素。算法思想：首先判断栈是否为空，若空则退出，否则，由于栈的 top 指向栈顶，只要修改 top 为 top－1 即可。具体算法如下。

【算法 3.4】

```
int  Pop_SeqStack(PSeqStack  S, DataType * x)
{  /* 删除栈顶元素并保存在 * x,入口参数：顺序栈,返回值：1 表示出栈成功,0 表示失败 */
    if (Empty_SeqStack(S))
       return 0;                     /* 栈空不能出栈 */
    else
    {  * x=S->data[S->top];
       S->top--;
       return 1;
    }
}
```

5. 取栈顶元素

取栈顶元素操作是取出栈顶指针 top 所指的元素值。算法思想：首先判断栈是否为空，若空则退出，否则，由于栈的 top 指向栈顶，返回 top 所指单元的值，栈不发生变化。具体算法如下。

【算法 3.5】

```
int  GetTop_SeqStack(PSeqStack  S, DataType  * X)
{  /* 取出栈顶元素,入口参数：顺序栈,被取出的元素指针,这里用指针带出栈顶值 */
   /* 返回值：1 表示成功,0 表示失败 */
   if (Empty_SeqStack(S))
      return 0;                                /* 给出栈空信息 */
```

```
    else
        * x=S->data[S->top];                /* 栈顶元素存入 * x 中 */
        return(1);

}
```

6. 销毁栈

顺序栈被构造，使用完后，必须要销毁，否则可能会造成申请的内存不能释放，顺序栈的销毁操作是初始化操作的逆运算。由于要修改栈的指针变量，所以要将指针地址传给该函数。首先判断要销毁的栈是否存在，然后在顺序表存在的情况下释放该顺序表所占用的空间，将顺序栈指针赋 0。具体算法如下。

【算法 3.6】

```
void Destroy_SeqStack(PSeqStack  * S)
{  /* 销毁顺序栈，入口参数：为要销毁的顺序栈指针地址，无返回值 */
   if ( * S)
      free( * S);
   * S=NULL;
   return;
}
```

设调用函数为主函数，主函数对初始化函数和销毁函数的调用如下：

```
main()
{  PSeqStack  S;
   S=Init_SeqStack();
   ⋮
   Destroy_SeqStack(&S);
}
```

3.2.3 栈的链式存储及操作实现

栈也可以用链式存储方式实现，一般链栈用单链表表示，其结点结构与单链表的结构相同，即结点结构为

```
typedef  struct node {
    DataType data;
    struct node  * next;
}StackNode, * PStackNode;
```

因为栈的主要操作是在栈顶插入、删除，显然以链表的头部做栈顶是最方便的，而且没有必要像单链表那样为了操作方便附加一个头结点，同时为了方便操作和强调栈顶是栈的一个属性，定义一个栈：

```
typedef struct {
    PStackNode  top;
}LinkStack, * PLinkStack;
PLinkStack  S;
S=(PLinkStack)malloc(sizeof(LinkStack));
```

栈的链式存储如图 3.6 所示。

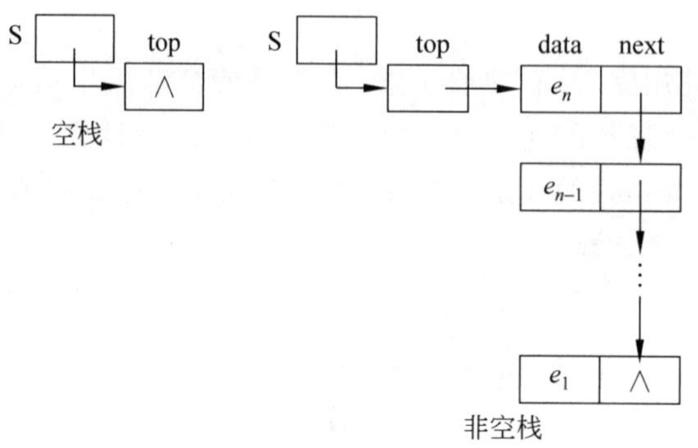

图 3.6 栈的链式存储示意图

链栈基本操作的实现如下。

1. 初始化空栈

【算法 3.7】

```
PLinkStack  Init_LinkStack(void)
{  /* 初始化链栈,入口参数:空,返回值:链栈指针,null 表示初始化失败 */
    PLinkStack S;
    S=(PLinkStack)malloc(sizeof(LinkStack));
    if (S)   S->top=NULL;
    return(S);
}
```

2. 判栈空

【算法 3.8】

```
int  Empty_LinkStack(PLinkStack  S)
{  /* 判断链栈是否为空,入口参数:链栈指针,返回值:1 表示栈空,0 表示栈非空 */
   return(S->top==NULL);
}
```

3. 入栈

【算法 3.9】

```
int  Push_LinkStack(PLinkStack  S, DataType x)
```

```
{   /*进栈,入口参数:链栈指针,进栈元素,返回值:1表示入栈成功,0表示失败*/
    PStackNode p;
    p=(PStackNode) malloc(sizeof(StackNode));
    if (!p)
    {
        printf("内存溢出");
        return(0);
    }
    p->data=x;
    p->next=S->top;
    S->top=p;
    return(1);
}
```

4. 出栈

【算法 3.10】

```
int Pop_LinkStack(PLinkStack  S, DataType *x)
{   /*出栈,返回值:1表示出栈成功,0表示失败,*x保存被删除的元素值*/
    PStackNode p;
    if (Empty_LinkStack(S))
    {
        printf("栈空,不能出栈");
        return(0);
    }
    *x=S->top->data;
    p=S->top;
    S->top=S->top->next;
    free(p);
    return(1);
}
```

5. 取栈顶元素

【算法 3.11】

```
int GetTop_LinkStack(PLinkStack  S, DataType  *x)
{   /*得到栈顶元素,入口参数:链栈指针,出栈元素存放空间地址*/
    /*返回值:1表示出栈成功,0表示失败*/
    if (Empty_LinkStack(S))
    {
        printf("栈空");
        return(0);                          /*栈空*/
    }
```

```
    *x=S->top->data;                          /*栈顶元素存入*x中*/
    return(1);
}
```

6. 销毁栈

链栈被构造,使用完后,必须要销毁,否则可能会造成申请的内存不能释放。具体算法如下:

【算法 3.12】

```
void Destroy_LinkStack(PLinkStack  *LS)
{  /*销毁链栈,入口参数:要销毁的链栈指针地址,无返回值*/
   PStackNode  p, q
   if (*LS)
   {
        p=(*LS)->top;
        while(p)
        {
            q=p;
            p=p->next;
            free(q);
        }
        free(*LS);
   }
   *LS=NULL;
   return;
}
```

主函数对初始化函数和销毁函数的调用方法类似算法 3.6。

3.3 栈的应用举例

由于栈的"后进先出"特点,在很多实际问题中都利用栈做一个辅助的数据结构来实现逆向操作的求解,下面通过几个例子进行说明。

【例 3.1】 数制转换问题。

将十进制数 N 转换为 r 进制的数,其转换方法利用辗转相除法:以 $N=1234$,$r=8$ 为例转换方法如下:

N	$N/8$(整除)	$N\%8$(求余)	
1234	154	2	低
154	19	2	
19	2	3	
2	0	2	高

所以：$(1234)_{10}=(2322)_8$

我们看到所转换的八进制数按从低位到高位的顺序产生，而通常的输出应该从高位到低位，与计算过程正好相反，因此转换过程中每得到一位八进制数则进栈保存，转换完毕后依次出栈则正好是转换结果。

算法思想如下。

(1) 初始化栈，初始化 N 为要转换的数，r 为进制数。

(2) 判断 N 的值，为 0 转步骤(4)，否则 $N\%r$ 压入栈 s 中。

(3) 用 N/r 代替 N 转步骤(2)。

(4) 出栈，出栈序列即为结果。

具体算法如下。

【算法 3.13】

```
typedef  int  DataType;
int conversion(int n,int  r)
{  PSeqStack  S;                            /*定义一个顺序栈*/
   DataType   x;
   if (!r)
   {
      printf("基数不能为 0");
      return(0);
   }
   S=Init_SeqStack();                       /*初始化栈*/
   if (!S)
   {
      printf("栈初始化失败");
      return(0);
   }
   while (n)
   {
      Push_SeqStack(S,n%r);                 /*余数入栈*/
      n=n/ r;                               /*商作为被除数继续*/
   }
   while (!Empty_SeqStack(S))               /*直到栈空退出循环*/
   {     Pop_SeqStack(S,&x);                /*弹出栈顶元素*/
         printf("%d ",x);                   /*输出栈顶元素*/
   }
   Destroy_ SeqStack(&S);                   /*销毁栈*/
}
```

当应用程序中需要一个与数据保存时顺序相反的数据时，通常使用栈。用顺序栈的情况较多。

【例 3.2】 利用栈实现迷宫的求解。

问题：这是实验心理学中的一个经典问题，心理学家把一只老鼠从一个无顶盖的大盒子的入口处赶进迷宫。迷宫中设置很多隔壁,对前进方向形成了多处障碍,心理学家在迷宫的唯一出口处放置了一块奶酪,吸引老鼠在迷宫中寻找通路以到达出口。

求解思想:回溯法是一种不断试探且及时纠正错误的搜索方法。下面的求解过程即回溯法。从入口出发,按某一方向向前探索,若能走通并且未走过,即某处可以到达,则到达新点,否则试探下一个方向;若所有的方向均没有通路,则沿原路返回前一点,换下一个方向再继续试探,直到找到一条通路,或无路可走又返回入口点。

在求解过程中,为了保证在到达某一点后不能向前继续行走(无路)时,能正确返回前一点以便继续从下一个方向向前试探,则需要用一个栈保存所能够到达的每一点的下标及从该点前进的方向。

实现该算法需要解决的 4 个问题如下。

1) 表示迷宫的数据结构

设迷宫为 m 行 n 列,利用 maze[m][n]来表示一个迷宫,maze[i][j]=0 或 1。其中,0 表示通路,1 表示不通,当从某点向下试探时,中间点有 4 个方向可以试探,而 4 个角点有两个方向,其他边缘点有三个方向,用 maze[$m+2$][$n+2$]来表示迷宫,而迷宫的四周的值全部为 1,这样做使问题简单了,每个点的试探方向全部为 4(实际上是 8 个方向,本书为将问题简单化只考虑 4 个方向),不用再判断当前点的试探方向有几个。

如图 3.7 所示的迷宫是一个 6×8 的迷宫。

入口(1,1)

	0	1	2	3	4	5	6	7	8	9
0	1	1	1	1	1	1	1	1	1	1
1	1	0	1	1	1	0	1	1	1	1
2	1	0	0	0	0	1	1	1	1	1
3	1	0	1	0	0	0	0	0	1	1
4	1	0	1	1	1	0	0	1	1	1
5	1	1	0	0	1	1	0	0	0	1
6	1	0	1	1	0	0	1	1	0	1
7	1	1	1	1	1	1	1	1	1	1

出口(6,8)

图 3.7 用 maze[$m+2$][$n+2$]表示的迷宫

入口坐标为(1,1),出口坐标为(6,8)。

迷宫的定义如下:

```
#define  m   6                   /* 迷宫的实际行 */
#define  n   8                   /* 迷宫的实际列 */
int maze[m+2][n+2];
```

2) 试探方向

在上述表示迷宫的情况下,每个点有 4 个方向去试探,如当前点的坐标(x,y),与其相邻的 4 个点的坐标都可以根据与该点的相邻方位而得到,如图 3.8 所示。因为出口在(m,n),因此,试探顺序规定为:从当前位置向前试探的方向为从正东沿顺时针方向进行。为了简化问题，方便求出新点的坐标，将从正东开始沿顺时针进行的这 4 个方向的坐标增量放在一个结构数组 move[4]中，在 move 数组中，每个元素有两个域组成，x 为横坐标增量，y 为纵坐标增量。move 数组如图 3.9 所示。

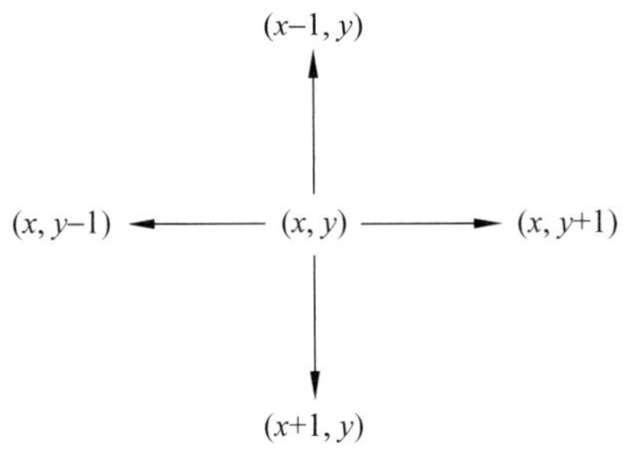

图 3.8 与点(x,y)相邻的 4 个点及坐标

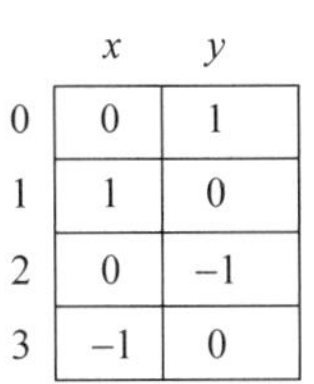

	x	y
0	0	1
1	1	0
2	0	−1
3	−1	0

图 3.9 增量数组 move

move 数组定义如下：

```
typedef  struct {
  int x,y;
} item;
item move[4];
```

这样对 move 的设计会很方便地求出从某点(x,y)按某一方向 $v(0\leqslant v\leqslant 3)$ 到达的新点(i,j)的坐标：$i=x+\text{move}[v].x$；$j=y+\text{move}[v].y$；。

3）栈的设计

当到达了某点而无路可走时需返回前一点，再从前一点开始向下一个方向继续试探。因此，压入栈中的不仅是顺序到达的各点的坐标，而且还要有从前一点到达本点的方向。栈中元素是一个由行、列、方向组成，栈元素的设计如下：

```
typedef struct {
  int x, y, d;                    /* 横纵坐标及方向 */
}DataType;
```

栈的定义仍然为：PSeqStack S;。

4）如何防止重复到达某点，以避免发生死循环

一种方法是另外设置一个标志数组 mark[m][n]，它的所有元素都初始化为 0，一旦到达了某一点 (i,j)之后，使 mark[i][j]置 1，下次再试探这个位置时就不能再走了。另一种方法是当到达某点(i,j)后使 maze[i][j]置－1，以便区别未到达过的点，同样也能起到防止走重复点的目的，本算法采用后一种方法，算法结束前可恢复原迷宫。

迷宫求解算法思想如下。

(1) 栈初始化。

(2) 将入口点坐标及到达该点的方向(设为－1)入栈。

(3) while (栈不空)

```
{     栈顶元素=>(x, y, d)
```

```
        出栈;
        求出下一个要试探的方向 d++;
        while  (还有剩余试探方向时)
        {    if(d 方向可走)
             则{(x, y, d)入栈;
                 求新点坐标  (i, j);
                 将新点(i, j)切换为当前点(x, y);
                 if((x,y)==(m,n))结束;
                 else 重置 d=0;
               }
             else  d++;
        }
}
```

找不到通路,结束!

具体算法如下。

【算法 3.14】

```
#define  m   6                                  /* 迷宫的实际行 */
#define  n   8                                  /* 迷宫的实际列 */
int  mazepath(int maze [][n+2],item move[],int x0,int y0)
{  /* 求迷宫路径,入口参数:指向迷宫数组的指针,下标移动的增量数组,开始点(x0,y0),到
      达点(m,n),返回值:1 表示求出路径,0 表示无路径 */
   PSeqStack  S;
   DataType  temp;
   int x, y, d, i, j;
   temp.x=x0;temp.y=y0;  temp.d=-1;
   S=Init_SeqStack();                           /* 初始化栈 */
   if(!S)
   {  printf("栈初始化失败");
      return(0);
   }
   Push_SeqStack(S,temp);                       /* 迷宫入口点入栈 */
   while (!Empty_SeqStack(S))
   {  Pop_SeqStack(S,&temp);
      x=temp.x;  y=temp.y;  d=temp.d+1;
      while(d<4)                                /* 存在剩余方向可以搜索 */
      {   i=x+move[d].x;   j=y+move[d].y;
          if(maze[i][j]==0)                     /* 此方向可走 */
          {temp.x=x;
          temp.y=y;
          temp.d=d;
          Push_SeqStack(S, temp);
                                        /* 点{x,y}可以走,用栈保存可以走的路径 */
             x=i;  y=j;  maze[x][y]=-1;
```

```
            if (x==m&&y==n)                /* 迷宫有路 */
            {  while (!Empty_SeqStack(S))
               { Pop_SeqStack (S,&temp);
                 printf("(%d,%d)<-",temp.x,temp.y);
                                           /* 打印可走的路径 */
               }
               Destroy_SeqStack(&S);       /* 销毁栈 */
               return 1;
            }
            else  d=0;                     /* 方向复位,从第一个方向开始试探 */
         }
         else  d++;                        /* 试探下一个方向 */
      }                                    /* while (d<4) */
   }                                       /* while */
   Destroy_SeqStack(&S);                   /* 销毁栈 */
   return  0;                              /* 迷宫无路 */
}
```

【例 3.3】 表达式求值。

表达式求值是程序设计语言编译中一个最基本的问题。它的实现也是栈的应用中的典型例子之一。

任何一个表达式都是由操作数、运算符和界限符组成的有意义的式子。一般地，操作数既可以是常数，也可以是变量或常量。运算符从运算对象的个数上分，有单目运算符、双目运算符和三目运算符；从运算类型上分，有算术运算、关系运算、逻辑运算。界限符有左右括号和表达式结束符等。运算符、界限符统称为算符。为简单化，在这里，仅限于讨论只含二目运算符的加、减、乘、除算术表达式，并且操作数为一位字符表示的整数。

在表达式求值时，一般表达式有以下 3 种表示形式。

(1) 后缀表示：<操作数><操作数><运算符>。

(2) 中缀表示：<操作数><运算符><操作数>。

(3) 前缀表示：<运算符><操作数><操作数>。

平常所用的表达式都是中缀表达。如：1＋2＊(8－5)－4/2。

由于中缀表示中有算符的优先级问题，有时还采用括号改变运算顺序，因此一般在表达式求值中，较少采用中缀表示，在编译系统中更常见的是采用后缀表示。上述式子的计算顺序和用后缀表示的计算顺序如图 3.10 所示。

1) 后缀表达式(也称逆波兰式)求值

由于后缀表达式的操作数总在运算符之前，并且表达式中即无括号又无优先级的约束，算法比较简单。具体做法是，只使用一个操作数栈，当从左向右扫描表达式时，每遇到一个操作数就送入栈中保存，每遇到一个运算符就从栈中取出两个操作数进行当前的计算，然后把结果再入栈，直到整个表达式结束，这时送入栈顶的值就是结果。

下面是后缀表达式求值的算法，在下面的算法中假设，每个表达式是合乎语法的，并且假设后缀表达式已被存入一个足够大的字符数组 A 中，且以＃为结束字符。

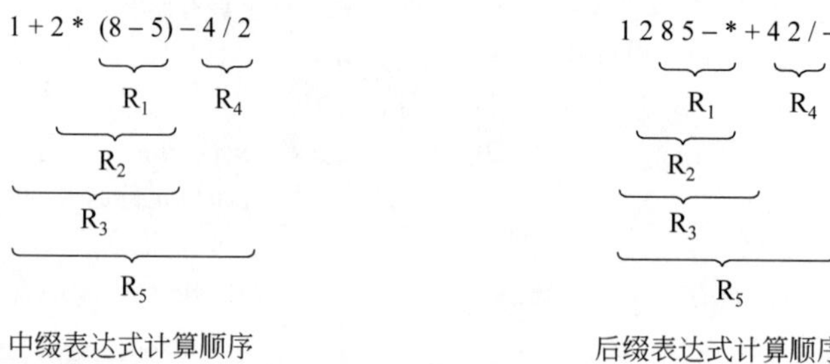

图 3.10　中缀、后缀表达式计算顺序

【算法 3.15】

```
typedef  double DataType;
int IsNum(char c)
{  /* 判断字符是否为操作数。若是返回 1,否则返回 0 */
  if(c>='0' && c<='9')  return(1);
  else  return(0);
}
double  postfix_exp(char *A)
{  /* 本函数返回由后缀表达式 A 表示的表达式运算结果 */
  PSeqStack  S;
  double  Result,a,b,c; char ch;
  ch= *A++;
  S=Init_SeqStack();                    /* 初始化栈 */
  while (ch!='#')
  {  if(IsNum(ch))  Push_SeqStack (S, ch-'0');
     else
     {    Pop_SeqStack(S,&b);
          Pop_SeqStack(S,&a);           /* 取出两个运算量 */
          switch (ch)
            { case  '+':  c=a+b; break;
              case  '-':  c=a-b; break;
              case  '*':  c=a*b;break;
              case  '/':  c=a/b; break;
              case  '%':  c=(int)a%(int)b; break;
            }
          Push_SeqStack(S, c);
     }
     ch= *A++;
  }
  GetTop_SeqStack(S,&Result);
  Destroy_ SeqStack(&S);                /* 销毁栈 */
  return  Result;
}
```

2）中缀表达式转换为后缀表达式

根据中缀表达式中算术运算规则，式子：＜操作数＞θ_1＜操作数＞θ_2＜操作数＞中，θ_1、θ_2 运算优先级如图 3.11 所示。为简单起见，算符仅限图 3.11 所示的几种，操作数仅限个位数。

算符	#	)	+	−	*	/	(
优先级	1	2	3	3	4	4	5

图 3.11 算符优先级定义

表达式作为一个满足表达式语法规则的串存储，转换过程：初始化一个算符栈，并将结束符'＃'放入栈中，然后自左向右扫描表达式，直到扫描到'＃'并且当前栈顶也是'＃'时结束。当扫描到的是操作数时直接输出，扫描到算符时不能马上输出，因为后面可能还有更高优先级的运算，要对下列几种情况分别处理。

（1）算符栈栈顶算符是'('，如果当前扫描到的算符是')'，则算法出栈不作任何处理，同时扫描下个字符，此过程称为脱括号；如果当前扫描到的算符不是')'，则当前算符进栈。

（2）算符栈栈顶算符不是'('，并且算符栈栈顶算符优先级比当前扫描到的算符优先级低，则入栈；若算符栈栈顶算符优先级比当前扫描到的算符优先级高（或相等），则从算符栈出栈并输出，当前算符继续与新的栈顶算符比较。如表达式“1＋2 * (8－5)－ 4/2 ＃”的转换过程如表 3.1 所示。为简单起见，先在栈中放入一个结束符＃。

表 3.1 中缀表达式 1＋2 * (8－5)－4/2 的转换过程

读字符	符栈S	说　明	输出的后缀表达式
1	#	1为操作数直接输出	1
+	#+	# < +，+入栈S	1
2	#+	2为操作数直接输出	12
*	#+*	+ < *，*入栈S	12
(	#+*(	* < (，(入栈S	12
8	#+*(	8为操作数直接输出	128
–	#+*(–	栈顶为(，– 直接入栈S	128
5	#+*(–	5为操作数直接输出	1285
)	#+*(	– >)，– 出栈输出	1285–
	#+*	(=)，(出栈，脱括号	1285–
–	#+*	* > –，* 出栈输出	1285–*
	#	+ >= –，+ 出栈输出	1285–*+
	#–	# < –, – 入栈S	1285–*+
4	#–	4为操作数直接输出	1285–*+4
/	#–/	– < /, / 入栈S	1285–*+4
2	#–/	2为操作数直接输出	1285–*+42
#	#–	/ >#，/ 出栈输出	1285–*+42/
	#	– >#，– 出栈输出	1285–*+42/–
		#=#，# 出栈，栈空结束	1285–*+42/–

上述操作的算法步骤如下。

(1) 初始化算符栈 s,将结束符'#'加入算符栈 s 中。

(2) 读表达式字符=>w。

(3) 当栈顶为'#'并且 w 也是'#'时结束;否则循环做下列步骤。

(3-1) 如果 w 是操作数,直接输出,读下一个字符=>w;转步骤(3)。

(3-2) w 若是算符,则:

(3-2-1) 如果栈顶为'('并且 w 为')' 则'('出栈不输出,读下一个字符=>w;转步骤(3)。

(3-2-2) 如果栈顶为'('或者栈顶优先级小于 w 优先级,则 w 入栈,读下一个字符=>w;转步骤(3)。否则:从算符栈中出栈并输出,转步骤(3)。

为实现上述算法,要能够判断表达式字符是否是操作数(只考虑一位操作数),要能够比较出算符的优先级,因此用下面的两个函数实现。

(1) 判断字符是否位操作数。若是返回 1,否则返回 0,实现方法如下:

```
int  IsNum(char c)
{   if(c>='0' && c<='9')  return(1);
    else  return(0);
}
```

(2) 求算符优先级。

```
int  priority(char op)              /* 按照图 3.11 给每个算符定义优先级 */
{  switch (op)
     {  case '#': return(1);
        case ')': return(2);
        case '+':
        case '-': return(3);
        case '*':
        case '/': return(4);
        case '(': return(5);
        default: return(0);
     }
}
```

将中缀表达式转换成后缀表达式的具体算法如下所示。

【算法 3.16】

```
typedef  char  DataType;
int infix_exp_value(char * infixexp,char * postfixexp)
{   PSeqStack  S;
    char  c,w, topelement;
    S=Init_SeqStack();                          /* 初始化栈 */
    if (!S)
```

```
    {   printf("栈初始化失败");
        return(0);
    }
    Push_SeqStack(S,'#');                          /*先在算符栈中放入'#'*/
    w=*infixexp;
    while((GetTop_SeqStack(S,&c),c)!='#'||w!='#')        /*栈顶元素不是'#'或w不
                                                           是'#'*/
    { if(IsNum(w))
      {   *postfixexp=w;
          postfixexp++;
          w=*(++infixexp);
      }
      else
      {
        if ((GetTop_SeqStack(S,&c),c)=='('&&w==')')     /*栈顶是'('并且栈外是
                                                           ')',脱括号*/
        {       Pop_SeqStack(S,&topelement);
                w=*(++infixexp);
        }
        else
          if ((GetTop_SeqStack(S,&c),c)=='('||
                priority((GetTop_SeqStack(S,&c),c))<priority(w))
          {     Push_SeqStack(S,w);
                w=*(++infixexp);
          }
          else
          {     Pop_SeqStack(S,&topelement);
               *postfixexp=topelement;
                postfixexp++;
          }
      }
    }
    *postfixexp='#';
    *(++postfixexp)='\0';                    /*添加字符串结束符号*/
    Destroy_ SeqStack(&S);                   /*销毁栈*/
    return(1);
}
```

这个算法可以将中缀表达式“1+2*(8−5)− 4/2#”转化为后缀表达式“1 2 8 5 − * + 4 2 / − #”。

表达式的求值,如果是后缀表达式,可以直接采用后缀表达式求值的算法求解,如果是中缀表达式,可以采用先将中缀表达式转换为后缀表达式,再用后缀表达式算法求解。读者也可以直接用中缀表达式求值,算法和将中缀表达式转换成后缀表达式算法类似,只是要设两个栈,一个保存运算符,一个保存操作数,在算符栈栈顶算符大于当前算符时

不是输出运算符而是直接运算出结果入操作数栈。读者可以自己去实现。另外,对于前缀表达式,由于较少采用,有兴趣的读者可以自行考虑如何实现。

【例 3.4】 Web导航。

Web导航问题在3.1节有总体上的描述。其主要解决的问题是,使用者在浏览网页的时候,可以根据当时访问的需要,对曾经访问过的页面,进行回退或者再前进。

假如用户已经浏览5个网页:a、b、c、d、e,这里用小写的英文字母表示具体的网页名称,假设在浏览网页e后,用户回退进行浏览,回退到d网页,继续回退到c网页,然后又从c网页向前推进到d网页,再继续推进并停止在e网页。

用字符序列来表示网页访问的整个过程就是

```
a, b, c, d, e, d, c, d, e
```

它所对应的访问操作流就是访问a,访问b,访问c,访问d,访问e,单击back(退至d),单击back(退至c),单击forward(进至d),单击forward(进至e),单击forward(停止在e)。

下面用算法来模拟这样的过程。

设置两个辅助字符栈:back_Stack和forward_Stack,分别保存前进路径上访问的页面序列和回退路径上访问的页面序列,back_Stack栈是为了回退后恢复页面使用的,而forward_Stack栈是为了回退后再前进时恢复页面使用的。

用读取(或者输入)字符的方式表示访问某个页面,用＞、＜字符分别表示前进和后退。在不断向前访问页面的过程中,连续把刚刚访问的页面保存到back_Stack中,如果在访问的某个时刻,需要回退,则从back_Stack栈中恢复最近刚访问过的页面,并且把回退看成是一个反方向上的前进,因此,在回退恢复刚访问过页面之前,也把当前页面保存到forward_Stack中,以备回退后需要再前进时恢复曾经访问过的页面。

这里有一点要注意,就是回退后,再前进不是通过按＞键,而是重新打开一个新网页X,那么此时,forward_Stack栈要清空,因为前进的路径变了,回退后再恢复的页面,已经不是之前forward_Stack栈中所保存的页面了,这一点和Word中撤销键入和恢复键入的处理模式很相似。

具体的算法实现如下。

【算法 3.17】

```
typedef char DataType;
int ischar(char ch)                          /* 定义判断 ch 是否是字符的函数 */
{
    if(ch>='a' && ch <='z') return 1;
    if(ch>='A' && ch <='Z') return 1;
    return 0;
}
void main()
{
    char ay_visiturl[20]={'a','b','c','d','e','<','<','>','>','>','#'};
```

```
                        /* 字符数组存储用户的动作序列,'#'表示访问动作结束 */
char cur_url,last_url=0;              /* last_url 表示刚刚访问的网页 */
int i=0;
PSeqStack pbk_Stack,pfd_Stack;
pbk_Stack =Init_SeqStack();
pfd_Stack =Init_SeqStack();
while(ay_visiturl[i] !='#')
{
    cur_url =ay_visiturl[i];
    if(ischar(cur_url))         /* cur_url 如果是字符表示当前单击的某个网页 */
    {
        printf("%2c",cur_url);
        if(last_url !=0) Push_SeqStack(pbk_Stack,last_url);
        last_url =cur_url;
        Reset_SeqStack(pbk_Stack); /* 访问新网页,置空前进栈 */
    }
    if (cur_url =='<')                /*  '<' 表示用户按 Back 键回退 */
    {
        if (!Empty_SeqStack(pbk_Stack))
        {
            Pop_SeqStack(pbk_Stack,&cur_url);
                                      /* 从后退栈恢复之前访问的网页 */
            printf("%2c",cur_url);
            Push_SeqStack(pfd_Stack,last_url);
                                      /* 把刚刚回退前的网页放入前进栈 */
            last_url =cur_url;
        }
        else ;                      /* 后退栈空,无后退网页可以恢复,执行空操作 */
    }
    if (cur_url =='>')                /* 用户按 forward 键 */
    {
        if (!Empty_SeqStack(pfd_Stack))
        {
            Pop_SeqStack(pfd_Stack,&cur_url);
                                      /* 从前进栈恢复之前访问的网页 */
            printf("%2c",cur_url);
            Push_SeqStack(pbk_Stack,last_url);
                                      /* 把刚刚前进的网页放入后退栈 */
            last_url =cur_url;

        }
        else ;                      /* 前进栈空,无前进网页可以恢复,执行空操作 */

    }
```

```
        i++;
    }
    Destroy_SeqStack(&pbk_Stack);
    Destroy_SeqStack(&pfd_Stack);
    printf("\n");
}
```

运行该算法对应的程序,得到访问序列为 a,b,c,d,e,d,c,d,e,和之前分析的结果是一致的。

3.4 递　　归

3.4.1 递归定义

递归是算法设计中最常用的方法之一,在算法设计中使用递归方法常常会起到事半功倍的效果。递归的定义是:若一个对象部分地包括它自己,或用它自己给自己定义,则称这个对象是递归的。递归也可以定义为,在一个过程中直接或间接地调用自己,则这个过程是递归的。如果一个函数在其定义体内直接调用自己,则称直接递归函数;如果一个函数经过一系列的中间调用语句,通过其他函数间接调用自己,则称间接递归函数。现实中,有许多实际问题是递归定义的或者递推定义(如数值计算中的递推函数、树和广义表等),对它们采用递归方法求解,可以使问题的处理大大简化,处理过程结构清晰,编写程序的正确性也容易证明。但现实中许许多多的非数值问题真正用递归定义的毕竟少数,如何采用递归方法求解这些问题呢?

当一个问题具有如下 3 个特征时,就可以采用递归算法求解。

(1) 大问题能分解成若干子问题。

(2) 子问题或者是一个定值(直接解)或者是与大问题具有同样性质的问题,仅仅是规模比大问题小,即被定义项在定义中的应用具有更小的尺度。

(3) 子问题在最小尺度上有直接解,即分解过程最终能结束(递归有结束条件)。

例如 $n!$的定义为:n 的阶乘等于 n 乘以 $n-1$ 的阶乘,公式表示:

$$n! = \begin{cases} 1 & n=0 \\ n\times(n-1)! & n>0 \end{cases}$$

先看看这个问题是否具有上述的 3 个特征呢? 因为 $n!=n\times(n-1)!$,$n!$ 可以分解成两个子问题,所以满足第一个特征;第一个子问题是 n,它是一个定值,而第二个子问题 $(n-1)!$ 和原问题 $n!$ 性质相同,仅仅是规模减小 1,所以满足第二个特征;对 $(n-1)!$ 再分解成 $(n-1)\times(n-2)!$,对 $(n-2)!$ 再分解成 $(n-2)\times(n-3)!$,以此类推,规模不断变小,1! 等于 1 和 0! 也等于 1,即子问题在最小尺度上有直接解,所以满足第三个特征。由此可见 $n!$ 的求解可以采用递归方法。具体算法如下。

【算法 3.18】

```
int fact(int n)
```

```
{    if (n==0)                             /* 递归结束条件 */
      return 1;
     else
      return(n * fact (n-1));
}
```

其他问题如 x^n 等一系列具有递推性质的数值求解都可以用递归，读者可编写类似的算法。如果是非数值问题怎么办呢？

例如求一维数组 $A[L..H]$ 中的最大数，这个问题表面看起来似乎不能满足递归的三大特征，但可以将这个数组一分为二：$A[L..M]$ 和 $A[M+1..H]$，其中 $M=(L+H)/2$，求 $A[L..H]$ 中的最大数可以分解成：①求 $A[L..M]$ 的最大数 $=>x$；②求 $A[M+1..H]$ 的最大数 $=>y$；③求 x 和 y 的最大数。这 3 个子问题中最后一个问题有定值（直接解），前两个子问题和大问题性质相同，仅仅是规模变小；同时数组不断地一分为二，数组中元素个数也不断减少，当数组元素个数为 1 时，数组的最大数就是这个元素，即有直接解。由此可见，求一维数组 $A[L..H]$ 中的最大数这个问题满足递归的三大特征，可以用递归方法实现。具体算法如下。

【算法 3.19】

```
int max(int a[],int l,int h)            /* 求数组的最大数 */
{
    int m,x,y;
    if (l==h) return a[l];              /* 递归结束条件 */
    m=(l+h)/2;                          /* 将数组一分为二 */
    x=max(a,l,m);                       /* 递归求前半段最大数 */
    y=max(a,m+1,h);                     /* 递归求后半段最大数 */
    if (x>y)                            /* 比较前半段和后半段的最大数 */
        return  x;
    else   return  y;
}
```

3.4.2　递归和栈的关系

上面两个递归算法短小精悍，可读性强，读者一定会思考：这样的递归程序是如何运行的？递归程序的调用是自身调用自身，执行完成后再返回到调用点的下条语句。如何知道返回地址？同时递归调用是在尚未完成本次调用之前又调用了函数自身，如何保证新的调用不破坏先前未完成的调用？解决这两个问题的方法是为每次函数调用分配数据存储区，以保存本次调用的返回地址、局部变量、形式参数等值。函数的调用满足“先进后出”的原则，因此可以用栈来保存数据区中的数据。实际上，递归函数在执行过程中，调用函数和被调用函数之间的信息传递和控制转移完全是通过栈（有时也称为工作栈）来实现的。

工作栈中的每个元素包含有递归函数的每个参数域、每个局部变量域和返回地址域。每次进行函数递归调用时，需要做以下几步工作。

(1) 保护现场,就是将返回地址、形式参数、局部变量等值压入工作栈中。

(2) 将形式参数等值传递给被调函数,并转到被调函数入口处开始执行。

每次调用结束,即将返回调用函数时,需做以下几步工作。

(1) 恢复现场,就是从栈顶取出被保存的信息赋给相应的变量并退栈。

(2) 转到刚刚取出的返回地址处,继续向下执行。

建立工作栈以及上述操作过程都是由系统自动完成的,用户不必操心。例如对于求 n 阶乘的递归函数 fact(n),当调用它时系统自动建立一个栈,栈中的元素包含值参 n 的域和返回地址 r 域。图 3.12 表达了 fact(3)的执行调用过程。fact(3)调用时系统工作栈的变化情况这里就不再赘述。

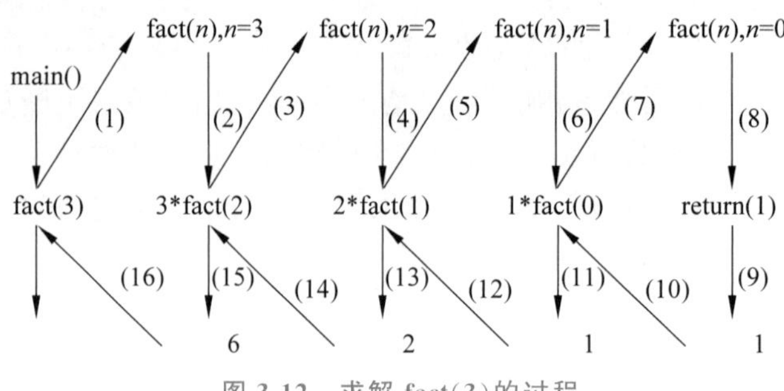

图 3.12 求解 fact(3)的过程

3.4.3 递归算法实例

【例 3.5】 写出求数组中各元素之和的递归算法。

分析:假定求 $a[L..H]$各元素之和,显然 $a[L..H]$各元素之和$=a[L..H-1]$各元素之和$+a[H]$;其中 $a[H]$是定值(有直接解)。求 $a[L..H-1]$各元素之和的方法和原问题一致,当 L 等于 H 时,数组之和就是 $a[L]$。可见求数组中 n 个元素之和的算法可以用递归实现。

【算法 3.20】

```
int sum(int a[],int l,int h)
{  /*求数组 a 中的各元素之和*/
  if(l==h)                                    /*数组只有一个元素*/
    return a[l];
  else
    return(sum(a,l,h-1)+a[h]);
}
```

这个算法仅作为递归的一个例子。从效率上讲,这个算法远远不如循环求和的非递归算法,因为递归过程中需要花费很多时间用在进栈出栈操作上。

【例 3.6】 用递归写出全排列问题求解算法。

分析:设 $R=\{r_1,r_2,\cdots,r_n\}$是要进行排列的 n 个元素,$R_i=R-\{r_i\}$。集合 X 中元素的全排列记为 Perm(X)。(r_i) Perm(X)表示在全排列 Perm(X)的每一个排列前加上

前缀 r_i 得到的排列。R 的全排列可归纳定义如下。

当 $n=1$ 时，Perm(R)=(r)，其中 r 是集合 R 中唯一的元素。

当 $n>1$ 时，Perm(R) 由(r_1)Perm(R_1)，(r_2)Perm(R_2)，…，(r_n)Perm(R_n) 构成。

依据递归定义，可设计产生 Perm(R) 的递归算法如下（为方便表示，此处设 R 为一整型数组 int list[N]）：

【算法 3.21】

```
void Swap(int A[], int i, int j)          /* 数组中两个数据交换 */
{
  int x;
  x=A[i];
  A[i]=A[j];
  A[j]=x;
}
void Perm(int list[], int k, int m)      /* 求数组中下标 k~m 元素的全排列 */
{
    int i;
    if(k==m)                     /* 当 k==m 表示一次全排列结束，输出这次排列 */
    {
       for(i=0; i<=m; i++)  printf("%d", list[i]);
       printf("\n");
    }
    else
    {
      for(i=k; i<=m; i++)
      {
          Swap(list, k, i);     /* 依次将(ri)移至待排数组第一位置，即下标为 k 处 */
          Perm(list, k+1,m);    /* 递归求 Perm(Ri)，构成(ri)Perm(Ri) */
          Swap(list, k, i);     /* 将(ri)换回原位置 */
      }
    }
}
```

算法 Perm(list,k,m)递归地产生所有前缀是 list[0:$k-1$]，且后缀是 list[k:m]的全排列的所有排列。函数调用 Perm(list,0,$n-1$) 则产生 list[0:$n-1$]的全排列。

在一般情况下，$k<m$。算法将 list[k:m]中每一个元素分别与 list[k]交换。然后递归地计算 list[$k+1$:m]的全排列，并将计算结果作为 list[0:k]的后缀。算法中 Swap 是用于交换数组中两个元素值的函数。

【例 3.7】 用递归写出字符串倒置的算法。

分析：要将字符串倒置，可以将第一个元素和最后一个元素调换，再将剩下的字符串倒置，而剩下的字符串长度就在原来的长度上减 2，规模缩小，但方法和整个字符串倒置一致；如果字符串的串长小于或等于 1，则无须倒置直接返回。因此很容易写出如下的递归算法：

【算法 3.22】

```
void  ConverseStrt(char  * Str,int start,int end)
{  /* 将字符串倒置,Str 为字符串,strat 和 end 为字符数组的开始和结束下标 */
   if(end-start<1)
     return;                                        /* Str 的串长小于或等于 1 */
   else
   {   Str[start]<->Str[end];                       /* 将首尾字符交换 */
       ConverseStrt (Str, start+1, end-1);
   }    /* Str 的串长大于 1,字符串的首尾元素调换,再将去掉首尾元素的字符串调换 */
}
```

【例 3.8】 用递归对迷宫进行求解。

分析:对迷宫问题的求解过程就是从起始点一步一步地移到出口点的过程。在当前位置按照一定的策略(这个策略就是迷宫求解的核心算法)寻找下个位置,在下个位置又按照相同的策略寻找下下个位置……;直到当前位置就是出口点,每一步的走法是一样的。随着一步一步移动,求解的规模不断减小;如果起始位置是出口,说明路径找到,算法结束,如果起始位置的 4 个方向都走不通,说明迷宫没有路径,算法也将结束。根据例 3.2 的分析及数据结构定义,递归算法如下。

【算法 3.23】

```
#define  m   6                          /* 迷宫的实际行 */
#define  n   8                          /* 迷宫的实际列 */
int  path(int maze [][n+2],item move[],int x,int y,int step)
{  /* 求迷宫路径,入口参数:迷宫数组,下标移动的增量数组,开始点(x,y),以及开始点所对
      应的步数 step,(m,n)是终点,返回值:1 表示求出路径,0 表示无路径 */
    int i;
    step++;
    maze[x][y]=step;
    if(x==m&&y==n)
        return 1;                       /* 起始位置是出口,找到路径,结束 */
    for(int i=0;i<4;i++)
    {   if(maze[x+move[i].x][y+move[i].y]==0)
            if(path(maze,move,x+move[i].x,y+move[i].y,step))
                return 1;               /* 下一个是出口,则返回 */
    }
    step--;
    maze[x][y]=0;
    return 0;
}
```

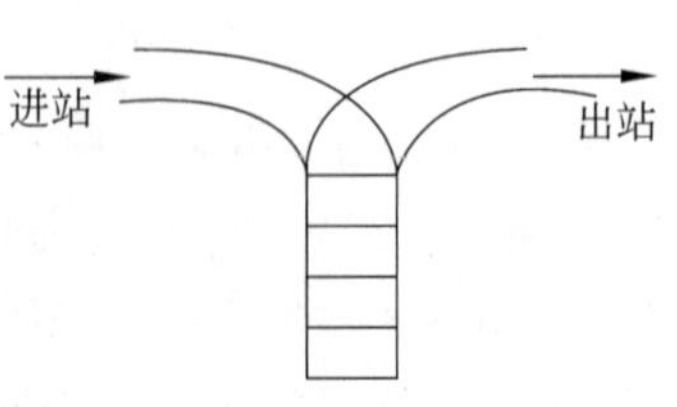

图 3.13 火车进站示意图

【例 3.9】 火车进站问题:编号为 A_1,A_2,A_3,…,A_n($A_1<A_2<A_3\cdots<A_n$)的 N 列火车顺序开进一个栈式结构的站台,如图 3.13 所示,问 N 列火车的

出站有多少种可能？

分析：进站过程中，火车的动作有两种，进站和出站。设某一时刻站台入口处有 i 列火车，站台内有 j 列火车，则下一动作有两种可能。

(1) 站台入口处第 1 列火车入站台。

(2) 站台内最顶上的火车出站台。

对于该问题，借助递归函数的定义方式，可以这样设计对应火车进站问题的递归描述函数：

$$F(0,j)=1,\quad F(0,0)=1,\quad j>0 \tag{3.1}$$

$$F(i,0)=F(i-1,1),\quad i>0 \tag{3.2}$$

$$F(i,j)=F(i-1,j+1)+F(i,j-1),\quad i>0,j>0 \tag{3.3}$$

其中 $F(i,j)$ 表示站台外有 i 列火车，站台内有 j 列火车，$F(0,j)$ 表示站台外没有火车，站台内有 j 列火车，$F(i,0)$ 表示站台内没有火车，有 i 列火车在站台外。

根据式(3.1)～式(3.3)，很容易写出求火车进站问题对应的算法。

【算法 3.24】

```
int Train_into_PlatForm(int i, int j)
{     if(i==0) return 1;                      /* 火车没有,或者全部在站台内 */
     else if(j==0) return Train_into_PlatForm(i-1,1);
        else return Train_into_PlatForm(i-1,j+1)+Train_into_PlatForm(i,j-1);
}
```

函数 Train_into_PlatForm(N,0)的计算结果就是 N 列火车进站的可能数。如取 $i=4,j=0$，表示有 4 列火车准备进站，通过调用算法 Train_into_PlatForm(4,0)得到的计算结果为 14；取 $i=5,j=0$，通过调用算法 Train_into_PlatForm(5,0)得到的计算结果为 42，与理论计算公式 $C_{2n}^{n}/n+1$ 是一致的。

3.5 队　　列

3.5.1 队列的定义及基本操作

队列和栈一样也是一种特殊的线性表，是限制在表的一端进行插入和在另一端进行删除的线性表。表中允许插入的一端称为队尾（rear），允许删除的一端称为队头（front）。当表中没有元素时称为空队列。队列的插入操作称为进队列或入队列，队列的删除操作称为退队列或出队列。图 3.14 所示是队列的入队列和出队列的过程，入队列的顺序是 e_1、e_2、e_3、e_4、e_5，出队列的顺序为 e_1、e_2、e_3、e_4、e_5，所以队列又称为先进先出线性表(first in first out)，简称 FIFO 表。

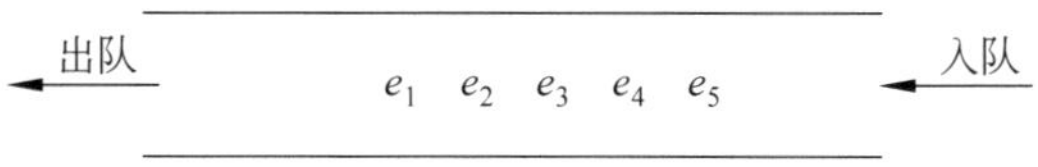

出队　e_1　e_2　e_3　e_4　e_5　入队

图 3.14　队列示意图

在日常生活中队列的例子很多，如排队买票，排头的买完后离开，新来的排在队尾。在队列上的基本操作如下。

(1) 队列初始化：Init_Queue()。

初始条件：队列Q不存在。

操作结果：构造了一个空队列Q。

(2) 判队空操作：Empty_Queue(Q)。

初始条件：队列Q存在。

操作结果：若Q为空队列则返回为1，否则返回为0。

(3) 入队操作：In_Queue(Q,x)。

初始条件：队列Q存在。

操作结果：对已存在的队列Q，插入一个元素x到队尾，队列发生变化。

(4) 出队操作：Out_Queue(Q)。

初始条件：队列Q存在且非空。

操作结果：删除队列首元素，并返回其值，队列发生变化。

(5) 读队头元素：Front_Queue(Q,x)。

初始条件：队列Q存在且非空。

操作结果：读队列头元素，并返回其值，队列不变。

(6) 销毁队列：Destroy_Queue(Q)。

初始条件：队列Q存在。

操作结果：销毁队列Q。

3.5.2 队列的顺序存储实现及操作实现

与线性表、栈类似，队列也有顺序存储和链式存储两种存储方法。

顺序存储的队列称为顺序队列，要分配一块连续的存储空间来存放队列里的元素，并且由于队列的队头和队尾都是活动的，因此有队头、队尾两个指针。这里约定队头指针指向实际队头元素所在的位置的前一位置，队尾指针指向实际队尾元素所在的位置。

顺序队列的类型定义如下：

```
#define  MAXSIZE   100          /* 队列的最大容量 */
typedef  struct {
  DataType  data[MAXSIZE];      /* 队列的存储空间 */
  int front, rear;              /* 队头和队尾指针 */
}SeqQueue, * PSeqQueue;
```

定义一个指向队列的指针：

```
PSeqQueue  Q;
Q=(PSeqQueue)malloc(sizeof(SeqQueue));
```

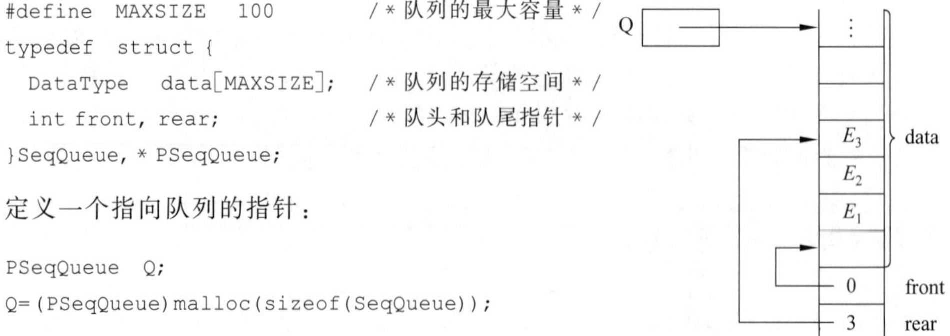

图3.15 队列的存储示意图

队列的顺序存储如图3.15所示。

队列的数据区为：Q－＞data[0]～Q－＞data

[MAXSIZE －1]

队头指针：Q－＞front(0≤Q－＞front≤MAXSIZE －1)

队尾指针：Q－＞rear(0≤Q－＞rear≤MAXSIZE －1)

由于顺序队列是静态分配存储，队列的操作是一个动态过程。入队操作是在队尾插入一个元素，Q－＞rear 加 1，Q－＞rear＝＝MAZXSIZE 时队满。出队操作是在队头删除一个元素，有两种方法。第一种方法将所有的队列元素向前移一位，Q－＞rear 减 1，Q－＞front 始终指向 0 位置不变，就像排队时，队头总在一个位置不变，每出队一个人，其余人向前走一个位置。另一种方法是不需要移动元素，修改队头指针 Q－＞front 加 1，一般常用第二种方法。但第二种方法存在假溢出的情况，通过前面顺序结构的线性表和栈我们知道，顺序存储结构存在溢出的情况，即表中元素的个数达到并超过实际分配的内存空间时溢出，这是正常的，队列也存在这种情况。但是队列还存在另外一种假溢出的情况，由于我们在删除元素时为了避免移动元素，只是修改了队头指针，这就会造成随着入队出队的进行，会使整个队列整体向后移动，出现了如图 3.16 所示的情况。队尾指针已经移到了最后，再有元素入队就会出现溢出，而事实上此时队中并未真的"满员"，这种现象为"假溢出"。

解决假溢出的方法之一是将队列的数据区 data[0..MAXSIZE－1]看成头尾相接的循环结构，头尾指针的关系不变，将其称为"循环队列"。循环队列的示意图如图 3.17 所示。

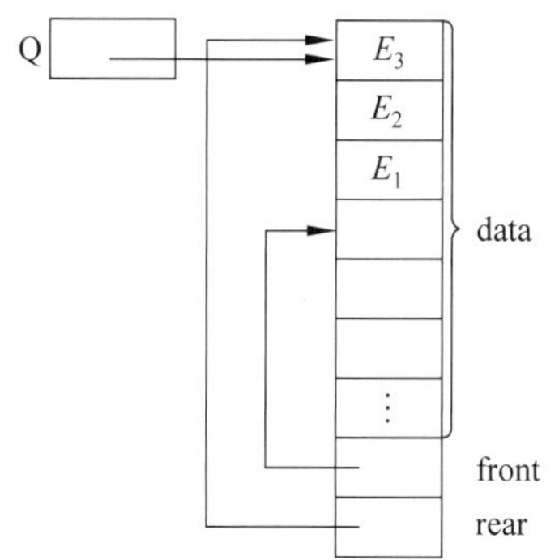

图 3.16 队列的假溢出示意图

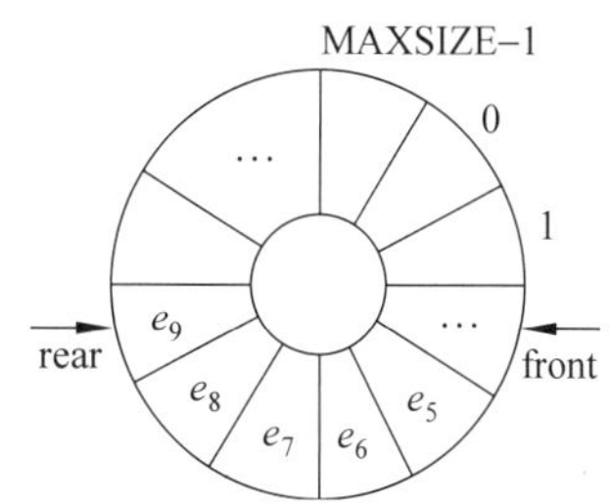

图 3.17 循环队列示意图

因为是头尾相接的循环结构，入队时的队尾指针加 1 操作将被修改为

```
Q->rear=(Q->rear+1)%MAXSIZE;
```

出队时的队头指针加 1 操作将被修改为

```
Q->front=(Q->front+1)%MAXSIZE;
```

下面讨论队列空和满的条件：队空的条件：Q－＞front＝Q－＞rear；队满的条件：如果队列的入队比出队快，队列中元素逐渐增多，Q－＞rear 会追上 Q－＞front，此时队满 Q－＞front＝Q－＞rear。因此队空的条件和队满的条件相同，无法判断。这显然是必须要解决的一个问题。

一种方法是增加一个存储队中元素个数的变量，如 num，当 num＝＝0 时队空，当

num==MAXSIZE 时为队满。

另一种方法是少用一个元素空间，即 Q->front 所指位置不用，使队尾指针 Q->rear 永远赶不上 Q->front，当队尾指针加 1 从后面赶上队头指针就表示队满，所以队满的条件是(rear+1)%MAXSIZE==front，就能和空队区别开。

循环队列利用第二种方法判断队空和队满条件的实现如下。

1. 队列初始化

【算法 3.25】

```
PSeqQueue  Init_SeqQueue()
{  /*初始化一个新队列，入口参数：无，返回值：新顺序队列指针，null 表示失败*/
   PSeqQueue  Q;
   Q=(PSeqQueue)malloc(sizeof(SeqQueue));
   if (Q)
   {
     Q->front=0;
     Q->rear=0;
   }
   return Q;
}
```

2. 判断队空

【算法 3.26】

```
int  Empty_SeqQueue(PSeqQueue Q)
/*判断队列是否为空，入口参数：顺序队列，返回值：1 表示为空，0 表示非空，-1 表示队列不存在*/
{   if (Q && Q->front==Q->rear)
       return(1);
    else
       if(!Q)return(-1);
          else return(0);
}
```

3. 入队

【算法 3.27】

```
int   In_SeqQueue(PSeqQueue Q, DataType  x)
/*入队操作，入口参数：顺序队列和待入队元素 x，返回值：1 表示成功，-1 表示队满溢出*/
{  if ((Q->rear+1)%MAXSIZE==Q->front)
   {   printf("队满");
       return  -1;                         /*队满不能入队*/
```

```
    }
    else
    {   Q->rear=(Q->rear+1)%MAXSIZE;
        Q->data[Q->rear]=x;
        return 1;                        /*入队完成*/
    }
}
```

4. 出队

【算法 3.28】

```
int  Out_SeqQueue(PSeqQueue Q,DataType *x)
{  /*出队操作,入口参数:顺序队列,返回值:1表示成功,-1表示队空,出队的元素保存到*x*/
    if  (Empty_SeqQueue(Q))
    {
        printf("队空");
        return -1;                       /*队空不能出队*/
    }
    else
    {   Q->front=(Q->front+1)%MAXSIZE;
        *x=Q->data[Q->front];
        return 1;                        /*出队完成*/
    }
}
```

5. 读队头元素

【算法 3.29】

```
int Front_SeqQueue(PSeqQueue Q,DataType *x)
{  /*取队头元素,入口参数:顺序队列和取出元素存放地址,返回值:1表示成功,-1表示队空*/
    if  (Q->front==Q->rear)
    {
        printf("队空");
        return -1;                       /*队空不能得到队头元素*/
    }
    else
    {   *x=Q->data[(Q->front+1)%MAXSIZE];
        return 1;                        /*取队头元素操作完成*/
    }
}
```

6. 销毁队列

【算法 3.30】

```
void  Destroy_SeqQueue(PSeqQueue *Q)
{  /*销毁一个队列,入口参数:要销毁的顺序队列指针的地址,返回值:无*/
    if (*Q)
      free(*Q);
    *Q=NULL;
}
```

设调用函数为主函数,主函数对初始化函数和销毁函数的调用如下。

```
main()
{  PSeqQueue  Q;
   Q=Init_ SeqQueue();
    ⋮
   Destroy_ SeqQueue(&Q);
}
```

3.5.3 队列的链式存储实现及操作实现

队列的链式存储就是用一个线性链表来表示队列,称为链队。为了操作上的方便,需要一个头指针和尾指针分别表示队头和队尾。

链队的描述如下：

```
typedef struct node {
   DataType  data;
   struct  node *next;
} Qnode, *PQNode;                            /*链队结点的类型*/
typedef struct {
   PQNnode   front,rear;
}LinkQueue, *PLinkQueue;                     /*将头尾指针封装在一起的链队*/
```

定义一个指向链队的指针：

```
PLinkQueue  Q;
Q=(PLinkQueue)malloc(sizeof(LinkQueue));
```

按这种思想建立的带头结点的链队存储结构如图 3.18 所示。Q－>front 指向链队的队头元素,Q－>rear 指向链队的队尾元素。出队时只要修改队头指针,入队时只要修改队尾指针即可。

链队的基本操作实现如下所示。

1. 初始化一个空队列

【算法 3.31】

```
PLinkQueue  Init_LinkQueue()
```

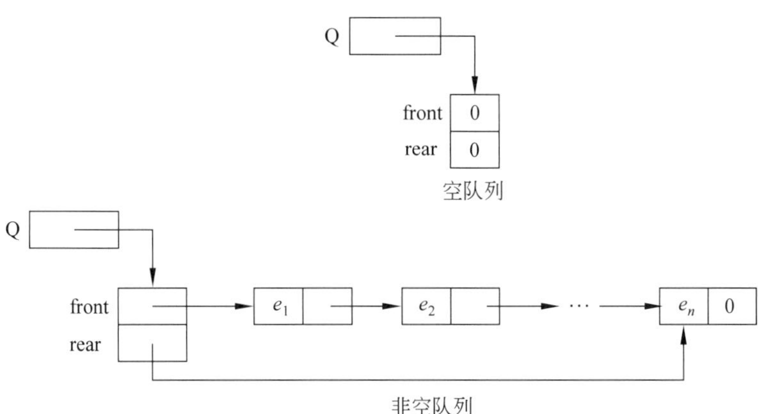

图 3.18 队列的链式存储示意图

```
{   /*初始化一个新队列,入口参数:无,返回值:新链队列指针,null表示失败*/
  PLinkQueue  Q;
  Q=(PLinkQueue)malloc(sizeof(LinkQueue));                /*申请链队结点*/
  if (Q)
  {  Q->front=NULL;
     Q->rear=NULL;
  }
  return Q;
}
```

2. 判断队空

【算法 3.32】

```
int  Empty_LinkQueue(PLinkQueue Q)
/*判断队列是否为空,入口参数:链队列,返回值:1表示为空,0表示非空*/
{    if (Q && Q->front==NULL&&Q->rear==NULL)
        return(1);
     else
        return(0);
}
```

3. 入队

【算法 3.33】

```
int   In_LinkQueue(PLinkQueue Q, DataType  x)
{     /*入队操作,入口参数:链队列和待入队元素x,返回值:1表示成功,0表示系统内存溢出*/
     PQNode p;
     p=(PQNode)malloc(sizeof(Qnode));
     if(!p)
     {
```

```
        printf("内存溢出");
        return(0);
    }
    p->data=x;
    p->next=NULL;
    if (Empty_LinkQueue(Q))
        Q->rear=Q->front=p;
    else
      {     Q->rear->next=p;
            Q->rear=p;
      }
    return(1);                          /*入队完成*/
}
```

4. 出队

【算法 3.34】

```
int  Out_LinkQueue(PLinkQueue Q, DataType *x)
{  /*出队操作,入口参数:链队列,返回值:1表示成功,0表示队空,出队元素用x保存*/
   PQNode p;
   if (Empty_LinkQueue(Q))
   {
      printf("队空");
      return(0);                        /*队空不能出队*/
   }
  *x=Q->front->data;
   p=Q->front;
   Q->front=Q->front->next;
   free(p);
   if(!Q->front)
      Q->rear=NULL;
   return 1;                            /*出队完成*/
}
```

5. 读队头元素

【算法 3.35】

```
int Front_LinkQueue(PSeqQueue Q,DataType *x)
{  /*取队头元素,入口参数:链队列和取出元素存放地址,返回值:1表示成功,0表示队空*/
    if ((Empty_LinkQueue(Q))
    {
      printf("队空");
      return(0);                        /*队空不能取出队头元素*/
    }
```

```
    * x=Q->front->data;
    return 1;                          /* 出队完成 */
}
```

6. 销毁队列

【算法 3.36】

```
void  Destroy_LinkQueue(PLinkQueue * Q)
{  /* 销毁一个队列,入口参数:要销毁的链队列指针的地址,返回值:无 */
    PQNode p, s;
    if ( * Q)
     {  while(Q->front)                     /* 循环出队直至为空队列 */
       {  p=Q->front;
          Q->front=Q->front->next;
          free(p);
       }
      free( * Q);
     }
    * Q=NULL;
}
```

3.6 队列应用举例

在第 6 章和第 7 章的相关章节中会介绍队列在具体算法中的应用。实际上,在计算机科学领域中队列的作用非常重要。例如,在解决主机和外部设备之间速度不匹配的问题时必须用队列。以主机和打印机之间速度不匹配的问题为例,主机输出数据给打印机打印,输出数据的速度比打印数据的速度要快得多,若直接把输出的数据送给打印机打印,由于速度不匹配,显然是不可以的。所以解决的方法是设置一个打印数据缓冲区,主机把要打印输出的数据依次写入这个缓冲区中,写满后就暂停写入,转去做其他的事情;打印机就从缓冲区中按照先进先出的队列操作原则依次取出数据并打印,打印完后再向主机发出请求,主机接到请求后再向缓冲区写入打印数据,这样做既保证了打印数据的正确,又使主机提高了效率。由此可见,在打印数据缓冲区中所存储的数据就是一个队列。再如,在解决由多用户引起的资源竞争问题时也需要队列,CPU(即中央处理器,它包括运算器和控制器)资源的竞争就是一个典型的例子。在一个带多终端的计算机系统上,有多个用户需要 CPU 运行自己的程序,它们分别通过各自的终端向操作系统提出占用 CPU 的请求,操作系统通常按照每个请求在时间上的先后顺序,把它们排成一个队列,每次把 CPU 分配给队首请求的用户使用,当相应的程序运行结束或用完规定的时间间隔后,则令其出队(出队后可重新加入到队尾),再把 CPU 分配给新的队首请求的用户使用,这样既满足了每个用户的请求,又使 CPU 能够正常运行。

下面看两个队列应用的算法示例。

【例 3.10】 有 n 个元素存储在数组 A[n]中,设计一个算法,实现将这 n 个元素循环左移动 k $(0<k<n)$位。

分析:利用队列求解将使问题简单化,将数组的 $A[0]\sim A[k-1]$元素事先按顺序放入一个队列中,然后将数组 $A[k]\sim A[n-1]$元素依次左移 k 位,再将队列中保存的数组元素 $A[0]\sim A[k-1]$顺序出队列,依次放入数组的 $A[n-k]\sim A[n-1]$位置。具体算法如下。

【算法 3.37】

```
void Array_LeftCircle_Move(int A[],int n,int k)
{  /* 参数 n 代表数组中存储的元素个数,k 代表循环左移动 k 位 */
int i;
PSeqQueue Q=Init_SeqQueue();
for(i=0;i<k;i++)  In_SeqQueue(Q,A[i]);    /* A[0]~A[k-1]元素事先按顺序放入队列 */
for(i=k;i<n;i++)  A[i-k]=A[i];            /* A[k]~A[n-1]元素左移 k 位 */
i=n-k;
while(!Empty_SeqQueue(Q))
    {  /* 元素 A[0]~A[k-1]顺序出队列,依次放入数组的 A[n-k]~A[n-1]位置 */
       Out_SeqQueue (Q,&A[i]);
       ++i;
    }
}
```

【例 3.11】 用队列实现打印杨辉三角。

如果将二项式$(a+b)^i$ $(i=2,3,4,\cdots)$展开,其系数排列成杨辉三角,如何实现各行系数的前 n 行打印出来,如图 3.19 所示。

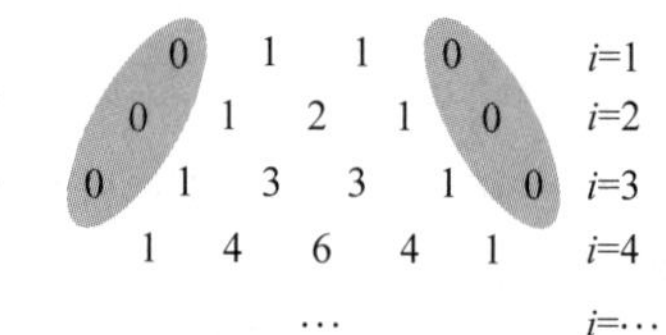

图 3.19 杨辉三角排列示意图

分析:杨辉三角从外形上有一个很重要的特征——三角中的任意一个系数值(第一行除外)可以看成一个其肩膀上两个系数值的和;对于某一边侧肩膀上没有的系数地方,可以看作此处有一个默认的 0 值(图 3.19 中用阴影部分显示的数字)。因此,在求任意一行 i $(i\geqslant 2)$的系数值时,可以由 $i-1$ 行的系数值来获得,借助一个辅助的数据结构队列,事先将上一行的系数值入队列,包括默认的行末尾的系数 0(行首的默认系数 0 预存在一个变量 s 中),利用出队列运算,每出一个系数 t,利用它的值和前面刚出队列的系数值 s 之和得到下一行相应位置的系数值,并把刚得到的系数值进队列,并把 t 的值赋给 s,循环下去,可以得到所需指定行数的杨辉三角。具体算法如下。

【算法 3.38】

```
void YangHui_trangle(int n)
{int s=0;
int i;
PSeqQueue  sq=Init_SeqQueue();
In_SeqQueue(sq,1);
In_SeqQueue(sq,1);
for(i=1;i<=n;i++,s=0)
```

```
    {printf("\n");
    for(int k=0;k<=40-4*i;k+=2)printf(" ");                /*输出格式控制*/
    In_SeqQueue(sq,0);
    for(int j=1;j<=i+2;j++)
        {int t;
        Out_SeqQueue(sq,&t);
        In_SeqQueue(sq,s+t);
        s=t;
        if(j!=i+2)  printf("%4d",s);
        }
    }
printf("\n");
Destroy_SeqQueue(&sq);
}
```

3.7 案例分析与实现

【案例 3.3 分析与实现】 稳定婚姻问题。

有 N 位男生和 N 位女生，每个男生都对 N 个女生的喜欢程度做了排序，每个女生都对 N 个男生的喜欢程度做了排序，现在需要确定一个稳定的婚姻匹配。

经典的稳定婚姻问题一般考虑男生优先选择的模式，即 male-optimal，男生能够获得尽可能好的伴侣。有 100 对男、女生，选择的过程中有二十个女生拒绝了某位男生，他仍然能够得到剩下的八十个女生中他最喜欢的那一个。

这里简单解释不稳定的含义：如果男生 i 和女生 a 牵手，但男生 i 更喜欢女生 b，而女生 b 发现，相比自己的男朋友 j，她更喜欢男生 i，则女生 a 没有能力阻碍男生 i 和女生 b 的匹配，这即不稳定的婚姻配对。

反之，如果配对的方案中不存在不稳定的情形，则称方案是稳定的。

在 3.1 节介绍了美国数学家 David Gale 和 Lloyd Shapley 提出的一种延迟认可算法(Gale-Shapley 算法)。

下面应用 Gale-Shapley 算法来求解稳定婚姻问题。假设有男生：Adam(亚当，编号 0)、Bill(比尔，编号 1)、Carl(卡尔，编号 2)、Dan(戴纳，编号 3)和 Eric(埃里克，编号 4)。有女生：Amy(艾米，编号 0)、Beth(贝瑟尼，编号 1)、Cara(凯拉，编号 2)、Diane(黛安，编号 3)、Ellen(埃伦，编号 4)，男生和女生之间的喜爱程度分别用表 3.2 和表 3.3 表示。

表 3.2 男生对女生的喜爱程度排列

男 生	女生 1	女生 2	女生 3	女生 4	女生 5
Adam	Beth	Amy	Diane	Ellen	Cara
Bill	Diane	Beth	Amy	Cara	Ellen
Carl	Beth	Ellen	Cara	Diane	Amy
Dan	Amy	Diane	Cara	Beth	Ellen
Eric	Beth	Diane	Amy	Ellen	Cara

表 3.3　女生对男生的喜爱程度排列

女　生	男生 1	男生 2	男生 3	男生 4	男生 5
Amy	Eric	Adam	Bill	Dan	Carl
Beth	Carl	Bill	Dan	Adam	Eric
Cara	Bill	Carl	Dan	Eric	Adam
Diane	Adam	Eric	Dan	Carl	Bill
Ellen	Dan	Bill	Eric	Carl	Adam

如果用男、女生各自的编号代替姓名,其对应的二维表如表 3.4 和表 3.5 所示。

表 3.4　男生对女生的喜爱程度排列

男生编号	女生 1 编号	女生 2 编号	女生 3 编号	女生 4 编号	女生 5 编号
0	1	0	3	4	2
1	3	1	0	2	4
2	1	4	2	3	0
3	0	3	2	1	4
4	1	3	0	4	2

表 3.5　女生对男生的喜爱程度排列

女生编号	男生 1 编号	男生 2 编号	男生 3 编号	男生 4 编号	男生 5 编号
0	4	0	1	3	2
1	2	1	3	0	4
2	1	2	3	4	0
3	0	4	3	2	1
4	3	1	4	2	0

其中表格中的数字代表每个姓名对应的自然编号(0,1,2,…)。

算法的具体实现如下。

1) 算法具体思想

(1) 初始化,把所有的男生按照编号依次加到男生队列里。

(2) 在男生队列非空的情况下,重复下述过程。

每次从队列里取出一个男生准备匹配,然后从他最喜欢的女生开始匹配。

如果当前的女生没有伴侣,直接匹配上,并记录配对结果;如果选中的女生有伴侣,比较该男生和女生已经匹配的伴侣(男生),女生更喜欢谁,如果更喜欢该男生,那么该男生就和这个女生匹配,并记录配对结果;女生之前匹配的男生变成单身,被放回队列;否则,继续找下一个女生,直至找到一个能匹配上的为止。

(3) 男生队列为空,匹配完成,输出婚姻匹配结果,算法结束。

2) 相关数据结构

(1) 男生单身队列 ManQueue。

(2) 男生和女生之间的喜爱程度分别用二维数组 ManLove 和 WomanLove 存储,以备算法执行过程中查询。

(3) 男生和女生的匹配情况分别用一维数组 ManMatchAy 和 WomanMatchAy 来表示,数组的下标表示男生或者女生的编号,数组的元素值表示和他(她)配对的女生(男生)的编号,−1 表示当前该男生(女生)还没有配对,是单身。

具体算法如下。

【算法 3.39】

```
#define HumanN 5                          /* 定义匹配的男、女生人数,本例是男生 5 */
typedef enum {
    Adam,Bill,Carl,Dan,Eric
}ManName;                                 /* 定义 N 个男生姓名枚举类型 */
typedef enum{
    Amy,Beth,Cara,Diane,Ellen
}WomanName;                               /* 定义 N 个女生姓名枚举类型 */
typedef ManName DataType;
char * pManName[HumanN]={"Adam","Bill","Carl","Dan","Eric"};
char * pWomanName[HumanN]={"Amy","Beth","Cara","Diane","Ellen"};
int ManMatchAy[HumanN]={-1,-1,-1,-1,-1};
int WomanMatchAy[HumanN]={-1,-1,-1,-1,-1};
/* 定义男生配对结果数组和女生配对结果数组,元素值为-1,表示当前该生还没有配对 */
int ManLove[HumanN][HumanN]={
    {1,0,3,4,2},
    {3,1,0,2,4},
    {1,4,2,3,0},
    {0,3,2,1,4},
    {1,3,0,4,2}
};
/* 定义男生对女生的喜爱程度二维数组,其中每一行表示当前男生对所有女生的喜爱排列顺序 */
int WomanLove[HumanN][HumanN]={
    {4,0,1,3,2},
    {2,1,3,0,4},
    {1,2,3,4,0},
    {0,4,3,2,1},
    {3,1,4,2,0},
};
/* 定义女生对男生的喜爱程度二维数组,其中每一行表示当前女生对所有男生的喜爱排列顺序 */
void OutputMatch(int index,char * manName[],char * womanName[],int manIndex,
int womanIndex)
    {  /* 定义输出男、女生婚姻配对结果函数 */
```

```
        printf("The No. %d match Marriage is: %s and %s
                \n",index+1,manName[manIndex],womanName[womanIndex]);
    }
int CompareLoveFromWoman(int WomanLove[HumanN][HumanN],int woman,int man1,
int man2)
{   /* 比较 woman 对 man1 和 man2 的喜欢程度, 返回 1 表示更喜欢 man1, 返回-1 表示更喜欢
   man2 */
   int pos1,pos2; /* 记录 man1、man2 两位男生在当前女生心中的被喜好位置的序号 */
   int i;
   for(i=0;i<HumanN;i++){
         if(WomanLove[woman][i]==man1) pos1 =i;
         if(WomanLove[woman][i]=man2) pos2 =i;
         }
   if(pos1 <pos2) return 1;
         else return -1;
}
void main()
{
    int i=0,j=0;
    ManName cur_man;                          /* 定义枚举型变量表示当前配对的男生 */
    PSeqQueue pman =Init_SeqQueue();
    for(i=0; i<HumanN;i++)
      In_SeqQueue(pman,(ManName)i);
                               /* 把 5 个男生依次加入队列,后面考虑用名字加入队列 */
    while (!Empty_SeqQueue(pman))             /* 在配对队列非空的前提下做循环 */
    {  Out_SeqQueue(pman,&cur_man);
       for(j=0;j<HumanN;j++)
       {int lovGril;
        lovGril=ManLove[cur_man][j];   /* 顺序查找男生对女生的喜爱程度二维数组 */
        if (WomanMatchAy[lovGril]==-1)  /* 找到的当前女生还没有婚配 */
        {
            WomanMatchAy[lovGril] =cur_man;      /* 设置该女生的男友为 cur_man */
            ManMatchAy[cur_man] =lovGril;
            break;
        }
       else             /* 该女生已经婚配,比较该女生对当前配偶与当前男生的喜爱程度 */
{
       int man_match=WomanMatchAy[lovGril];  /* 查出该女子当前配偶信息 */
       /* 接下来比较女生对当前配偶和当前单身男生喜爱程度 */
       if (CompareLoveFromWoman(WomanLove,lovGril,man_match,cur_man)==-1)
          {/* 当前单身男生在该女生心中优于当前配偶,进行婚姻重组 */
          ManMatchAy[man_match]=-1;         /* 使该女生的当前配偶恢复单身 */
          In_SeqQueue(pman,(ManName)man_match);  /* 将解配男生加入单身队列 */
          WomanMatchAy[lovGril]=cur_man;
```

```
        ManMatchAy[cur_man]=lovGril;   /*记录当前男生的配对女生*/
        break;
        }
    }
}/*end for*/
}/*end while*/
for (i =0;i<HumanN;i++)
   OutputMatch(i,pManName,pWomanName,i,ManMatchAy[i]);    /* 输出配对结果*/
}
```

该算法执行的结果为

```
The No. 1 match Marriage is: Adam and Amy
The No. 2 match Marriage is: Bill and Cara
The No. 3 match Marriage is: Carl and Beth
The No. 4 match Marriage is: Dan and Ellen
The No. 5 match Marriage is: Eric and Diane
```

本章小结

本章主要讨论了两种特殊的线性表：栈和队列，介绍了它们的基本概念、存储结构、基本操作及其实现，最后举例说明了它们的应用。

栈是一种操作受限的线性表，它只允许在栈顶进行插入和删除等操作，其各种操作的时间复杂度均为 $O(1)$。栈主要采用顺序和链式存储方式，在用顺序存储结构实现时，注意栈空和栈满的条件；用链式结构实现时，用链表表头作为栈顶，以方便操作的实现。

计算机执行递归算法时需要建立和使用一个栈，用来存储每次调用后的返回地址、形参变量和局部变量的值，每结束一次调用都要按栈中保存的返回地址返回到调用位置下执行，并自动做一次退栈处理操作。因此，关于栈在递归算法中的作用一定要认真体会，务必清楚掌握递归的实现原理和执行过程。

队列是限制在线性表的一端进行插入，另一端进行删除的线性表。用顺序结构实现时，一般采用循环队列，注意在循环队列中队空和队满的条件；链式结构实现同样要注意队头和队尾指针的位置。

对于栈和队列的联系和区别，请读者理解掌握本章的迷宫问题的递归求解和利用队列求解。

习　　题

一、选择题

1. 栈和队列的共同点是(　　)。

   A. 都是先进先出　　　　B. 都是先进后出

C. 只允许在端点处插入和删除元素　　D. 没有共同点

2. 若一个栈的输入序列为 $1,2,3,\cdots,n$，输出序列的第一个元素是 n，则第 i 个输出元素是(　　)。

A. $n-i-1$　　B. $n-i$　　C. $n-i+1$　　D. 不确定

3. 设 a,b,c,d,e,f 以给定的次序进栈，若在进栈操作时，允许出栈操作，则下面得不到的序列为(　　)。

A. f,e,d,c,b,a　　B. b,c,a,f,e,d　　C. d,c,e,f,b,a　　D. c,a,b,d,e,f

4. 递归过程或函数调用时，处理参数及返回地址，要用一种称为(　　)的数据结构。

A. 队列　　B. 多维数组　　C. 栈　　D. 线性表

5. 若一个栈以向量 $\boldsymbol{V}[1..n]$ 存储，初始栈顶指针 top 为 $n+1$，则下面 x 入栈的正确操作是(　　)。

A. top=top+1; $\boldsymbol{V}$[top]=x　　B. $\boldsymbol{V}$[top]=x; top=top+1

C. top=top−1; $\boldsymbol{V}$[top]=x　　D. $\boldsymbol{V}$[top]=x; top=top−1

6. 用链式存储的队列，在进行删除运算时(　　)。

A. 仅修改头指针　　B. 仅修改尾指针

C. 头、尾指针都要修改　　D. 头、尾指针可能都要修改

7. 栈应用在(　　)。

A. 递归调用　　B. 子程序调用　　C. 表达式求值　　D. A,B,C

8. 中缀表达式 A−(B+C/D)×E 的后缀形式是(　　)。

A. AB−C+D/E×　　B. ABC+D/E×

C. ABCD/E×+−　　D. ABCD/+E×−

9. 假设以数组 $A[m]$ 存放循环队列的元素，其头尾指针分别为 front 和 rear，则当前队列中的元素个数为(　　)。

A. (rear−front+m)%m　　B. rear−front+1

C. (front−rear+m)%m　　D. (rear−front)%m

10. 循环队列存储在数组 $A[0..m]$ 中，则入队时队尾的操作为(　　)。

A. rear=rear+1　　B. rear=(rear+1)%(m−1)

C. rear=(rear+1)%m　　D. rear=(rear+1)%(m+1)

11. 若元素 a,b,c,d,e,f 依次进栈，允许进栈、退栈操作交替进行，但不允许连续 3 次进行退栈操作，则不可能得到的出栈序列是(　　)。

A. d,c,e,b,f,a　　B. c,b,d,a,e,f　　C. b,c,d,a,e,f　　D. a,f,e,d,c,b

12. 某队列允许在其两端进行入队操作，但仅允许在一端进行出队操作，则不可能得到的顺序是(　　)。

A. b,a,c,d,e　　B. d,b,a,c,e　　C. d,b,c,a,e　　D. e,c,b,a,d

13. 如果栈 S 和队列 Q 的初始状态均为空，元素 a,b,c,d,e,f,g 依次进入栈 S，如果每个元素出栈立即进入队列 Q，且 7 个元素出队的顺序是 b,d,c,f,e,a,g，则栈 S 的容量至少是(　　)。

A. 1　　B. 2　　C. 3　　D. 4

二、填空题

1. 队列是________的线性表,其运算遵循________的原则。

2. ________是限定仅在表尾进行插入或删除操作的线性表。

3. 用S表示入栈操作,X表示出栈操作,若元素入栈的顺序为1,2,3,4,为了得到1,3,4,2出栈顺序,相应的S和X的操作串为________。

4. 当两个栈共享一存储区时,存储区用一维数组stack(1,n)表示,两栈顶指针为top[1]与top[2],则当栈1空时,top[1]为________,栈2空时,top[2]为________,栈满的条件是________。

5. 在链式队列中,判定只有一个结点的条件是________。

6. 循环队列的引入,目的是为了克服________。

7. 已知链队列的头尾指针分别是f和r,则将值x入队的操作序列是________。

8. 循环队列满与空的条件是________和________。

9. 一个栈的输入序列是1,2,3,4,5,则不同的输出序列有________种。

10. 表达式23+((12×3−2)/4+34×5/7)+108/9的后缀表达式是________。

三、判断题

1. 消除递归一定需要使用栈。 ( )

2. 栈是实现过程和函数调用所必需的结构。 ( )

3. 两个栈共享一片连续内存空间时,为提高内存利用率,减少溢出机会,应把两个栈的栈底分别设在这片内存空间的两端。 ( )

4. 用递归方法设计的算法效率更高。 ( )

5. 栈与队列是一种特殊的线性表。 ( )

6. 队列从逻辑上讲,是一端既能增加又能减少的线性表。 ( )

7. 循环队列通常会浪费一个存储空间。 ( )

8. 循环队列也存在空间溢出问题。 ( )

9. 栈和队列的存储方式,既可以是顺序方式,又可以是链式方式。 ( )

10. 任何一个递归过程都可以转换成非递归过程。 ( )

四、应用题

1. 什么是栈、队列?栈和队列数据结构的特点是什么?什么情况下用到栈?什么情况下用到队列?

2. 什么是递归程序?递归程序的优、缺点是什么?递归程序在执行时,应借助于什么来完成?

3. 在什么情况下可以利用递归来解决问题?在写递归程序时应注意什么?

4. 试证明:若借助栈由输入序列1,2,…,n得到输出序列为$p_1p_2\cdots p_n$(它是输入序列的一个排列),则在输出序列中不可能出现这样的情形:存在着$i<j<k$,使得$p_j<p_k<p_i$。

5. 举例说明顺序队列的“假溢出”现象，并给出解决方案。

6. 简要叙述循环队列的数据结构，并写出其初始状态、队列空、队列满的队条件。

7. 利用两个栈 s1 和 s2 模拟一个队列时，如何用栈的运算实现队列的插入、删除以及判队空运算。请简述这些运算的算法思想。

8. 当过程 P 递归调用自身时，过程 P 内部定义的局部变量在 P 的两次调用期间是否占用同一数据区？为什么？

9. 链队列队头和队尾分别是单链表的哪一端，能不能反过来表示，为什么？

10. 有如下递归函数：

```
int dunno(int m)
{
    int value;
    if (m==0)  value=3;
    else value=dunno(m-1)+5;
    return(value);
}
```

试计算出 dunno(3)的结果。

五、算法设计题

1. 假设称正读和反读都相同的字符序列为“回文”，例如，abcddcba、qwerewq 是回文，ashgash 不是回文。试写一个算法判断读入的一个以@为结束符的字符序列是否为回文。

2. 设以数组 se[m]存放循环队列的元素，同时设变量 rear 和 front 分别作为队头队尾指针，且队头指针指向队头前一个位置，写出这样设计的循环队列入队、出队的算法。

3. 从键盘上输入一个逆波兰表达式，并写出其求值程序。规定：逆波兰表达式的长度不超过一行，以 $ 符作为输入结束符，操作数之间用空格分隔，操作符只可能有＋、－、＊、/四种运算。例如，234 34＋2＊ $ 。

4. 假设以带头结点的循环链表表示一个队列，并且只设一个队尾指针指向尾元素结点（注意不设头指针），试写出相应的置空队、入队、出队的算法。

5. 设计一个算法判别一个算术表达式的圆括号是否正确配对。

6. 两个栈共享向量空间 $\boldsymbol{v}[m]$，它们的栈底分别设在向量的两端，每个元素占一个分量，试写出两个栈公用的栈操作算法：push(i,x)和 pop(i)，$i=0$ 和 1 用以指示栈号。

7. 线性表中元素存放在向量 $\mathbf{A}[n]$中，元素是整型数。试写出递归算法求出 $\mathbf{A}$ 中的最大和最小元素。

8. 已知求两个正整数 m 与 n 的最大公因子的过程用自然语言可以表述为反复执行如下动作。第一步，若 $n=0$，则返回 m；第二步，若 $m<n$，则 m 与 n 相互交换；否则，保存 m，然后将 n 送 m，将保存的 m 除以 n 的余数送 n。

(1) 将上述过程用递归函数表达出来（设求 x 除以 y 的余数可以用 $x\%y$ 形式表示）。

(2) 写出求解该递归函数的非递归算法。

第4章 chapter 4

串

思政教学设计

在非数值计算中，所涉及的数据对象大多是以字符串形式呈现的。如汇编和高级语言的编译程序中，源程序和目标程序都是字符串数据；在事务处理程序中，顾客的姓名、地址、货物的产地、名称等，一般也是作为字符串来处理的。因此学习字符串的存储方法以及字符串的基本操作将有效提高数据处理的能力。字符串（简称串）本质上就是以字符作为数据元素的一类特殊的线性表。本章将串作为一种独立的数据结构加以研究，重点介绍串的存储结构及其基本运算。

【本章学习要求】

掌握：串的基本概念和基本运算。

掌握：串的顺序存储结构以及定长串的基本运算。

掌握：串的简单模式匹配以及KMP模式匹配算法。

了解：串的堆存储结构和基于堆结构的基本运算。

了解：串的链式存储结构表示。

了解：串在文本编辑中的处理方法。

4.1 案例导引

字符串或串(string)是由数字、字母、下画线组成的一串字符，一般记为$s=$"$a_1a_2\cdots a_n$"$(n\geqslant 0)$。它是编程语言中表示文本的数据类型。在程序设计中，字符串为符号或数值的一个连续序列，如符号串(一串字符)或二进制数字串(一串二进制数字)。

字符串有其自身的存储与运算特点，建立在字符串这种数据结构上的算法通常有字符串查找连接运算、正则表达式算法、模式匹配等。

实际应用中，字符串的案例很多，如文本处理、模式匹配等，有这样一个有趣的问题——密码截取问题。

Catcher是MCA国的情报员，他工作时发现敌国会用一些对称的密码进行通信，如ABBA、ABA、A、123321，但是他们有时会在开始或结束时加入一些无关的字符以防止别国破解。如进行下列变化：ABBA→12ABBA，ABA→ABAKK，123321→51233214。

因为截获的串太长了,而且存在多种可能的情况(abaaab 可以看作 aba 或 baaab 的加密形式),Cathcer 的工作量实在是太大了,他只能向计算机高手求助,你能帮助 Catcher 找出最长的有效密码串(对称的密码串)吗?

对于该问题,其求解的过程实质上是找出给定字符串中最长的对称子串。为了解决该问题,先要学习串的概念、存储结构和相关的基本运算。

4.2 串及其基本运算

在早期的程序设计语言中(如 FORTRAN 语言),串是作为输入和输出的参数出现的。随着计算机语言的发展,产生了串处理,这时串就作为一种数据类型出现在许多程序设计语言(如 C/C++ 语言、Java 语言等,在 C++ /Java 语言中,串被定义成类来实现更复杂的处理)中,与此同时引进了串的各种运算。此外,串还具有自身的特性,在不同类型的应用中,需要根据具体情形选择合适的存储结构,建立基于相应的存储结构的运算。

4.2.1 串的基本概念

1. 串的定义

串是由零个或多个任意字符组成的字符序列。一般记作:

$$s="s_1\ s_2\cdots s_n"$$

其中 s 是串名;在本书中,用双引号作为串的定界符,引号引起来的字符序列为串值,引号本身不属于串的内容;$s_i(1\leqslant i\leqslant n)$是一个任意字符,它称为串的元素,是构成串的基本单位,i 是它在整个串中的序号;n 为串的长度,表示串中所包含的字符个数,当 $n=0$ 时,称为空串。例如,在程序设计语言中

```
s1="book"
```

表明 s1 是一个串变量名,而字符序列 book 是它的值,该串的长度为 4。而

```
s2=""
```

表明 s2 是一个空串,它不含有任何字符,串长为零。

2. 相关概念

子串与主串:串中任意连续的字符组成的子序列称为该串的子串。包含子串的串相应地称为主串。

子串的位置:子串的第一个字符在主串中的序号称为子串的位置。

串相等:称两个串是相等的,是指两个串的长度相等且对应位置上字符都相等。

空格串:串中的字符全是空格。

例如,有下列 4 个串 a,b,c,d:

```
a="Welcome to China"
b="Welcome"
c="China"
d="welcometo"
```

b 和 c 是 a 的子串,d 则不是 a 的子串;b 在 a 中的位置是 1,c 在 a 中的位置是 12。

4.2.2 串的基本运算

串的运算有很多,下面介绍部分基本运算。

1. 求串长 StrLength(s)

操作条件:串 s 存在。
操作结果:求出串 s 中的字符的个数。
设串 s1="abcdef",s2="bhjk3333" 则有:

```
StrLength(s1)=6,StrLength(s2)=8
```

2. 串赋值 StrAssign(s1,s2)

操作条件:s1 是一个串变量,s2 或者是一个串常量,或者是一个串变量(通常 s2 是一个串常量时称为串赋值,是一个串变量时称为串拷贝)。
操作结果:将 s2 的串值赋值给 s1,s1 原来的值被覆盖。
设串 s1="abc123",s2="bhjk3333" 则有:
StrAssign(s1,s2),s1、s2 的值都是"bhjk3333"。

3. 串联接:StrConcat(s1,s2,s)或 StrConcat(s1,s2)

操作条件:串 s1、s2 存在。
操作结果:两个串的联接就是将一个串的串值紧接着放在另一个串的后面,联接成一个串。前者是产生新串 s,s1 和 s2 不改变;后者是在 s1 的后面联接 s2 的串值,s1 改变,s2 不改变。
例如:s1="abc",s2="123",前者操作结果是 s="abc123";后者操作结果是 s1="abc123"。

4. 求子串 SubStr(t,s,i,len)

操作条件:串 s 存在,1≤i≤StrLength(s),0≤len≤StrLength(s)−i+1。
操作结果:产生一个新串 t,t 是从串 s 的第 i 个字符开始的长度为 len 的子串。len=0 得到的t 是空串。
例如:执行 SubStr(t,"abcdefghi",3,4)之后 t="cdef"。

5. 串比较 StrCmp(s1,s2)

操作条件:串 s1、s2 存在。

操作结果：定义 $s1==s2$ 是串 $s1$ 和 $s2$ 相对应每一个字符都相等。如果 $s1==s2$，操作返回值为 1；否则返回值为 0。

6. 子串定位 StrIndex(s,t)

这里找子串 t 在主串 s 中首次出现的位置。

操作条件：串 s、t 存在。

操作结果：若 $t\in s$，则操作返回 t 在 s 中首次出现的位置，否则返回值为 -1。

如：

```
StrIndex("abcdebda","bc")=2
StrIndex("abcdebda","ba")=-1
```

7. 串插入 StrInsert(s,i,t)

操作条件：串 s、t 存在，$1\leqslant i\leqslant$ StrLength(s)+1。

操作结果：将串 t 插入串 s 的第 i 个字符位置上，s 的串值发生改变。

8. 串删除 StrDelete(s,i,len)

操作条件：串 s 存在，$1\leqslant i\leqslant$ StrLength(s)，$0\leqslant$ len $\leqslant$ StrLength(s)$-i+1$。

操作结果：删除串 s 中从第 i 个字符开始的长度为 len 的子串，s 的串值改变。

9. 串替换 StrRep(s,t,r)

操作条件：串 s、t、r 存在，t 不为空。

操作结果：用串 r 替换串 s 中出现的所有与串 t 相等的不重叠的子串，s 的串值改变。

以上是串的几个基本操作。其中前 5 个操作是最为基本的，它们不能用其他的操作来合成，因此通常将这 5 个基本操作称为最小操作集。

C 语言中提供了如下几个标准函数。

- 串复制：char * strcpy(s,t)。
- 求串的长度：int strlen(s)。
- 串比较：int strcmp(s,t)。
- 串联接：char * strcat(s,t)。
- 串定位：char * strstr(s,t)。

4.3 串的顺序存储及基本运算

因为串是数据元素类型为字符型的线性表，所以线性表的存储方式仍适用于串，也因为字符的特殊性和字符串经常作为一个整体来处理的特点，串在存储时还有一些与一般线性表不同之处。

4.3.1 串的定长顺序存储

类似于顺序表，用一组地址连续的存储单元存储串值中的字符序列，所谓定长是指按预定义的大小，为每一个串变量分配一个固定长度的存储区，如：

```
#define MAXSIZE  256
char  s[MAXSIZE];
```

则串的最大长度不能超过256。

如何标识实际长度呢？

(1) 类似顺序表，串描述如下：

```
typedef struct
{  char  data[MAXSIZE];
   int  Length;                              /* 串的长度 */
} SeqString;
```

定义一个串变量：SeqString s。

这种存储方式可以直接得到串的长度：s.Length，如图4.1所示。

s.data

0	1	2	3	4	5	6	7	8	9	10	…	Length−1		MAXSIZE−1
a	b	c	d	e	f	g	h	i	j	k			…	

图4.1 串的顺序存储方式1

(2) 在串尾存储一个不会在串中出现的特殊字符作为串的终结符，以此表示串的结尾。这也是C语言中处理定长串的方法，它是用'\0'来表示串的结束。这种存储方法不能直接得到串的长度，是用判断当前字符是否是'\0'来确定串是否结束，从而求得串的长度，如图4.2所示。

char *s*[MAXSIZE];

0	1	2	3	4	5	6	7	8	9	10	…			MAXSIZE−1
a	b	c	d	e	f	g	h	i	j	k	\0		…	

图4.2 串的顺序存储方式2

(3) 设定长串存储空间为char *s*[MAXSIZE+1]。用*s*[0]存放串的实际长度，此时注意串的长度不能超过一个字符单位字节(char)的表示范围，串值存放在*s*[1]～*s*[MAXSIZE]，字符的序号和存储位置一致，应用更为方便。

4.3.2 定长顺序串的基本运算

本小节主要讨论求串长、串联接、求子串、串比较算法，顺序串的插入和删除等运算基本与顺序表相同，在此不再赘述。设串结束用'\0'来标识。

1. 求串长

求串长的计算方法如下。

【算法 4.1】

```
int StrLength(char * s)
{
   int i=0;
   while (s[i]!='\0') i++;
   return(i);
}
```

2. 串联接

把两个串 $s1$ 和 $s2$ 首尾连接成一个新串 s，即 $s \leqslant s1+s2$，算法如下。

【算法 4.2】

```
int StrConcat(char * s1,char * s2,char * s)
/* 新串存储在字符串指针 s 中 */
{ int i=0, j, len1, len2;
     len1=StrLength(s1);
     len2=StrLength(s2);
     if(len1+len2>MAXSIZE-1)
     return  0;                                    /* s 长度不够 */
     j=0;
     while(s1[j]!='\0')
      {
        s[i]=s1[j];
        i++;
        j++;
      }
      j=0;
      while(s2[j]!='\0')
      {
        s[i]=s2[j];
        i++;
        j++;
      }
      s[i]='\0';
      return 1;
}
```

3. 求子串

求子串的计算方法如下。

【算法 4.3】

```
int StrSub(char *t, char *s, int i, int len)
/*用 t 返回串 s 中第 i 个字符开始的长度为 len 的子串,1<=i<=串长*/
{
  int slen;
  slen=StrLength(s);
  if (i<1||i>slen||len<0||len>slen-i+1)
  {
    printf("参数不对");
    return 0;
  }
  for (j=0; j<len; j++)
    t[j]=s[i+j-1];
  t[j]='\0';
  return 1;
}
```

4. 串比较

串比较的算法如下。

【算法 4.4】

```
int StrCmp(char *s1, char *s2)
{
  int i=0;
  while (s1[i]==s2[i] && s1[i]!='\0')
    i++;
  return(s1[i]==s2[i]);
}
```

4.4 模式匹配

串的模式匹配即子串定位是一种重要的串运算，在 4.2 节介绍的串的基本运算中，StrIndex(s,t)是查找子串 t(也被称为模式串)在主串 s 中的位置，这个查找过程称为模式匹配。如果在 s 中找到等于 t 的子串，则称匹配成功，函数返回 t 在 s 中的首次出现的存储位置(或序号)，否则匹配失败，返回−1。t 也称为模式。为了运算方便，设字符串的长度存放在 0 号单元，串值从 1 号单元存放，这样，字符序号与存储位置一致。

4.4.1 简单的模式匹配算法

算法思想：首先将 s_1 与 t_1 进行比较，若不同，就将 s_2 与 t_1 进行比较，以此类推，直到 s 的某一个字符 s_i 和 t_1 相同，再将它们之后的字符进行比较，若也相同，则如此继续往下比较,当 s 的某一个字符 s_i 与 t 的字符 t_j 不同时,则 s 返回到本趟开始字符的下一个字符,即 s_{i-j+2},t 返回到 t_1,继续开始下一趟的比较,重复上述过程。若 t 中的字符全部比完,则说明本趟匹配成功,本趟的起始位置是 $i-j+1$,否则,匹配失败。设主串 $s=$"ababcabcacbab",模式 $t=$"abcac",匹配过程如图 4.3 所示。

```
        1  2  3  4  5  6  7  8  9  10 11 12 13
              ↓i=3
第一趟  a  b  a  b  c  a  b  c  a  c  b  a  b
        a  b  c  a  c
              ↑j=3
           ↓i=2
第二趟  a  b  a  b  c  a  b  c  a  c  b  a  b
           a  b  c  a  c
           ↑j=1
                          ↓i=7
第三趟  a  b  a  b  c  a  b  c  a  c  b  a  b
              a  b  c  a  c
                          ↑j=5
                 ↓i=4
第四趟  a  b  a  b  c  a  b  c  a  c  b  a  b
                 a  b  c  a  c
                 ↑j=1
                    ↓i=5
第五趟  a  b  a  b  c  a  b  c  a  c  b  a  b
                    a  b  c  a  c
                    ↑j=1
                                   ↓i=11
第六趟  a  b  a  b  c  a  b  c  a  c  b  a  b
                       a  b  c  a  c
                                   ↑j=6
```

图 4.3 简单模式匹配的匹配过程

依据这个思想,具体算法如下。

【算法 4.5】

```
int  StrIndex_BF(char * s,char * t)
    /* 从串 s 的第一个字符开始找首次与串 t 相等的子串 */
{
   int i=1,j=1;
   while (i<=s[0] && j<=t[0])                    /* 两个串都没有扫描完 */
      if (s[i]==t[j])
      {
        i++;
        j++;
      }                                          /* 继续 */
        else
        {
          i=i-j+2;
          j=1;
        }                                        /* 回溯 */
   if (j>t[0])
```

```
      return (i-t[0]);                          /* 匹配成功,返回存储位置 */
    else
      return -1;
  }
```

这是 Brute-Force 算法,简称为 BF 算法。下面分析它的时间复杂度,设串 s 长度为 n,串 t 长度为 m。

在匹配成功的情况下,考虑以下两种极端情况。

(1) 在最好情况下,每趟不成功的匹配都发生在第一对字符比较时:

例如:

```
s="aaaaaaaaaabc"
t="bc"
```

设匹配成功发生在 s_i 处,则字符比较次数在前面 $i-1$ 趟匹配中共比较了 $i-1$ 次。第 i 趟成功的匹配共比较了 m 次,所以总共比较了 $i-1+m$ 次。所有匹配成功的可能共有 $n-m+1$ 种,设从 s_i 开始与 t 串匹配成功的概率为 p_i,在等概率情况下 $p_i=1/(n-m+1)$。因此最好情况下,平均比较的次数是

$$\sum_{i=1}^{n-m+1} p_i \times (i-1+m) = \sum_{i=1}^{n-m+1} \frac{1}{n-m+1} \times (i-1+m) = \frac{n+m}{2}$$

即最好情况下的时间复杂度是 $O(n+m)$。

(2) 在最坏情况下,每趟不成功的匹配都发生在 t 的最后一个字符:

例如:

```
s="aaaaaaaaaaab"
t="aaab"
```

设匹配成功发生在 s_i 处,则在前面 $i-1$ 趟匹配中共比较了 $(i-1)\times m$ 次,第 i 趟成功的匹配共比较了 m 次,所以总共比较了 $i\times m$ 次,因此,最坏情况下平均比较的次数是

$$\sum_{i=1}^{n-m+1} p_i \times (i \times m) = \sum_{i=1}^{n-m+1} \frac{1}{n-m+1} \times (i \times m) = \frac{m \times (n-m+2)}{2}$$

即最坏情况下的时间复杂度是 $O(n\times m)$。

上述算法中,匹配是从 s 串的第一个字符开始的,有时算法要求从指定位置开始,这时算法的参数表中要加一个位置参数 pos: StrIndex(shar * s,int pos,char * t),比较的初始位置定位在 pos 处。算法 4.5 是 pos=1 的情况。

4.4.2 KMP 算法

BF 算法简单但效率较低,一种对 BF 算法做了很大改进的模式匹配算法是克努斯、莫里斯(Morris)和普拉特(Pratt)同时设计的,简称 KMP 算法。

1. KMP 算法的思想

造成 BF 算法(见算法 4.5)速度慢的原因是回溯,即在某趟的匹配过程失败后,对于 s

串要回到本趟开始字符的下一个字符，t 串要回到第一个字符，而这些回溯并不都是必要的。

假设在某趟 s_i 和 t_j 匹配失败后，指针 i 不回溯，模式 t 向右“滑动”至某个位置上，使得 t_k 对准 s_i 继续向右进行。显然，现在问题的关键是串 t“滑动”到哪个位置上。不妨设位置为 k，即 s_i 和 t_j 匹配失败后，指针 i 不动，模式 t 向右“滑动”，使 t_k 和 s_i 对准继续向右进行比较，要满足这一假设，就要有如下关系成立：

$$"t_1\ t_2 \cdots\ t_{k-1}" = "s_{i-k+1}\ s_{i-k+2}\ \cdots\ s_{i-1}" \tag{4.1}$$

式(4.1)左边是 t_k 前面的 $k-1$ 个字符，右边是 s_i 前面的 $k-1$ 个字符。而本趟匹配失败是在 s_i 和 t_j 之处，已经得到的部分匹配结果是

$$"t_1\ t_2\ \cdots\ t_{j-1}" = "s_{i-j+1}\ s_{i-j+2} \cdots\ s_{i-1}" \tag{4.2}$$

因为 $k<j$，所以有：

$$"t_{j-k+1}\ t_{j-k+2} \cdots\ t_{j-1}" = "s_{i-k+1}\ s_{i-k+2} \cdots s_{i-1}" \tag{4.3}$$

式(4.3)左边是 t_j 前面的 $k-1$ 个字符，右边是 s_i 前面的 $k-1$ 个字符。通过式(4.1)和式(4.3)得到关系：

$$"t_1\ t_2 \cdots\ t_{k-1}" = "t_{j-k+1}\ t_{j-k+2}\ \cdots\ t_{j-1}" \tag{4.4}$$

式(4.4)中的 $k(k<j)$ 实际上是模式 t 中某个字符 t_j 前面 $j-1$ 个字符的最大前缀子串 "$t_1\ t_2 \cdots\ t_{k-1}$"长度加 1。例如，在图 4.3 所示的匹配过程，根据式(4.4)计算得到模式串 $t=$"abcac"的第 5 个(t_5)字符'c'对应的 k 值等于 2。

因此，对于第三趟匹配过程中，$s_3 \sim s_6$ 和 $t_1 \sim t_4$ 匹配成功，$s_7 \neq t_5$ 匹配失败时，根据式(4.4)计算得到的 t_5 对应的 k 值为 2，第六趟的比较可以从第二对字符 s_7 和 t_2 开始进行，这就是说，第三趟匹配失败后，指针 i 不动，而是将模式串 t 向右“滑动”，用 t_2“对准” s_7 继续进行，避免了第四趟和第五趟不必要的回溯。

一般地，某趟在 s_i 和 t_j 匹配失败后，如果模式串中有满足关系(4.4)的子串存在，即模式中的前 $k-1$ 个字符与模式中 t_j 字符前面的 $k-1$ 个字符相等时，模式 t 就可以向右“滑动”使 t_k 和 s_i 对准，继续向右进行比较即可。

2. next 函数

模式中的每一个 t_j 都对应一个 k 值，由式(4.4)可知，这个 k 值仅依赖与模式 t 本身字符序列的构成，而与主串 s 无关。用 next[j]函数值表示 t_j 对应的 k 值，根据以上分析，next 函数有如下性质。

(1) next[j]是一个整数，且 $0 \leqslant$ next[j]$<j$。

(2) 为了使 t 的右移不丢失任何匹配成功的可能，当存在多个满足(4.4)式的 k 值时，应取最大的，这样向右“滑动”的距离最短，“滑动”的字符为 $j-$next[j]个。

(3) 如果在 t_j 前不存在满足式(4.4)的子串，定义 next[j]$=1$，即用 t_1 和 s_j 继续比较。

因此，next 函数定义如下：

$$\text{next}[j] = \begin{cases} 0, & j=1 \\ \max\{k \mid 1<k<j \text{ 且}"t_1 t_2 \cdots t_{k-1}" = "t_{j-k+1}\ t_{j-k+2} \cdots t_{j-1}"\} \\ 1, & \text{不存在上面的 } k \end{cases}$$

设有模式串：t="abcaababc"，则它的 next 函数值为

j	1	2	3	4	5	6	7	8	9
模式串	a	b	c	a	a	b	a	b	c
next[j]	0	1	1	1	2	2	3	2	3

3. KMP 算法

在求得模式的 next 函数之后，匹配可这样进行：假设以指针 i 和 j 分别指示主串和模式中的比较字符，令 i 的初值为 pos，j 的初值为 1。若在匹配过程中 $s_i=t_j$，则 i 和 j 分别增 1，若 $s_i \neq t_j$ 匹配失败后，则 i 不变，j 退到 next[j]位置再比较，若相等，则指针各自增 1，否则 j 再退到下一个 next 值的位置，以此类推。直至出现下列两种情况：一种是 j 退到某个 next 值时字符比较相等，则 i 和 j 分别增 1 继续进行匹配；另一种是 j 退到值为零(即模式的第一个字符失配)，则此时 i 和 j 也要分别增 1，表明从主串的下一个字符起和模式重新开始匹配。

设主串 s="aabcbabcaabcaababc"，子串 t="abcaababc"，图 4.4 是利用 next 函数进行匹配的过程示意图。

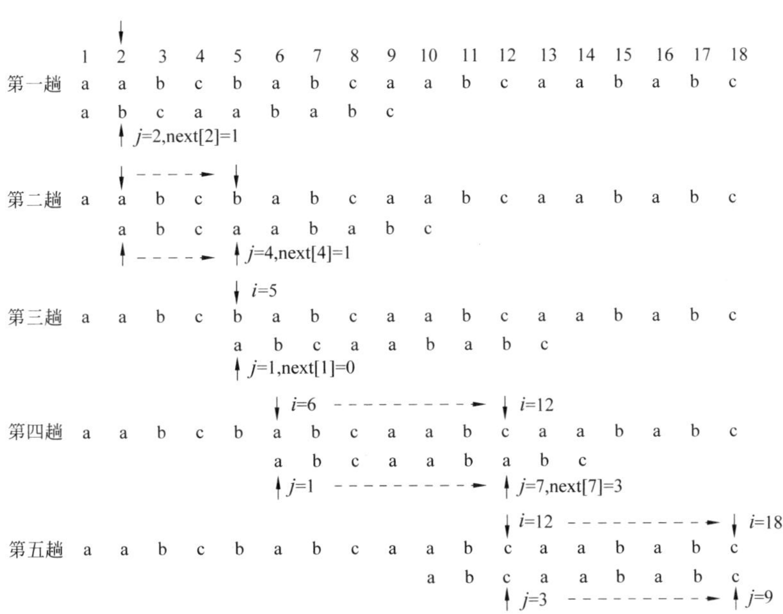

图 4.4 利用 next 函数进行匹配的过程示意图

在假设已有 next 函数情况下，KMP 算法如下。

【算法 4.6】

```
int StrIndex_KMP(char * s,char * t,int pos)
/* 从串 s 的第 pos 个字符开始找首次与串 t 相等的子串 */
```

```
{
    int i=pos,j=1;
    while (i<=s[0] && j<=t[0])                    /* 都没遇到结束符 */
      if (j==0||s[i]==t[j])
      {
        i++;
        j++;
      }
      else
        j=next[j];                                /* 回溯 */
    if (j>t[0])
      return  i-t[0];                             /* 匹配成功,返回存储位置 */
    else
      return  -1;
}
```

4. 计算 next 值

从以上讨论可知,next 函数值仅取决于模式本身而和主串无关。可以从分析 next 函数的定义出发用递推的方法求得 next 的函数值。

由定义知:

$$next[1]=0 \tag{4.5}$$

设 $next[j]=k$,即有

$$"t_1\ t_2\cdots\ t_{k-1}"="t_{j-k+1}\ t_{j-k+2}\cdots\ t_{j-1}" \tag{4.6}$$

则 $next[j+1]$等于什么?答案可能有如下两种。

第一种情况:若 $t_k=t_j$ 则表明在模式串中

$$"t_1\ t_2\cdots\ t_k"="t_{j-k+1}\ t_{j-k+2}\cdots\ t_j" \tag{4.7}$$

这就是说,$next[j+1]=k+1$,即

$$next[j+1]=next[j]+1 \tag{4.8}$$

第二种情况:若 $t_k\neq t_j$ 则表明在模式串中

$$"t_1\ t_2\cdots\ t_k"\neq"t_{j-k+1}\ t_{j-k+2}\cdots\ t_j" \tag{4.9}$$

此时,可以把求 next 函数值的问题看成模式匹配问题,整个模式串既是主串又是模式,而当前在匹配的过程中,已有式(4.6)成立,则当 $t_k\neq t_j$ 时应将模式向右滑动,使得第 $next[k]$个字符和“主串”中的第 j 个字符相比较。若 $next[k]=k'$,且 $t'_k=t_j$,则说明在主串中第 $j+1$ 个字符之前存在一个最大长度为 k'的子串,使得:

$$"t_1\ t_2\cdots\ t_{k'}"="t_{j-k'+1}\ t_{j-k'+2}\cdots\ t_j" \tag{4.10}$$

因此:

$$next[j+1]=next[k]+1 \tag{4.11}$$

同理,若 $t_{k'}\neq t_j$,则将模式继续向右滑动致使第 $next[k']$个字符和 t_j 对齐,以此类推,直至 t_j 和模式中的某个字符匹配成功或者不存在任何 $k'(1< k'<k <\cdots<j)$满足式(4.10),则有:

$$next[j+1]=1 \tag{4.12}$$

综上所述,求 next 函数值过程的算法如下。

【算法 4.7】

```
void GetNext(char * t,int next[])
  /* 求模式 t 的 next 值并存入 next 数组中,字符串长度保存在 t[0]中 */
  {
    int i=1,j=0;
    next[1]=0;
    while(i<t[0])
    {
      if(j==0||t[i]==t[j])
      {  ++i;
         ++j;
         next[i]=j;
      }
      else
        j=next[j];
    }
  }
```

算法 4.7 的时间复杂度是 $O(m)$;所以算法 4.6 的时间复杂度在最坏情况下是 $O(n\times m)$,但在一般情况下,算法 4.6 的时间效率是 $O(n+m)$。

理解了计算 next 数组递推的过程之后,逆置 next 数组的递推计算过程,采用递归的思想设计其相应的算法,即假设 next[1],next[2],…,next[$i-1$]已经通过递归计算得到,如果 t[next[$i-1$]]==t[$i-1$],则 next[i]=next[$i-1$]+1;否则,回溯,考察 t[next[next[$i-1$]]]是否等于 t[$i-1$],如果相等,则 next[i]的值应该为 next[next[$i-1$]]+1,反之如果 t[next[next[$i-1$]]]不等于 t[$i-1$],则判断 t[next[next[next[$i-1$]]]]是否等于 t[$i-1$],如此一直下去,直至存在:某个 k=next[…next[$i-1$]…]>0,使得 t[k]==t[$i-1$],此时 next[i]=$k+1$,否则当 $k=0$ 时,则 next[i]值为 1 (next 值定义中的第 3 种情形)。

其次,考虑到递归的结束条件:next[1]=0。

通过递归计算 next 值的算法如下。

【算法 4.8】

```
void GetNext_Recursion(char * t,int next[],int L)
  {  /* 求模式 t 的 next 值并存入 next 数组中,参数 t 为模式串,L 为模式串的长度(t[0]),
        算法结束时,字符串 t 的 next 数组值保存在数组 next[]中,从下标为 1 开始存储 */
  if(L==1){next[1]=0;
         return;
         }                                  /* L==1 时,递归出口 */
  GetNext_Recursion(t,next,L-1);          /* 递归求 next[L-1],为求 next[L]作准备 */
  int k=next[L-1];
```

```
while(true)                               /* 循环直到 next[L]值计算完毕 */
{ if(t[k]==t[L-1]){next[L]=k+1;           /* 满足 if 语句的条件,next[L]=k+1 */
                   return;
                   }
  k=next[k];                              /* 回溯 */
  if(k==0){ next[L]=1;              /* 不存在最大相等的前缀和后缀子串,next[L]赋值 1 */
                 return;
             }
}
}
```

4.5 串的堆存储结构

4.5.1 动态堆存储

动态堆是程序员管理的内存区域,可以通过内存的申请和释放函数来使用堆中的存储单元,在C语言中是通过 malloc、realloc、free 等函数实现对堆的使用。串的堆式存储,一般仍是以一组地址连续的存储单元存放字符串,但串的空间是在程序运行中动态获取的,在使用结束后,归还堆。

堆式存储结构下,字符串定义如下:

```
typedef struct
{
      char *p_ch;
      int length;
}Hstring;
```

在 Hstring 结构中,p_ch 只是一个指针,其指向的字符串要通过内存申请函数来实现。在堆式存储下,串的基本运算有串赋值、求子串、串联接、插入串、置空串等。

1. 串常量赋值

【算法 4.9】

```
int StrAssign(Hstring *s1,char *s2)
/* 将一个字符串常量的值赋值给一个字符串变量 */
  int i;char *pc;
  if(s1->p_ch)free(s1->p_ch);
  for(i=0,pc=s2;*pc!='\0';i++,pc++);                    /* 求 s2 的长度 */
  if(i==0)
  {  s1->p_ch=0;s1->length=0;
     return 0;
  }
  if(!(s1->p_ch=(char *)malloc(i*sizeof(char))))
```

```
    {   printf("堆空间不足,赋值失败!\n");
            return 0;
    }
    for(int j=0;j<i;j++)s1->p_ch[j]=s2[j];
    s1->length=i;
    return 1;                                          /*赋值成功*/
}
```

2. 赋值一个串

【算法 4.10】

```
int StrCopy(Hstring *s1,Hstring s2)
/*将一个字符串的值赋值给一个字符串变量*/
{
  if(s2.length<=0)return 0;
  if(!(s1->p_ch=(char *)malloc(s2.length * sizeof(char))))
    { printf("堆空间不足,赋值失败!\n");
     return 0;
    }
    for(int i=0;i<s2.length;i++)
        s1->p_ch[i]=s2. p_ch[i];
    s1->length=s2.length;
    return 1;                                      /*赋值成功*/
}
```

3. 求子串

【算法 4.11】

```
int SubString(Hstring *Sub, Hstring S, int pos, int len)
/*用Sub返回串s的第pos个字符起长度为len的子串;其中,1≤pos≤StrLength(S)且0≤
   len≤StrLength(S)-pos+1*/
{
  int i;
  if(pos<1||pos>S.length||len<0||len>S.length-pos+1)
      return 0;
  if(Sub->p_ch) free(Sub->p_ch);                   /*释放旧空间*/
  if(!len){Sub->p_ch=0;
           Sub->length=0;                          /*空子串*/
          }
    else                                           /*完整子串*/
        {
          Sub->p_ch=(char *)malloc(len*sizeof(char));
          for(i=0;i<len;i++)  Sub->p_ch[i]=S. p_ch[pos-1+i];
```

```
        Sub->length=len;
      }
  return 1;
}
```

4. 串联接

【算法 4.12】

```
int StrContact(Hstring *t, Hstring s1, Hstring s2)
/*t 保存由字符串 s1 和 s2 连接而成的新串*/
{
  if(t->p_ch)  free(t->p_ch);                    /*释放旧空间*/
  if(!(t->p_ch=(char *)malloc((s1.length+s2.length)*sizeof(char))))
  { printf("堆空间不足,串连接失败!\n");
    return 0;
  }
  for(int i=0;i<s1.length;i++)  t->p_ch[i]=s1.p_ch[i];
  t->length=s1.length+s2.length;
  for(i=s1.length;i<t->length;i++)  t->p_ch[i]=s2.p_ch[i-s1.length];
  return 1;
}
```

5. 在目标串的指定位置前插入字符串

【算法 4.13】

```
int StrInsert(Hstring *s, int pos, Hstring t)
/*1≤pos≤StrLength(s)+1,在串 s 的第 pos 字符前插入串 t*/
{ int i;
   if(pos<1||pos>s->length+1)return 0;
   if(t.length==0)return 1;                      /*t是空串*/
   if(!(s->p_ch=(char *)realloc(s->p_ch,(s->length+t.length)*
   sizeof(char))))
   {
      printf("堆空间不足,插入失败!\n");
      return 0;
   }
   for(i=s->length-1;i>=pos-1;i--)               /*让出插入的位置*/
      s->p_ch[i+t.length]=s->p_ch[i];
   for(i=pos-1; i<=pos+t.length-2; i++)  s->p_ch[i]=t.p_ch[i-pos+1];
                                                   /*插入字符串 t*/
   s->length=s->length+t.length;
   return 1;
}
```

6. 置空串

【算法 4.14】

```
int Init_String(Hstring * s)
{
    s->p_ch=0;                  /* 指针置空 */
    s->length=0;
    return 1;
}
```

7. 销毁串

【算法 4.15】

```
int Destory_String(Hstring * s)
{
  if(s->length){
        free(s->p_ch);
        s->p_ch=0;              /* 指针收起 */
        s->length=0;
  }
  return 1;
}
```

采用堆式存储实现的字符串,在定义字符串变量后,需要首先调用算法 4.14 对字符串进行初始化,消除字符串定义时产生的悬挂指针 p_ch;同时在不需要使用字符串后,应调用算法 4.15 释放字符串所使用的内存空间。

4.5.2 静态堆存储

静态堆存储的基本思想是在内存中开辟足够大的地址连续的空间作为应用程序中所有串的可利用存储空间,如设 store[SMAX+1];根据每个串的长度,动态地为每个串在堆空间里申请相应大小的存储区域,这个串顺序存储在所申请的存储区域中,当操作过程中若原空间不够时,可以根据串的实际长度重新申请,复制原串值后再释放原空间。图 4.5 是一个静态堆结构示意图。

阴影部分是为存在的串分配过的区域,free 为未分配区域的起始地址,每当向 store 中存放一个串时,要建立该串的索引表。所谓索引表就是串名的存储映像,即串名-串值内存分配对照表,表的形式有多种表示,如设 $s1$="abcde",$s2$="hij",常见的串名-串值存储映像索引表有如下几种。

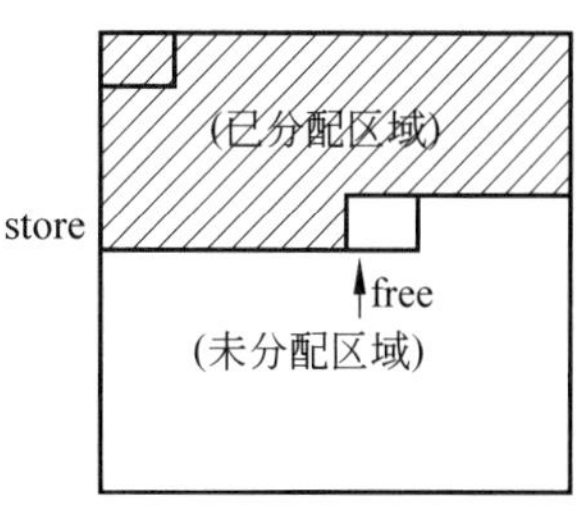

图 4.5 静态堆结构示意图

1. 带串长度的索引表

如图 4.6 所示，索引项的结点类型为

```
typedef  struct
{  char  name[MAXNAME];                               /*串名*/
   int length;                                        /*串长*/
   char *stradr;                                      /*起始地址*/
} LNode;
```

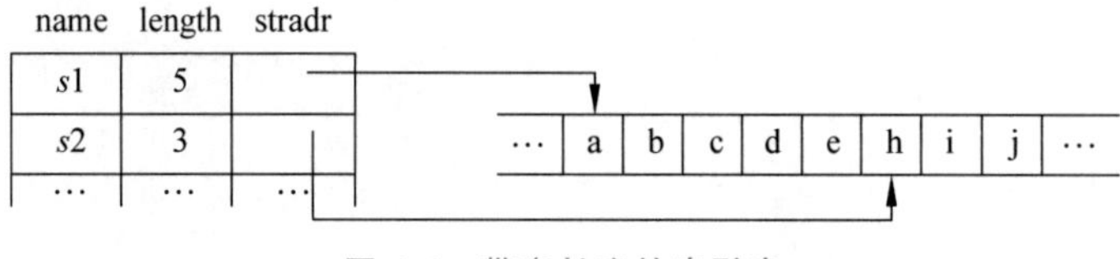

图 4.6　带串长度的索引表

2. 带末尾指针的索引表

如图 4.7 所示，索引项的结点类型为

```
typedef  struct
{  char  name[MAXNAME];                               /*串名*/
   char *stradr, *enadr;                              /*起始地址,末尾地址*/
} ENode;
```

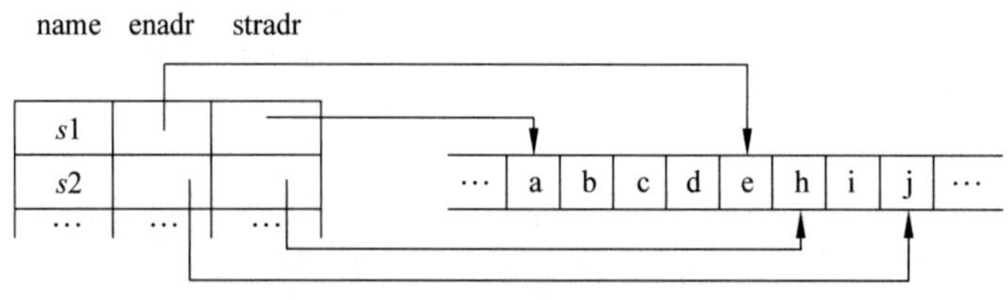

图 4.7　带末尾指针的索引表

串运算仍然基于字符序列的复制进行，基本思想是：当需要产生一个新串时，要判断堆空间中是否还有存储空间，若有，则从 free 指针开始划出相应大小的区域为该串的存储区，然后根据运算求出串值，最后建立该串存储映像索引信息，并修改 free 指针。

设堆空间为 char store[SMAX+1]。

自由区指针：int free。

串的存储结构类型如下：

```
typedef  struct
{  int  length;                                       /*串长*/
   int  stradr;                                       /*起始地址*/
} Hstring;
```

串在这种存储结构下的基本操作如下。

1）串常量赋值

【算法 4.16】

```
int StrAssign(Hstring * s1,char * s2)
/* 将一个字符型数组 s2 中的字符串送入堆 store 中,free 是自由区的指针,正常操作返回 1 */
{
    int i=0,len;
    len=StrLength(s2);
    if (len<0||free+len-1>SMAX)
      return 0;
    else
    {
        for (i=0;i<len;i++)
          store[free+i]=s2[i];
        s1->stradr=free;
        s1->length=len;
        free=free+len;
        return 1;
    }
}
```

2）赋值一个串

【算法 4.17】

```
int StrCopy(Hstring * s1,Hstring s2)
/* 该运算将堆 store 中的一个串 s2 复制到一个新串 s1 中,正常操作返回 1 */
{
    int i;
    if (free+s2.length-1>SMAX)
    return  0;
    else
    { for(i=0; i<s2.length;i++)
        store[free+i]=store[s2.atradr+i];
      s1->length=s2.length;
      s1->stradr=free;
      free=free+s2.length;
      return 1;
    }
}
```

3）求子串

【算法 4.18】

```
int StrSub(Hstring * t, Hstring s,int i,int len)
/* 该运算将串 s 中第 i 个字符开始的长度为 len 的子串送到一个新串 t 中,正常操作返回 1 */
```

```
{
    int i;
    if (i<0||len<0||len>s.length-i+1)
    return  0;
    else
    {
      t->length=len;
      t->stradr=s.stradr+i-1;
      return 1;
    }
}
```

4）串联接

【算法 4.19】

```
void StrConcat(Hstring s1, Hstring s2, Hstring * s)
{
  Hstring t;
  StrCopy(s,s1);
  StrCopy(&t,s2);
  s->length=s1.length+s2.length;
}
```

上述算法仅仅是堆存储的基本操作，很多问题及细节尚未涉及（如废弃串的回归、自由区的管理问题等），有关内容在这里不再赘述。

4.6 串的链式存储结构

类似线性表中的栈和队列，串也可以用链式方式实现其存储。在串的链式存储下，链串的每一个结点可以包含单个字符，也可以是若干字符，存在“结点大小”的问题。

例如，图 4.8(a)是结点大小为 4(即每个结点存放 4 个字符)的链表，图 4.8(b)是结点大小为 1 的链表。当结点大小大于 1 时，由于串长不一定是结点大小的整倍数，链表中的最后一个结点不一定全被串值占满，此时补上 # 或其他的非串值字符(通常 # 不属于串的字符集，是一个特殊的符号)。

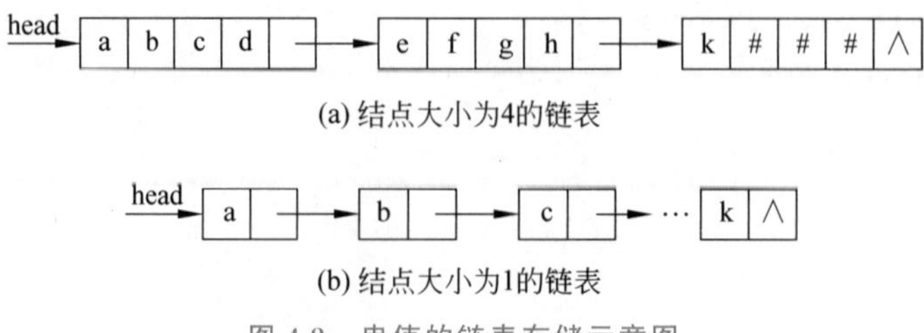

图 4.8　串值的链表存储示意图

为了便于实现串的基本操作,当以链表存储串值时,除头指针外还可以增设一个尾指针指示链表中的最后一个结点,并给出当前串的长度。称这样定义的串存储结构为字符串的链式存储结构,它的C语言描述如下:

```
//**********串的链式存储表示**********//
#define  STRINGSIZE  80                  /*可由用户自定义串的结点大小*/
typedef  struct  chuan {
    char  data[STRINGSIZE];              /*用字符型数组存储*/
    struct  chuan  *next;
} LinkString;
typedef  struct {
  LinkString  *head, *tail;              /*串的头和尾指针*/
   int  curlen;                          /*串的当前长度*/
} LString;
```

由于在一般情况下,对串进行操作时,只需要从头向尾顺序扫描即可,所以不建议建立双向链串。增设尾指针的目的是进行联接操作,但应注意联接时需处理第一个串尾的无效字符。

在链式存储方式中,结点大小的选择很重要,它直接影响着串处理的效率。在各种串的处理系统中,所处理的串往往很长或很多,例如一本书的几百万个字符、文献资料的成千上万个条目,这要求我们考虑串值的存储密度。串值的存储密度可以定义为

存储密度＝串值所占的存储位/实际分配的存储位

显然,存储密度小(如结点大小为1时),运算处理方便,各种操作如同单链表操作,缺点是存储空间占用量大。如果在串处理过程中需要进行内存、外存交换的话,则会因为内外存交换操作过多而影响处理的总效率。串的字符集的大小也是一个重要因素。字符集小,则字符的机内编码就短,这也影响串值的存储方式的选取。

串值的链式存储结构对某些串操作,如串的联接操作等有一定方便之处,但总的来说不如前面几种存储结构灵活,它占用存储量大且操作复杂,尤其是结点大小大于1时。此外,串值在链式存储结构时串操作的实现和线性表在链式存储结构中的操作类似,在此不作详细讨论。

4.7 案例分析与实现

串的应用十分广泛,例如文本编辑程序、关键字检索程序等。下面用一个实例说明字符串的存储及插入、删除等基本操作在文本编辑中的实际应用。

【案例4.1】 文本编辑。

文本编辑程序是存储在计算机内的一个面向用户的系统服务程序,它广泛应用于源程序的输入和修改,甚至用于报刊和书籍的编辑排版以及办公室的公文书信的起草和润色。一个源程序或一篇文稿都可以看成有限字符序列,称为文本。文本编辑的实质就是

利用串的基本操作，完成对文本的添加、删除、修改等操作，其实也就是修改字符数据的形式和格式。虽然各种文本编辑程序的功能强弱不同，但是其基本操作是一致的，一般都包括串的查找、插入、删除等基本运算。因此，对用户来说，若能利用计算机系统提供的文本编辑程序，则可以方便地完成各种修改工作。

为了方便编辑，用户可以利用换页符和换行符把文本划分为若干页，每页有若干行（当然，也可以不分页而把文本直接划分成若干行）。

例如，有下面一段源程序：

```
main()
{  int a,b,c;
   scanf("%d,%d",&a,&b);
   c=(a+b)/2;
   printf("%d",c);
}
```

可以把这个程序看成是一个文本串，每行看成是一个子串，按顺序的方式存入计算机内，如图 4.9 所示。图 4.9 中的↙为换行符。

201　　　假定201为起始地址

m	a	i	n	(	)	↙	{			i	n	t		a	,	b	,	c	;
↙	s	c	a	n	f	(	"	%	d	,	%	d	"	,	&	a	&	b	)
;	↙	c	=	(	a	+	b	)	/	2	;	↙	p	r	i	n	t	f	(
"	%	d	"	,	c	)	;	↙	}	↙									

图 4.9　文本格式示例

在输入程序同时，由文本编辑程序自动建立一个页表和行表，即建立各子串的存储映像。页表的每一项给出了页号和该页的起始行号。而行表的每一项则指示每一行的行号、起始地址和该行子串的长度。每输入一行，看作加入一个新的字符串到文本中，串值存放于文本工作区。而行号、串值的存储起始地址和该串的长度则登记到行表中。由于使用了行表，新的一行可存放到文本工作区的任何一个自由区中。行表中的每一行信息，必须按行号递增的顺序排列，如表 4.1 所示。

表 4.1　图 4.9 所示文本串的行表及其信息排列

行　号	起始地址	长　度
100	201	7
101	208	14
102	222	21
103	243	11
104	254	16
105	270	2

下面简单讨论文本的编辑。

1）插入

插入一行时，一方面需要在文本末尾的空闲工作区写入该行的串值，另一方面要在行表中建立该行的信息。为了维持行表由小到大的顺序，保证能迅速地查找行号，一般要移动原有的有关信息，以便插入新的行号。例如，若插入行为99，则行表从100开始的各行信息都必须往下平移一行。

2）删除

删除一行，只要在行表中删除该行的行号就等于从文本中抹去了这一行，因为对文本的访问是通过行表实现的。例如，要删除表4.1中的第103行，则行表中从103行起后面的各行都应往上平移一行，以覆盖掉行号103及其相应的信息。

3）修改

修改文本时，应指明修改哪一行和哪些字符。编辑程序通过行表查到要修改行的起始地址，从而在文本存储区检索到待修改的字符的位置，然后进行修改，通常有以下3种可能的情况。一是新的字符与原有的字符个数相等，这时不必移动字符串，只要更改文本中的字符即可。二是新的字符个数比原有的要少，这时也不需要移动字符串，只要修改行表中的长度值和文本中的字符即可。三是新串的字符个数比原有的多，这时应先检查本行与下一行之间是否有足够大的空间(可能中间有一行或若干行已经删除了，但删除时并没有回收这些空间)，若有，则扩充此行，修改行表中的长度值和文本中的字符；若无，则需要重新分配空间，并修改行表中的起始地址和长度值。

以上简单描述了文本编辑程序中的基本操作，可以看到，文本编辑程序广泛地应用了串的基本运算。其具体的算法和程序，读者可在学习本章之后自行编写。

【案例4.2】 密码截取。

Catcher是MCA国的情报员，他工作时发现敌国会用一些对称的密码进行通信，如ABBA、ABA、123321，但是他们有时会在开始或结束时加入一些无关的字符以防止别国破解，如"12ABBA"、"ABAKK"、"abaaab"、"51233214"。该问题的实质要求是输入一个字符串，要求返回该字符串中的最大长度对称子串，该最大长度对称子串即密码串。

求解该问题的关键：一是判定一个子串是否是对称串，其次是如何在一个字符串中找出长度最大的对称子串。

为判断一个子串是否是对称串，假设字符串为str，用表达式Symmetry_str(i,j)表示str中字符从位置i至位置j的子串是否是对称串，则有以下表达式成立。

$$\text{Symmetry\_str}(i,j)=\begin{cases}\text{true}, & i==j\\ \text{str}(i)==\text{str}(j), & j-i==1\\ \text{str}(i)==\text{str}(j)\ \&\&\ \text{Symmetry\_str}(i+1,j-1), & j-i>1\end{cases}$$

根据以上思想，很容易写出判断一个子串是否是对称串的递归算法。事实上，参考上述表达式，用循环也可以判断一个字符串是否为对称串，而且循环更简单，执行效率更高。以下给出用循环判断字符串是否是对称串的算法。

【算法4.20】

```
bool IsSymmetryString(char * pchar,int i,int j)
```

```
{//判断字符指针 pchar 指向的字符串中从下标 i 字符到下标 j 字符构成的子串是否是对称串
    for( ;i<j ;i++, j--) if(pchar[i] !=pchar[j]) return false;
    return true;
}
```

由于最大对称子串可能出现在给定字符串中不确定的位置,因此,该问题最关键之处在于,在字符串中遍历搜索出所有的对称子串,并通过比较,记录下最大对称子串的相关信息(起、止位置和最大对称子串的长度等)。

具体遍历与搜索对称子串时,考虑给定字符串的以下几种情况。

(1) 字符串只有一个字符,该字符串是对称串,长度为 1。

(2) 字符串长度为 2,如果串中仅有的两个字符相同,是对称串,否则不是对称串。

(3) 字符串长度大于 2,此时可以通过递归方式进行遍历搜索字符串中所有位置,找出所有的对称子串,并通过遍历过程,比较得出所有对称子串中长度最大的对称串(假设长度最大的对称子串有且仅有一个),其具体思想如下。

如果从下标 i 至下标 j 的子串是对称串,记录该对称子串的信息。

否则,递归调用,搜索从下标 $i+1$ 至下标 j 的子串;或者递归调用,搜索从下标 i 至下标 $j-1$ 的子串。

(4) 算法返回找到的最大对称子串。

具体到程序实现上,在递归函数中建立静态量 start、end、count 用来记录在搜索过程中找到对称子串的信息,并且也通过这 3 个量保存最终找到的最长对称子串信息,由于静态量在递归调用过程中的特殊性,在具体实现时,用了一定的 C 语言编程技巧,请读者仔细研读和体会。

下面给出采用该思想求解问题的完整算法。

【算法 4.21】

```
#include "stdio.h"
#include "string.h"
/* CopyWrited by TangYaling On 2021-08-13*/
typedef struct
{   int start,end;
    int count;
}ResultType;                                //定义保存最大对称子串的结构体类型
bool IsSymmetryString(char *pchar,int i,int j)
{//判断字符指针 pchar 指向的字符串中从下标 i 字符到下标 j 字符构成的子串是否是对称串
    for( ;i<j ;i++, j--) if(pchar[i] !=pchar[j]) return false;
    return true;
}
ResultType Find_EncryptionKey(char *pchar, int i, int j, int flag)
{//寻找 pchahr 指向的字符串中的最大对称子串
```

```
//flag是重置静态量标志位,置1对start、end、count清零
    static int start=0,end=0,count=0;
    ResultType result;
    if(flag==1) start=end=count=0;
    /* 第一种情形,字符串只有一个字符 */
    if(i==j)
    {  if(1 >count)
            {  count=1;
               start=end=i;
            }
    }
    /* 第二种情形, 字符串长度为 2 */
    if(j -i==1)
    {  if(pchar[i]==pchar[j])
       {  if(count<2)
          {  count=2;                    //修改返回结果值
             start=i;
             end=j;
          }
            }
    }
   /* 第三种情形字符串长度大于 2 */
   if(j -i >1){
       {  if(IsSymmetryString(pchar,i,j))
          {  if(count <j -i +1)
             {  count=j -i +1;
                start=i;
                end=j;
             }
          }
          else
          {  Find_EncryptionKey(pchar,i+1,j,0);
             Find_EncryptionKey(pchar,i,j-1,0);
          }
       }
   }
   result.count=count;
   result.start=start;
   result.end=end;
   return result;
}
void main()
{  int i,j;
```

```
    ResultType res;
    char *AyString[5]={"12ABBA","ABAKK,","abaaab","51233214",
    "ab123454321defed"};
    for(i=0;i<5;i++)
    {  Find_EncryptionKey("A",0,0,1);        //每次调用前清除静态量的上次调用结果值
       res=Find_EncryptionKey(AyString[i],0,strlen(AyString[i]) -1,0 );
       printf(" %s, 最大对称子串起始位置:%d 终止位置:%d ,长度: %d ", AyString[i],
       res.start,res.end,res.count);
       printf("最大对称子串:");
       for(j=res.start;j <=res.end;j++)printf("%c",AyString[i][j]);
       printf("\n");
    }
}
```

该算法的执行结果如下：

```
12ABBA, 最大对称子串起始位置:2 终止位置:5 ,长度: 4 ,最大对称子串: ABBA
ABAKK, 最大对称子串起始位置:0 终止位置:2 ,长度: 3 ,最大对称子串: ABA
abaaab, 最大对称子串起始位置:1 终止位置:5 ,长度: 5 ,最大对称子串: baaab
51233214, 最大对称子串起始位置:1 终止位置:6 ,长度: 6 ,最大对称子串: 123321
ab123454321defed, 最大对称子串起始位置: 2 终止位置: 10 ,长度: 9 ,最大对称子
串: 123454321
Press any key to continue
```

针对该问题，利用递归求解实际上是将问题的规模缩小，思路清晰，具体实现算法时需要有较强的编程功底。事实上，不用递归也能实现该问题的求解，下面给出该问题的另一种求解思路。

查找给定字符串中最大对称子串，用循环的方式，从字符串的第一个字符开始，逐个字符搜索对称子串。如果找到某个子串是对称子串，且当前找到的对称子串长度大于之前记录下的对称子串长度，用当前对称子串的信息替代之前记录的对称子串的信息，一直到字符串的最后一个字符结束，此时记录的对称子串信息就是给定字符串中长度最大的对称子串。

在某个字符位置进行搜索对称子串时，是从该字符位置为出发点，用循环的方式，向其左右两侧进行字符比对，当不满足左右对称位置字符相等或者左右下标越界时退出字符比对，同时要考虑对称字符串中心有相同字符的情形，要修改左右比对的下标值。

具体算法如下。

【算法 4.22】

```
ResultType Find_EncryptionKey(char *pchar)
{  int i,j,k;
   ResultType res;
   int max_len=0;
   int len=strlen(pchar);
   for(k=0;k <=len-1;k++)
   {i=j=k;
```

```
 while(pchar[j+1]==pchar[j])j++;    //考虑对称子串中心位置是由相同的字符构成的,
 //同时考虑对称子串的字符数是偶数的特殊情况
k=j;                                   //调整下一次的 for 循环起点,避免冗余的计算
while(i >0 && j <len -1 && pchar[i]==pchar[j])
{//从字符串中某个字符位置向两侧寻找对称串
   i--;
   j++;
}
if(pchar[i] !=pchar[j]) { i++; j--;}//如果退出循环的原因是字符比较失败,则修改
i、j 的值
//从而保证此时从 i 到 j 位置的字符是对称字符串
if(max_len <j -i +1)
{//通过 max_len 值记录最大对称串的长度和其起始与终止字符位置
   max_len=j -i +1;
   res.count=max_len;
   res.start=i;
   res.end=j;
}
  }
  return res;                          //返回查找结果
}
```

算法 4.22 采用的数据结构类型和算法 4.21 完全相同,调用方式略有差异,其调用方式如下:

```
void main()
{  int i,j;
   ResultType res;
   char * AyString[5]={"12ABBA","ABAKK,","abaaab","51233214","ab123454321defed"};
   for(i=0;i<5;i++)
   {  res =Find_EncryptionKey(AyString[i]);
      printf(" %s, 最大对称子串起始位置:%d 终止位置:%d ,长度: %d ",
      AyString[i],res.start,res.end,res.count);
      printf("最大对称子串:");
      for(j =res.start;j <=res.end;j++)printf("%c",AyString[i][j]);
      printf("\n");
   }
}
```

算法 4.22 与算法 4.21 的运行结果是完全一致的。

本章小结

字符串(简称串)是特殊的线性表,是由字符作为元素组成的。串作为一种基本的数据处理对象,在非数值计算领域有着广泛的应用。

串是由零个或多个任意字符组成的字符序列。串的基本操作主要有求串长、串赋值、串联接、求子串、串比较、子串定位、串插入、串删除、串替换等。其中前5个操作是最为基本的，它们不能用其他的操作来合成，因此通常将这5个基本操作称为最小操作集。应了解串的定长顺序存储及运算实现、堆存储结构及运算实现，以及串的链式存储。

串的模式匹配即子串定位是一种重要的串运算，它主要包括简单的模式匹配和KMP算法。特别是KMP算法的技巧性非常强，理解它需要花费一定的时间，但该算法对拓宽编程思路是有帮助的。

习　题

一、选择题

1. 如下陈述中正确的是(　　)。

A. 串是一种特殊的线性表　　B. 串的长度必须大于零

C. 串中元素只能是字母　　D. 空串就是空白串

2. 设有两个串 p 和 q，其中 q 是 p 的子串，求 q 在 p 中首次出现的位置的算法称为(　　)。

A. 求子串　　B. 联接　　C. 匹配　　D. 求串长

3. 串"ababaaababaa"的next数组为(　　)。

A. 012345678999　　B. 012121111212

C. 011234223456　　D. 012301232234

4. 串是(　　)。

A. 不少于一个字母的序列　　B. 任意个字母的序列

C. 不少于一个字符的序列　　D. 有限个字符的序列

5. 串的长度是指(　　)。

A. 串中所含不同字母的个数　　B. 串中所含字符的个数

C. 串中所含不同字符的个数　　D. 串中所含非空格字符的个数

6. 若 s="1234ab567abcdab0"，t="ab"，r=""(空串)，串替换StrRep(s,t,r)的结果是(　　)。

A. "1234ab567abcdab0"　　B. "1234ab567abcd "

C. "1234567cd0"　　D. "1234 567 cd 0"

7. 设 S 为一个长度为 n 的字符串，其中的字符各不相同，则 S 中的互异的非平凡子串(非空且不同于 S 本身)的个数为(　　)。

A. $2n-1$　　B. n^2

C. $(n^2/2)+(n/2)$　　D. $(n^2/2)+(n/2)-1$

8. 若串 S="English"，其子串的个数是(　　)。

A. 9　　B. 16　　C. 36　　D. 28

二、填空题

1. 设正文串长度为 n，模式串长度为 m，则简单模式匹配算法的时间复杂度为________。

2. 长度为 0 的字符串称为________。

3. 串是一种特殊的线性表，其特殊性表现在________。

4. StrIndex("MY STUDENT","STU")=________。

5. 组成串的数据元素只能是________。

6. 设串 S 的长度为 4，则 S 的子串个数最多为________。

7. 字符串存储密度是________，在字符串的链式存储结构中其结点大小是________。

8. 设 T 和 P 是两个给定的串，在 T 中寻找等于 P 的子串的过程称为________，又称 P 为________。

9. 下列程序判断字符串 s 是否对称，对称则返回 1，否则返回 0；如 f("abba")返回 1，f("abab")返回 0。

```
int f(char * s)
{
int   i=0,j=0;
       while (s[j])________;                          /*求串长*/
       for(j--; i<j  && s[i]==s[j]; i++,j--);
return(________);
}
```

10. 串名的存储映射主要有________、________和________。

三、判断题

1. KMP 算法的特点是在模式匹配时指示主串的指针不会变小。 ( )

2. 只要串采用定长顺序存储，串的长度就可立即获得，不需要用函数求。 ( )

3. next 函数值序列的产生仅与模式串有关。 ( )

4. 空格串就是由零个字符组成的字符序列。 ( )

5. 从串中取若干个字符组成的字符序列称为串的子串。 ( )

6. 串名的存储映像就是按串名访问串值的一种方法。 ( )

7. 两个串含有相等的字符，它们一定相等。 ( )

8. 在插入和删除操作中，链式串一定比顺序串方便。 ( )

9. 串的存储密度与结点大小无关。 ( )

10. 在串的顺序存储中，通常将'\0'作为串的结束标记。 ( )

四、应用题

1. 空串与空格串有什么区别？字符串中的空格符有何意义？

2. 串的存储结构有几种？各有什么特点？

3. 设主串 S="xxyxxxyxxxxyxyx",模式串 T="xxyxy"。请问：用简单的模式匹配算法需要比较多少次才能找到 T 在 S 中出现的位置？

4. 在第3题中如果用KMP算法需要比较多少次才能找到 T 在 S 中出现的位置？

五、算法设计

1. 利用C的库函数strlen和strcpy编写一个算法void StrDelete(char *S,int i,int m)删除串S中从位置 i 开始的连续 m 个字符。若 $i \geqslant$ strlen(S),则没有字符被删除；若 $i+m \geqslant$ strlen(S),则将S中位置从 i 开始直至末尾的字符都删去。

2. 设 s、t 为两个字符串,试写算法判断 t 是否为 s 的子串。

3. 输入一个字符串,内有数字和非数字字符,如ak123x456 * 17960?302gef4563。将其中连续的数字作为一个整体,依次存放到数组a中,例如123放入a[0],456放入a[1],…。编程统计其共有多少个整数,并输出这些数。

4. 已知串 a 和 b,试用以下两种方式编写算法,求得所有包含在 a 中而不在 b 中的字符构成的新串 r。

(1) 利用串的基本操作来实现。

(2) 以串的顺序存储结构来实现。

5. 设字符串是由26个英文字母构成,试编写一个算法frequency,统计每个字母出现的频度。

6. 设 x 和 y 是表示成单链表的两个字符串,试写一个算法,找出 x 中第一个不在 y 中出现的字符(假定每个结点只存放一个字符)。

第 5 章 chapter 5

数组和广义表

思政教学设计

数组是人们已经非常熟悉的一种数据类型，几乎所有的计算机高级程序设计语言都支持数组这种数据类型，它的特点是数组中的数据元素都具有相同的数据类型，不同的元素通过下标来区别。本章主要讨论数组的逻辑结构、几种特殊矩阵的压缩存储以及广义表的存储与操作。

【本章学习要求】

掌握：数组的基本概念、数组的存储结构特点以及数组元素存储地址的计算。

掌握：特殊矩阵的压缩存储技术，如对称矩阵、三角矩阵、对角矩阵等的压缩存储。

掌握：稀疏矩阵的压缩存储方法——三元组表和十字链表。

掌握：广义表的基本定义和概念，理解广义表的递归性。

了解：广义表的存储特点和基本操作算法。

5.1 案例导引

数组是程序设计中非常重要的存储形式，它可以将分散的数据按要求存放到一起，为数据的进一步处理提供方便，下面看几个案例。

【案例 5.1】 图的保存。

利用二维数组形式（常称为邻接矩阵，详见第 7 章），可以很方便地将一个图的信息保存下来，如图 5.1(a)所示的无向图，用 1 表示有边相连，0 表示没有直接边相连，则对应的邻接矩阵如图 5.1(b)所示。

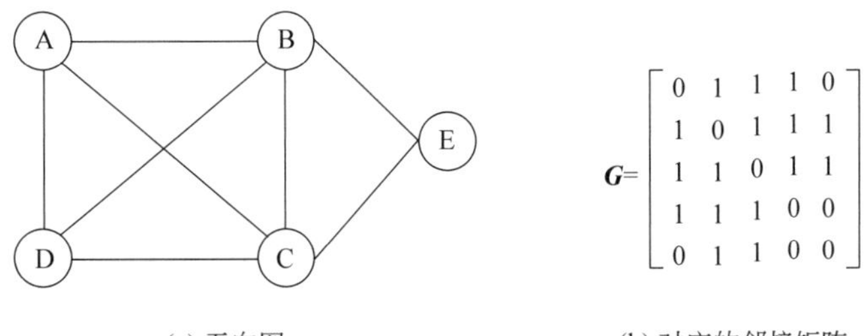

(a) 无向图　　(b) 对应的邻接矩阵

图 5.1　无向图及其对应的邻接矩阵

【案例 5.2】 图像的保存。

数字图像数据可以用矩阵来表示，因此可以采用矩阵理论和矩阵算法对数字图像进行分析和处理。由于数字图像可以表示为矩阵的形式，所以在计算机数字图像处理程序中，通常用二维数组来存放图像数据。

二维数组的行对应图像的高，二维数组的列对应图像的宽，二维数组的元素对应图像的像素，二维数组元素的值就是像素的灰度值。采用二维数组来存储数字图像，符合二维图像的行列特性，同时便于程序的寻址操作，使得计算机图像编程十分方便。

数字图像一般有二值图像、灰度图像、彩色图像之分。其中二值图像按名字来理解只有两个值，0 和 1，0 代表黑，1 代表白，或者说 0 表示背景，而 1 表示前景。其保存也相对简单，每个像素只需要 1b 就可以完整存储信息。灰度图像是二值图像的进化版本，是彩色图像的退化版，也就是灰度图像保存的信息没有彩色图像多，但比二值图像多，灰度图像只包含一个通道的信息，而彩色图像通常包含 3 个通道的信息。灰度图像是每个像素只有一个采样颜色的图像，这类图像通常显示为从最暗的黑色到最亮的白色的灰度，用于显示的灰度图像通常用每个采样像素 8b 的非线性尺度来保存，这样可以有 256 级灰度。彩色图像，每个像素通常是由红(R)、绿(G)、蓝(B)三个分量来表示的，每个分量值介于(0,255)。图 5.2(a)是原始人脸图像(32×32 像素)，图 5.2(b)和图 5.2(c)分别是对应的二值图像和灰度图像。图 5.3 所示是二值图像对应的矩阵，图 5.4 所示是灰度图像对应的矩阵。

(a) 原始图像

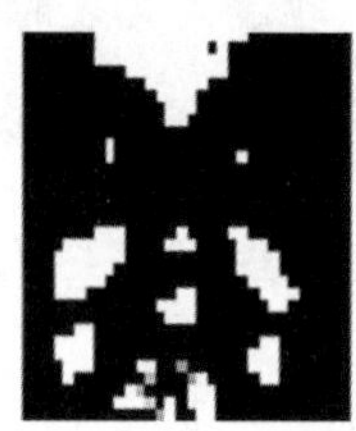
(b) 二值图像

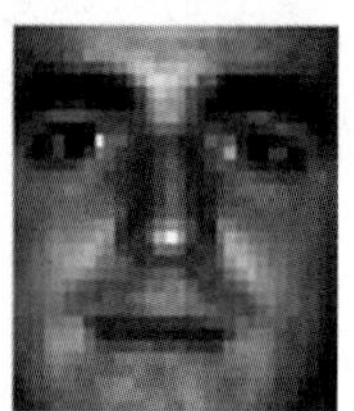
(c) 灰度图像

图 5.2　原始图像及其转换

【案例 5.3】 图像卷积操作。

近年来，深度学习非常热门，而深度学习的网络结构要用到卷积操作。卷积的基本性质是将一个核与一个离散的单位脉冲进行卷积，在脉冲的位置上得到一个核的拷贝。在图像处理中，卷积操作是提取图像特征的一种方法，如图 5.5 所示。经过卷积操作的过滤器可以提取到图像的轮廓特征。

图 5.6 所示的卷积过程就是卷积核不停在原图上进行滑动(左上角开始)，每次滑动移动 1 格，然后再利用原图与卷积核上的数值进行计算得到缩略图矩阵(卷积特征)的数据。当卷积窗口滑动到某一位置时，窗口中的输入子数组与卷积核数组按元素相乘并求和，得到输出数组(卷积特征)中相应位置的元素。图 5.6 中的输出数组(卷积特征)的第一个元素(左上角)4 的计算过程为 $1\times1+0\times1+1\times1+0\times0+1\times1+0\times1+1\times0+0\times0+1\times1=4$。

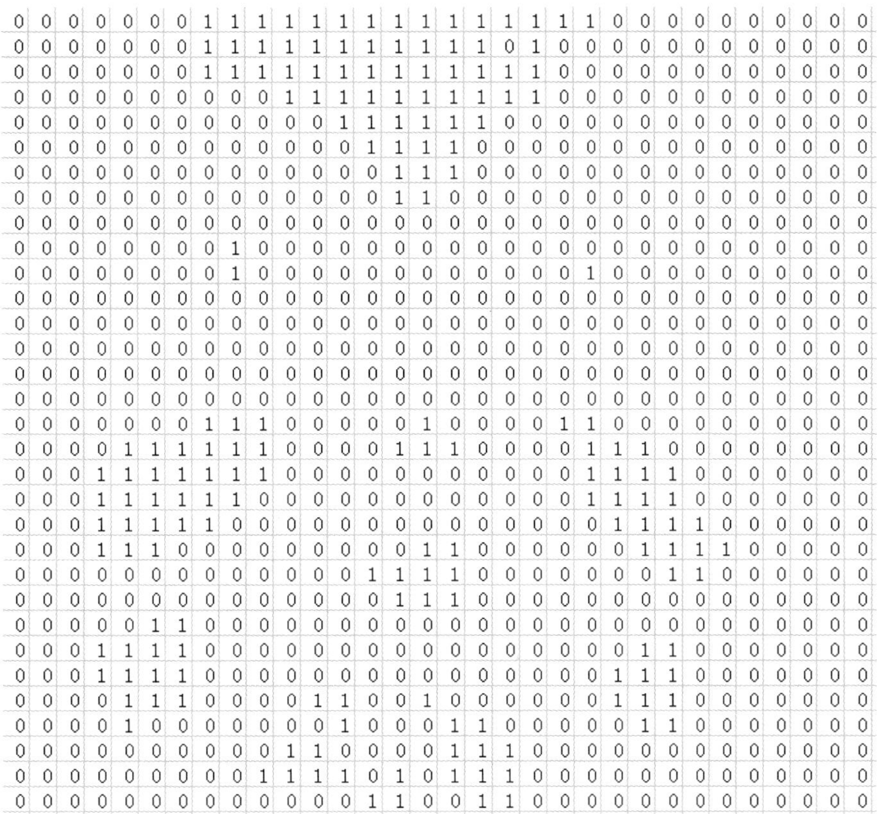

0	0	0	0	0	0	0	1	1	1	1	1	1	1	1	1	1	1	1	1	1	1	0	0	0	0	0	0	0	0	0	0
0	0	0	0	0	0	0	1	1	1	1	1	1	1	1	1	1	1	0	1	0	0	0	0	0	0	0	0	0	0	0	0
0	0	0	0	0	0	0	1	1	1	1	1	1	1	1	1	1	1	1	1	0	0	0	0	0	0	0	0	0	0	0	0
0	0	0	0	0	0	0	0	0	0	1	1	1	1	1	1	1	1	1	1	0	0	0	0	0	0	0	0	0	0	0	0
0	0	0	0	0	0	0	0	0	0	0	0	1	1	1	1	1	1	0	0	0	0	0	0	0	0	0	0	0	0	0	0
0	0	0	0	0	0	0	0	0	0	0	0	0	1	1	1	1	0	0	0	0	0	0	0	0	0	0	0	0	0	0	0
0	0	0	0	0	0	0	0	0	0	0	0	0	0	1	1	1	0	0	0	0	0	0	0	0	0	0	0	0	0	0	0
0	0	0	0	0	0	0	0	0	0	0	0	0	0	1	1	0	0	0	0	0	0	0	0	0	0	0	0	0	0	0	0
0	0	0	0	0	0	0	0	0	0	0	0	0	0	0	0	0	0	0	0	0	0	0	0	0	0	0	0	0	0	0	0
0	0	0	0	0	0	0	0	1	0	0	0	0	0	0	0	0	0	0	0	0	0	0	0	0	0	0	0	0	0	0	0
0	0	0	0	0	0	0	0	1	0	0	0	0	0	0	0	0	0	0	0	0	1	0	0	0	0	0	0	0	0	0	0
0	0	0	0	0	0	0	0	0	0	0	0	0	0	0	0	0	0	0	0	0	0	0	0	0	0	0	0	0	0	0	0
0	0	0	0	0	0	0	0	0	0	0	0	0	0	0	0	0	0	0	0	0	0	0	0	0	0	0	0	0	0	0	0
0	0	0	0	0	0	0	0	0	0	0	0	0	0	0	0	0	0	0	0	0	0	0	0	0	0	0	0	0	0	0	0
0	0	0	0	0	0	0	0	0	0	0	0	0	0	0	0	0	0	0	0	0	0	0	0	0	0	0	0	0	0	0	0
0	0	0	0	0	0	0	0	0	0	0	0	0	0	0	0	0	0	0	0	0	0	0	0	0	0	0	0	0	0	0	0
0	0	0	0	0	0	0	1	1	1	0	0	0	0	0	1	0	0	0	0	1	1	0	0	0	0	0	0	0	0	0	0
0	0	0	0	1	1	1	1	1	1	0	0	0	0	1	1	1	0	0	0	0	1	1	1	0	0	0	0	0	0	0	0
0	0	0	1	1	1	1	1	1	1	0	0	0	0	0	0	0	0	0	0	0	1	1	1	1	0	0	0	0	0	0	0
0	0	0	1	1	1	1	1	1	0	0	0	0	0	0	0	0	0	0	0	0	1	1	1	1	0	0	0	0	0	0	0
0	0	0	1	1	1	1	1	0	0	0	0	0	0	0	0	0	0	0	0	0	0	1	1	1	1	0	0	0	0	0	0
0	0	0	1	1	1	0	0	0	0	0	0	0	0	0	1	1	0	0	0	0	0	0	1	1	1	1	0	0	0	0	0
0	0	0	0	0	0	0	0	0	0	0	0	0	1	1	1	1	0	0	0	0	0	0	0	1	1	0	0	0	0	0	0
0	0	0	0	0	0	0	0	0	0	0	0	0	0	1	1	1	0	0	0	0	0	0	0	0	0	0	0	0	0	0	0
0	0	0	0	0	1	1	0	0	0	0	0	0	0	0	0	0	0	0	0	0	0	0	0	0	0	0	0	0	0	0	0
0	0	0	1	1	1	1	0	0	0	0	0	0	0	0	0	0	0	0	0	0	0	0	1	1	0	0	0	0	0	0	0
0	0	0	1	1	1	1	0	0	0	0	0	0	0	0	0	0	0	0	0	0	0	1	1	1	0	0	0	0	0	0	0
0	0	0	0	1	1	1	0	0	0	0	1	1	0	0	1	0	0	0	0	0	0	1	1	1	0	0	0	0	0	0	0
0	0	0	0	1	0	0	0	0	0	0	0	1	0	0	0	1	1	0	0	0	0	0	1	1	0	0	0	0	0	0	0
0	0	0	0	0	0	0	0	0	0	1	1	0	0	0	0	1	1	1	0	0	0	0	0	0	0	0	0	0	0	0	0
0	0	0	0	0	0	0	0	0	1	1	1	1	0	1	0	1	1	1	0	0	0	0	0	0	0	0	0	0	0	0	0
0	0	0	0	0	0	0	0	0	0	0	0	0	1	1	0	0	1	1	0	0	0	0	0	0	0	0	0	0	0	0	0

图 5.3 二值图像对应的矩阵

77	84	94	98	104	115	126	134	137	141	141	141	146	151	154	154	153	146	145	143	133	131	124	119	114	111	99	95	89	81	80	64
77	84	93	97	101	111	122	132	142	143	143	136	138	142	140	144	134	136	126	129	120	118	120	119	109	108	106	97	88	91	76	67
67	67	86	86	93	111	117	138	136	140	149	149	153	151	140	146	149	146	146	130	125	122	123	124	120	111	98	83	88	86	76	59
63	67	57	59	71	87	99	92	101	113	131	149	164	166	157	160	163	154	147	135	120	107	109	108	101	100	85	83	81	82	66	56
53	37	18	25	28	19	25	28	31	51	72	106	146	170	176	171	160	149	103	113	69	40	43	32	45	42	52	45	60	66	57	55
30	21	24	19	21	28	22	26	31	41	39	58	99	143	166	156	142	109	88	75	40	41	24	29	20	21	17	21	28	48	51	56
10	15	20	39	57	62	62	52	35	40	40	52	85	127	151	143	134	105	74	46	33	26	25	21	24	25	20	20	18	16	42	54
34	51	68	91	104	105	104	95	89	82	76	74	87	118	143	148	127	100	71	61	71	72	83	94	102	83	67	57	33	18	29	51
60	72	70	59	41	28	27	47	83	90	97	80	82	98	119	117	104	81	77	87	89	83	72	67	76	85	104	90	74	54	33	49
70	72	35	55	85	17	27	39	177	115	113	87	74	73	84	91	70	69	76	117	102	117	64	23	15	41	51	67	83	74	50	51
86	55	40	60	88	45	42	81	128	115	91	78	69	61	83	97	80	60	81	89	111	151	78	26	14	84	87	39	60	80	68	66
94	83	69	72	72	80	100	117	111	106	83	71	56	66	93	110	88	63	60	93	110	106	88	74	60	72	61	49	61	90	85	84
96	91	99	102	109	115	115	119	107	87	83	72	62	69	91	105	99	65	55	73	82	103	109	109	99	92	83	81	92	99	111	89
96	101	107	107	116	127	123	113	101	102	80	70	63	61	90	115	98	69	60	67	88	103	115	121	117	122	107	99	96	104	98	89
97	99	104	113	114	119	117	114	114	108	88	73	58	65	88	115	101	78	52	68	95	103	103	112	120	111	115	104	102	104	95	85
91	97	100	106	116	118	121	119	116	120	104	63	55	71	100	114	107	77	55	76	107	112	113	109	107	111	105	104	107	103	90	82
85	91	103	115	122	124	127	130	139	142	91	57	69	97	125	143	125	101	61	64	131	131	118	115	111	109	108	104	106	105	89	75
87	93	107	124	132	133	137	144	154	142	83	74	80	115	158	187	147	98	77	69	124	155	140	128	122	114	113	107	106	101	86	72
91	99	114	131	141	144	151	158	148	133	97	80	85	81	127	125	110	73	87	83	113	158	155	141	133	121	119	112	107	97	84	68
91	103	117	128	139	149	155	155	133	125	114	100	78	89	85	87	88	82	81	91	118	146	162	155	140	127	124	114	106	95	83	65
94	106	119	128	138	145	143	136	122	116	110	101	98	106	114	121	110	84	96	94	96	126	145	158	143	134	127	114	103	93	83	61
101	107	118	130	135	129	118	111	97	96	95	97	105	124	121	132	134	114	93	87	100	108	120	139	142	139	128	114	100	94	81	58
102	103	112	125	125	112	102	100	91	105	100	112	123	136	138	132	139	124	110	96	94	91	101	116	131	135	124	115	101	96	78	56
103	102	110	121	122	112	108	112	106	106	103	100	112	125	132	133	130	120	123	116	107	100	104	98	117	126	117	115	102	97	75	53
94	96	106	127	126	131	131	86	69	69	71	74	76	81	79	83	83	82	86	98	97	104	121	109	119	117	114	99	102	91	70	48
91	94	105	131	135	138	144	116	74	64	67	63	67	65	65	61	59	56	57	57	61	89	121	130	129	122	105	93	97	81	70	42
92	96	106	131	142	142	143	124	102	97	94	99	104	109	92	95	101	86	81	76	93	125	136	136	132	124	106	93	92	72	59	27
85	96	107	127	137	131	128	122	114	109	127	132	129	127	126	131	122	118	119	110	113	127	129	133	132	123	108	96	91	74	46	16
83	93	102	118	128	121	115	116	117	114	121	123	130	123	116	126	132	130	126	121	121	122	123	129	129	119	98	91	83	66	36	14
67	87	101	109	119	121	114	110	123	127	136	141	123	120	120	127	133	136	128	121	115	110	116	125	121	115	89	87	67	45	34	15
44	72	96	103	108	115	115	115	122	132	137	132	135	127	129	127	137	142	134	122	115	114	121	125	112	105	88	79	52	39	45	16
52	57	75	94	107	110	107	110	115	125	123	124	124	131	134	125	122	136	138	126	118	118	117	113	104	88	81	60	38	46	57	13

图 5.4 灰度图像对应的矩阵

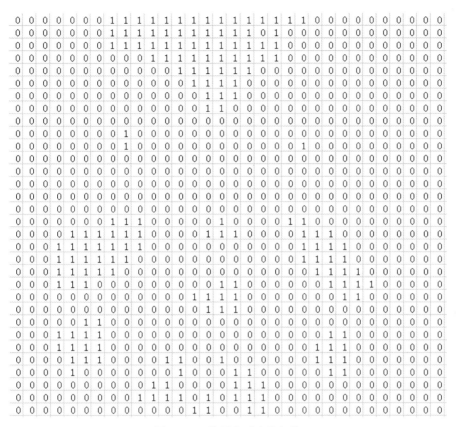

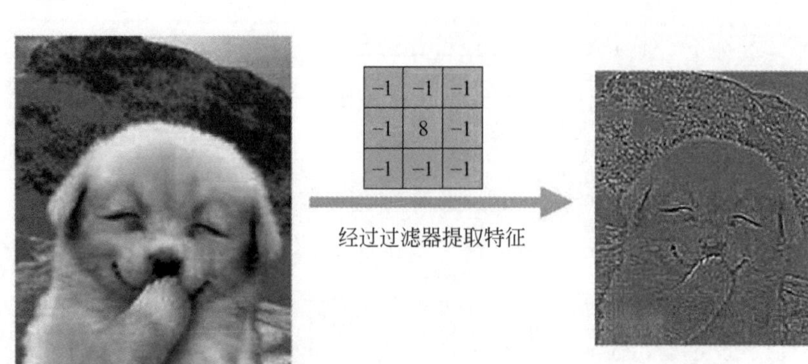

图 5.5 图像特征提取

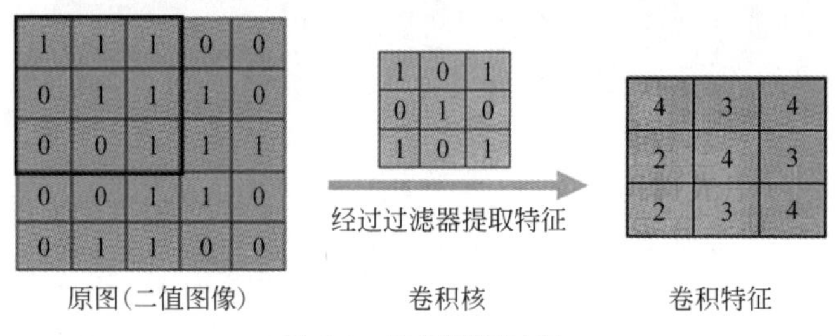

图 5.6 特征提取过程

【案例 5.4】 本科生导师制问题。

在高校的教学改革中,有很多学校实行了本科生导师制。一个班级的学生被分给几个老师,每个老师带领多个学生,如果老师还带研究生,那么研究生也可以直接负责本科生。

本科生导师制问题中的数据元素具有如下形式。

(1) 导师带研究生:(导师,((研究生 1,(本科生 1,…, 本科生 m)), …))。

(2) 导师不带研究生:(导师,(本科生 1,…, 本科生 m))。

例如:

(章老师,((李强,(王集山,武义军,刘秀)),张红卫,程昌义,姜和利))表示章老师指导 6 名本科生和一名叫李强的研究生,其中有 3 个本科生(王集山,武义军,刘秀)由研究生李强负责指导。

(李老师,(齐珊珊,黄凯,刘树发,陈海星))表示李老师指导 4 名本科生,没有指导研究生。

读者可以思考这两个数据信息表与前面所学的线性表有什么不同?如果不用这种信息表,利用线性表能把导师制中导师与本科生以及导师与研究生之间的逻辑关系表达出来吗?这种信息表就是本章要介绍的广义表,表中每个元素可以是类似线性表中的元素(原子项),又可以是嵌套的线性表。这种数据结构在数据处理中有广泛的应用。

5.2 数　组

5.2.1 数组的定义

简单地讲，数组是由 $n(n \geqslant 1)$ 个相同类型数据元素 $a_0, a_1, \cdots, a_{n-1}$ 组成的有限序列，且该有限序列存储在一块地址连续的内存单元中，因而数组是顺序存储结构。

对于一个一维数组，一旦 a_0 的存储地址 $\mathrm{Loc}(a_0)$ 确定，每个数据元素的存储单元数 k 确定，则任一数据元素 a_i 的存储地址 $\mathrm{Loc}(a_i)$ 可由以下公式求出：

$$\mathrm{Loc}(a_i) = \mathrm{Loc}(a_0) + i \times k \quad (0 \leqslant i < n) \tag{5.1}$$

对于二维数组，可将其转化为一维数组来考虑。例如图 5.7 为一个 m 行 n 列的二维数组，可以看成一个线性表

$$A = (b_0, b_1, \cdots, b_{n-1})$$

其中每个数据元素 $b_i = (a_{0i}, a_{1i}, \cdots, a_{m-1,i})(0 \leqslant i < n)$。

$$A_{m \times n} = \begin{bmatrix} a_{00} & a_{01} & a_{02} & \cdots & a_{0,n-1} \\ a_{10} & a_{11} & a_{12} & \cdots & a_{1,n-1} \\ \vdots & \vdots & \vdots & & \vdots \\ a_{m-1,0} & a_{m-1,1} & a_{m-1,2} & \cdots & a_{m-1,n-1} \end{bmatrix}$$

图 5.7　二维数组示例

显然，二维数组同样满足数组的定义。一个二维数组可以看作是每个数据元素都是相同类型的一维数组的一维数组。以此类推，一个三维数组可以看作是一个每个数据元素都是相同类型的二维数组的一维数组，等等。

因此，数组具有以下特点：

(1) 数组中的数据元素具有相同的数据类型。

(2) 数组是一种随机存储结构，可以根据给定的一组下标直接访问对应的数组元素。

(3) 一旦建立了数组，则数组中的数据元素个数和元素之间的关系就不再发生变化。

5.2.2 数组的内存映像

一维数组是用内存中一段连续的存储空间进行存储的，它的存储结构关系为式(5.1)。由于计算机的内存结构是一维的，因此用一维内存来表示多维数组，就必须按某种次序将数组元素排成一个序列，然后将这个线性序列存放在存储器中。对于二维数组，其存储可按行或列的次序用一组连续存储单元存放数组中的数组元素。如在 C、PASCAL、BASIC 等多数程序语言中，采用的是按行序为主序的存储结构，图 5.7 所示的二维数组可表示为图 5.8(a)，即先存储第 1 行，然后紧接着存储第 2 行，最后存储第 m 行。而在 FORTRAN 等少数程序语言中，采用的是以列序为主序的存储方式，图 5.7 所示的二维数组可表示为图 5.8(b)，即先存储第 1 列，然后紧接着存储第 2 列，最后存储第 n 列。

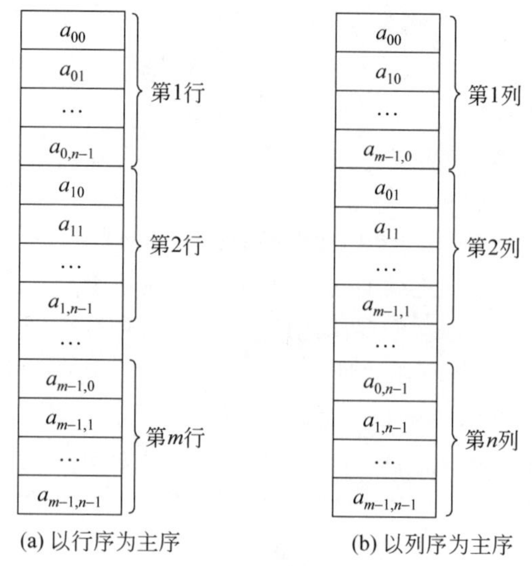

(a) 以行序为主序　　(b) 以列序为主序

图 5.8　二维数组的两种存储形式

在一个以行序为主序的计算机系统中，当二维数组第一个数据元素 a_{00} 的存储地址为 Loc(a_{00})，假定每个数据元素占 k 个存储单元，则该二维数组中任一数据元素的存储地址可由下式确定：

$$\text{Loc}(a_{ij}) = \text{Loc}(a_{00}) + (i \times n + j) \times k \tag{5.2}$$

同理，可计算出更高维数组的数据元素存储位置的计算公式。

5.3　特殊矩阵的压缩存储

矩阵运算是许多科学和工程计算问题中常常遇到的问题，在用高级程序设计语言编制程序求解矩阵问题时，一般都是用二维数组来存储矩阵元素。在实际应用中，常常出现有许多值相同的元素或有许多零元素，且分布有一定规律的矩阵，一般称为特殊矩阵。为了节省存储空间，可以对这类特殊矩阵进行压缩存储，即多个相同的非零元素只分配一个存储空间；对零元素不分配空间。本节讨论这些特殊矩阵的压缩存储。

5.3.1　对称矩阵

在一个 n 阶方阵 $\mathbf{A}$ 中，若所有元素满足下述性质：

$$a_{ij} = a_{ji} \quad 0 \leqslant i,j \leqslant n-1$$

则称 $\mathbf{A}$ 为对称矩阵。

由于对称矩阵中的元素关于主对角线对称，因而只要存储矩阵中上三角或下三角中的元素，让每两个对称的元素共享一个存储空间，这样就可以将 n^2 个元素压缩存储到 $n(n+1)/2$ 个元素的空间中，能节约近一半的存储空间。假定按“行优先顺序”存储主对角线(包括对角线)以下的元素。

假设以一维数组 sa[$n(n+1)/2$]作为 n 阶对称矩阵 $\boldsymbol{A}$ 的存储结构，则 $\boldsymbol{A}$ 中任一元素 a_{ij} 和 sa[k]之间存在如下对应关系：

$$k=\begin{cases}\dfrac{i(i+1)}{2}+j & i\geqslant j\\[2ex] \dfrac{j(j+1)}{2}+i & i<j\end{cases}\tag{5.3}$$

由此，称一维数组 sa[$n(n+1)/2$]为 n 阶对称矩阵 $\boldsymbol{A}$ 的存储结构。其存储对应关系如图 5.9 所示。

k	0	1	2	3	…	$n(n-1)/2$	…	$n(n+1)/2-1$
sa[k]	a_{00}	a_{10}	a_{11}	a_{20}	…	$a_{n-1,0}$	…	$a_{n-1,n-1}$

图 5.9 对称矩阵的压缩存储

5.3.2 三角矩阵

以主对角线划分，三角矩阵有上三角和下三角两种。所谓 n 阶下(上)三角矩阵是指矩阵的上(下)三角(不包括主对角线)中的元素均为常数或零的 n 阶方阵。可以采用和对称矩阵类似的压缩存储方法来存储。三角矩阵中的重复元素 c 可共享一个存储空间，其余的元素正好有 $n(n+1)/2$ 个，可以用一维数组 sa[$n(n+1)/2+1$]作为 n 阶下(上)三角矩阵 $\boldsymbol{A}$ 的存储结构，其中常量 c 存放在数组的最后一个单元中，当 $\boldsymbol{A}$ 为下三角矩阵时，任一元素 a_{ij} 和 sa[k]之间存在式(5.4)的对应关系。

$$k=\begin{cases}\dfrac{i(i+1)}{2}+j & i\geqslant j\\[2ex] \dfrac{n(n+1)}{2} & i<j\end{cases}\tag{5.4}$$

5.3.3 稀疏矩阵

什么是稀疏矩阵？简单说，设矩阵 $\boldsymbol{A}_{mn}$ 中有 s 个非零元素，若 s 远远小于矩阵元素的总数(即 $s<<m\times n$)，则称 $\boldsymbol{A}$ 为稀疏矩阵。令 $e=s/(m\times n)$，称 e 为矩阵的稀疏因子。当用数组存储稀疏矩阵中元素时，仅有少部分的空间被利用，造成空间浪费。为节省存储空间，可以采用一种压缩的存储方法来表示稀疏矩阵的内容。由于非零元素的分布一般是没有规律的，因此在存储非零元素的同时，还必须同时记下元素所在的行和列的位置(row,col)。由于 a_{00} 位于矩阵的第 1 行第 1 列，因此，稀疏矩阵 $\boldsymbol{A}$ 中的任一非零元素 a_{ij} 可由一个三元组($i+1,j+1,a_{ij}$)唯一确定。

1. 三元组表

假设非零元素的三元组是以按行优先的顺序排列，一个稀疏矩阵就可转换成用一个对应的线性顺序表来表示，其中每个元素由一个上述的三元组构成，该线性表称为三元组表，记为(i,j,v)。其类型说明如下：

```
#define MAXSIZE  1000
typedef struct {
     int  i, j;                          /* 非零元素的行、列号 */
     DataType  v;                        /* 非零元素的值 */
}triple;
typedef struct {
      triple  data[MAXSIZE];             /* 非零元素的三元组表 */
      int  m,n,t;                        /* 稀疏矩阵的行数、列数和非零元素的个数 */
}tripletable;
```

下面以矩阵的转置为例,说明在这种压缩存储结构上如何实现矩阵的运算。

一个 $m\times n$ 的矩阵 **A**,它的转置 **B** 是一个 $n\times m$ 的矩阵,且 $a[i][j]=b[j][i]$,即 **A** 的行是 **B** 的列,**A** 的列是 **B** 的行。例如图 5.10(a)中稀疏矩阵 **A** 及其转置矩阵 **B** 可用图 5.10(b)所示的三元组表示。

$$\boldsymbol{A}_{4\times5}=\begin{bmatrix}0&7&0&4&0\\3&0&0&0&0\\0&0&0&0&1\\0&6&0&0&0\end{bmatrix}\quad \boldsymbol{B}_{5\times4}=\begin{bmatrix}0&3&0&0\\7&0&0&6\\0&0&0&0\\4&0&0&0\\0&0&1&0\end{bmatrix}$$

(a) 稀疏矩阵*A*及其转置矩阵*B*

a.data

i	j	v
1	2	7
1	4	4
2	1	3
3	5	1
4	2	6

b.data

i	j	v
1	2	3
2	1	7
2	4	6
4	1	4
5	3	1

(b) 稀疏矩阵*A*和*B*的三元组表示

图 5.10　稀疏矩阵的三元组表示

将 **A** 转置为 **B**,就是将 **A** 的三元组表 a.data 置换为 **B** 的三元组表 b.data,如果只是简单地交换 a.data 中 i 和 j 的内容,那么得到的 b.data 将是一个按列优先顺序存储的稀疏矩阵 **B**,要得到按行优先顺序存储的 b.data,就必须重新排列三元组的顺序。有如下两种方法来进行处理。

(1) 第一种方法(跳着找,顺着存)。

由于 **A** 的列是 **B** 的行,因此按 a.data 的列序转置,所得到的转置矩阵 **B** 的三元组表 b.data 必定是按行优先存放的。按这种方法设计的算法,其基本思想是对 **A** 中的每一列 col($1\leqslant$col$\leqslant n$),通过从头至尾扫描三元表 a.data,找出所有列号等于 col 的那些三元组,将它们的行号和列号互换后依次放入 b.data 中,即可得到 **B** 的按行优先的压缩存储表示。

具体算法如下。

【算法 5.1】

```
tripletable transmatrix(tripletable a)
{   /* 将稀疏矩阵 a 转置,结果通过函数名返回 */
   tripletable b;
    int p,q,col;
```

```
    b.m=a.n;                  /* 矩阵 b 的行数等于矩阵 a 的列数 */
    b.n=a.m;                  /* 矩阵 b 的列数等于矩阵 a 的行数 */
    b.t=a.t;                  /* 矩阵 b 的非零元素数等于矩阵 a 的非零元素数 */
    if(b.t)                   /* 把 a 中每一个非零元素转换到 b 中相应位置 */
    {   q=0;
        for(col=1;col<=a.n;col++)              /* 按列号扫描 */
        for(p=0;p<a.t;p++)                     /* 在数据中找列号为 col 的三元组 */
            if(a.data[p].j==col)
            {   b.data[q].i=col;                       /* 新三元组的行号 */
                b.data[q].j=a.data[p].i;               /* 新三元组的列号 */
                b.data[q].v=a.data[p].v;               /* 新三元组的值 */
                q++;
            }
    }
    return(b);
}
```

上述算法主要工作是在 p 和 col 的两重循环中完成的，故算法的时间复杂度为 $O(\mathrm{a}.n\times\mathrm{a}.t)$，即与矩阵的列数和非零元的个数的乘积成正比。而一般传统矩阵的转置算法为

```
for(col=0;col<n;++col)
    for(row=0;row<m;++row)
        b[col][row]=a[row][col];
```

其时间复杂度为 $O(n\times m)$。当非零元素的个数 t 和 $m\times n$ 同数量级时，算法 transmatrix 的时间复杂度为 $O(m\times n^2)$，因此上述稀疏矩阵转置算法的时间大于非压缩存储的矩阵转置的时间。三元组顺序表虽然节省了存储空间，但时间复杂度比一般矩阵转置的算法大，同时还有可能增加算法的难度。因此，此算法仅适用于 $t<<m\times n$ 的情况。

(2) 第二种方法(顺着找，跳着存)。

第一种方法中重复比较的次数比较多，为了节省时间，需要确定矩阵 **A** 中每一列第一个非零元素在 **B** 中应存储的位置，为了确定这个位置，在转置前应求得矩阵 **A** 中的每列非零元素的个数。其算法思想为对 **A** 扫描一次，按 **A** 第二列提供的列号一次确定位置装入 **B** 的三元组中。具体实施方法如下：一遍扫描先确定三元组的位置关系，二次扫描由位置关系装入三元组。可见，位置关系是此种算法的关键。

为此需要附设两个一维数组 num 和 pot，num[j]表示矩阵 **A** 中的第 j 列非零元素个数，pot[j]表示 **A** 矩阵中第 j 列下一个非零元素在 **B** 中应存放的位置(初值为该列第一个非零元素在 **B** 中应存放的位置)。显然有：

$$\mathrm{pot}[1]=0$$

$$\mathrm{pot}[j]=\mathrm{pot}[j-1]+\mathrm{num}[j-1]\quad 2\leqslant j\leqslant \mathrm{a}.n$$

例如，矩阵 **A** 的 num 和 pot 的数组元素值如表 5.1 所示。

表 5.1 矩阵 A 的向量 num 和 pot 的值

j	1	2	3	4	5
num[*j*]	1	2	0	1	1
pot[*j*]	0	1	3	3	4

快速转置算法如下。

【算法 5.2】

```
tripletable fasttranstri(tripletable a)
{   /*将稀疏矩阵 a 做快速转置,结果通过函数名返回 */
    tripletable b;
      int p,q,col,k;
      int num[a.n+1], pot[a.n+1];          /* 建立辅助数组 */
      b.m=a.n; b.n=a.m; b.t=a.t;
      if(b.t)
       {   for(col=1;col<=a.n;++col)      /* 对数组 num 初始化 */
            num[col]=0;
            for(k=0;k<a.t;++k)             /* 计算 a 中每一列含非零元素的个数 */
              ++num[a.data[k].j];
              pot[1]=0;          /* 计算 a 中第 col 列中第一个非零元素在 b 中的序号 */
            for(col=2;col<=a.n;++col)
              pot[col]=pot[col-1]+num[col-1];
            for(p=0;p<a.t;++p)/* 把 a 中每一个非零元素插入 b 中的相应位置 */
          {    col=a.data[p].j;
                 q=pot[col];
              b.data[q].i=a.data[p].j;
                 b.data[q].j=a.data[p].i;
              b.data[q].v=a.data[p].v;
                 ++pot[col];
          }
       }
       return(b);
}
```

该算法虽然多用了两个辅助向量空间，但它的时间复杂度为 $O(\text{a}.n+\text{a}.t)$，比第一种方法要好。

2. 十字链表存储

三元组表是用顺序方法来存储稀疏矩阵中的非零元素，当非零元素的位置或个数经常变化时，三元组表就不适合做稀疏矩阵的存储结构。例如，两矩阵做加操作时，会改变非零元素的个数，如用三元组表表示矩阵时，元素的插入和删除会导致大量的结点移动。此时，采用链式存储结构更为合适。

一般采用十字链表的链接存储方法。在该方法中,稀疏矩阵的每个非零元素可以用一个含 5 个域的结点表示,结点结构信息如图 5.11(a)所示。除了表示非零元素所在的行、列和值的三元组外,还增加了两个链域:指向本行中下一个非零元素行指针域 right 和指向本列下一个非零元素列指针域 down。同一行的非零元素通过 right 域链接成一个线性链表,同一列的非零元素通过 down 域链接成一个线性表,每个非零元素既是某个行链表中的一个结点,又是某个列链表中的一个结点,整个矩阵构成了一个十字交叉的链表,故称这样的链表为十字链表。

row	col	value
down	right	

(a) 非零元素的结点结构

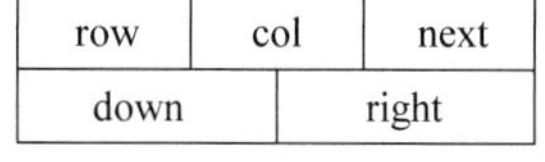

(b) 头结点结构

图 5.11　十字链表的结点结构

为便于操作,在十字链表的行链表和列链表上设置行头结点、列头结点和十字链表头结点。它们采用和非零元素结点类似的结点结构,具体如图 5.11(b)所示。其中行头结点和列头结点的 row 和 col 域值均为零;行头结点的 right 指针指向该行链表的第一个结点,它的 down 指针为空;列头结点的 down 指针指向该列链表的第一个结点,它的 right 指针为空。所有的行、列链表和它们对应的头结点链成一个循环链表。十字链表头结点的 row 和 col 域分别存放稀疏矩阵的行数和列数,链表头结点的 next 指针指向行头结点链表中的第一行头结点,down 和 right 指针为 NULL。图 5.10 中稀疏矩阵 **A** 的十字链表如图 5.12 所示。

由图 5.12 可知,每一个列链表的表头结点只需用到 down 指针,right 指针未用到,而每一个行链表的表头结点只需用到 right 指针,down 指针也未用到,因而在具体操作时可把这两组表头结点合并,即第 i 行链表和第 i 列链表共享一个表头结点 H_i。同时通过头结点的 next 指针可以把所有行链表(或列链表)的头结点链接成一个循环链表。

图 5.12 中的结点结构如下:

```
typedef struct node  {
      int row,col;
      struct node * down, * right;
      union {
        struct node * next;
        DataType value;
      }
}crosslist;
```

建立十字链表的算法如下(假定矩阵元素为整数类型)。

【算法 5.3】

```
crosslist * creatclinkmat()
{  /* 采用十字链表存储结构创建稀疏矩阵 */
```

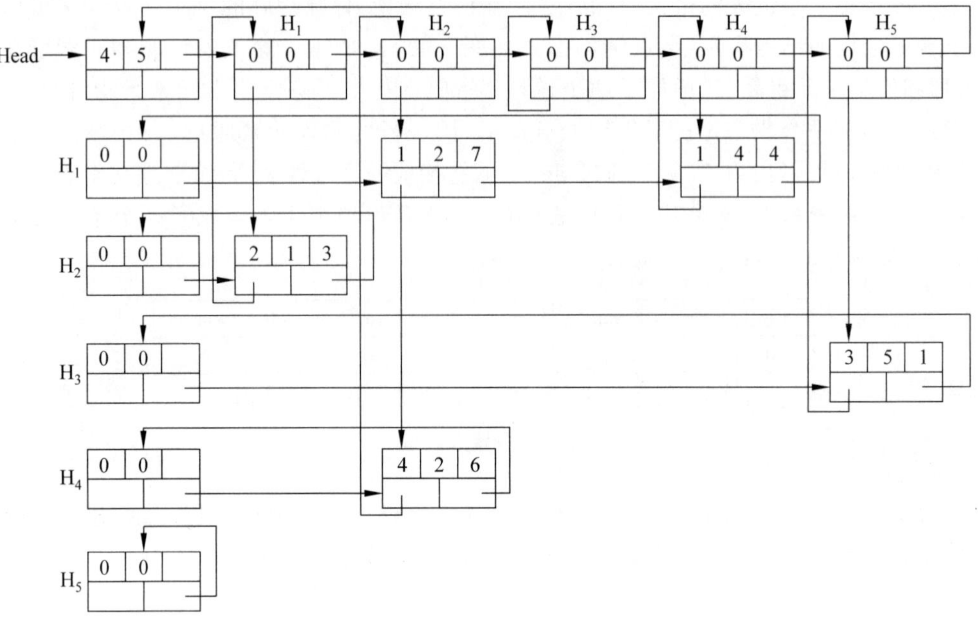

图 5.12 稀疏矩阵 A 的十字链表

```
int m,n,t,k,i,j,v,s;
crosslist *p, *q, *head, *cp[100];
printf("请输入稀疏矩阵的行数、列数和非零元素个数\n");
scanf("%d, %d, %d",&m,&n,&t);     /*输入稀疏矩阵的行数、列数和非零元素个数*/
s=m>n?m:n;              /*确定行、列表头结点个数,取行、列最大数即 s=max{m,n}*/
p=(crosslist*)malloc(sizeof(crosslist));
 p->row=m;   p->col=n;
 head=p;
 cp[0]=p;                      /*cp[0..s]为一组指示头结点和行、列表头结点的指针*/
for(i=1;i<=s;i++)             /*建立头结点循环链表*/
 {     p=(crosslist*)malloc(sizeof(crosslist));
      p->row=0;p->col=0;cp[i]=p;
      p->right=p;p->down=p;cp[i-1]->next=p;
 }
 cp[s]->next=head;
 for (k=0;k<t;k++)
 {  printf("输入一个非零元素的三元组\n");
    scanf("%d%d%d",&i,&j,&v);                 /*输入一个非零元素的三元组*/
    p=(crosslist*)malloc(sizeof(crosslist));
    p->row=i;p->col=j;p->value=v;q=cp[i];
    while((q->right!=cp[i])&&(q->right->col<j))
                                              /*在行表中寻找插入的位置*/
          q=q->right;
    p->right=q->right;q->right=p;            /*完成第 i 行插入*/
```

```
        q=cp[j];
        while((q->down!=cp[j])&&(q->down->row<i))    /*在列表中寻找插入的位置*/
              q=q->down;
        p->down=q->down;q->down=p;                  /*完成第j列插入*/
    }
    return(head);
}
```

分析上述算法可知，建立表头结点循环链表时间为 $O(s)$，$s=\max\{m,n\}$，插入 t 个非零结点到相应的行表和列表的时间是 $O(t*s)$，所以该算法总的时间复杂度为 $O(t*s)$。该算法对非零元素三元组的输入次序没有任何要求。

5.4 广 义 表

广义表是线性表的一种推广。它是一种应用十分广泛的数据结构，常被广泛应用于人工智能等领域。

5.4.1 广义表的定义

在前面的描述中，线性表中数据元素的类型必须是相同的而且只能是原子项，如果允许表中的数据元素具有自身结构，即数据元素也可以是一个线性表，这就是广义表，有时也称为列表(lists)。

广义表是 $n\geqslant 0$ 个元素 $a_1,a_1,\cdots,a_n$ 的有限序列，即：

$$Ls=(a_1,a_2,\cdots,a_n)$$

其中，Ls 是广义表的名称，n 是它的长度。a_i 可以是单个元素，也可以是广义表，若 a_i 是单个元素，则称它是广义表 Ls 的原子；若 a_i 是广义表，则称它为 Ls 的子表。当 Ls 非空时，称第一个元素 a_1 为 Ls 的表头(Head)，其余元素组成的表$(a_2,a_3,\cdots,a_n)$为表尾(Tail)，请读者注意表头和表尾的定义。

由于在广义表的定义中又用到了广义表的概念，因而广义表是一个递归定义。一般约定大写字母表示广义表(或子表)，小写字母表示单个元素(或原子)。下面列举一些广义表的例子。

$A=()$　A 是一个空表，其长度为 0。

$B=(b,c)$　B 是一个长度为 2 的列表。

$C=(a,(d,e,f))$　C 是一个长度为 2 的列表，其中第一个元素是原子 a，第二个元素是子表(d,e,f)。

$D=(A,B,C)$　D 是一个长度为 3 的列表，其中 3 个元素都是子表。

$E=(a,E)$　E 是一个长度为 2 的列表，它是一个递归表。

广义表可以用图来形象地表示，例如上述例子可以用图 5.13 表示。图 5.13 中用圆圈表示广义表，用方块表示原子。

由广义表的定义可以推导以下 4 个结论。

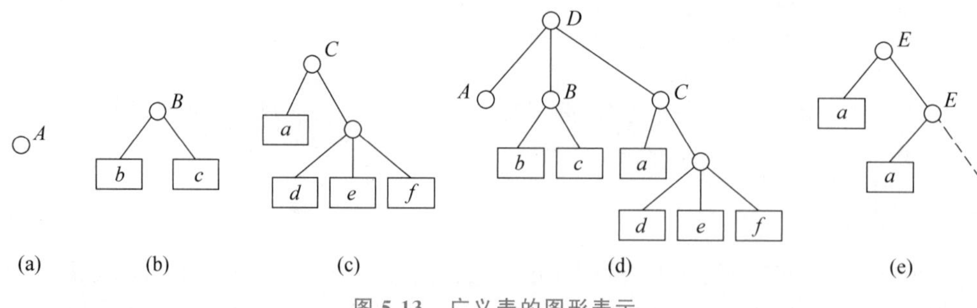

图 5.13　广义表的图形表示

(1) 由于广义表中的元素可以是原子也可以是子表,因此广义表是一个多层次结构。

(2) 广义表是可以共享的。例如在上述例子中,广义表 B 是 D 的子表。

(3) 广义表可以是其本身的一个子表,因此广义表允许递归。例如在上述例子中,广义表 E 是一个递归表。

(4) 广义表的元素之间除了存在次序关系之外,还存在着层次关系,把广义表展开后所包含的括号层数称为广义表的深度。例如广义表 C 的深度为 2,E 的深度为∞。

5.4.2　广义表的存储

由于广义表$(a_1,a_2,\cdots,a_n)$中的元素不是同一类型,可以是原子元素,也可以是子表,因此很难用顺序结构存储,通常采用模拟线性链式存储方法来存储广义表。广义表中的每个元素由一个结点表示。该结点既可以表示原子元素又可以表示子表,为区分二者,可用一个标志位 tag 来区分,结点的结构可设计为如下形式:

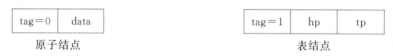

当 tag=0 时,原子结点由标志域、值域构成;当 tag=1 时,表结点由标志域、指向表头的指针域和指向表尾的指针域 3 部分构成。其形式定义如下:

```
typedef struct GenealNode {
      int tag;                     /* 取值 0 或 1 */
      union {
          DataType data;
          struct {struct GenealNode * hp, * tp;}ptr;
      };
} * GList;
```

上述所列举的几个广义表,其存储结构如图 5.14 所示。

5.4.3　广义表基本操作的实现

由于广义表是对线性表的推广,因此广义表上的操作也有查找、取元素、插入和删除

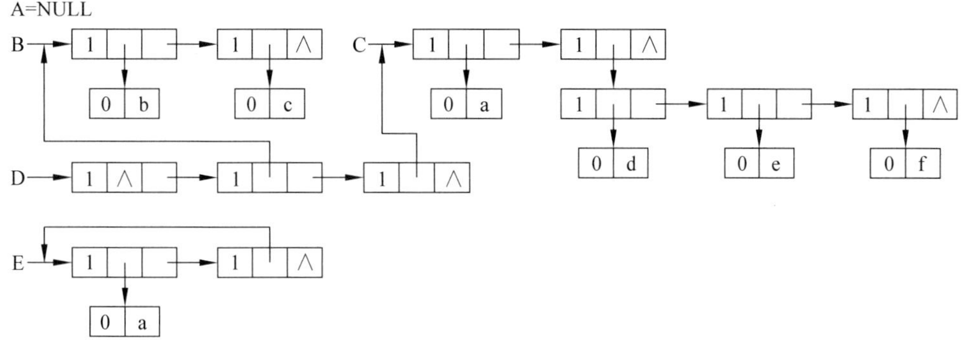

图 5.14 广义表的存储结构示例

等基本操作,在此介绍广义表的几个特殊的基本操作:取表头、取表尾和求广义表的深度。下面具体介绍。

(1) 取广义表表头 GetHead()和取广义表表尾 GetTail()。

任何一个非空广义表的表头是表中第一个元素,它可能是原子,也可能是广义表,而其表尾必定是广义表。例如:

```
GetHead(B)=b          GetTail(B)=(c)
GetHead(C)=a          GetTail(C)=((d,e,f))
GetHead(D)=A          GetTail(D)=(B,C)
```

取广义表表头的算法如下。

【算法 5.4】

```
GList GetHead(GList  p)
{  /* 表空时返回 null,否则返回表头指针 */
   if (!p||p->tag==0)
   { printf("空表或是单个原子\n");
     return (NULL);
   }
   return(p->ptr.hp);
}
```

取广义表表尾的算法如下。

【算法 5.5】

```
Glist GetTail(Glist p)
{  /* 空表或是单个原子,函数无意义,否则返回表尾指针 */
  if (!p||p->tag==0)
    { printf("空表或是单个原子");
     return(NULL);
    }
  return(p->ptr.tp);
}
```

值得注意的是，广义表()和(())是不同的。前者长度 n 为 0，它表示一个空表，后者长度 n 为 1，它表示有一个空表的广义表，它可以分解得到表头和表尾均是空表()。

(2) 求广义表的深度。

广义表的深度是指广义表中所含括号的重数。

设非空广义表为

$$\text{Ls}=(a_1,\ a_2,\ \cdots,\ a_n)$$

其中 $a_i(i=1,2,\cdots,n)$为原子或为 Ls 的子表。求广义表 Ls 的深度可用递归算法来处理，具体过程为把原问题转换为求 n 个子问题 a_i 的深度，Ls 的深度为各 $a_i(i=1,2,\cdots,n)$的深度中最大值加 1。对于每个子问题 $a_i(i=1,2,\cdots,n)$，若 a_i 是原子，则由定义知其深度为 0，若 a_i 是空表，其深度为 1，若 a_i 是非空广义表，则采用和上述同样的方法去处理。

由此可见，求广义表深度的算法可用递归方法设计，具体算法如下。

【算法 5.6】

```
int depth(Glist ls)
{
  int max;Glist tmp=ls;
  if (tmp==NULL)                          /*若 ls 是空表*/
     return(1);
  if (tmp->tag==0)
     return(0);
  max=0;
  while (tmp!=NULL)                       /*若 ls 是非空的广义表*/
  {
     dep=depth(tmp->ptr.hp);              /*求 ai的深度*/
     if (dep>max)  max=dep;
     tmp=tmp->ptr.tp;
  }
   return(max+1);                         /*返回表的深度*/
}
```

上述算法的执行过程实质上是遍历广义表的过程，在遍历中首先求得各子表的深度，然后综合得到广义表的深度。

(3) 建立广义表。

广义表的基本运算是基于广义表已经建立起来的基础之上，但如何建立广义表呢？对于采用图 5.14 模式存储的广义表，其存储结构可以分解成表头和表尾两部分，表头地址保存在表头指针 hp 中，表尾地址保存在表尾指针 tp 中，而表尾本身又是一个广义表；同时表头指针所指向的元素本身可能是一个广义表，也可能是单个原子结点。因此，建立广义表的算法一般采用递归的方式去建立。

考察形如(a,b,c,d,e,f,…)的广义表，采用递归算法建立时，读入的字符串有以下几种情形。

① 空广义表："()"，建立的广义表为空。

② 单个原子：如“a”,则建立单个原子结点,即标志位为0。

③ 非空广义表：如“(a,b,c,d,e,f,…)”,此时建广义表的工作分解成两部分,取出表头元素a,如果a是单个原子,采用情形(2)的方式建立广义表原子结点,否则a代表一个子表,递归调用算法自身;由剩下的元素(b,c,d,e,f,…)构成了广义表的表尾,表尾也是一个广义表,因此也只需递归调用算法本身。

根据上述分析可以写出基于图5.14结构的建立广义算法,算法5.7给出了建立广义表的方法。

【算法5.7】

```
int CreateGList(GList * glist, char * str)
{  //创建广义表
   if(strcmp(str, "()") ==0)
      (* glist) =NULL;                                         //建立空表
   else
   {
      (* glist) =(GList)malloc(sizeof(struct GLNode));         //新建一个表结点
      if((* glist) ==NULL)
          return 0;
      if(strlen(str) ==1)
      {  //如果为单个字符,则创建原子结点
         (* glist)->tag=ATOM;;
         (* glist)->atom= * str;
      }
      else
      {
          char * headstr=hstr;
          (* glist)->tag=LIST;
          SubString(str,str, 1, strlen(str) -2);               //脱去最外边的括号
          GList pointer=(* glist);
          do
          {  //创建子表
             SplitHeadStr(str,headstr);
                                      //这里 headstr 为分割后的表头,str 为分割后的表尾

             //Split_Str(str,headstr);
             char tstr[MAX_STR_LEN]={0};
             strcpy(tstr,headstr);
             CreateGList(&pointer->ptr.hp,tstr);               //递归创建表头
             if(str !=NULL && strlen(str) !=0)
             {   //如果表尾不为空的话
                 GList tailnode=(GList)malloc(sizeof(struct GLNode));
                 if(pointer==NULL)
                     return 0;
```

```
                tailnode->tag=LIST;                    //广义表的表尾肯定是一张表
                pointer->ptr.tp=tailnode;
                pointer=tailnode;                      //置为表尾指针
            } //end if
        }while(str !=NULL && strlen(str) !=0);         //直到表尾为空则退出
        pointer->ptr.tp=NULL;                          //最后将表尾赋值为 NULL
    } //end else
  }
  return 1;
}
```

算法5.7给出建立广义算法的C语言实现,其中参数str是描述广义表逻辑结构的字符串,例如,str="((a,(b)),c,(e,f),g,h)"; glist是建立好的广义表地址指针。在算法5.7中,调用了一个字符串处理函数SplitHeadStr(char * &inputstr, char * &headstr),该函数的功能是将非空的inputstr字符串分割成两部分:headstr保存广义表中第一个元素分隔符号','之前的子串,inputstr保存其后的子串部分。其具体实现如下。

【算法5.8】

```
void SplitHeadStr(char * &inputstr , char * &headstr)
{  //将非空串 inputstr 分割成两部分,headstr 为第一个','之前的子串,inputstr 为之后
   //的字串
   int n=strlen(inputstr);
   int i=0;
   int k=0;
   do   //记录尚未配对的左括号的个数
   {
      if(inputstr[i]=='(')
         k++;
      else if(inputstr[i]==')')
         k--;
      i++;
   }while(i <n &&(inputstr[i] !=',' || k !=0));
   //该 while 循环的作用就是找出该表第一个表头逗号处的位置,如果没有逗号如:
   //((a,b))则会使 i=n
   //注意该表已经脱去最外层的括号了
   if(i <n)
   {
      SubString(headstr,inputstr,0,i-1);
                              //求子串函数,inputstr 表示主串,headstr 存储子串
      SubString(inputstr,inputstr,i+1,strlen(inputstr)-1);
   }else
   {
```

```
        strcpy(headstr,inputstr);
        inputstr='\0';                      //清空字符串
    }
}
```

对于建立好的广义表,可以遍历打印输出,打印输出的思想和建立的思想基本一致,同样考虑建立时的3种情形。算法5.9描述了如何输出已经建立好的广义表。

【算法5.9】

```
void ptr_GList(GList * L,int tag)
{ /* 打印广义表,tag标记位的作用:当传入的广义表是由表尾指针所指向的广义表时,tag
  值等于0,无须再打印外层的括号 */
  if(!(* L)) return;                        //空表时不打印任何信息
  if((* L)->tag==0)                         //打印单个原子结点
  {
     printf("%c",(* L)->atom);
     return ;
  }
  /* 下面打印广义表 */
  if(tag)
     printf("(");                           //tag==1,打印广义表的外层括号:"("
  ptr_GList(&(* L)->ptr.hp,1);
  if((* L)->ptr.tp)
     printf(",");                           //元素之间打印符号:","
  ptr_GList(&(* L)->ptr.tp,0);
  if(tag)
     printf(")");                           //tag==1,打印广义表的外层括号:")"
}
```

相应的文件头、求子串函数和主函数如下:

```
#define MAX_STR_LEN 100
char hstr[MAX_STR_LEN]={0};                 //存放表头串
char istr[MAX_STR_LEN]={0};                 //存原始广义表串
typedef int AtomType;
typedef enum {ATOM, LIST} ElemTag;
typedef struct GLNode
{
    ElemTag tag;                            //公共部分,用于区分原子和列表结点
    union{
        AtomType atom;                      //原子结点的的值域
        struct{
            struct GLNode * hp;             //列表的表头指针
            struct GLNode * tp;             //列表的表尾指针
        }ptr;
    };
```

```
}*GList;

void SubString(char *sub, char *p,int start,int end)
{//求子串函数,p表示主串,sub存储子串
 char *temp=p+start;
 for(; temp <=p+end; temp++)
 {
     *sub++=*temp;
 }
 *sub ='\0';
}

int main()
{
    strcpy(istr, "(a,(b,c),(e,f,(g)))");      /*广义表初始串*/
    strcpy(istr, "((a,(b)),c,(e,f),g,h)");
    GList ml;
    CreateGList(&ml,istr);
    printf("所创建的广义表为:\n");
    ptr_GList(&ml,1);
    printf("\n");
    return 0;
}
```

运行结果如图 5.15 所示。

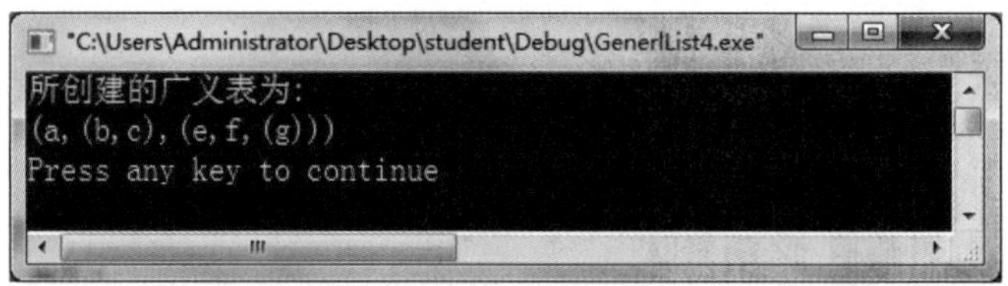

图 5.15　广义表的创建和遍历结果

5.5　案例分析与实现

【案例 5.3 分析与实现】　图像卷积操作。

卷积操作的目的和原理在 5.1 节已做介绍，在此给出针对指定原始图像进行卷积操作以获得图像特征的实现过程，具体代码如下。

【算法 5.10】

```
#include<stdio.h>
#define M1 5                                   //输入图像的行
#define N1 5                                   //输入图像的列
```

```
#define M2 3                                        //卷积核的行
#define N2 3                                        //卷积核的列
void conv(int f[M1][N1], int con[M2][N2], int g[M1-2][N1-2])
{  //f 原始图像,con 卷积核,g 特征输出
   int i, j, m, n;
   float temp;
   for (i=0;i<M1-2;i++)
   {
       for (j=0;j<N1-2;j++)
       {
           temp =0;
           for (m=0;m<M2;m++)
               for (n=0;n<N2;n++)
                   temp +=con[m][n] * f[i+m][j+n];
           g[i][j] =temp;
           }
       }
   }
void main()
{
    int f[M1][N1]={{1,1,1,0,0},{0,1,1,1,0},{ 0,0,1,1,1},{ 0,0,1,1,0},{0,1,1,0,
0}};                                                //原始图像
    int w[M2][N2]={{1,0,1},{0,1,0},{1,0,1}};        //卷积核
    int g[M1-2][N1-2]={0};                          //特征输出
    int i,j;
    conv(f, w, g);
    //输出卷积结果
    for (i=0;i<M1-2; i++)
    {
        for (j=0; j<N1-2; j++)
        {
          printf("%2d ", g[i][j]);
        }
        printf("\n");
    }
}
```

运行结果如图 5.16 所示。

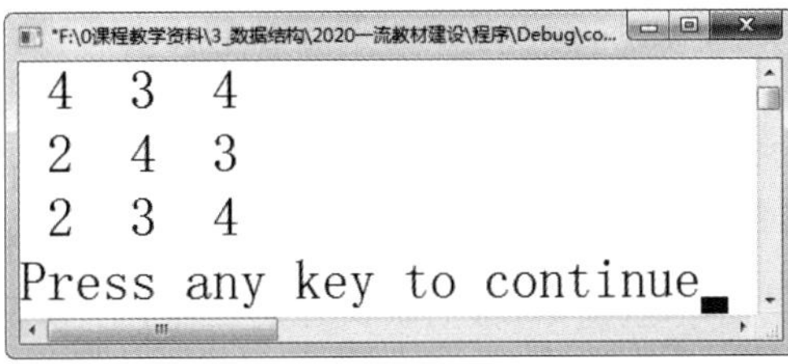

图 5.16　例 5.1 运行结果

本章小结

数组是由个数固定,类型相同的数据元素所组成。每个元素在数组中的位置由它的下标决定。在二维数组的顺序存储中,数组分为以行为主序和以列为主序的存储方式。因此对于数组而言,一旦给定了它的维数和各维的长度,便可以为它分配存储空间,并且可求出任何数组元素的存储地址,可以直接存取。

在特殊矩阵中,有些元素或者相同元素的分布有一定的规律。为节省空间,可以对这些元素不分配存储单元或只分配一个存储单元。对三角矩阵、对称矩阵来说,可以用一维数组实现它们的压缩存储,以达到节省存储空间的目的。因此,实现特殊矩阵压缩存储的关键是找出元素 $\mathbf{A}_{ij}$ 在压缩存储中的实际位置。

稀疏矩阵是指非零元素个数很少并且分布没有一定规律的矩阵,其压缩存储可采用顺序三元组和基于链式存储结构的十字链表方式。在压缩方式下,矩阵运算如何实现则是矩阵压缩存储重点讨论的问题。本章着重介绍在三元组表存储方式下的转置运算算法的实现方法。

广义表是线性表的一种扩充,是数据元素的有限序列。广义表是一种具有递归特性的数据结构,其物理结构主要采用链式存储。在广义表的链式存储结构中有两种结点:用以表示广义表的表结点和用以表示原子元素的原子结点。广义表有查找、取元素、插入、删除、取表头、取表尾、求深度等操作。

习　题

一、选择题

1. 数组 $A[5][6]$ 的每个元素占 5 字节,将其按列优先次序存储在起始地址为 1000 的内存单元中,则元素 $A[4][5]$ 的地址是(　　)。

A. 1145　　B. 1180　　C. 1205　　D. 1210

2. 若对 n 阶对称矩阵 $\mathbf{A}$ 以行序为主序方式将其下三角形的元素(包括主对角线上所有元素)依次存放于一维数组 $B[1..(n(n+1))/2]$ 中,a_{00} 存放于数组 $B[1]$ 中,则在 B 中确定 $a_{ij}(i<j)$ 的位置 k 的关系为(　　)。

A. $i\times(i+1)/2+j$　　B. $j\times(j+1)/2+i$

C. $i\times(i+1)/2+j+1$　　D. $j\times(j+1)/2+i+1$

3. 设二维数组 $A[1..m,1..n]$(即 m 行 n 列)按行存储在数组 $B[1..m\times n]$ 中,则二维数组元素 $A[i][j]$ 在一维数组 B 中的下标为(　　)。

A. $(i-1)\times n+j$　　B. $(i-1)\times n+j-1$

C. $i\times(j-1)$　　D. $j\times m+i-1$

4. 对矩阵压缩存储是为了(　　)。

A. 方便压缩　　B. 节省空间　　C. 方便存储　　D. 提高运算速度

5. 设广义表 $L=((a,b,c))$，则 L 的长度和深度分别为(　　)。

A. 1 和 1　　B. 1 和 3　　C. 1 和 2　　D. 2 和 3

6. 有一个 100×90 的稀疏矩阵，非零元素有 10 个，设每个整型数占 2 字节，则用三元组表示该矩阵时，所需的字节数是(　　)。

A. 60　　B. 66　　C. 18 000　　D. 33

7. 已知广义表 $Ls=((a,b,c),(d,e,f))$，运用 Get Head 和 Get Tail 函数取出 Ls 中原子 e 的运算是(　　)。

A. GetHead(GetTail(Ls))

B. GetTail(GetHead(Ls))

C. GetHead(GetTail(GetHead(GetTail(Ls))))

D. GetHead(GetTail(GetTail(Get Head(Ls))))

8. 已知广义表：$A=(a,b)$，$B=(A,A)$，$C=(a,(b,A),B)$，求下列运算的结果：Get Tail(Get Head(Get Tail(C)))=(　　)。

A. (a)　　B. A　　C. a　　D. (b)

E. b　　F. (A)

二、填空题

1. 二维数组 $A[6][8]$采用行序为主方式存储，每个元素占 4 个存储单元，已知 A 的起始存储地址(基地址)是 1000，则 A[2][3]的地址是________。

2. 设数组 $A[9][10]$，数组中任一元素 $A[i][j]$均占内存 48 个二进制位，从首地址 2000 开始连续存放在主内存里，主内存字长为 16 位，那么：

(1) 存放该数组至少需要的单元数是________。

(2) 存放数组的第 8 列的所有元素至少需要的单元数是________。

(3) 数组按列存储时，元素 A[5][8]的起始地址是________。

3. 所谓稀疏矩阵指的是________。

4. 一维数组的逻辑结构是________，存储结构是________；对二维或多维数组，分别按________和________两种不同的存储方式。

5. 求下列广义表的运算结果：

GetTail(GetHead(((a,b),(c,d))))=________。

6. 广义表 $A=(((a,b),(c,d,e)))$，取出 A 中的原子 e 的操作是：________。

7. 广义表的深度是________。

8. 广义表$(a,(a,b),d,e,((i,j),k))$的长度是________，深度是________。

三、判断题

1. 数组是一种复杂的数据结构，数组元素之间的关系既不是线性的，也不是树形的。(　　)

2. 二维以上的数组其实是一种特殊的广义表。(　　)

3. 稀疏矩阵压缩存储后，必会失去随机存取功能。 (　　)

4. 一个稀疏矩阵 $\boldsymbol{A}_{m\times n}$ 采用三元组形式表示，若把三元组中有关行下标与列下标的值互换，并把 m 和 n 的值互换，则就完成了 $\boldsymbol{A}_{m\times n}$ 的转置运算。 (　　)

5. 线性表可以看成是广义表的特例，如果广义表中的每个元素都是原子，则广义表便成为线性表。 (　　)

6. 一个广义表可以为其他广义表所共享。 (　　)

7. 广义表中原子个数即为广义表的长度。 (　　)

8. 所谓取广义表的表尾就是返回广义表中最后一个元素。 (　　)

9. 广义表是由零或多个原子或子表所组成的有限序列，所以广义表可能为空表。 (　　)

10. 任何一个非空广义表，其表头可能是单个元素或广义表，其表尾必定是广义表。 (　　)

四、应用题

1. 设二维数组 A[8][10]是一个按行优先顺序存储在内存中，已知 A[0][0]的起始存储位置为 1000，每个数组元素占用 4 个存储单元，求：

(1) A[4][5]的起始存储位置。

(2) 起始存储位置为 1184 的数组元素的下标。

2. 画出下列广义表 $\boldsymbol{D}=((c),(e),(a,(b,c,d)))$ 的图形表示和它们的存储表示。

3. 已知 **A** 为稀疏矩阵，试从时空效率角度比较采用两种不同的存储结构（二维数组和三元组表）实现求 $\sum a(i,j)$ 运算的优缺点。

4. 利用三元组存储任意稀疏数组时，在什么条件下才能节省存储空间。

5. 求下面各广义表的操作结果：

(1) GetHead($(a,(b,c),d)$)

(2) GetTail($(a,(b,c),d)$)

(3) GetHead(GetTail ($(a,(b,c),d)$))

(4) GetTail(GetHead ($(a,(b,c),d)$))

五、算法设计题

1. 已知数组 $A[n]$ 的元素类型为整型，设计算法调整 A，使其左边的所有元素小于零，右边的所有元素大于零。要求算法的时间复杂度为 $O(n)$、空间复杂度均为 $O(1)$。

2. 已知具有 m 行 n 列的稀疏矩阵已经存储在二维数组 $A[m][n]$ 中，请写一算法，将稀疏矩阵转换为三元组表示。

3. 已知两个稀疏矩阵 **A** 和 **B**，其行数和列数均对应相等，编写一个函数，计算 **A** 和 **B** 之和，假设稀疏矩阵采用三元组表示。

4. 已知两个稀疏矩阵 **A** 和 **B**，其行数和列数均对应相等，编写一个函数，计算 **A** 和 **B**

之和,假设稀疏矩阵采用十字链表表示。

5. 编写一个广义表的复制算法。

6. 编写一个判别两个广义表是否相等的函数,若相等,则返回1;否则,返回0。相等的含义是指两个广义表具有相同的存储结构,对应的原子结点的数据域值也相同。

7. 编写一个计算广义表长度的算法,例如,一个广义表为$(a,(b,c),((e)))$,其长度为3。

第6章 chapter 6

树和二叉树

思政教学设计

前面几章介绍的数据结构都属于线性结构，它主要应用于对客观世界中具有单一前驱和单一后继的数据关系进行描述和处理。而现实世界中许多数据的关系并不简单，如人类社会的家谱、各种社会组织机构、博弈、交通等，这些事物或过程的数据关系比较复杂，用线性结构难以把其中的逻辑关系表达出来，必须借助于离散数学中介绍过的树和图这样的非线性结构。树结构和图结构是现实世界许多问题模型的抽象表示。

树形结构(包括树和二叉树)是一种非常重要的非线性结构。它所描述的数据具有明显的层次关系，其中的每个元素最多只有一个前驱(或父辈)，但可能有多个后继(或后代)。由于树形结构中的各子结构与整个结构具有相似的特性，因而其算法大多采用递归形式，这就要求初学者能熟练掌握递归设计方法。

【本章学习要求】

掌握：树和二叉树的性质，相关术语及基本概念。

掌握：二叉树的两种存储方法，重点是链式存储。

掌握：各种次序的遍历算法，能灵活运用遍历算法实现二叉树的各种运算。

掌握：几种建立二叉树的方法。

了解：二叉树的线索化及其实质，了解在各种线索树中查找给定结点的前驱和后继的方法。

了解：树、森林与二叉树之间的转换方法。

了解：树的各种存储结构及其特点，树和森林的遍历方法。

掌握：哈夫曼树的基本概念，最优二叉树和哈夫曼编码方法。

6.1 案例导引

树形结构是一种重要的非线性结构，在计算机领域中有着广泛的应用。在操作系统中，用树来表示文件、目录在磁盘上的存储组织结构；在编译系统中，用树来表示源程序的语法结构；在数据库系统中，树是数据的一种重要的组织形式；在应用系统中，树常用来表达系统的功能结构等。

【案例 6.1】 利用二叉树求表达式的值。

第 3 章利用一个运算符栈实现了中缀表达式转换为后缀表达式，然后利用一个操作数栈实现了对后缀表达式的计算。对于一个表达式,还可以利用在本章介绍的二叉树来表示,如算术表达式(4－2)＊(9＋(4＋6)/2)＋2 可以表示成如图 6.1 所示的结构,此结构就是在本章中将要介绍的二叉树结构,这棵二叉树也称为表达式树。树中的运算符和操作数称为树的结点,结点间的连线称为分支,利用即将介绍的二叉树的遍历操作可以很容易得到这个表达式对应的前缀表达式和后缀表达式。同样,利用遍历操作可以方便地实现求值运算。如何建立这样的树形结构、如何实现求值运算,学习本章内容之后将能够解决。

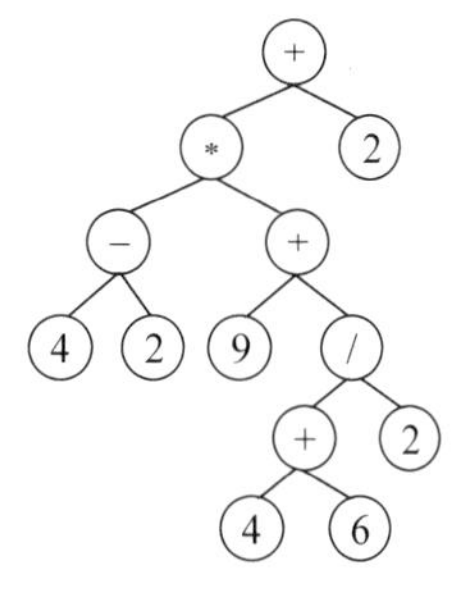

图 6.1 表达式树

【案例 6.2】 最优信号增强装置布局方案。

石油、天然气、电力等资源需要借助输送管网才能从始发地传输到一个或多个目的地,传输过程中必然要消耗一定的能量,导致油压、气压、电压等压力的衰减,当这些压力衰减量达到某个阈值时将导致传输故障。因而,为了保证传输畅通,必须在传输网络的适当位置放置某种压力增强装置,确保传输的压力衰减量不超过其衰减允许值。为了使问题更具有一般性,用术语“信号”统称输送管网中的资源(石油、天然气、电力等),各种资源传输网络统称为信号传输网络,压力增强装置统称为信号增强装置。鉴于此类资源传输中的可传递性,从节约的角度,建成的管网线路不必存在回路,所以这个实际问题可以抽象成一个树形结构图(见图 6.2)。需要考虑如下两个问题。

(1) 在保证资源传送到所有目的地的前提下,铺设的管线费用最低。

(2) 在保证传输畅通的前提下,放置的信号增强装置最少。

第(1)个问题将在第 7 章图的最小生成树相关章节中给出答案,这里主要讨论第(2)个问题。为了简化问题,假定得到的管线费用最低的信号传输网络如图 6.2 所示。结点 p 代表始发点,其余结点代表目的地点。信号增强装置可以安装在任一目的地点,信号经过分支由始发点传输到各个目的地点,分支上的数字表示信号流经该分支所发生的信号衰减量,信号衰减量是可加的。例如,从结点 p 到结点 v 的信号衰减量是 5,从结点 q 到结点 x 的信号衰减量是 3,将信号传输网络的信号衰减允许值记为 tolerence。由于信号增强装置只能安置在结点处,任一分支上的信号衰减量必然应小于或等于 tolerence,否则问题无解。对于图 6.2,假定 tolerence＝3,由于结点 p 到结点 s 的信号衰减量为 3,达到了信号衰减允许值上限,为了保障信号能够正常向下传输,需要在结点 s 处设置一信号增强装置。同理,结点 p 到结点 r 的信号衰减量也达到了信号衰减允许值上限,需要在结点 r 处设置一信号增强装置,而结点 r 到结点 z 的信号衰减量为 4,大于信号衰减允许值 3,也需要在结点 v 处增加一信号增强装置。图 6.2 所示的信号传输网络的最优信号增强装置布局方案如图 6.3 所示。对于这样的问题,可以利用二叉树的后序遍历来实现对其求解。具体的求解过程,在介绍完二叉树的相关知识之后,再进行详细描述。

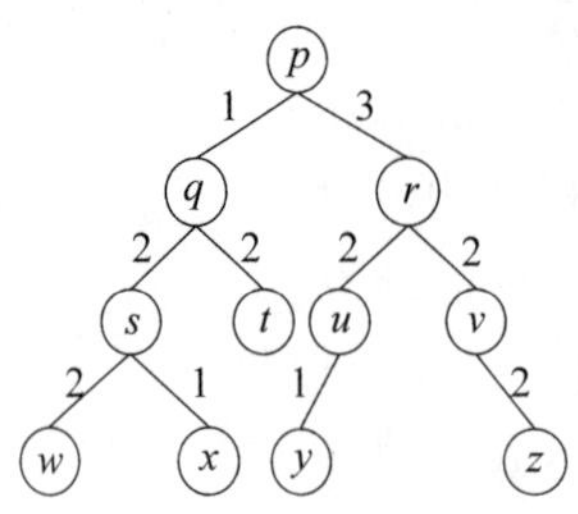

图 6.2　树形信号传输网络

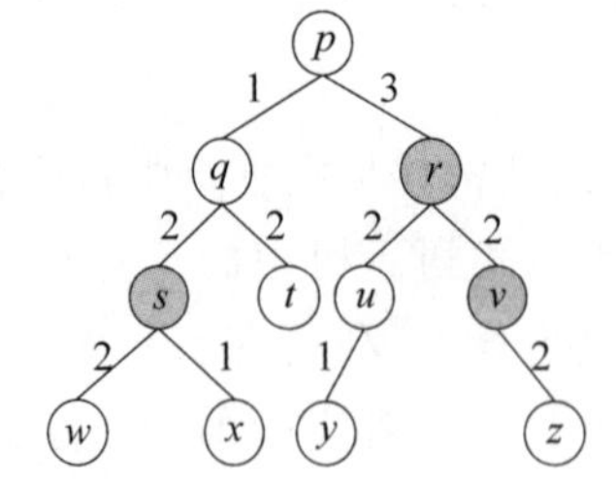

图 6.3　最优信号增强装置布局方案

6.2　树的基本概念

6.2.1　树的定义及其表示

1. 树的定义

树(tree)是 $n(n\geqslant 0)$ 个有限数据元素的集合。当 $n=0$ 时，称这棵树为空树。在一棵非空树 T 中：

(1) 有一个特殊的数据元素称为树的根结点，根结点没有前驱结点。

(2) 若 $n>1$，除根结点之外的其余数据元素被分成 $m(m>0)$ 个互不相交的集合 $T_1, T_2, \cdots, T_m$，其中每一个集合 $T_i(1\leqslant i\leqslant m)$ 本身又是一棵树。树 $T_1, T_2, \cdots, T_m$ 称为这个根结点的子树。

可以看出，在树的定义中用了递归概念，即用树来定义树。因此树结构的许多算法都使用递归方法。

树的定义还可以形式化地描述为二元组的形式：

$$T=(D, R)$$

其中 D 为树 T 中结点的集合，R 为树中结点之间关系的集合。

当树为空树时，$D=\varnothing$；当树 T 不为空树时有：

$$D=\{\mathrm{Root}\}\cup \mathrm{DF}$$

其中，Root 为树 T 的根结点，DF 为树 T 的根 Root 的子树集合。DF 可由式(6.1)表示：

$$\mathrm{DF}=D_1\cup D_2\cup\cdots\cup D_{\mathrm{m}} \text{ 且 } D_i\cap D_j=\varnothing(i\neq j, 1\leqslant i\leqslant m, 1\leqslant j\leqslant m) \tag{6.1}$$

当树 T 中结点个数 $n\leqslant 1$ 时，$R=\varnothing$；当树 T 中结点个数 $n>1$ 时有：

$$\mathrm{R}=\{<\mathrm{Root}, r_i>, \mathrm{i}=1,2,\cdots,m\}$$

其中，Root 为树 T 的根结点，r_i 是树 T 的根结点 Root 的子树 T_{i} 的根结点。

树定义的形式化，主要用于树的理论描述。

图 6.4(a)是一棵具有 9 个结点的树，即 $T=\{\mathrm{A,B,C},\cdots,\mathrm{H,I}\}$，结点 A 为树 T 的根结点，除根结点 A 之外的其余结点分为两个不相交的集合：$T_1=\{\mathrm{B,D,E,F,H,I}\}$ 和 $T_2=\{\mathrm{C,G}\}$，T_1 和 T_2 构成了结点 A 的两棵子树，T_1 和 T_2 本身也分别是一棵树。例如，子树 T_1 的根结点为 B，其余结点又分为 3 个不相交的集合：$T_{11}=\{\mathrm{D}\}$，$T_{12}=\{\mathrm{E,H,I}\}$

和 T_{13}={F}。T_{11}、T_{12}和 T_{13}构成了子树 T_1 的根结点 B 的 3 棵子树。如此可继续向下分为更小的子树，直到每棵子树只有一个根结点为止。

从树的定义和图 6.4(a)的示例可以看出，树具有以下两个特点。

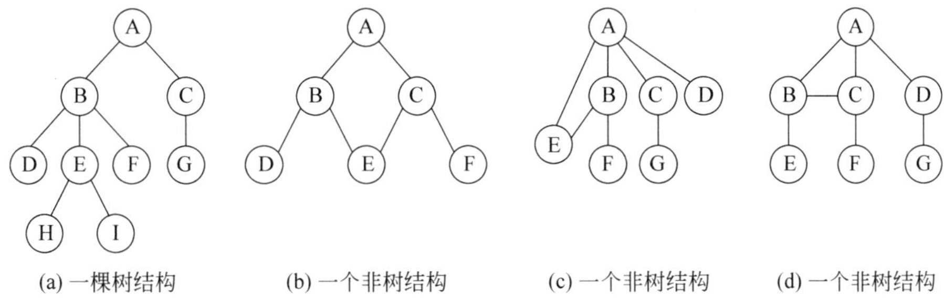

图 6.4 树结构和非树结构的示意

(1) 树的根结点没有前驱结点，除根结点之外的所有结点有且只有一个前驱结点。

(2) 树中所有结点可以有零个或多个后继结点。

由此特点可知，图 6.4(b)、(c)、(d)所示的都不是树结构。

2. 树的表示

树的表示方法主要有以下 4 种。

(1) 直观表示法。

树的直观表示法就是以倒着的分支树的形式表示，图 6.4(a)就是一棵树的直观表示。其特点就是对树的逻辑结构的描述非常直观。直观表示法是数据结构中最常用的树的描述方法。

(2) 嵌套集合表示法。

嵌套集合中对于其中任何两个集合，或者不相交，或者一个包含另一个。用嵌套集合的形式表示树，就是将根结点视为一个大的集合，各棵子树构成这个大集合中若干互不相交的子集，如此嵌套下去，即构成一棵树的嵌套集合表示。图 6.5(a)就是一棵树的嵌套集合表示。

(3) 凹入表示法。

树的凹入表示法如图 6.5(b)所示。它如同书的目录结构，树的凹入表示法主要用于树的屏幕和打印输出。

(4) 广义表表示法。

树用广义表表示，就是将根作为由子树森林组成的表的名字写在表的左边，这样依次将树表示出来。图 6.5(c)就是一棵树的广义表表示。

6.2.2 基本术语

下面给出与树有关的概念。

结点的度　结点的分支数。

终端结点(叶子)　度为 0 的结点。

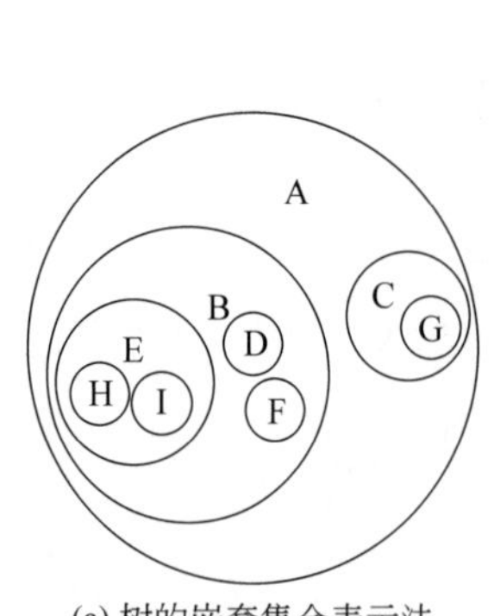

(a) 树的嵌套集合表示法

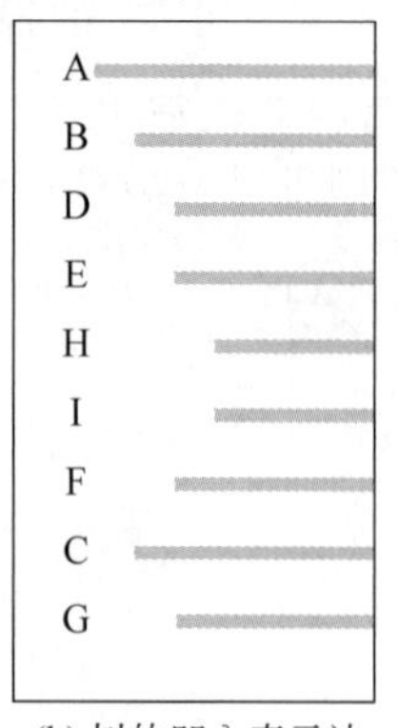

(b) 树的凹入表示法

(A(B(D,E(H,I),F),C(G)))

(c) 树的广义表表示法

图 6.5　对图 6.4(a)所示树的其他三种表示法示意

非终端结点　度不为 0 的结点。

结点的层次　树中根结点的层次为 1，根结点子树的根为第 2 层，以此类推。

树的度　树中所有结点度的最大值。

树的深度　树中所有结点层次的最大值。

有序树、无序树　如果树中每棵子树从左向右的排列拥有一定的顺序，不得互换，则称它为有序树，否则称它为无序树。

森林　森林是 $m(m\geqslant 0)$ 棵互不相交的树的集合。

在树结构中，结点之间的关系又可以用家族关系描述，定义如下：

孩子、双亲　结点子树的根称为这个结点的孩子，而这个结点又被称为孩子的双亲。

子孙　以某结点为根的子树中的所有结点都被称为该结点的子孙。

祖先　从根结点到该结点路径上的所有结点。

兄弟　同一个双亲的孩子之间互为兄弟。

堂兄弟　双亲在同一层的结点互为堂兄弟。

6.3　二　叉　树

6.3.1　二叉树的定义

定义：二叉树是另一种树形结构，如图 6.6 所示。二叉树与树的区别如下。

(1) 每个结点最多有两棵子树。

(2) 子树有左右之分。

二叉树也可以用递归的形式定义，即二叉树是 $n(n\geqslant 0)$ 个结点的有限集合。当 $n=0$ 时，称为空二叉树；当 $n>0$ 时，有且仅有一个结点为二叉树的根，其余结点被分成两个互不相交的子集，一个称为左子集，另一个称为右子集，每个子集又是一个二叉树。

二叉树的 5 种基本形态如图 6.7 所示。

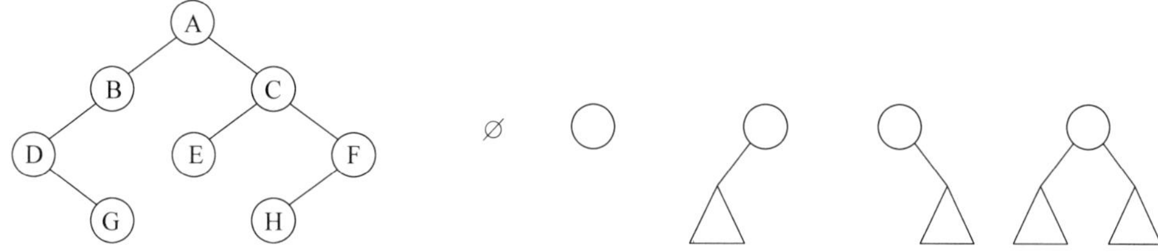

图 6.6 二叉树结构的图形表示示例

图 6.7 二叉树的 5 种基本形态

6.3.2 二叉树的性质

二叉树具有下列 5 个重要的性质。

【性质 1】 在二叉树的第 i 层上最多有 2^{i-1} 个结点($i \geqslant 1$)。

二叉树的第一层只有一个根结点,所以,$i=1$ 时,$2^{i-1}=2^{1-1}=2^0=1$ 成立。

假设对所有的 j,$1 \leqslant j < i$ 成立,即第 j 层上最多有 2^{j-1} 个结点成立。若 $j=i-1$,则第 j 层上最多有 $2^{j-1}=2^{i-2}$ 个结点。由于在二叉树中,每个结点的度最大为 2,所以可以推导出第 i 层最多的结点个数就是第 $i-1$ 层最多结点个数的两倍,即 $2^{i-2} \times 2=2^{i-1}$。

【性质 2】 深度为 K 的二叉树最多有 2^K-1 个结点($K \geqslant 1$)。

这个性质的证明可以用数学归纳法。$K=1$ 时显然成立,假设深度为 $L(1 \leqslant L < K)$ 的二叉树最多有 2^L-1 个结点,由性质 1 知道第 L 层有 2^{L-1} 个结点,因为每个结点最多有两个孩子,则当 $K=L+1$ 时深度为 K 的二叉树最多的结点数是 $2^L-1+2 \times 2^{L-1}=2^{L+1}-1=2^K-1$。

【性质 3】 对于任意一棵二叉树 BT,如果度为 0 的结点个数为 n_0,度为 2 的结点个数为 n_2,则 $n_0=n_2+1$。

证明:假设度为 1 的结点个数为 n_1,结点总数为 n,B 为二叉树中的分支数。

因为在二叉树中,所有结点的度均小于或等于 2,所以结点总数为

$$n=n_0+n_1+n_2 \tag{6.2}$$

再查看一下分支数。在二叉树中,除根结点之外,每个结点都有一个从上向下的分支指向,所以,总的结点个数 n 与分支数 B 之间的关系为

$$n=B+1 \tag{6.3}$$

又因为在二叉树中,度为 1 的结点产生一个分支,度为 2 的结点产生两个分支,所以分支数 B 可以表示为

$$B=n_1+2n_2 \tag{6.4}$$

将式(6.4)代入式(6.3),得:

$$n=n_1+2n_2+1 \tag{6.5}$$

用式(6.2)减去式(6.5),并经过调整后得到:

$$n_0=n_2+1$$

下面介绍满二叉树和完全二叉树。

如果一个深度为 K 的二叉树结点数达最大即拥有 2^K-1 个结点,则将它称为满二

叉树，如图 6.8 所示。

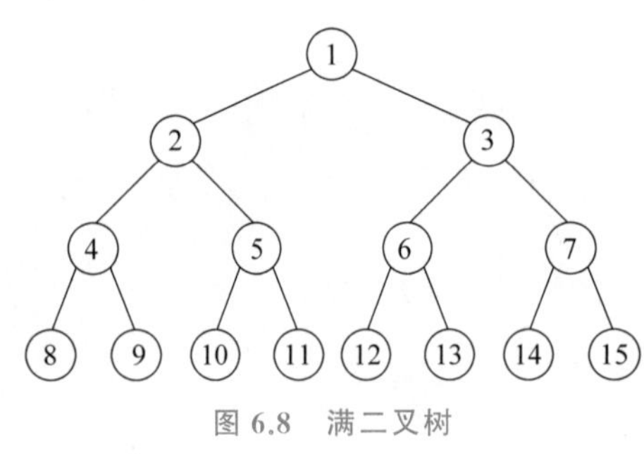
图 6.8　满二叉树

有一棵深度为 h，具有 n 个结点的二叉树，若将它与一棵同深度的满二叉树中的所有结点按从上到下，从左到右的顺序分别进行编号，且该二叉树中的每个结点分别与满二叉树中编号为 $1\sim n$ 的结点位置一一对应，则称这棵二叉树为完全二叉树。

【性质 4】　具有 n 个结点的完全二叉树的深度为 $\lfloor \log_2 n \rfloor+1$。其中，$\lfloor \log_2 n \rfloor$的结果是不大于 $\log_2 n$ 的最大整数。

证明：假设具有 n 个结点的完全二叉树的深度为 K，则根据性质 2 可以得出：

$$2^{K-1}-1<n\leqslant 2^K-1$$

将不等式两端加 1 得到：

$$2^{K-1}\leqslant n<2^K$$

将不等式中的 3 项同取以 2 为底的对数，并经过化简后得到：

$$K-1\leqslant \log_2 n<K$$

由此可以得到：$\lfloor \log_2 n \rfloor=K-1$。整理后得到：$K=\lfloor \log_2 n \rfloor+1$。

【性质 5】　对于有 n 个结点的完全二叉树中的所有结点按从上到下，从左到右的顺序进行编号，则对任意一个结点 i $(1\leqslant i\leqslant n)$，都有：

(1) 如果 $i=1$，则结点 i 是这棵完全二叉树的根，没有双亲；否则其双亲结点的编号为$\lfloor i/2 \rfloor$。

(2) 如果 $2i>n$，则结点 i 没有左孩子；否则其左孩子结点的编号为 $2i$。

(3) 如果 $2i+1>n$，则结点 i 没有右孩子；否则其右孩子结点的编号为 $2i+1$。

下面利用数学归纳法证明这个性质。

首先证明(2)和(3)。

当 $i=1$ 时，若 $n\geqslant 3$，则根的左、右孩子的编号分别是 2，3；若 $n<3$，则根没有右孩子；若 $n<2$，则根将没有左、右孩子；以上对于(2)和(3)均成立。

假设：对于所有的 $1\leqslant j\leqslant i$ 结论成立，如图 6.9 所示。即结点 j 的左孩子编号为 $2j$，右孩子编号为 $2j+1$。

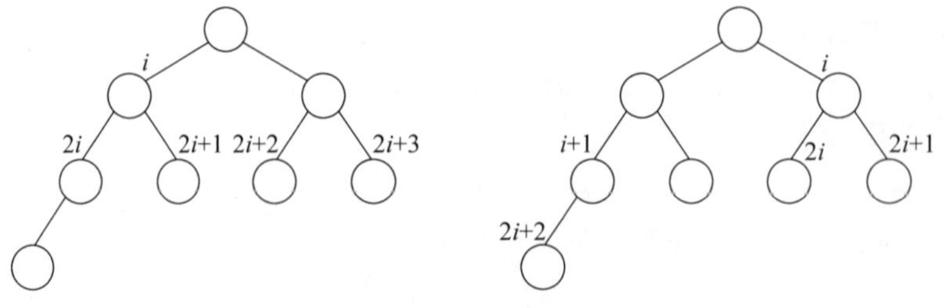

图 6.9　性质 5 中的二叉树

由完全二叉树的结构可以看出：结点 $i+1$ 或者与结点 i 同层且紧邻 i 结点的右侧，或者 i 位于某层的最右端，$i+1$ 位于下一层的最左端。

可以看出，$i+1$ 的左、右孩子紧邻在结点 i 的孩子后面，由于结点 i 的左、右孩子编号分别为 $2i$ 和 $2i+1$，所以，结点 $i+1$ 的左、右孩子编号分别为 $2i+2$ 和 $2i+3$，经提取公因式可以得到：$2(i+1)$和 $2(i+1)+1$，即结点 $i+1$ 的左孩子编号为 $2(i+1)$，右孩子编号为 $2(i+1)+1$。

又因为二叉树由 n 个结点组成，所以，当 $2(i+1)+1>n$，且 $2(i+1)=n$ 时，结点 $i+1$ 只有左孩子，而没有右孩子；当 $2(i+1)>n$，结点 $i+1$ 既没有左孩子也没有右孩子。

以上证明得到(2)和(3)成立。

下面利用上面的结论证明(1)成立。

对于任意一个结点 i，若 $2i\leqslant n$，则左孩子的编号为 $2i$，反过来结点 $2i$ 的双亲就是 i，而$\lfloor 2i/2 \rfloor=i$；若 $2i+1\leqslant n$，则右孩子的编号为 $2i+1$，反过来结点 $2i+1$ 的双亲就是 i，而$\lfloor (2i+1)/2 \rfloor=i$，由此可以得出(1)成立。

6.3.3 二叉树的存储结构

二叉树通常采用两种存储方式：顺序存储结构和链式存储结构。

1. 顺序存储结构

这种存储结构适用于完全二叉树。其存储形式为用一组连续的存储单元按照完全二叉树的每个结点编号的顺序存放结点内容。图 6.10 是一棵二叉树及其相应的存储结构。

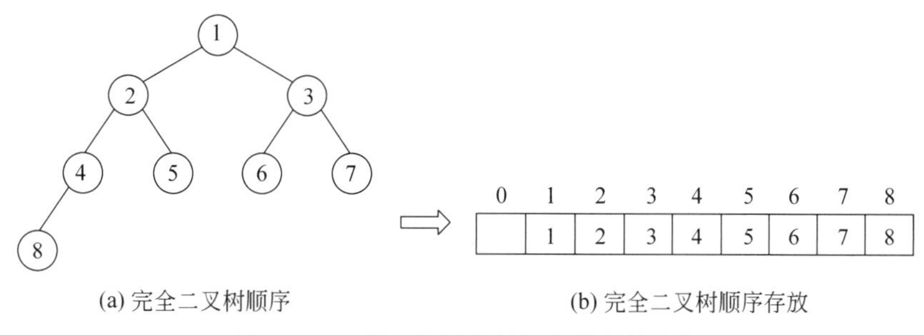

图 6.10 一棵二叉树及其相应的存储结构

在 C 语言中，这种存储形式的类型定义如下：

```
#define  MaxTreeNodeNum  100
typedef  struct {
  DataType  data[MaxTreeNodeNum];          /* 根存储在下标为 1 的数组单元中 */
    int n;                                 /* 当前完全二叉树的结点个数 */
}QBTree;
```

这种存储结构利用了完全二叉树的性质 5，其特点是空间利用率高、寻找孩子和双亲比较容易。然而这种方法也存在问题：若二叉树不是完全二叉树，则为了体现出性质5中孩子、双亲关系，需要将空缺的位置用特定的符号填补，若空缺结点较多，势必造成空间利用率的下降。极端情况下，仅有 n 个结点的二叉树，却需要 2^n-1 个元素空间(请描述这样的二叉树的形式)，这显然是不能接受的。为此，要求存储结构能依据实际结点数分配存储空间，这就涉及了动态链表结构。

2. 链式存储结构

链式存储结构是二叉树最常用的存储结构。其常见的链表结点结构如图6.11所示。

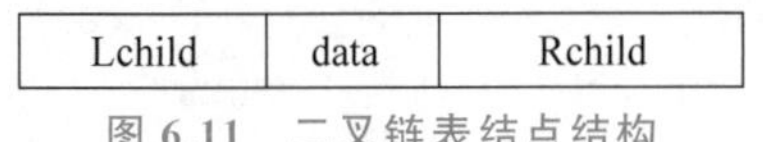

图6.11 二叉链表结点结构

其中，Lchild 和 Rchild 是分别指向该结点左孩子和右孩子的指针，data 是数据元素的内容。和单链表类似，一个二叉链表由头指针唯一确定，若二叉树为空，则头指针指向空(NULL)，若结点的某个孩子不存在，则相应的指针为空，在一个具有 N 个结点的二叉树中，共有 $2N$ 个指针域，其中只有 $N-1$ 个用来指示结点的左孩子和右孩子，其他的 $N+1$ 个指针域为空。

图6.12是一棵二叉树及相应的链式存储结构，BT是二叉树的头指针。

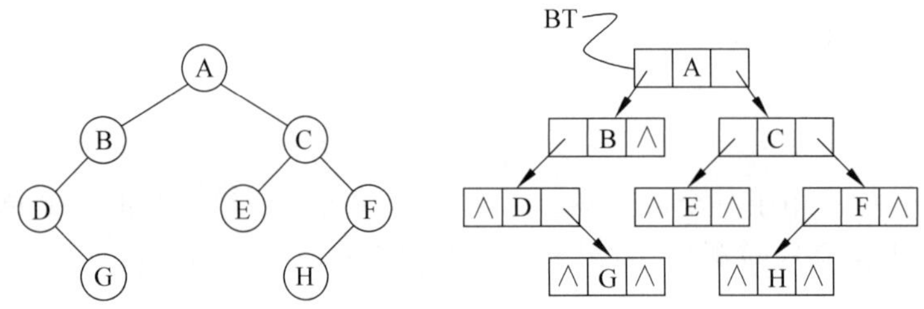

图6.12 一棵二叉树及相应的链式存储结构

这种存储结构的特点是寻找孩子结点容易，寻找双亲比较困难。因此，若需要频繁地寻找双亲，可以给每个结点添加一个指向双亲结点的指针域，其结点结构如图6.13所示。

Lchild	data	Rchild	Parent

图6.13 三叉链表结点结构

二叉链表结构描述如下：

```
typedef char DataType;                    /* 不妨设结点内容的数据类型为字符型 */
typedef  struct  bnode {
        DataType data;
        struct  bnode  * lchild, * rchild;
} Bnode, * BTree;
```

6.4 遍历二叉树

二叉树是一种非线性的数据结构，在对它进行操作时，总是需要逐一对每个数据元素进行访问，由此提出了二叉树的遍历问题。所谓遍历二叉树就是按某种顺序访问二叉树中的每个结点，要求每个结点被访问一次且仅一次。这里的访问可以是输出、比较、更新、查看元素内容等各种操作。二叉树的遍历方式分为两大类：一类按根、左子树和右子树 3 个部分进行访问；另一类按层次访问。前者遍历二叉树的顺序存在下面 6 种可能：

根、左、右(TLR)，根、右、左(TRL)
左、根、右(LTR)，右、根、左(RTL)
左、右、根(LRT)，右、左、根(RLT)

其中，TRL、RTL 和 RLT 三种顺序在左右子树之间均是先右子树后左子树，这与人们先左后右的习惯不同，因此，往往不予采用。余下的三种顺序 TLR、LTR 和 LRT 根据根访问的位置不同分别被称为先序遍历(也称为前序遍历)、中序遍历和后序遍历。由此可以看出：

(1) 遍历操作实际上是将非线性结构线性化的过程，其结果为线性序列，并根据采用的遍历顺序分别称为先序序列、中序序列或后序序列。

(2) 遍历操作是一个递归的过程，因此，这 3 种遍历操作的算法可以用递归函数实现。

二叉树遍历运算是二叉树各种运算的基础。本书涉及遍历的篇幅虽然不多，但其内涵十分丰富，真正理解遍历的实现及其含义有助于二叉树其他运算的实现。希望读者认真学习并体会。下面介绍遍历二叉树的算法实现。

6.4.1 先序遍历

根据先序遍历的定义，先访问根结点，然后分别遍历左子树、右子树。显然遍历左子树、右子树的方法和遍历整个二叉树的方法一样，而访问根结点是一个固定操作，所以能用递归方法实现。很容易看出遍历的结束条件是二叉树为空。

1. 先序遍历的基本思想

若二叉树为空，则结束遍历操作；否则：
访问根结点；
先序遍历根的左子树；
先序遍历根的右子树。

2. 先序遍历的递归算法

【算法 6.1】

```
void  PreOrder(BTree  t)
{
  if  (t)
  {
     Visit(t->data);                          /* 访问结点内容 */
     PreOrder(t->lchild);                     /* 遍历左子树 */
     PreOrder(t->rchild);                     /* 遍历右子树 */
  }
}
```

用这个算法对图 6.14 中的二叉树进行遍历得到的是先序序列 ABDGCEFH。

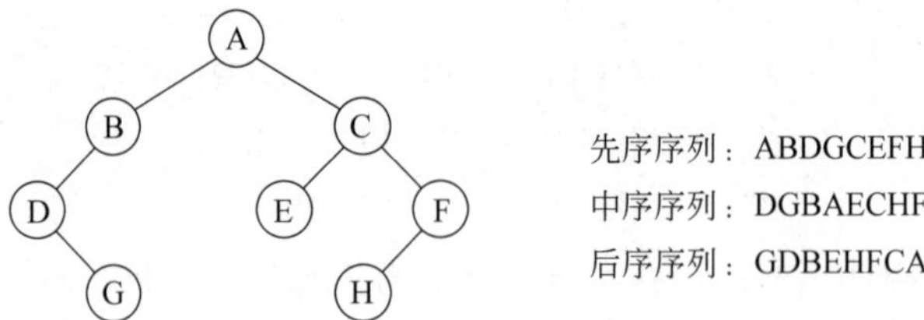

图 6.14　二叉树三种遍历序列

算法中 Visit（t－＞data)是对当前遍历到的结点进行加工处理,这条语句的位置决定了遍历的次序,将它放在语句 PreOrder（t－＞lchild)之后就变成了中序遍历,同理将它放在语句 PreOrder（t－＞rchild)之后就成了后序遍历。请读者思考语句 Visit（t－＞data)在这个算法中一共执行了多少次？显然结点个数就是执行的次数,由此读者很容易利用遍历二叉树的算法写出计算二叉树结点个数的算法。

遍历二叉树的递归算法看似简单,但真正理解算法的执行过程,需要对递归有深刻的认识。读者可以根据第 3 章的内容,用纸和笔模拟计算机将先序遍历递归算法执行过程表达出来,从而进一步加深对递归的理解。任何递归算法都可以改写成非递归算法,最常用的改写办法是通过用户定义的栈来代替递归调用所依赖的系统栈。接下来讨论的是如何将先序遍历递归算法改写成非递归算法。

对一棵二叉树进行先序遍历是从头指针开始的,根据定义,先序遍历首先对当前访问到的结点进行处理然后指针往下移动到左孩子,再处理、再下移……一直到没有左孩子为止。此时应该考虑到的是如何访问已经处理过的那些结点的右子树。通过分析可以知道,最后处理过的结点的右子树应该首先被访问,最先处理过的结点的右子树应该最后被访问,显然使用一个栈就能解决这个问题。下面是一个非递归先序遍历算法。

3. 利用栈的先序遍历的非递归算法

【算法 6.2】

```
void PreOrder(BTree  t)
{
  PSeqStack  S;
  BTree    p=t;                          /* 初始化 */
  S=Init_SeqStack();                     /* 栈初始化 */
  while(p||!Empty_SeqStack(S))
  {
      if (p)
      {
          Visit(p->data);
          Push_SeqStack(S, p);           /* 预留 p 指针在栈中 */
          p=p->lchild;
      }
```

```
      else
      {
        Pop_SeqStack(S,&p);
        p=p->rchild;
      }
  }
}
```

6.4.2 中序遍历

中序遍历和先序遍历的算法设计思想完全一致，仅仅是处理和加工结点的次序不同，对上述先序遍历算法稍加改动就得到中序遍历的递归和非递归算法。

递归算法：将 Visit (t－＞data)语句插入 PreOrder (t－＞lchild)和 PreOrder (t－＞rchild)之间。

非递归算法：将 Visit(t－＞data)语句放在出栈之后。

1. 中序遍历的基本思想

若二叉树为空，则结束遍历操作；否则：

中序遍历根结点的左子树；

访问根结点；

中序遍历根结点的右子树。

2. 中序遍历的递归算法

【算法 6.3】

```
void InOrder(BTree  t)
{
    if (t)
    {
        InOrder(t->lchild);
        Visit(t->data);
        InOrder(t->rchild);
    }
}
```

算法 6.3 的对图 6.14 中的二叉树进行遍历得到的是中序序列 DGBAECHF。

3. 利用栈的中序遍历的非递归算法

【算法 6.4】

```
void InOrder(BTree  t)
{
```

```
    PSeqStack   S;
    BTree    p=t;                            /*初始化*/
    S=Init_SeqStack();                       /*栈初始化*/
    while (p||!Empty_SeqStack(S))
    {
        if (p)
        {
            Push_SeqStack(S, p);             /*预留 p 指针在栈中*/
            p=p->lchild;
        }
        else
        {
            Pop_SeqStack(S,&p);
            Visit(p->data);
            p=p->rchild;
        }                                    /*左子树为空,进右子树*/
    }
}
```

6.4.3 后序遍历

1. 后序遍历的基本思想

若二叉树为空,则结束遍历操作;否则:
后序遍历根结点的左子树;
后序遍历根结点的右子树;
访问根结点。

2. 后序遍历的递归算法

【算法 6.5】

```
void  PostOrder(BTree t)
{
    if (t)
    {
        PostOrder(t->lchild);
        PostOrder(t->rchild);
        Visit(t->data);
    }
}
```

算法 6.5 对图 6.14 中的二叉树进行遍历得到的是后序序列 GDBEHFCA。

3. 后序遍历的非递归算法

【方法一】 利用先序遍历非递归方法，对二叉树按照根、右孩子、左孩子的顺序进行访问，访问到的结点暂时不输出，而是保存到另外一个栈中，待访问结束后，将被保存在栈中的结点输出即可。显然，这个算法需要用两个栈。后序遍历的非递归算法如下。

【算法 6.6(1)】

```
void PostOrder(BTree t)
{  /* 自右向左先序遍历二叉树，访问到的结点不是直接输出，而是保存到另外一个栈中 */
    PSeqStack   S1;                       /* 存放最后的结果的栈 */
    PSeqStack   S2;                       /* 辅助栈空间 */
    Btree p;
    p=t;
    S1=Init_SeqStack();
    S2=Init_SeqStack();
    while (p||!Empty_SeqStack(S2))
    {
        if(p)
        {
            Push_SeqStack(S1,p);          /* 保存到结果栈中 */
            Push_SeqStack(S2,p);
            p=p->rchild;                  /* 先右后左 */
        }
        else
        {
            Pop_SeqStack(S2,&p);
            p=p->lchild;
        }
    }
    while (!Empty(S1))
    {  /* 将栈中结果依次出栈就是后序遍历的结果 */
        Pop_SeqStack(S1,&p);
        visit(p->data);
    }
}
```

【方法二】 根据定义，后序遍历是在左、右子树遍历之后访问根结点，所以在非递归算法中，后序遍历与先序遍历或中序遍历不同。先序遍历或中序遍历时，任一结点都是一次进栈，一次出栈，而在后序遍历过程中，结点第一次出栈后，还需再次入栈，否则不能访问到根(请读者思考其原因)。也就是说，结点要入两次栈，出两次栈，而处理加工结点是在第二次出栈后进行。如何判断结点是第一次出栈还是第二次出栈呢？为此设置一标志 flag，令：

$$flag=\begin{cases}0 & 第一次进、出栈\\1 & 第二次进、出栈\end{cases}$$

当结点指针进、出栈时,其标志 flag 也同时进、出栈。结点第一次进栈时顺便将 flag=0 带入栈中,出栈后判断 flag 的值,如果是 0 表示刚才出栈的结点是第一次出栈,这就意味着这个结点还需要进栈保存,当然进栈时,不要忘了将 flag=1 一同带入栈中。出栈后如果 flag 为 1 表示是第二次出栈,可以对出栈的结点进行加工处理。

将栈中元素的数据类型定义为指针和标志 flag 合并的结构体类型。定义如算法 6.6(2)所示。

【算法 6.6(2)】

```
typedef struct  {
  Bnode  *node;
  int  flag;
} DataType;

void  PostOrder(BTree  t)
{ PSeqStack  S;
   DataType  Sq;
   BTree   p=t;
   S=Init_SeqStack();                          /*栈初始化*/
   while (p||!Empty_SeqStack(S))
   {
      if (p)
      {
          Sq.flag=0; Sq.node=p;                /*为第一次进栈做准备*/
          Push_SeqStack(S, Sq);                /*将 p 指针以及 flag 压入栈中*/
          p=p->lchild;
      }
      else
      {
          Pop_SeqStack(S,&Sq);
          p=Sq.node;
          if (Sq.flag==0)       /*特征值为 0,说明是第一次出栈,还需要再次进栈*/
          {
              Sq.flag=1;                   /*为第二次进栈做准备*/
              Push_SeqStack(S,Sq);         /*再次将 p 指针以及 flag 压入栈中*/
              p=p->rchild;
          }
          else
          {  /*特征值为 1,说明是第二次出栈*/
              Visit(p->data);              /*访问当前结点*/
              p=NULL;     /*表示当前结点处理完毕并为下次循环从栈中弹出结点做准备*/
          }
      }
   }
}
```

6.4.4 按层次遍历二叉树

实现方法为从上层到下层，每层中从左侧到右侧依次访问每个结点。二叉树按层次顺序访问其中每个结点的遍历序列，如图 6.15 所示。

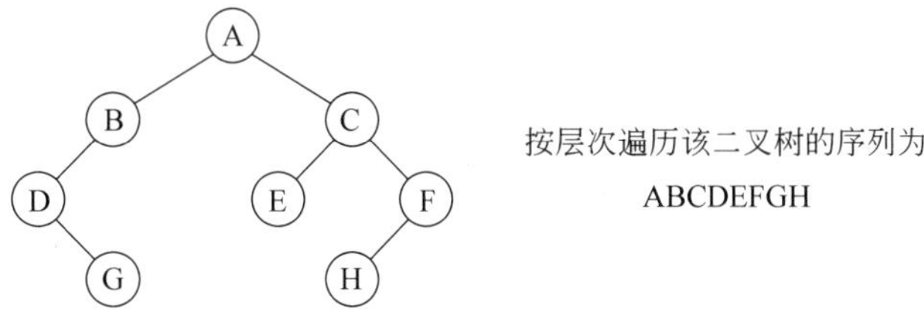

图 6.15 按层次顺序访问其中每个结点的遍历序列

二叉树用链式存储结构表示时，按层遍历的实现过程描述如下。

- 访问根结点，并将该结点记录下来。
- 若记录的所有结点都已处理完毕，则结束遍历操作；否则重复下列操作。
- 取出记录中第一个还没有访问孩子的结点，若它有左孩子，则访问左孩子，并记录下来；若它有右孩子，则访问右孩子，并记录下来。

在这个算法中，应使用一个队列结构完成这项操作。所谓记录访问结点就是入队操作；而取出记录的结点就是出队操作。算法的自然语言描述如下。

(1) 访问根结点，并将根结点入队。

(2) 当队列不空时，重复下列操作。

- 从队列退出一个结点。
- 若其有左孩子，则访问左孩子，并将其左孩子入队。
- 若其有右孩子，则访问右孩子，并将其右孩子入队。

以上算法的 C 语言描述，请读者自己动手编写。

6.4.5 遍历算法的应用举例

如前所述，遍历算法中对每个结点进行一次访问操作，而访问结点的操作可以是多种形式，如输出或修改结点的值等。利用这一特点，适当修改访问操作的内容，便可以得到许多问题的求解算法。通过下面几个例子，读者应该能够理解遍历算法的重要性。

【例 6.1】 计算二叉树结点个数。

本题有多种求解方法，常见的算法有两种。

算法一：在中序(或先序、后序)遍历算法中对遍历到的结点进行计数，对中序遍历算法稍加修改可以得到的算法如下。

【算法 6.7】

```
void Count_Tree(BTree  t)      /* 计算二叉树的结点数，结果放在全局变量 count 中 */
```

```
{
    if (t)
    {
        Count_Tree(t->lchild);
        Visit(t->data);
        conut=conut+1;        /* conut 应该定义成全局变量,初始赋 0 */
        Count_Tree(t->rchild);
    }
}
```

算法二:将一棵二叉树看成由树根、左子树和右子树三部分组成,所以总的结点数是这三部分结点数之和,树根的结点数或者是 1 或者是 0(为空时),而求左、右子树结点数的方法和求整棵二叉树结点数的方法相同,可用递归方法,算法如下。

【算法 6.8】

```
int  Count(BTree  t)
{
    int lcount,rcount;
    if (t==NULL)  return 0;
    lcount=Count(t->lchild);                /* 求左子树的结点个数 */
    rcount=Count(t->rchild);                /* 求右子树的结点个数 */
    return  lcount+rcount+1;
}
```

如果要求二叉树叶子个数或者度为 1 的结点数,算法和上述类似。

【例 6.2】 计算二叉树的高度。

显然二叉树的高度是左右子树的最大高度+1,所以必须先求二叉树左、右子树的高度,而左、右子树高度的求解方法和整棵二叉树高度的求解方法一致,因而可以用递归方法。

【算法 6.9】

```
int Height(BTree  t)
{   int  h1,h2;
    if (t==NULL)  return 0;
    else
    {
        h1=Height(t->lchild);                /* 求左子树的高度 */
        h2=Height(t->rchild);                /* 求右子树的高度 */
        if (h1>h2) return h1+1;
        return  h2+1;
    }
}
```

【例 6.3】 已知一棵二叉树用链式存储结构,要求将此二叉树复制成另外一棵二叉树。

二叉树的基本元素有 3 种：根结点、左子树和右子树，因此复制二叉树也就是复制二叉树的 3 种基本元素。本算法采用后序遍历的思想：先复制左、右子树，后复制根结点，最后返回二叉树的根的地址。复制左、右子树的方法和整棵二叉树的复制方法一致。

【算法 6.10】

```
BTree  CopyTree(BTree  t)
{ BTree  p, q, s;
  if (t==NULL)   return(NULL);
  p=CopyTree(t->lchild);                     /*复制左子树*/
  q=CopyTree(t->rchild);                     /*复制右子树*/
  s=(Bnode*)malloc(sizeof(Bnode));           /*复制根结点*/
  s->data=t->data;
  s->lchild=p;
  s->rchild=q;
  return s;
}
```

【例 6.4】 创建二叉链表存储的二叉树。

设创建时，按二叉树带空指针的先序次序输入结点值，结点值类型为字符型。CreateBinTree()是以二叉链表为存储结构建立的一棵二叉树。设建立时的输入字符序列为 AB#D##CE##F##。如图 6.16 所示，按先序遍历次序输入，其中#表示空结点。显然算法是按照先序遍历思想设计的，具体实现如下所示。

图 6.16 例 6.4 的二叉树

【算法 6.11】

```
BTree  CreateBinTree()
{  /*以加入空结点的先序序列输入,构造二叉链表*/
    BTree  t;
    char ch;
    ch=getchar();
    if (ch=='#')  t=NULL;                    /*读入 0 时,将相应结点指针置空*/
    else
    {
       t=(Bnode*)malloc(sizeof(Bnode));      /*生成结点空间*/
       t->data=ch;
       t->lchild=CreateBinTree();            /*构造二叉树的左子树*/
       t->rchild=CreateBinTree();            /*构造二叉树的右子树*/
    }
   return t;
}
```

【例 6.5】 求二叉树每层结点个数。

初看这个问题感觉有点难，如果借用遍历算法就能很容易地求解这个问题，因为无论在先序还是中序遍历时，都是从一个结点向它的左孩子或者右孩子移动的，

如果当前结点位于 L 层,则它的左孩子或者右孩子肯定是在 $L+1$ 层。在遍历算法中给当前访问到的结点增设一个指示该结点所位于的层次变量 L,设二叉树高度为 H,数组 num[1..H],初始值为 0,num[i]表示第 i 层上的结点个数,具体算法如下。

【算法 6.12】

```
void  Levcount(BTree  t, int  L,int num[])
    /* 求链式存储的二叉树 t 中每层结点个数,L 是当前 t 所指结点对应的层次,每层结点个数放
       在 num 数组中,假定二叉树不空,t 初始指向树根,所以调用前 L 初始赋 1,num[]为 0 */
{
    if (t)
    {
        Visit(t->data); num[L]++;
        Levcount(t->lchild, L+1, num);
        Levcount(t->rchild, L+1, num);
    }
}
```

算法 6.12 就是从先序遍历算法中变化而来。

6.5 线索二叉树

6.5.1 线索的概念

在二叉树中经常会求解某结点在某种遍历次序下的前驱或后继结点,并且各结点在每种遍历次序下的前驱、后继的差异较大。例如,图 6.17 中的二叉树的结点 B 在先序次序下的前驱、后继分别是 A、D;在中序次序中的前驱、后继分别是 G、A;在后序次序的前驱后继分别是 D、E。这种差异使得求解较为麻烦。

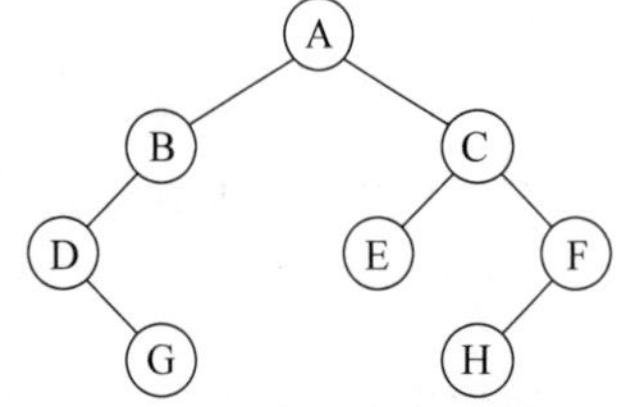

图 6.17 先序线索二叉树示例 1

如何实现这一问题的快速求解?对此有以下几种方法供参考。

(1) 遍历——通过指定次序的遍历发现结点的前驱或后继。例如,为求图 6.17 中结点 D 的先序前驱,则对整个二叉树先序遍历,看看哪个结点之后是结点 D,则该结点就是 D 的先序前驱。以同样的方式可以求出各结点在各种次序下的前驱和后继。尽管如此,由于这类方法太费时间(因为对每个结点的求解都要从头开始遍历二叉树),因此不宜采用。

(2) 增设前驱和后继指针——在每个结点中增设两个指针,分别指示该结点在指定次序下的前驱或后继。这样,就可以使前驱和后继的求解较为方便,但这是以空间开销为代价的。

是否存在既能少花费时间,又不用花费多余空间的方法呢?下面介绍的第三种方法就是一种尝试。

(3) 利用二叉链表中的空指针域,将二叉链表中空的指针域改为指向其前驱和后继。具体地说,就是将二叉树各结点中空的左孩子指针域改为指向其前驱,空的右孩子指针域改为指向其后继。称这种新的指针为(前驱或后继)线索,所得到的二叉树被称为线索二叉树,将二叉树转变成线索二叉树的过程被称为线索化。线索二叉树根据所选择的次序可分为先序、中序和后序线索二叉树。

例如,图 6.17 的先序线索二叉树的二叉链表结构如图 6.18(a)所示,其中线索用虚线表示。

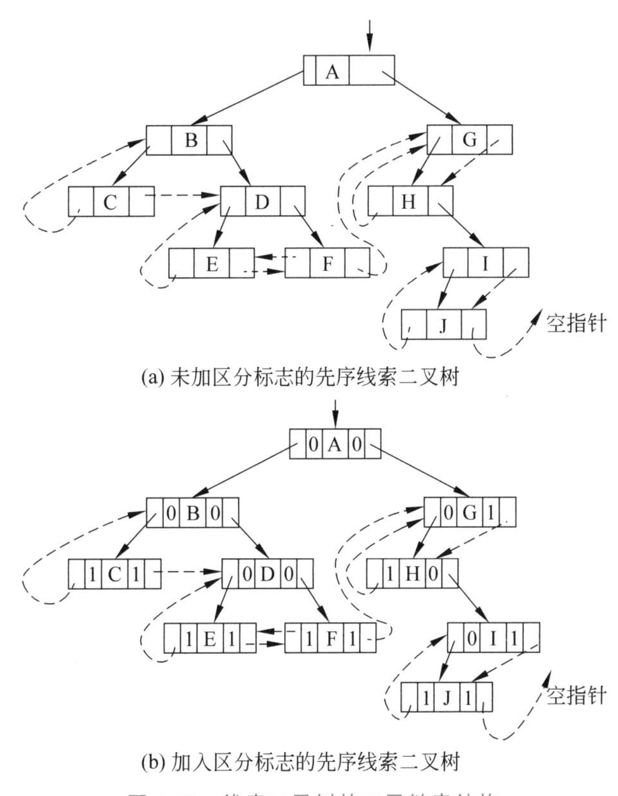

图 6.18 线索二叉树的二叉链表结构

然而,仅仅按照这种方式简单地修改指针的值还不行,因为这将导致难以区分二叉链表中各结点的孩子指针和线索(虽然由图 6.18 中可以"直观地"区分出来,但在算法中却不行)。例如,图 6.18(a)中结点 C 的 lchild 指针域所指向的结点是其左孩子还是其前驱?为此,在每个结点中需要再引入两个区分标志 ltag 和 rtag,并且约定如下。

ltag=0:lchild 指示该结点的左孩子。

ltag=1:lchild 指针指示该结点的前驱。

rtag=0:rchild 指示该结点的右孩子。

rtag=1:rchild 指针指示该结点的后继。

这样一来,图 6.18(a)中的二叉链表就变成了图 6.18(b)所示的样子。这就是线索二叉树的内部存储结构形式。为简便起见,通常将线索二叉树画成如图 6.19 所示的形式。

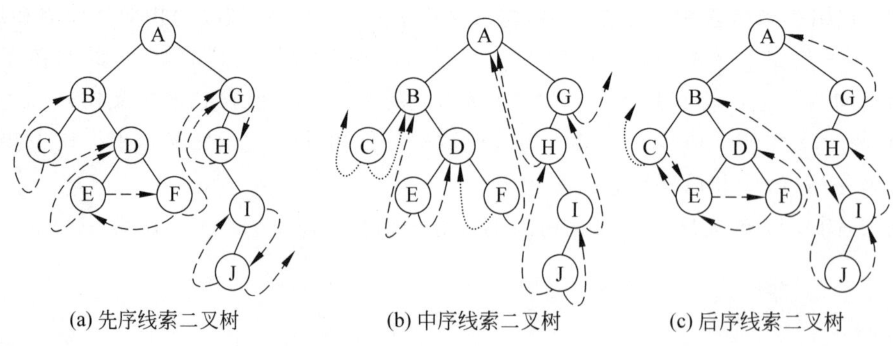

图 6.19　线索二叉树示例 2

线索二叉链表结构描述如下：

```
typedef char DataType;                          /* 不妨设数据类型为字符型 */
typedef  struct  Threadnode {
        int  ltag,rtag;
        DataType data;
        struct  Threadnode  *lchild, *rchild;
}Threadnode, *ThreadTree;
```

6.5.2　线索的算法实现

给定一棵用二叉链表存储的二叉树，要将其中序线索化，具体做法就是按中序遍历算法遍历此二叉树，在遍历的过程中对每个有空孩子域的结点进行加工处理，使空孩子域指向前驱或后继。同二叉树的中序遍历算法类似，二叉树的线索化过程可以按递归和非递归算法来实现。

下面以中序线索二叉树为例，讨论如何对一棵用二叉链表存储的二叉树进行线索化（加线索）。

1. 中序线索化（对一棵已经存储的二叉树加线索）

二叉树线索化的过程，实质上就是遍历一棵二叉树的过程。在中序遍历过程中，将访问结点的操作改成检查当前结点的左、右孩子指针域是否为空，如果为空，则将左右孩子指针域分别放入前驱结点或后继结点的地址。为实现这一过程，设指针 pre 始终指向刚刚已访问过的结点，即若指针 t 指向当前结点，则 pre 指向 t 的前驱，以便增设线索，具体算法如下。

【算法 6.13】

```
void InThread(ThreadTree  t,ThreadTree  pre)
    /* 递归中序线索化二叉树，指针变量 pre 指向 t 所指结点的前驱，函数调用前 pre 为空 */
{
    if  (t)
    {
```

```
        InThread(t->lchild,pre);          /*中序线索化左子树*/
        if (t->lchild==NULL)
        {  /*建立前驱线索*/
          t->ltag=1;
          t->lchild=pre;                  /*左孩子域指向前驱*/
        }
        if(t->rchild==NULL)
          t->rtag=1;
        if ((pre)&&(pre->rtag==1))
        /*建立后继线索*/
          pre->rchild=t;
        pre=t;
        InThread(t->rchild,pre);          /*中序线索化右子树*/
      }
  }
```

将此算法和中序遍历的递归算法进行比较，读者能发现，只要将中序遍历算法中的Visit()函数改成对当前结点加线索的处理就可以了，因此二叉树线索化算法实质就是遍历算法。根据遍历二叉树的有关知识，读者应该能解决如下问题。

(1) 实现二叉树的先序线索化算法(或后序线索化)。

(2) 实现各种线索化的非递归算法。

2. 中序线索二叉树的遍历算法

对二叉树进行遍历，如采用递归方法，系统会利用栈来保存调用时的中间变量或返回地址等信息。如采用非递归算法，设计者需要自定义一个或多个栈保存必要的信息。对链式存储的二叉树进行遍历能不能不用栈？通过对线索二叉树进行分析可以发现，在先序和中序线索二叉树中，任意一个结点的后继很容易找到，不需要其他信息，更不需要栈。例如，在中序线索二叉树中，不用栈就能实现中序遍历，实现步骤是先找到中序遍历到的第一个结点，然后找此结点的后继，再找后继的后继。以此类推，直到所有结点被遍历到。该算法的描述如下。

【算法 6.14】

```
void  InOrderTh(ThreadTree  t)          /*对中序线索二叉树进行中序遍历*/
{ ThreadTree   p;
  if (t)
  { p=t;
    while (p->ltag==0)  p=p->lchild;     /*找最左下的结点,即中序遍历的第一个结点*/
    while(p)                             /*访问当前结点并找出当前结点的中序后继*/
    {
      Visit(p->data);                    /*访问当前结点*/
      p=InPostNode(p);   /*在中序线索二叉树上寻找结点p的中序后继结点,见算法6.16*/
    }
  }
}
```

算法中函数 InPostNode(p)是找 p 的后继(6.5.3 节有相关描述),操作简单,不需要栈。可见在这个算法中不需要借助任何栈就可以遍历二叉树每个结点。

6.5.3 线索二叉树上的运算

1. 在中序线索二叉树上寻找任意结点的中序前驱结点

对于中序线索二叉树上的任一结点,寻找其中序前驱结点,有以下两种情况。

(1) 如果该结点的左标志为 1,那么其左指针域所指向的结点便是它的前驱结点。

(2) 如果该结点的左标志为 0,表明该结点有左孩子,根据中序遍历的定义,它的前驱结点是以该结点的左孩子为根结点的子树的最右结点,即沿着其左子树的右指针链向下查找,当某结点的右标志为 1 时,它就是所要找的前驱结点。

在中序线索二叉树上寻找结点 p 的中序前驱结点的算法如下。

【算法 6.15】

```
ThreadTree   InPreNode(ThreadTree  p)
{  /*在中序线索二叉树上寻找结点 p 的中序前驱结点,假设 p 非空*/
  ThreadTree    pre;
  pre=p->lchild;
  if  (p->ltag==1)  return pre;
  else  while (pre->rtag==0)  pre=pre->rchild;
  return pre;
}
```

2. 在中序线索二叉树上寻找任意结点的中序后继结点

对于中序线索二叉树上的任意一个结点,寻找其中序的后继结点,有以下两种情况。

(1) 如果该结点的右标志为 1,那么其右指针域所指向的结点便是它的后继结点。

(2) 如果该结点的右标志为 0,表明该结点有右孩子,根据中序遍历的定义,它的后继结点是以该结点的右孩子为根结点的子树的最左结点,即沿着其右子树的左指针链向下查找,当某结点的左标志为 1 时,它就是所要找的后继结点。

在中序线索二叉树上寻找结点 p 的中序后继结点的算法如下。

【算法 6.16】

```
ThreadTree  InPostNode(ThreadTree  p)
{  /*在中序线索二叉树上寻找结点 p 的中序后继结点,假设 p 非空*/
  ThreadTree  post;
  post=p->rchild;
  if  (p->rtag==1) return post;
  else  while (post->ltag==0)  post=post->lchild;
  return  post;
}
```

以上给出的仅是在中序线索二叉树中寻找某结点的前驱结点和后继结点的算法。在先序线索二叉树中寻找结点的后继结点以及在后序线索二叉树中寻找结点的前驱结点可以采用同样的方法分析和实现。

值得注意的是，在先序线索二叉树中寻找某结点的前驱结点以及在后序线索二叉树中寻找某结点的后继结点就不太容易了，必须知道某结点的双亲才能求解。

3. 在中序线索二叉树上寻找值为 x 的结点

利用在中序线索二叉树上寻找后继结点和前驱结点的算法，就可以遍历到二叉树的所有结点。例如，先找到按中序遍历的第一个结点，然后再依次查询其后继；或先找到按中序遍历的最后一个结点，然后再依次查询其前驱。这样，既不用栈也不用递归就可以访问到二叉树的所有结点。

在中序线索二叉树上寻找值为 x 的结点，实质上就是在线索二叉树上进行遍历，对访问到的结点进行判断即可。下面给出其算法。

【算法 6.17】

```
ThreadTree  Search(ThreadTree  t,DataType  x)
{  /*在中序线索二叉树中查找值为 x 的结点,找到返回值为 x 的结点指针,否则返回 null*/
  ThreadTree  p;
  p=t;
  if (p)
  {
    while (p->ltag==0)  p=p->lchild;   /*找最左下的结点,即中序遍历的第一个结点*/
    while (p&&p->data!=x)
          p=InPostNode(p);     /*在中序线索二叉树上寻找结点 p 的中序后继结点*/
    }
    return p;
}
```

4. 在中序线索二叉树上的插入

一般情况下，在线索二叉树中插入一个结点有可能破坏原来已有的线索，因此，在修改指针时，还需要对线索做相应的修改。一般来说，这个过程的代价几乎与重新进行线索化相同。这里仅讨论一种比较简单的情况，即在中序线索二叉树中插入一个结点 p，使它成为结点 s 的右孩子。

下面分两种情况来分析。

(1) 若 s 的右子树为空，如图 6.20(a)所示，则插入结点 p 之后成为图 6.20(b)所示的情形。在这种情况中，s 的后继将成为 p 的中序后继，s 成为 p 的中序前驱，而 p 成为 s 的右孩子。二叉树中其他部分的指针和线索不发生变化。

(2) 若 s 的右子树非空，如图 6.21(a)所示，插入结点 p 之后如图 6.21(b)所示。s 原来的右子树变成 p 的右子树，由于 p 没有左子树，故 s 成为 p 的中序前驱，p 成为 s 的右孩子；又由于 s 原来的后继成为 p 的后继，因此还要将 s 原来的本来指向 s 的后继的左线索,改为指向 p。

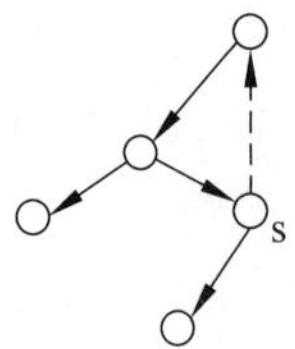

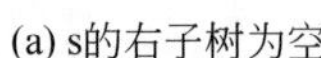
(a) s的右子树为空

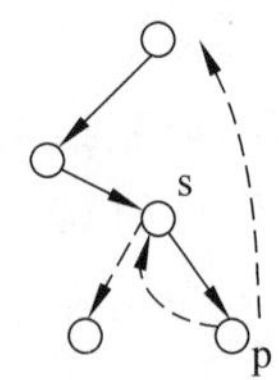

(b) 插入结点p

图 6.20　中序线索树更新位置右子树为空

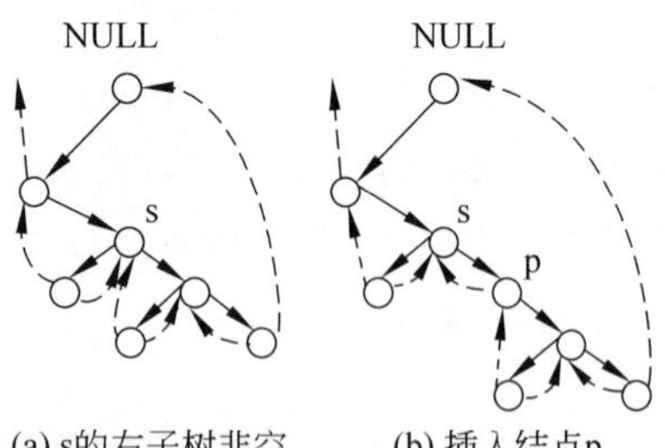

图 6.21　中序线索树更新位置右子树不为空

下面给出上述操作的算法。

【算法 6.18】

```
void  InsertThrRight(ThreadTree  s,ThreadTree  p)
{  /*在中序线索二叉树中插入结点 p 使其成为结点 s 的右孩子,p 是待插结点的指针*/
   ThreadTree    w;
   p->rchild=s->rchild;
   p->rtag=s->rtag;
   p->lchild=s;
   p->ltag=1;                              /*将 s 变为 p 的中序前驱*/
   s->rchild=p;
   s->rtag=0;                              /*p 成为 s 的右孩子*/
   if (p->rtag==0)
   {  /*当 s 原来的右子树不空时,找到 s 的后继 w,变 w 为 p 的后继,p 为 w 的前驱*/
     w=InPostNode(p);
     w->lchild=p;
   }
}
```

对线索二叉树中进行删除比较复杂,这里不作介绍,有兴趣的读者可以查看有关资料。

6.6　树与森林

前面重点讨论了二叉树的存储及操作算法。然而现实中数据关系表现出二叉树结构的并不多,它们往往更多地呈现出一般树(孩子数不一定小于或等于 2)的关系,因此本节介绍树的存储和基本操作以及树与二叉树之间的关系。

6.6.1　树的存储结构

1. 双亲表示法

树的双亲表示法主要描述的是结点的双亲关系,采用顺序存储结构,如图 6.22 所示。

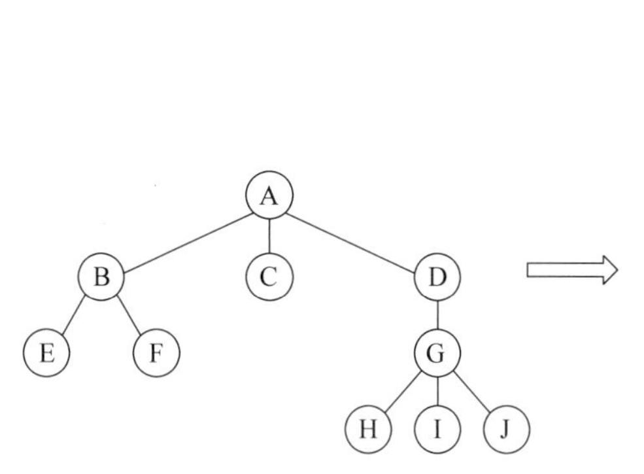

下标	info	paren
0	A	–1
1	B	0
2	C	0
3	D	0
4	E	1
5	F	1
6	G	3
7	H	6
8	I	6
9	J	6

图 6.22　树的双亲表示法

用 C 语言定义如下：

```
#define MaxNodeNum  100
typedef struct {
    DataType  data;
    int parent;
} Parentlist;
typedef struct {
    Parentlist  elem[MaxNodeNum];
    int  n;                                   /* 树中当前的结点数目 */
}ParentTree;
```

这种存储方法的特点是寻找结点的双亲很容易，但寻找结点的孩子比较困难。

2. 孩子表示法

孩子表示法主要描述的是结点的孩子关系。由于每个结点的孩子个数不定，所以利用链式存储结构更加适宜。对每个结点建立一个链表，链表中的元素就是头结点的孩子。n 个结点就有 n 个链表，如何管理这些链表呢？最好的方法是将这些链表的头结点放在一个一维数组中，例如图 6.22 所示的树可以存储成图 6.23 所示的存储结构。

这种存储结构的特点是，寻找某个结点的孩子比较容易，但寻找双亲比较麻烦。所以，在必要的时候，可以将双亲表示法和孩子表示法结合起来。即将一维数组元素增加一个表示双亲结点的域 parent，用来指示结点的双亲在一维数组中的位置。

请读者给出这种结构的 C 语言定义。

3. 孩子兄弟表示法

孩子兄弟表示法也是一种链式存储结构。它通过描述每个结点的一个孩子和兄弟信息来反映结点之间的层次关系，其结点结构如图 6.24 所示。

其中，firstson 为指向该结点第一个孩子的指针，nextbrother 为指向该结点的下一个

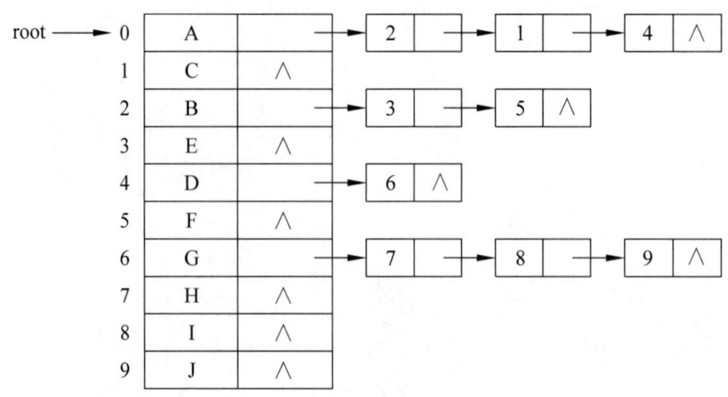

图 6.23　孩子表示法的存储结构

兄弟,data 是数据元素内容。图 6.22 的树用孩子兄弟表示的方法可以参见图 6.25。

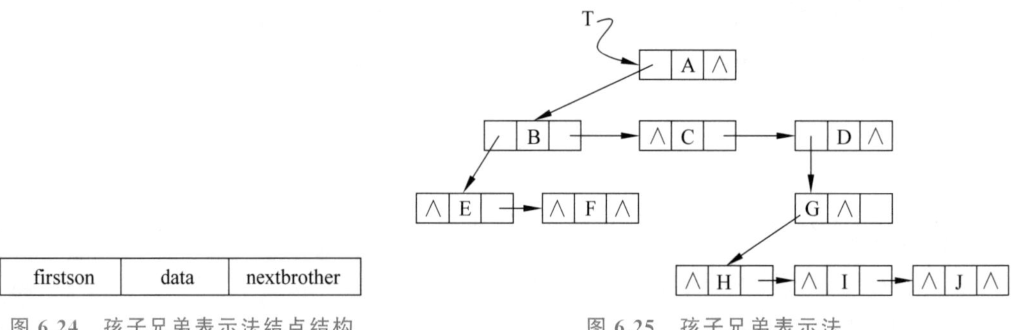

图 6.24　孩子兄弟表示法结点结构

图 6.25　孩子兄弟表示法

下面给出这种结构的 C 语言完整描述。

每个结点(不妨用 Tnode 表示其类型)由 3 部分组成:结点的值(用 data 表示)、指向第一个孩子结点的指针(记为 firstson)和指向下一个兄弟结点的指针(记为 nextbrother),具体描述如下:

```
typedef struct  tnode  {
        DataType data;
        struct tnode * firstson, * nextbrother;
}Tnode;
```

这种存储结构与二叉树链式存储结构的描述相似。从 6.6.2 节的内容中可以知道树和森林可以转换成二叉树,因此可以借助于二叉树的求解方法实现对树和森林的运算,由此可以进一步体会到学习二叉树存储和操作算法的重要。

6.6.2　树、森林和二叉树的转换

从树的孩子兄弟表示法可以看到,如果设定一定规则,就可以用二叉树结构表示树和森林。这样,对树的操作实现就可以借助二叉树存储,利用二叉树上的操作来实现。本节讨论树、森林与二叉树之间的转换方法。

1. 树转换为二叉树

对于一棵无序树，树中结点的各孩子的次序是无关紧要的，而二叉树中结点的左、右孩子结点是有区别的。为避免发生混淆，约定树中每一个结点的孩子结点按从左到右的次序编号。如图 6.26 所示的一棵树，根结点 A 有 B、C、D 三个孩子，可以认为结点 B 为 A 的第一个孩子结点，结点 C 为 A 的第二个孩子结点，结点 D 为 A 的第三个孩子结点。

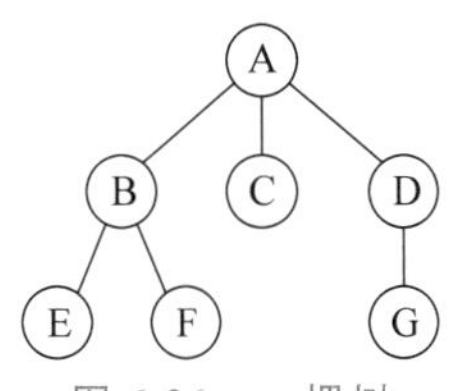

图 6.26 一棵树

将一棵树转换为二叉树的方法如下。

(1) 树中所有相邻兄弟之间加一条连线。

(2) 对树中的每个结点，只保留它与第一个孩子结点之间的连线，删除它与其他孩子结点之间的连线。

(3) 以树的根结点为轴心，将整棵树顺时针转动一定的角度，使之结构层次分明。

可以证明，树做这样的转换所构成的二叉树是唯一的。图 6.27 展示了将图 6.26 所示的树转换为二叉树的过程。

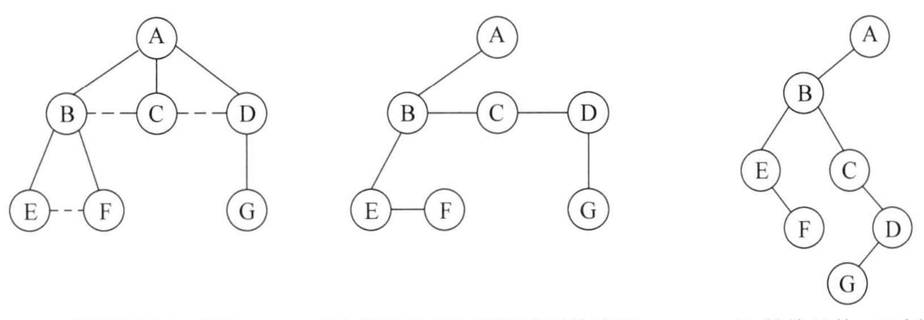

图 6.27 将图 6.26 所示树转换为二叉树的过程

由上面的转换可以看出，在二叉树中，左分支上的各结点在原来的树中是父子关系，而右分支上的各结点在原来的树中是兄弟关系。由于树的根结点没有兄弟，所以变换后的二叉树的根结点的右孩子必为空。

事实上，一棵树采用孩子兄弟表示法所建立的存储结构与它所对应的二叉树的二叉链表存储结构是完全相同的。

2. 森林转换为二叉树

由森林的概念可知，森林是若干棵树的集合，只要将森林中各棵树的根视为兄弟，每棵树又可以用二叉树表示，这样，森林也同样可以用二叉树表示。

森林转换为二叉树的方法如下。

(1) 将森林中的每棵树转换成相应的二叉树。

(2) 第一棵二叉树不动，从第二棵二叉树开始，依次把后一棵二叉树的根结点作为前一棵二叉树根结点的右孩子，当所有二叉树连起来后，此时所得到的二叉树就是由森林转换得到的二叉树。

这一方法可形式化地描述为

如果 $F=\{T_1,T_2,\cdots,T_m\}$ 是森林,则可按如下规则转换成一棵二叉树 $B=(\text{root},\text{LB},\text{RB})$。

(1) 若 F 为空,即 $m=0$,则 B 为空树。

(2) 若 F 非空,即 $m\neq0$,则 B 的根 root 即为森林中第一棵树的根 Root(T_1);B 的左子树 LB 是从 T_1 中根结点的子树森林 $F_1=\{T_{11},T_{12},\cdots,T_{1k}\}$(假定 T_1 有 k 个子树)转换而成的二叉树;其右子树 RB 是从森林 $F'=\{T_2,T_3,\cdots,T_m\}$ 转换而成的二叉树。

图 6.28 给出了森林及其转换为二叉树的过程。

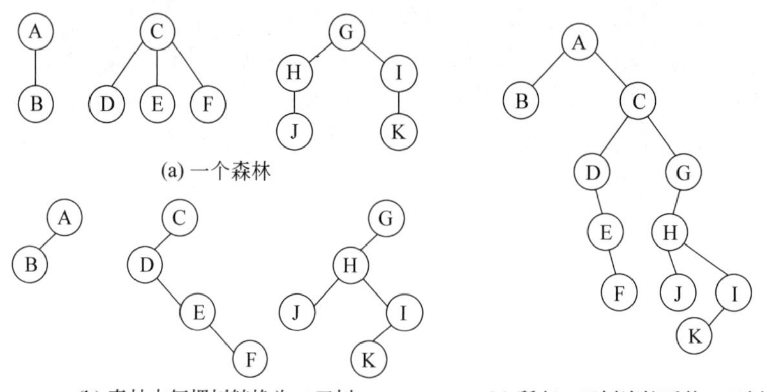

图 6.28 森林及其转换为二叉树的过程

3. 二叉树转换为树和森林

树和森林都可以转换为二叉树,二者不同的是树转换成的二叉树,其根结点无右分支,而森林转换后的二叉树,其根结点有右分支。显然这一转换过程是可逆的,即可以依据二叉树的根结点有无右分支,将一棵二叉树还原为树或森林,具体方法如下。

(1) 若某结点是其双亲的左孩子,则把该结点的右孩子、右孩子的右孩子……都与该结点的双亲结点用线连起来。

(2) 删除原二叉树中所有的双亲结点与右孩子结点的连线。

(3) 整理由(1)、(2)两步骤所得到的树或森林,使之结构层次分明。

这一方法可以形式化地描述为

如果 $B=(\text{root},\text{LB},\text{RB})$ 是一棵二叉树,则可以按如下规则转换成森林 $F=\{T_1,T_2,\cdots,T_m\}$。

(1) 若 B 为空,则 F 为空。

(2) 若 B 非空,则森林中第一棵树 T_1 的根 ROOT(T_1)即为 B 的根 root;T_1 中根结点的子树森林 F_1 是由 B 的左子树 LB 转换而成的森林;F 中除 T_1 之外其余树组成的森林 $F'=\{T_2,T_3,\cdots,T_m\}$ 是由 B 的右子树 RB 转换而成的森林。

图 6.29 给出了将一棵二叉树还原为森林的过程示意。

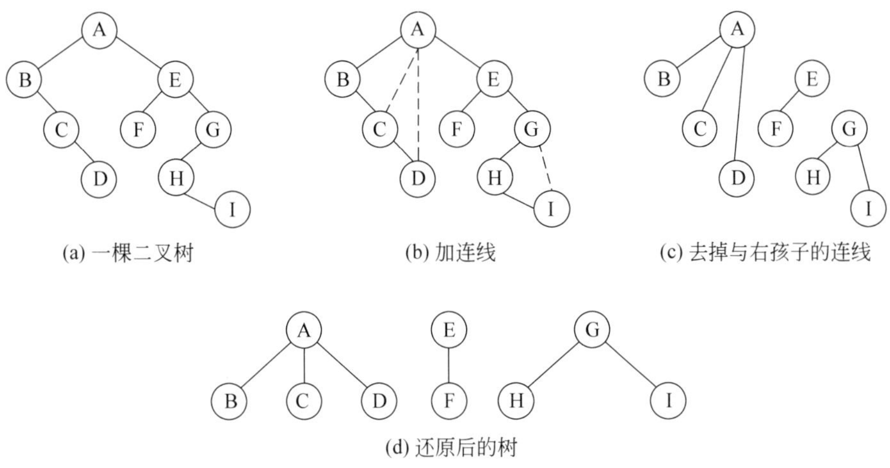

图 6.29 将二叉树还原为树的过程

6.6.3 树和森林的遍历

1. 树的遍历

树的遍历通常有以下两种方式。

(1) 先根遍历。先根遍历的定义如下。

- 访问根结点。
- 按照从左到右的顺序先根遍历根结点的每一棵子树。

按照树的先根遍历的定义,对图 6.26 所示的树进行先根遍历,得到的结果序列为

A B E F C D G

(2) 后根遍历。后根遍历的定义如下。

- 按照从左到右的顺序后根遍历根结点的每一棵子树。
- 访问根结点。

按照树的后根遍历的定义,对图 6.26 所示的树进行后根遍历,得到的结果序列为

E F B C G D A

根据树与二叉树的转换关系以及树和二叉树的遍历定义可以推知,树的先根遍历与其转换的相应二叉树的先序遍历的结果相同;树的后根遍历与其转换的相应二叉树的中序遍历的结果相同。因此树的遍历算法是可以采用相应二叉树的遍历算法来实现的。

2. 森林的遍历

森林的遍历有前序遍历和后序遍历两种方式。

(1) 前序遍历。

前序遍历的定义如下。

- 访问森林中第一棵树的根结点。
- 前序遍历第一棵树的根结点的子树。

- 前序遍历去掉第一棵树后的子森林。

对于图 6.28(a)所示的森林进行前序遍历,得到的结果序列为

A B C D E F G H J I K

(2) 后序遍历。

后序遍历的定义如下。

- 后序遍历第一棵树的根结点的子树。
- 访问森林中第一棵树的根结点。
- 后序遍历去掉第一棵树后的子森林。

对于图 6.28(a)所示的森林进行后序遍历,得到的结果序列为

B A D E F C J H K I G

根据森林与二叉树的转换关系以及森林和二叉树的遍历定义可以推知,森林的前序遍历与其转换的相应二叉树的先序遍历的结果相同;森林的后序遍历与其转换的相应二叉树的中序遍历的结果相同。

6.7 哈夫曼树

在学习本节内容之前,先处理一个实际问题。

在某通信系统中,要发送由 A、B、C、D 四个字符组成的信息,A 出现的概率为 0.5,B 出现的概率为 0.25,C 出现的概率为 0.1,D 出现的概率为 0.15。如何对 A、B、C、D 四个字符进行编码,能使总的编码长度最短?

分析:对于该问题,读者很容易想到用两位等长的二进制数(0/1)。其具体表示方法如表 6.1 所示。

在 10 000 次的通信过程中,通信传输的长度:

$$L=(2\times0.5+2\times0.25+2\times0.1+2\times0.15)\times10\,000=20\,000\text{b}$$

假定按表 6.2 编码,则通信传输的长度为多少?

表 6.1 等长编码

字　符	字符编码
A	00
B	01
C	10
D	11

表 6.2 不等长编码

字　符	字符编码
A	0
B	10
C	110
D	111

$$\text{长度 } L=(1\times0.5+2\times0.25+3\times0.1+3\times0.15)\times10\,000=14\,500\text{b}$$

显然,第二种编码方案优于第一种编码方案,因为通信过程中出现次数较多的字符采用了较短编码,而出现次数较少的字符则采用较长编码,从而使总的编码长度变短。

为什么不同的编码方案会出现不同的结果?第二种编码较优的理论根据是什么?它就是最好的编码吗?如何编码能够使得存储效率高?在学习哈夫曼树之后就能回答

这些问题了。下面首先介绍有关哈夫曼树的基本术语和基本概念。

6.7.1 基本术语

路径 树中一个结点到另一个结点之间的分支构成两个结点之间的路径。

路径长度 路径上的分支数目。

树的路径长度 根结点到每个叶结点的路径长度之和。

树的带权路径长度 树中所有叶结点的带权路径长度之和,记作 $WPL=\sum_{i=1}^{m} w_i l_i$。其中,$w_i$ 是第 i 个叶结点的权值,l_i 为从根到第 i 个叶结点的路径长度,m 为树的叶结点的个数。

最优二叉树 设有 m 个权值$\{w_1,w_2,\cdots,w_m\}$,构造一棵有 m 个叶结点的二叉树,第 i 个叶结点的权值为 w_i,则带权路径长度 WPL 最小的二叉树被称作最优二叉树,这种最优二叉树也被称为哈夫曼树。

【例 6.6】 给定叶子权值为{3,4,9,15},则可以构造出具有 4 个叶子的不同的二叉树,如图 6.30 所示。它们的带权路径长度分别为

(a) WPL=9×1+15×2+(3+4)×3=60

(b) WPL=15×1+9×2+(3+4)×3=54

(c) WPL=4×1+15×2+(3+9)×3=70

图 6.30(b)的 WPL 最小,能否找到比这个值更小的二叉树呢?答案是否定的,因此图 6.30(b)的二叉树就是最优二叉树或者叫哈夫曼树。哈夫曼树应用十分广泛,哈夫曼算法也是数据压缩最基本的算法之一。

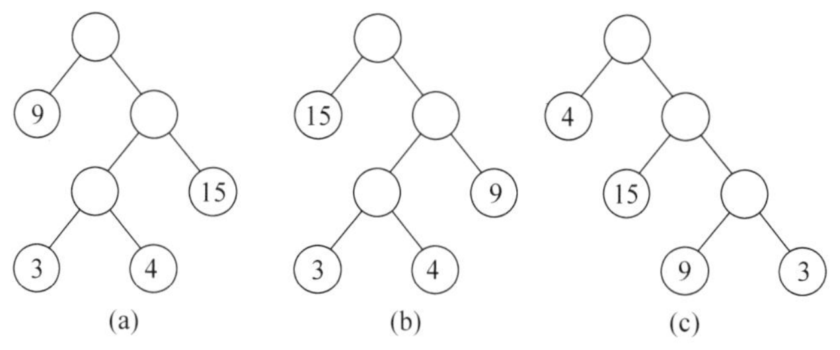

图 6.30 几种不同的二叉树

6.7.2 哈夫曼树的建立

1952 年,D.A.Huffman 针对如何减少通信系统中字符编码所需的二进制位长度,提出用于产生不定长的前缀编码算法,所谓前缀编码是指任意一个编码都不是其他编码的前缀。由前面的例子可知,前缀编码算法的基本思想就是对于出现概率较大的字符采用短编码方式,而出现概率较小的字符采用长编码方式。Huffman 提出的算法能够使得其构造出的二叉树的 WPL 值最小,从而保证在通信过程中,传输二进制位总长度最短。该算法主要是根据给定的不同字符的出现概率(频次)建立一棵最优二叉树。通常,该算法

被称作哈夫曼(Huffman)算法，而对应的最优二叉树称为哈夫曼树。

哈夫曼树的具体构造算法描述如下。

(1) 根据给定的 m 个权值$\{w_1,w_2,\cdots,w_m\}$，构成 m 棵二叉树的集合 $T=\{T_1,T_2,\cdots,T_m\}$，其中每个 T_i 只有一个带权为 w_i 的根结点，其左右子树均空。

(2) 从 T 中选两棵根结点的权值最小的二叉树，不妨设为 $T_{i'}$、$T_{j'}$ 并作为左右子树构成一棵新的二叉树 $T_{k'}$，并且置新二叉树的根值为其左右子树的根结点的权值之和。

(3) 将新二叉树 $T_{k'}$ 并入 T 中，同时从 T 中删除 $T_{i'}$、$T_{j'}$。

(4) 重复(2)、(3)，直到 T 中只有一棵树为止。这棵树便是哈夫曼树。

下面就以具体实例来说明哈夫曼算法的思想。

【例 6.7】 以集合{3,4,5,6,8,10,12,18}为叶结点的权值构造哈夫曼树，并计算其带权路径长度。

求解：按构造算法，首先将这些数变成单结点的二叉树集合。

③ ④ ⑤ ⑥ ⑧ ⑩ ⑫ ⑱

然后从 T 中选出两个根值最小的二叉树{③,④}作为左、右子树造出一棵新的二叉树，根为 T'，同时从 T 中去掉这两棵子树。然后再重复这一操作过程，即选择最小的两个子树构造一棵新的二叉树，直到 T 中仅有一棵二叉树为止。操作过程如图 6.31～图 6.37 所示。

选定根值最小的两棵树(根值分别为 3 和 4)构成一棵树，结果如图 6.31 所示。

从 T 中选择根值为 5 和 6 的两棵树构成一棵树，结果如图 6.32 所示。

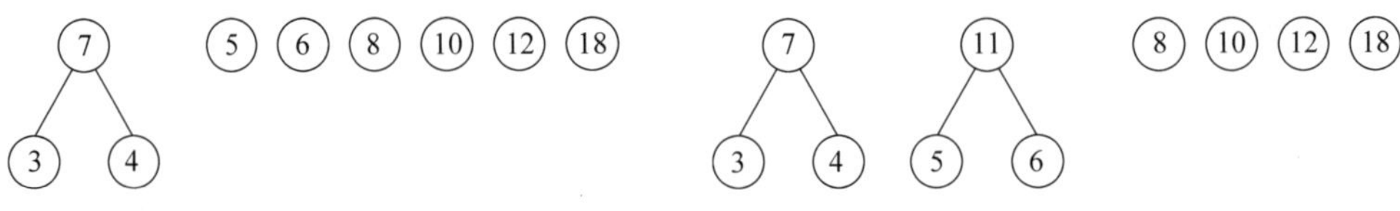

图 6.31 选择根值为 3 和 4 的两棵树　　图 6.32 选择根值为 5 和 6 的两棵树构成一棵树

从 T 中选择根值为 7 和 8 的两棵树构成一棵树，结果如图 6.33 所示。

从 T 中选择根值为 10 和 11 的两棵树构成一棵树，结果如图 6.34 所示。

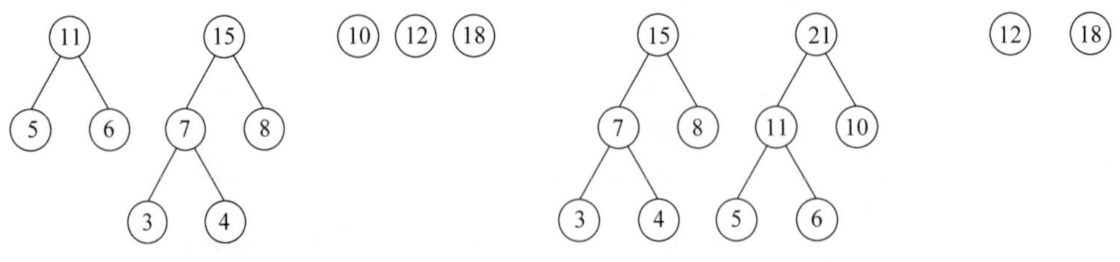

图 6.33 选择根值为 7 和 8 的两棵树构成一棵树　　图 6.34 选择根值为 10 和 11 的两棵树构成一棵树

从 T 中选择根值为 12 和 15 的两棵树构成一棵树，结果如图 6.35 所示。

从 T 中选择根值为 18 和 21 的两棵树构成一棵树，结果如图 6.36 所示。

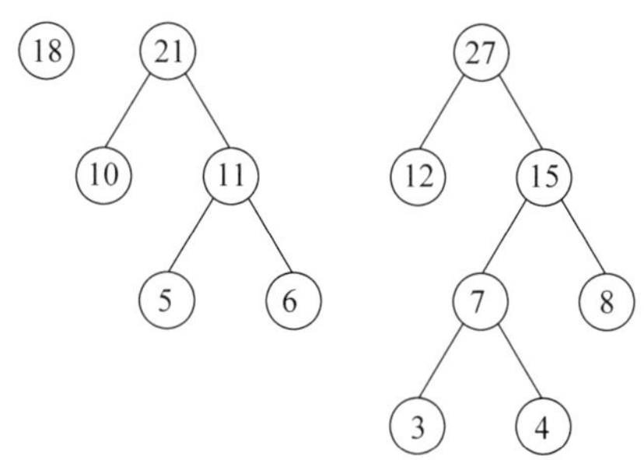

图 6.35 选择根值为 12 和 15 的两棵树构成一棵树

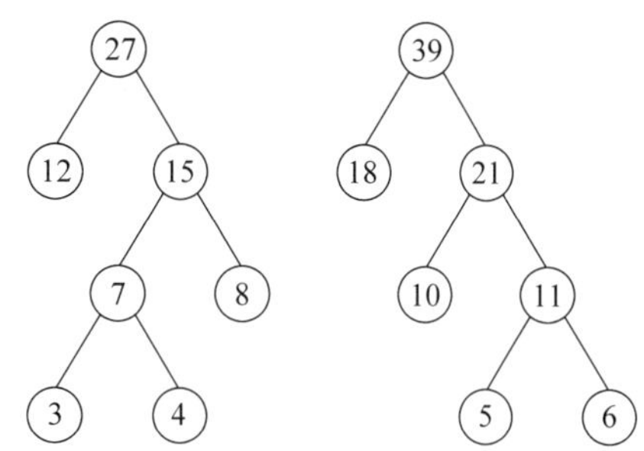

图 6.36 选择根值为 18 和 21 的两棵树构成一棵树

合并这两棵树构成一棵树，结果如图 6.37 所示。

带权路径长度 WPL＝(3＋4＋5＋6)×4＋(8＋10)×3＋(12＋18)×2＝186。

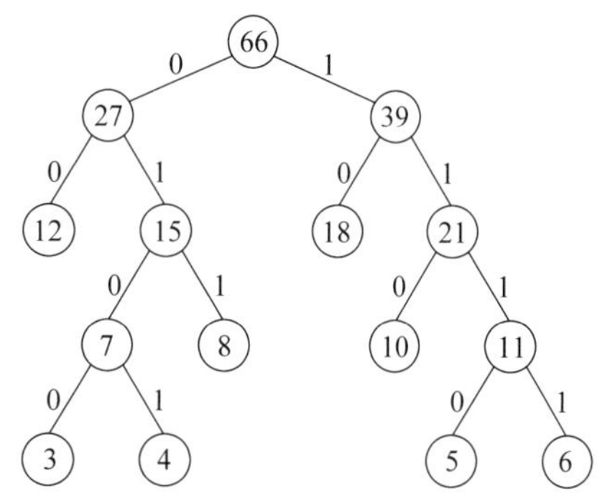

图 6.37 合并两棵构成一棵树

哈夫曼树的特点如下。

(1) 若一棵二叉树是哈夫曼树，则该二叉树不存在度为 1 的结点。

说明：由构造算法可知，每次合并都必须从二叉树集合中选取两个根结点权值最小的树，因此二叉树不存在度为 1 的结点，即哈夫曼树仅存在度为 2 的结点和叶结点。

(2) 若给定权值的叶结点个数为 n，则所构造的哈夫曼树中的结点数是 $2n-1$。

说明：由特点(1)和二叉树的性质 3 可知，$n_2=n-1$，因此总结点数是 $n+(n-1)=2n-1$。

(3) 任意一棵哈夫曼树的带权路径长度等于所有分支结点值的累加和。

说明：在上例中，哈夫曼树的所有分支结点(非叶子)值的累加和为

$$66+39+27+21+15+11+7=186$$

而其带权路径长度 WPL 等于 186。它们的值是相等的。

在例 6.7 中，假设{3,4,5,6,8,10,12,18}分别是字符 a,b,c,d,e,f,g,h 在一个文本中出现的次数，则利用图 6.37 的二叉树可以得到字符的一种最佳编码：首先将二叉树向左的分支上标记 0，向右的分支上标记 1。然后从二叉树的根结点开始到某个叶结点的路径上的“0”和“1”组成的二进制位串分别记录下来，即为该叶结点对应的字符编码。可以证明这种编码是前缀码。用反证法证明：假设用这种办法产生了 X、Y 两个叶子的编码，其中 X 不是 Y 的前缀编码，即 X 的编码是 Y 编码的前缀，这说明从根到叶子 Y 的路径中间必经过 X，X 不是叶子，这与假设矛盾。通常称该编码方式为哈夫曼编码。其字符编码方式如表 6.3 所示。

表 6.3　哈夫曼编码

字　符	代　码	字　符	代　码	字　符	代　码
a	0100	d	1111	g	00
b	0101	e	011	h	10
c	1110	f	110		

下面着重介绍哈夫曼算法的实现过程。可以用前面介绍的链表结构生成 Huffman 树的算法，这是最基本的实现方法，但是效率很低；也可以使用堆排序的实现原理来实现。这里介绍采用静态链表来实现哈夫曼树的存储表示和实现方法。该存储结构中二叉树的结点结构如下。

weight	parent	lchild	rchild

其中，weight 域存放结点的权值。parent 域存放父结点在顺序表中的位置，其中根结点的 parent 值为 −1；lchild 域存放结点的左孩子在顺序表中的位置，若结点无左孩子，则 lchild 值为 −1；rchild 域存放结点的右孩子在顺序表中的位置，若结点无右孩子，则 rchild 值为 −1。

由哈夫曼树的特点(2)可知，建立 n 个叶结点的哈夫曼树共需要 $2n-1$ 个结点空间。故在已知叶结点总数的情况下，不需要动态申请空间来建立一棵二叉树，可以利用相应大小的数组来表示它。

其具体存储结构定义如下。

用一个大小为 $2N-1$ 的向量来存储哈夫曼树中的结点，其存储结构如下。

```
#define  N   20                    /*叶结点数*/
typedef  int   DataType;
typedef  struct  {
    char  ch;
    DataType  weight;                  /*假设叶子权值为整型*/
    int lchild,rchild,parent;
}Htnode;                               /*哈夫曼树结点类型*/
typedef struct {
    char  *code;
    char  leaf;
    int length;                        /*编码的长度*/
}CodeType;                             /*叶编码类型*/
```

下面是构造哈夫曼树的算法。

【算法 6.19】

```
void  Hufcoding(Htnode  huftree[], CodeType cd[], int w[],int n)
```

```
{  /*哈夫曼树存放在静态链表huftree中,w存放结点权重,n是叶子个数,最后的编码放在
     cd[]*/
  int i,j,k,s1,s2,s,m,f,c,sum;
  char temp[N];                          /*暂存叶子编码字符串,最后需要转置*/
  m=2*n-1;                               /*计算哈夫曼树的结点总数*/
  for(i=1;i<=n;i++)                      /*初始化静态链表,每个结点自成一棵树*/
  {
      huftree[i].weight=w[i-1];
      huftree[i].lchild=huftree[i].rchild=huftree[i].parent=-1;
      huftree[i].ch=getch();
  }
  for(i=n+1;i<=m;i++)                    /*初始化*/
  {
      huftree[i].weight=-1;
      huftree[i].lchild=huftree[i].rchild=huftree[i].parent=-1;
  }
  for(i=1;i<=n-1;i++)                    /*生成n-1个非叶结点的循环*/
  {
      Select(huftree,n+i-1,&s1,&s2);
                      /*对数组huftree[1..n+i-1]中无双亲的结点权值进行排序,s1,s2
                         将是无双亲且权重最小的两个结点下标*/
      sum=huftree[s1].weight+huftree[s2].weight;
      huftree[n+i].weight=sum;
      huftree[s1].parent=huftree[s2].parent=n+i;
      huftree[n+i].lchild=s1; huftree[n+i].rchild=s2;
  }

  for(i=1;i<=n;i++)                      /*开始求每个叶结点的编码*/
  {
          c=0;
          for (k=i,f=huftree[i].parent;f!=-1;k=f,f=huftree[f].parent)
          if (huftree[f].lchild==k)
          {
             temp[c]='0';
             c++;
          }
          else
          {
             temp[c]='1';
             c++;
          }                                             /*左分支是0右分支是1*/
          cd[i].code=malloc(c+1);                       /*产生存储编码的空间*/
```

```
            cd[i].code[c]='\0';
            c--;
            k=0;
            while (c>=0)  cd[i].code[k++]=temp[c--];   /* 将 temp 转置到 cd 中 */
            cd[i].leaf=huftree[i].ch;    cd[i].length=k;
    }                                                   /* for */
}
```

下面通过一个实例来说明哈夫曼树的应用。

【例 6.8】 已知一个文件中仅有 8 个不同的字符,各字符出现的个数分别是 3、4、8、10、16、18、20、21。试重新为各字符编码,以节省存储空间。

解:本题可借助哈夫曼树来实现求解。首先,将所给出的各字符的个数作为权值来构造一棵哈夫曼树,然后对此编码可以得到哈夫曼编码,这些编码就可以作为各字符的新编码。

(1) 构造哈夫曼树。以所给出的数据集{3,4,8,10,16,18,20,21}构造的哈夫曼树如图 6.38 所示。其哈夫曼树的存储结构的初态如图 6.39(a)所示,其终态如图 6.39(b)所示。

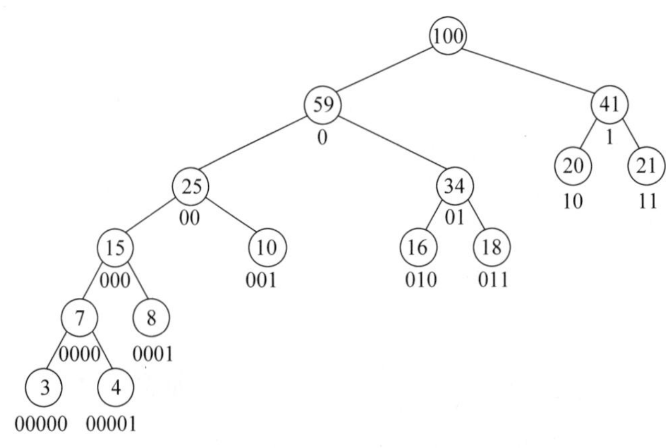

图 6.38 哈夫曼树

(2) 编码。设根结点的编码为空,然后从根结点开始依次对各结点按如下方法编码。

每个结点的左孩子的编码通过在其父结点的编码后添加二进制 0 而得到,而每个结点的右孩子的编码通过在其父结点的编码后添加二进制 1 而得到。例如,值为 10 的结点的编码为 001。

(3) 各字符的编码及其长度。将各叶结点所对应的编码作为对应字符的新编码即可节省存储空间。即出现个数为 3 的字符的编码为 00000,出现个数为 4 的字符的编码为 00001 等。依照这一方法来编码,可得到重新编码的文件的长度为各字符的个数乘以其长度之积的和,也即为哈夫曼树的带权路径长度的值:

$$(3+4)\times5+8\times4+(10+16+18)\times3+(20+21)\times2=281$$

也就是说,在对文件中的字符按新的编码存储时,100 个字符所占用的位数共有

	weight	parent	lchild	rchild
1	3	−1	−1	−1
2	4	−1	−1	−1
3	8	−1	−1	−1
4	10	−1	−1	−1
5	16	−1	−1	−1
6	18	−1	−1	−1
7	20	−1	−1	−1
8	21	−1	−1	−1
9		−1	−1	−1
10		−1	−1	−1
11		−1	−1	−1
12		−1	−1	−1
13		−1	−1	−1
14		−1	−1	−1
15		−1	−1	−1

(a) 数组HT的初态

	weight	parent	lchild	rchild
1	3	9	−1	−1
2	4	9	−1	−1
3	8	10	−1	−1
4	10	11	−1	−1
5	16	12	−1	−1
6	18	12	−1	−1
7	20	13	−1	−1
8	21	13	−1	−1
9	7	10	1	2
10	15	11	9	3
11	25	14	10	4
12	34	14	5	6
13	41	15	7	8
14	59	15	11	12
15	100	−1	14	13

(b) 数组HT的终态

图 6.39 哈夫曼树的存储结构

281 位。如果采用等长方式，则每个字符需要 3 位，因此共需要 300 位。由此可知，这一不等长编码能节省存储空间。

6.8 案例分析与实现

【案例 6.1 分析与实现】 利用二叉树求表达式的值。

1）案例分析

一个表达式可以由操作数或一个运算符和两个操作数构成，且两个操作数之间有次序之分，操作数本身也可以是表达式，显然这个结构类似于二叉树，因此完全可以利用二叉树来表示表达式。

以二叉树形式表示的表达式称为表达式树，表达式树可定义如下。

（1）若表达式为数或简单变量，则相应二叉树中仅有一个根结点，其数据域存放该表达式的信息。

（2）若表达式表示为＜操作数＞＜运算符＞＜操作数＞的形式，则相应的二叉树中以左子树表示第一操作数，右子树表示第二操作数，根结点的数据域存放运算符（若为一元运算符，则左子树或右子树为空），操作数本身也可以为表达式。

例如，算术表达式 1＋2＊(8－5)－4/2 对应的表达式树可以用图 6.40 表示。

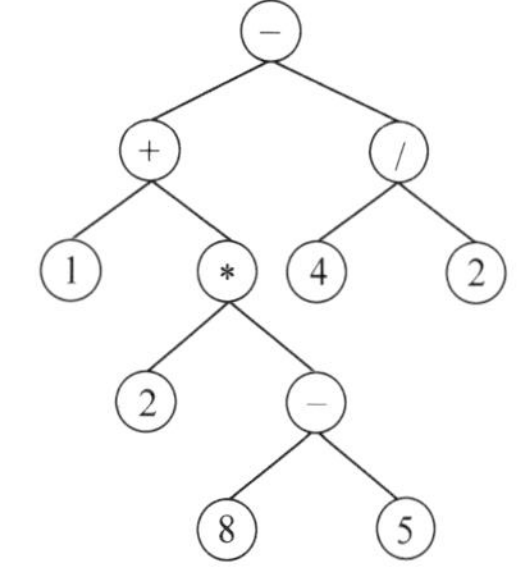

图 6.40 表达式 1＋2＊(8－5)－4/2 的表达式树

对图 6.40 所示的表达式树进行后序遍历,得到的遍历序列为 1 2 8 5－ * ＋4 2/－,显然此结果即该表达式的后缀表示。利用二叉树的遍历操作,也能很容易实现表达式的求值运算。问题的关键是怎样由中缀表达式创建表达式树。

为简单起见,先仅考虑不带括号的算术表达式。创建思路如下。

从左到右顺序扫描表达式,当扫描到的是操作数时,检查当前的表达式树是否存在。如果不存在,则表明此操作数为第一个操作数,将其作为表达式树的根暂存起来;如果树存在,则此操作数必然是前一个运算符的右孩子或者右子树的一部分,暂且将它作为前一个运算符的右孩子插入表达式树中。如果扫描到的是运算符,检查当前的表达式树的根结点。如果根结点为操作数,则表明扫描到的运算符为第一个运算符,将其作为根,原树作为它的左孩子;如果根结点为运算符,则比较当前扫描到的运算符的优先级与树根结点的优先级。如果当前扫描到的运算符的优先级低于或等于树根结点的优先级,说明树根要先运算,运算结果为当前读入运算符的左操作数,所以将当前运算符作为根,而原树作为它的左子树。如果当前扫描到的运算符的优先级高于树根结点的优先级,则说明此运算符要先于根运算,因此需要将其插入根的右子树上,如果根的右子树为表达式树,继续将其与右子树的根结点进行优先级比较,直到某个结点的右子树为操作数或当前读到的运算符的优先级低于其右子树根的优先级为止。此时,将当前读到的运算符作为该结点的右子树的根,而原来的右子树作为该运算符的左子树。

按照上述思路,表达式 1＋2 * 3^2 * 5＋7 对应的表达式树转换过程如图 6.41 所示。

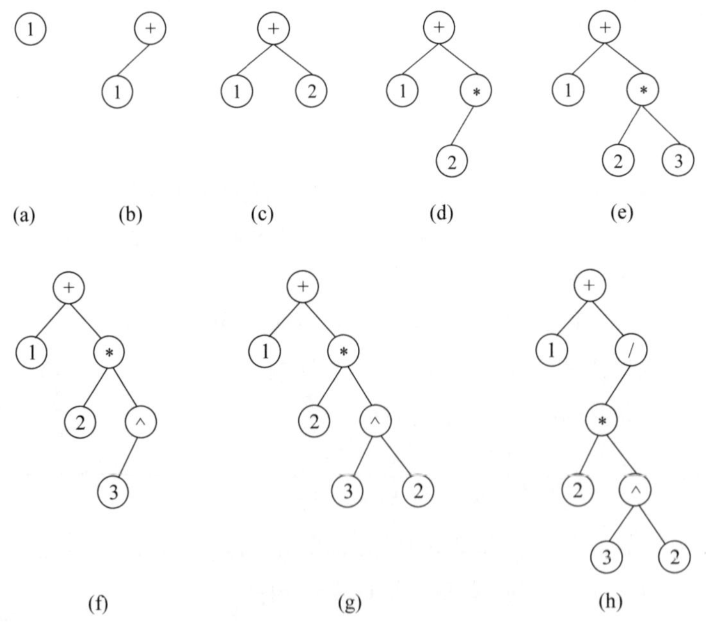

图 6.41　表达式 1＋2 * 3^2 * 5＋7 到表达式树的转换

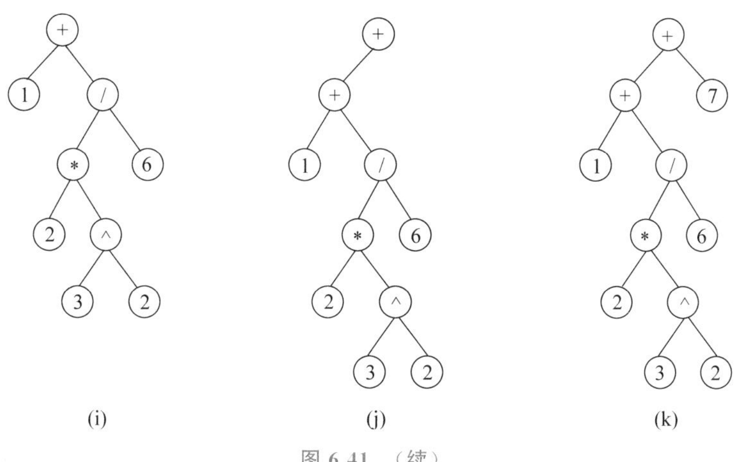

图 6.41 （续）

由于中缀表达式中运算符有优先级的关系，括号自然是绕不过去的存在。在中缀表达式中，括号内的符号串也是一个合法的中缀表达式，它的运算结果是整个表达式中某个运算符的一个操作数。因此可以用同样的方法将括号内的表达式转换成一棵表达式树，并将它作为某个运算符的左子树或右子树，显然可以用递归的方法来处理。

例如表达式(1＋2) * 6/(8－5)，首先将括号内的表达式构建成一棵表达式树，如图 6.42(a)所示。继续扫描到 * 号，由于如图 6.42(a)所示的树是括号内的表达式转换来的，应作为一个操作数处理，按照转换思路，应作为 * 左子树，构建的表达式树如图 6.42(b)所示。继续扫描并构建，当再次遇到括号时，将括号内的表达式转换为表达式树，将其他表达式作为树根的右子树。最终形成的表达式树如图 6.42(e)所示。

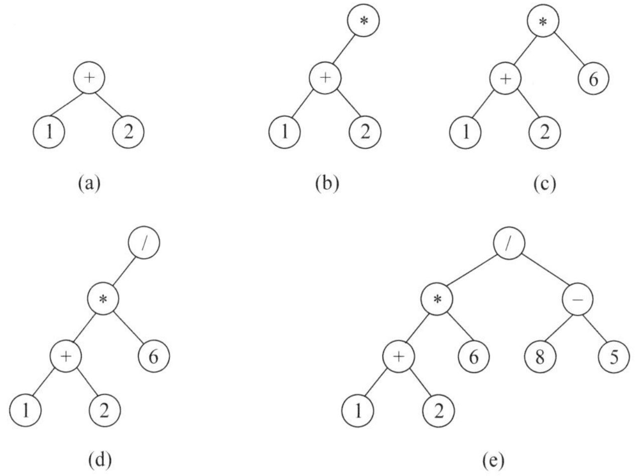

图 6.42 表达式(1＋2) * 6/(8－5)到表达式树的转换

2) 算法实现

(1) 表达式创建。

为了实现表达式树的创建算法，重新定义二叉树的结点结构如下：

```
typedef struct bnode {
    int type;                                    //结点类型(0: 操作数,1: 运算符)
    char data;
    struct bnode * lchild, * rchild;
} BTNode, * BTree ;
```

另外,需要一个判断表达式字符是否为操作数(只考虑一位操作数)和一个比较运算符优先级的函数,定义如下。

① 判断字符是否为操作数。若是操作数返回 1,否则返回 0,实现如下:

```
int IsNum(char c)
{    if(c>='0' && c<='9') return(1);
     else return(0);
}
```

② 求算符优先级的实现如下:

```
int priority(char op)                          /* 给每个算符定义优先级 */
{
    switch(op)
    {
        case '+':
        case '-': return(1);
        case '*':
        case '/': return(2);
        case '^': return(3);
        default: return(0);
    }
}
```

【算法 6.20】

```
BTree CreateExpBTree()
{  /* 表达式树创建算法(每个表达式以"#"结束,操作数为一位整数) */
   char ch;
   BTree root,p,t;
   root=NULL;
   scanf("%c",&ch);
   while(ch!='#')
   {
       if(IsNum(ch)||ch=='(')
       {//扫描到的字符为操作数或左括号
           if(IsNum(ch))
           {  //ch 是操作数,生成新结点
              p=(BTree)malloc(sizeof(BTNode)); // 生成一个新结点
              p->data=ch;
```

```
      p->type=0;                     //结点标志位,0 为操作数
      p->lchild=p->rchild=NULL;
   }
   else
   {  //ch 是左括号,将括号内的符号串创建为一个表达式树
      p=CreateExpBTree ();          //将括号内的符号串创建为一个表达式树
      p->type=0;                   //括号内的表达式树作为一个操作数参与构建
   }
   if(root==NULL)
   {  //表达式树不存在,当前操作数为第一个操作数,暂存为根
      root=p;

   }
   else
   {//表达式树存在,当前操作数设置为前一个运算符的右孩子

     t=root;
     while(t->rchild!=NULL) t=t->rchild;   //查找当前操作数插入位置
     t->rchild=p;
   }
}
else if(ch==')'){
    return root;              //右括号,则表明当前括号内的表达式创建完成,返回;
}
else if(root->type==0||priority(ch)<=priority(root->data))
{  //树根的类型为操作数或者 ch 的优先级低于或等于树根结点的优先级,
   //将读入字符作为新的根,原来的表达式树作为根的左子树
    p=(BTree)malloc(sizeof(BTNode));   // 生成一个新结点
    p->data=ch;
    p->lchild=root;
    p->rchild=NULL;
    p->type=1;
    root=p;

}
else
{//ch 优先级高于树根结点的优先级,插入右子树的合适位置
   t=root;
   while(t->rchild->type==1&&priority(ch)>priority(t->rchild->data))
   {
       t=t->rchild;
   }
  p=(BTree)malloc(sizeof(BTNode));   // 生成一个新结点
  p->data=ch;
```

```
            p->type=1;
            p->lchild=t->rchild;
            p->rchild=NULL;
            t->rchild=p;
        }
        scanf("%c",&ch);
    }
    return root;
}
```

(2) 表达式树的求值。

算法思路：先计算出左右子树的值，再根据根结点的运算符类型，对计算出的左、右子树的值进行相应的计算。

【算法 6.21】

```
int EvaluateExpTree(BTree T)
{/*遍历表达式树进行表达式求值*/
    int lvalue,rvalue,result;
    lvalue=0;
    rvalue=0;
    if(T->lchild==NULL && T->lchild==NULL)
    {
        result=T->data-'0';
    }
    else
    {
        lvalue =EvaluateExpTree(T->lchild);    //递归计算左子树的值记为 lvalue
        rvalue =EvaluateExpTree(T->rchild);    //递归计算右子树的值记为 rvalue
        switch(T->data)
        {
            case '+':
                result=lvalue+rvalue;
                break;
            case '-':
                result=lvalue-rvalue;
                break;
            case '*':
                result=lvalue*rvalue;
                break;
            case '/':
                result=lvalue/rvalue;
                break;
            case '^':
                result=(int)(pow(lvalue,rvalue));
```

```
                break;
            }

        }
        return result;
}
```

【案例 6.2 分析与实现】 最优信号增强装置布局方案。

案例分析：设 $d(i)$表示树形信号传输网络中结点 i 与其父结点间信号衰减量。例如，在图 6.43 中，$d(w)=2$，$d(p)=0$，$d(q)=1$。用 $D(i)$ 表示信号从结点 i 向下传输时，所需要的最大信号衰减量，即结点 i 到以结点 i 为根的子树中叶结点的最大信号衰减量。当结点 i 为叶子时，$D(i)=0$。图 6.43 中，使 $D(i)=0$ 的结点有 $i\in\{w,x,t,y,z\}$。当 i 为非叶结点时 $D(i)=\max\{D(j)+d(j)\mid j$ 为 i 的孩子结点$\}$，图 6.43 中结点 s 的 $D(s)=2$。显然，对于树形信号传输网络中任一结点 i，当其 $D(i)+d(i)>$ tolerence(信号衰减允许值)时，结点 i 处必须设置一个信号增强装置，否则，信号将无法传递下去。由于 $d(i)$为已知量，所以解决这个问题的关键就是求出树中每一个结点的 D 值，从 D 值的计算公式可以看出，仅当计算出某结点的左、右孩子结点的 D 值后，才可以计算出该结点的 D 值。因此，采用树的后序遍历方式来求解是非常合适的。

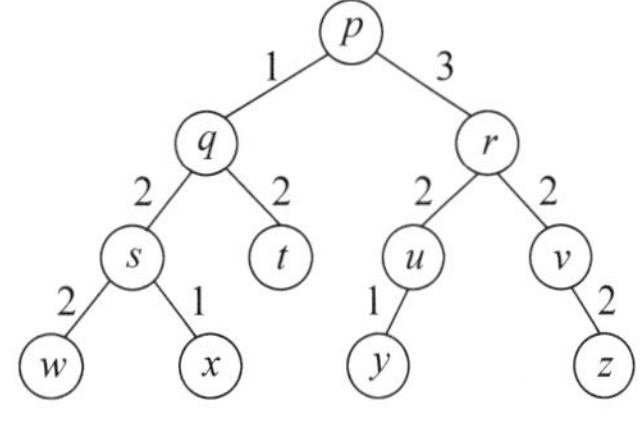

图 6.43 树形信号传输网络

当信号传输网络是一棵二叉树时，为方便处理，二叉树的结点类型定义如下。

```
typedef struct DataType{
    int D;
    int d;
    int flag;                                    /* 信号增强装置标志 */
}DataType;
typedef struct bnode {
    DataType data;
    struct bnode * lchild, * rchild;
} Bnode, * BTree;
```

信号增强装置设置的具体算法如下。

【算法 6.22】

```
void DevicePlace(BTree t)
{
    BTree p;
    int leftValue;
    int rightValue;
    if (t)
    {
```

```
        DevicePlace(t->lchild);
        DevicePlace(t->rchild);
        leftValue=0;
        rightValue=0;
        t->data.D=0;
        if(t->lchild)                           /*计算左子树上的信号衰减量*/
    {
        p=t->lchild;
        if(p->data.flag==1)
        {   /*左孩子上有信号增强装置,其D值不再影响到当前结点D值*/
            leftValue=p->data.d;
        }
        else
        {
            leftValue=p->data.d+p->data.D;
        }
    }

    if(t->rchild)                               /*计算左子树上的信号衰减量*/
    {
        p=t->rchild;
        if(p->data.flag==1)
        {
            rightValue=p->data.d;
        }
        else
        {
            rightValue=p->data.d+p->data.D;
        }
    }
    if(leftValue>rightValue)                    /*设置当前结点的D值*/
    {
        t->data.D=leftValue;
    }
    else{
        t->data.D=rightValue;
    }
    if(t->data.D+t->data.d>tol)                 /*修改标志,tol为信号衰减允许值*/
    {
        t->data.flag=1;
    }
  }
}
```

为了简化问题，本题中的信号传输网络设为一棵二叉树，当信号传输网络是以多叉树存在时，其解题思路是一致的，有兴趣的读者可以自行考虑如何实现。

本章小结

树是一种具有层次特征的数据结构，第一层只有一个结点，称为树根结点，其后每一层都是上一层相应结点的后继结点，每个结点可以有多个后继结点。除树根结点外，每个结点有且仅有一个前驱点。因此，树形结构非常适合表示一对多的非线性关系。

在树形结构中，二叉树是一种非常重要、简单、典型的数据结构。二叉树的5个性质揭示了二叉树的主要特征。二叉树的存储结构有顺序存储结构和链式存储结构两种。其中，常常利用顺序存储结构存储满二叉树和完全二叉树，而一般二叉树大多采用链式存储结构。二叉树的遍历是对二叉树进行各种操作的基础，无论递归算法还是非递归算法都要掌握。

线索二叉树就是利用链式存储中的空指针，将空的左孩子指向前驱，空的右孩子指向后继，因为前驱和后继是根据某个遍历确定的，所以通常有三种线索二叉树。要重点掌握如何线索化以及在线索二叉树中找任一结点的前驱和后继，但先序前驱和后序后继不能求解，除非有更多的已知条件。

树和森林的存储有多种方法，其中最常用的方法是孩子兄弟链表表示法，它与二叉树之间存在对应关系。和二叉树一样，对树和森林的遍历是对树结构操作的基础，通常有先根和后根两种遍历方法，分别对应于二叉树的先序和中序遍历，所以能利用二叉树的遍历来实现。

哈夫曼树是 n 个带叶结点构成的所有二叉树中，带权路径长度最短的二叉树。哈夫曼树是二叉树的应用之一，要掌握哈夫曼树的建立方法以及哈夫曼编码生成算法，值得注意的是，哈夫曼树通常采用静态链式存储结构。

习　题

一、选择题

1. 如果 T_2 是由树 T 转换而来的二叉树，那么对 T 中结点的后根遍历就是对 T_2 中结点的(　　)遍历。

A. 先序　　B. 中序　　C. 后序　　D. 层次序

2. 设树 T 的度为4，其中度为1、2、3和4的结点个数分别为4、2、1、1则 T 中的叶子数为(　　)。

A. 5　　B. 6　　C. 7　　D. 8

3. 由4个结点可以构造出(　　)种不同的二叉树。

A. 10　　B. 12　　C. 14　　D. 16

4. 二叉树在线索后，仍不能有效求解的问题是(　　)。

A. 先序线索二叉树中求先序后继　　B. 中序线索二叉树中求中序后继
C. 中序线索二叉树中求中序前驱　　D. 后序线索二叉树中求后序后继

5. 若一棵二叉树具有 10 个度为 2 的结点,5 个度为 1 的结点,则度为 0 的结点个数是(　　)。

A. 9　　B. 11　　C. 15　　D. 不确定

6. 设高度为 h 的二叉树上只有度为 0 和度为 2 的结点,则此类二叉树中所包含的结点数至少为(　　)个。

A. $2h$　　B. $2h-1$　　C. $2h+1$　　D. $h+1$

7. 设给定权值的叶子总数有 n 个,其哈夫曼树的结点总数为(　　)。

A. 不确定　　B. $2n$　　C. $2n+1$　　D. $2n-1$

8. 某二叉树的先序遍历序列和后序遍历序列正好相反,则此二叉树一定是(　　)。

A. 空或只有一个结点　　B. 完全二叉树
C. 单支树　　D. 高度等于结点数

9. 在二叉树结点的先序序列、中序序列和后序序列中,所有叶结点的先后顺序(　　)。

A. 都不相同　　B. 完全相同
C. 先序和中序相同,而与后序不同　　D. 中序和后序相同,而与先序不同

10. 根据使用频率,为 5 个字符设计的哈夫曼编码不可能是(　　)。

A. 111,110,10,01,00　　B. 000,001,010,011,1
C. 100,11,10,1,0　　D. 001,000,01,11,10

二、填空题

1. 已知二叉树有 50 个叶结点,则该二叉树的总结点数至少是________。

2. 树在计算机内的存储结构有________、________、________。

3. 在一棵二叉树中,度为零的结点的个数为 $N0$,度为 2 的结点的个数为 $N2$,则有 $N0=$________。

4. 叶子权值(5,6,17,8,19)所构造的哈夫曼树带权路径长度为________。

5. 设一棵完全二叉树叶结点数为 k,最后一层结点数为偶数时,则该二叉树的高度为________;最后一层结点数为奇数时,则该二叉树的高度为________。

6. 有________种不同形态的二叉树可以按照中序遍历得到相同的 abc 序列。

7. 已知二叉树先序为 ABDEGCF,中序为 DBGEACF,则后序一定是________。

8. 深度为 k 的完全二叉树至少有________个结点,至多有________个结点。

9. 具有 10 个叶子的哈夫曼树,其最大高度为________,最小高度为________。

10. 设 F 是一个森林,B 是由 F 转换得到的二叉树,F 中有 n 个非终端结点,则 B 中右指针域为空的结点有________个。

三、判断题

1. 哈夫曼树的结点个数不可能是偶数。　　(　　)

2. 二叉树中序线索化后,不存在空指针域。 ( )
3. 二叉树线索化后,任意一个结点均有指向其前驱和后继的线索。 ( )
4. 哈夫曼编码是前缀编码。 ( )
5. 非空的二叉树一定满足:某结点若有左孩子,则其中序前驱一定没有右孩子。
( )
6. 必须把一般树转换成二叉树后才能进行存储。 ( )
7. 由先序和后序遍历序列不能唯一确定一棵二叉树。 ( )
8. 一棵树中的叶子数一定等于与其对应的二叉树的叶子数。 ( )
9. 一棵树的叶结点,在先序遍历和后序遍历下,皆以相同的相对位置出现。 ( )
10. 在哈夫曼树中,权值相同的叶结点都在同一层上。 ( )

四、应用题

1. 已知一棵树边的集合为{(i,m),(i,n),(e,i),(b,e),(b,d),(a,b),(g,j)(g,k),(c,g),(c,f),(h,l),(c,h),(a,c)}用树形表示法画出此树,并回答下列问题。

(1) 哪个是根结点?

(2) 哪些是叶结点?

(3) 哪个是 g 的双亲?

(4) 哪些是 g 的祖先?

(5) 哪些是 g 的孩子?

(6) 哪些是 e 的子孙?

(7) 哪些是 e 的兄弟? 哪些是 f 的兄弟?

(8) 结点 b 和 n 的层次号分别是什么?

(9) 树的深度是多少?

(10) 以结点 c 为根的子树的深度是多少?

(11) 树的度数是多少?

2. 设一棵完全二叉树叶结点数为 k,最后一层结点数大于 2,试证明该二叉树的高度为$\lceil \log_2 k \rceil+1$。

3. 已知一棵度为 m 的树中有 n_1 个度为 1 的结点,n_2 个度为 2 的结点,…,n_m 个度为 m 的结点,问该树中有多少片叶子?

4. 已知某完全二叉树有 100 个结点,试求该二叉树的叶子数。

5. 已知完全二叉树的第 6 层有 5 个叶子,试画出所有满足这一条件的完全二叉树,并指出结点最多的那棵树的叶子数目。

6. 一个深度为 L 的满 k 叉树有如下性质,第 L 层上的结点都是叶结点,其余各层上每个结点都有 k 棵非空子树。如果按层次顺序从 1 开始对全部结点编号,问:

(1) 各层的结点数目是多少?

(2) 编号为 n 的结点的双亲结点(若存在)的编号是多少?

(3) 编号为 n 的结点的第 i 个孩子结点(若存在)的编号是多少?

(4) 编号为 n 的结点有右兄弟的条件是什么? 其右兄弟的编号是多少?

7. 试找出分别满足下面条件的所有二叉树。

(1) 先序序列和中序序列相同。

(2) 中序序列和后序序列相同。

(3) 先序序列和后序序列相同。

8. 证明:一棵满 k 叉树上的叶结点数 n_0 和非叶结点数 m 之间满足下列关系:

$$n_0=(k-1)m+1$$

9. 已知一棵二叉树的中序序列和后序序列分别为 BDCEAFHG 和 DECBHGFA,画出这棵二叉树。并写出其先序遍历序列。

10. 将图 6.44 所示的森林转换为二叉树。

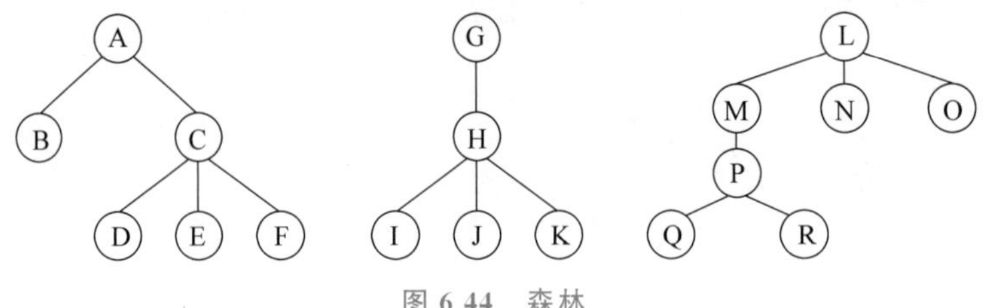

图 6.44 森林

11. 写出图 6.44 所示森林的前序序列和后序序列。

12. 给定一组数列(15,8,10,21,6,19,3)分别代表字符 A,B,C,D,E,F,G 出现的频度,试画出哈夫曼树,给出各字符的编码值。

五、算法设计题

1. 假设二叉树 T 中至多有一个结点的数据域值为 x,试编写算法拆去以该结点为根的子树,使原树分成两棵二叉树。例如 x=E,二叉树的变化情况如图 6.45 所示。

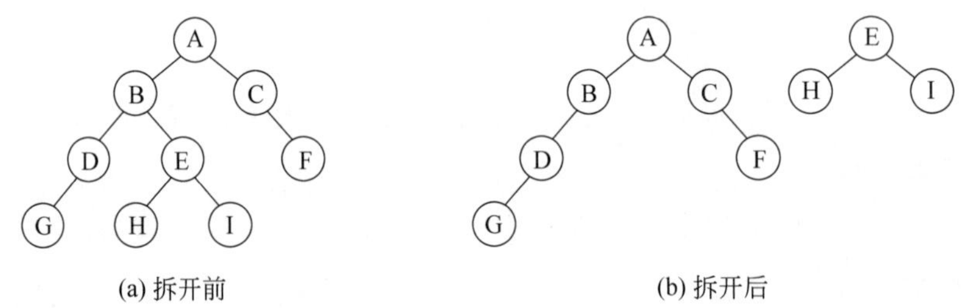

图 6.45 一棵二叉树拆开成两棵二叉树

2. 在二叉树中查找值为 x 的结点,试编写算法打印值为 x 的结点的所有祖先。假设值为 x 的结点不多于 1 个。(提示:利用后序遍历非递归的算法。)

3. 一棵 n 个结点的完全二叉树以向量作为其存储结构,试编写非递归算法实现对该树进行先序遍历。

4. 以二叉链表为存储结构,写一算法对二叉树进行层次遍历。

5. 对图 6.45(a)的二叉树按层次输入成"abcde#fg#hi########"(空结点用#代替),试设计算法建立这个二叉树。

6. 编写一个将二叉树中每个结点的左、右孩子交换的算法。

7. 编写一个将二叉树进行后序线索化的算法。

8. 写出在先序线索二叉树中查找给定结点P的先序后继的算法。

9. 写出在后序线索二叉树中查找给定结点P的后序后继的算法(假设结点p有双亲,且双亲为f,这里p、f均为结点指针)。

10. 试编写算法判断两棵二叉树是否等价。称二叉树 T_1 和 T_2 是等价的:如果 T_1 和 T_2 都是空的二叉树;或者 T_1 和 T_2 的根结点的值相同,并且 T_1 的左子树与 T_2 的左子树是等价的,T_1 的右子树与 T_2 的右子树是等价的。

第 7 章 chapter 7

图

思政教学设计

图结构是一种比树结构更复杂的非线性结构。在线性表中，数据元素之间仅有线性关系，每个数据元素只有一个直接前驱和一个直接后继；在树形结构中，数据元素之间有着明显的层次关系，并且每一层的数据元素可能和下一层中多个元素相关，但只能和上一层中一个元素相关；而在图结构中，数据元素之间的关系可以是任意的，图中任意两个数据元素之间都可能相关。

自 18 世纪到今天，图论已成为一门学科，并应用于科学技术、经济管理的各领域。特别是近年来的迅速发展，已渗入诸如语言学、逻辑学、物理、化学、电信工程、计算机科学以及数学的其他分支中，而这些应用又是将图结构作为解决问题的手段之一。本章主要讨论图的逻辑表示，在计算机中的存储方法及一些有关图的算法和应用。有关图论的内容可参考离散数学中的相关部分。

【本章学习要求】

掌握：图的定义，有关术语及基本概念。

掌握：图的邻接矩阵、邻接表的存储方法和特点。

了解：图的十字链表和邻接多重表的存储方法。

掌握：图的深度遍历和广度遍历算法，能运用遍历算法实现图的其他运算。

掌握：最小生成树的基本概念，Prim 算法和 Kruskal 算法。

掌握：一个源点到其他各点的最短路径 Dijkstra 算法。

了解：每一对顶点间的最短路径 Floyd 算法。

掌握：AOV 网的基本概念和拓扑排序算法。

了解：AOE 图基本概念和关键路径算法。

7.1 案例导引

图这种数据结构在现代生活里应用非常广泛，与目前的人工智能、机器人等前沿科学技术联系非常紧密，是很重要的理论基础。

【案例 7.1】 阿尔法围棋。

阿尔法围棋(AlphaGo)是第一个击败人类职业围棋选手及第一个战胜围棋世界冠军的人工智能程序，由谷歌(Google)旗下的 DeepMind 公司戴密斯·哈萨比斯领衔的团队开发，其主要工作原理是“深度神经网络”。

2016 年 3 月，AlphaGo 与围棋世界冠军、职业九段棋手李世石进行 5 局围棋大战，以 4 比 1 获胜；2016 年末至 2017 年初，该程序在中国棋类网站上以“大师”(Master)为注册账号与中、日、韩数十位围棋高手进行快棋对决，连续 60 局无一败绩；2017 年 5 月，在中国乌镇围棋峰会上，它与世界排名第一的围棋选手柯洁对战(见图 7.1)，以 3 比 0 的总比分获胜。2017 年 10 月 18 日，DeepMind 团队公布了最强版阿尔法围棋，代号 AlphaGo Zero。

图 7.1 AlphaGo 与中国围棋选手柯洁进行围棋对决

AlphaGo 是一种将高级搜索树(见图 7.2)与深度学习算法(见图 7.3)相结合的计算机程序。这些神经网络将对 Go 板的描述作为输入，并通过包含数百万个神经元样连接的许多不同的网络层对其进行处理。

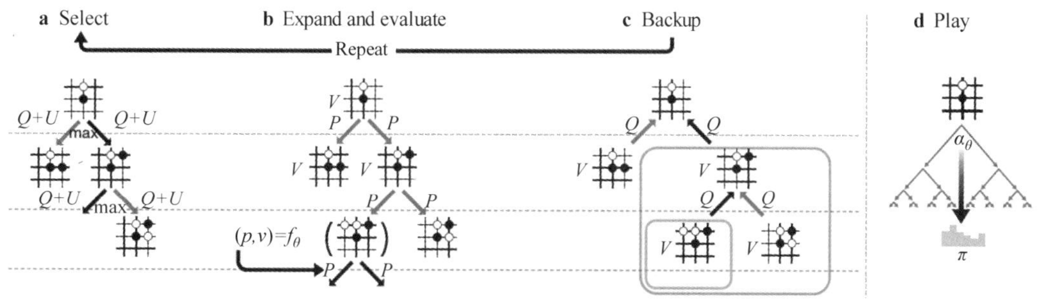

图 7.2 蒙特卡洛高级搜索树

这个智能程序主要的数据结构是深度神经网络，如图 7.4 所示。它包括“策略网络”和“价值网络”两种神经网络结构。“策略网络”选择下一个动作，“价值网络”预测游戏的获胜者。AlphaGo 中导入了大量人类棋手的棋谱，并在构建的深度神经网络上进行训练学习，用来发展对围棋对决的理解。然后，让它与自己的不同版本对抗数千次，每次都从错误中学习。随着时间的流逝，AlphaGo 不断完善，在学习和决策方面也越来越强大，并最终能够与人类最顶尖的围棋选手进行对决。

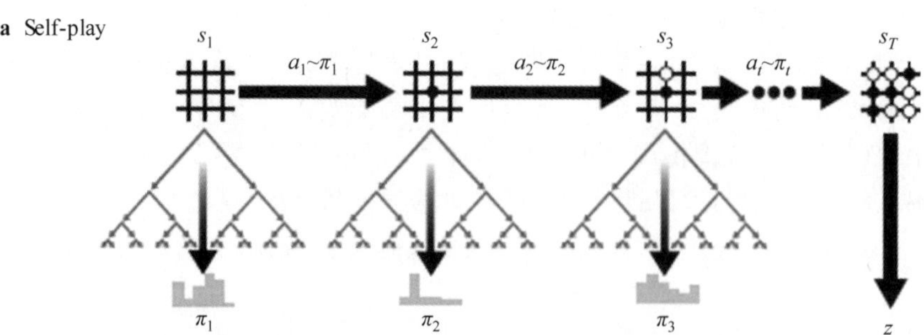

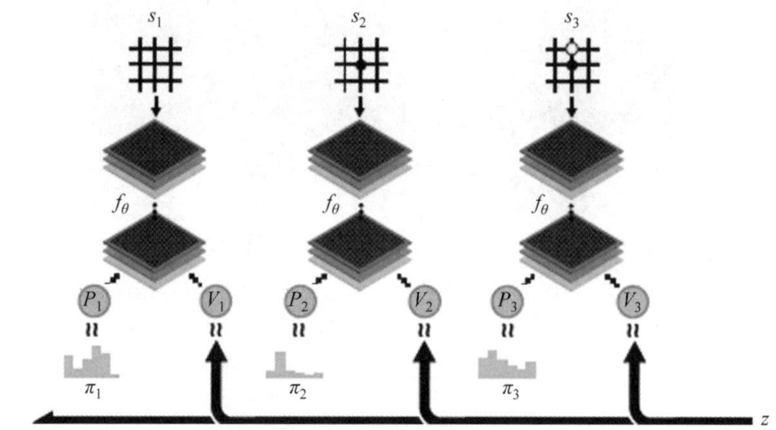

图 7.3　深度学习算法

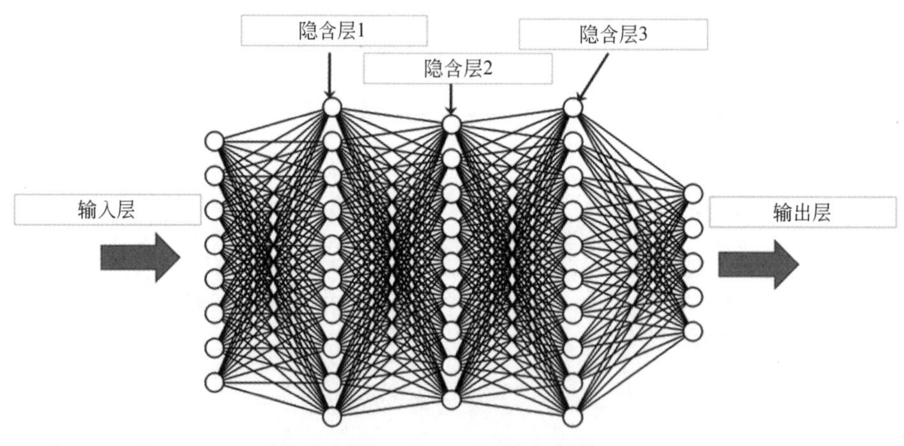

图 7.4　深度神经网络

AlphaGo 的数学模型是神经网络，这种结构属于图结构。它是由顶点和连线构成，顶点间是多对多的映射关系。如何更好地了解神经网络的原理，这需要从后续的有关图的知识开始学习。

【案例 7.2】　单循环比赛的胜负序列。

有如下的比赛模式，在有 n 个选手 $P_0, P_1, \cdots, P_{n-1}$ 参加的单循环赛中，要求按比赛过程中各选手间的胜负关系产生胜负序列，每对选手之间非胜即负。现要求求出一个选手的胜负序列：$P_0>P_1>P_2>\cdots>P_{n-1}$，即满足 P_i 胜 $P_{i+1}(0,1,\cdots,n-1)$，该种方法是以过程中的胜负为标准从而产生胜负序列，并且胜负序列经常是不唯一的，所以只需要求出其中的一个胜负序列关系。这个问题可以将比赛过程中的各个选手间的胜负关系转化为一个有向连通图，并且是完全图。对于有 n 个选手的情况，在只有胜负关系而没有平局的情况，可以用图来表示。用顶点表示每名选手，顶点间只有一条弧表示选手之间的胜负关系，弧尾所在顶点是赢家，弧头的顶点是输家。求解胜负序列的问题，可以看作是在这样的有向完全图之上求解一个经过所有顶点并且顶点不重复的序列，即求一个简单路径。在一个图的数据结构上求简单路径是本章学习中的一个典型算法，将在后续内容详细介绍。

图 7.5 所示为一个有 6 个选手的单循环赛对应的有向完全图，其中的一个解为 0,1,5,3,2,4。

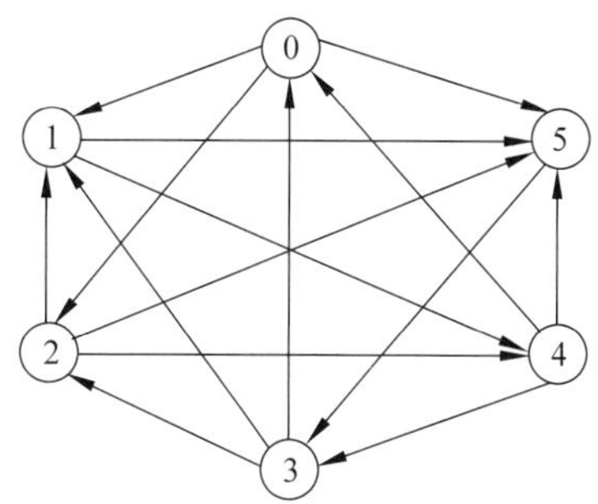

图 7.5 单循环比赛对应的有向完全图

对于图 7.5，可以定义邻接表或邻接矩阵来存储该问题的数据。

7.2 图的基本概念

7.2.1 图的定义和术语

1. 图的定义

图(graph)是由非空的顶点集合和一个描述顶点之间关系(边或者弧)的集合组成，其二元组定义为

$$G=(V,E)$$
$$V=\{v_i \mid v_i \in \text{dataobject}\}$$
$$E=\{(v_i,v_j) \mid v_i,v_j \in V \wedge P(v_i,v_j)\}$$

其中，G 表示一个图，V 是图 G 中顶点的集合，E 是图 G 中边的集合，集合 E 中 $P(v_i,v_j)$ 表示顶点 v_i 和顶点 v_j 之间有一条直接连线。集合 E 可以是空集，若 E 为空，则该图只有顶点而没有边，偶对 (v_i,v_j) 表示一条边。

2. 图的相关术语

(1) 无向图。

在一个图中,如果任意两个顶点构成的偶对$(v_i,v_j)\in E$是无序的,即顶点之间的连线是没有方向的,则称该图为无向图(undirected grpah)。图7.6所示的G_1是一个无向图。在该图中:

$G_1=(V_1,E_1)$;

$V_1=\{v_0,v_1,v_2,v_3,v_4\}$;

$E_1=\{(v_0,v_1),(v_0,v_3),(v_1,v_2),(v_2,v_3),(v_2,v_4),(v_1,v_4)\}$

(2) 有向图。

在一个图中,如果任意两个顶点构成的偶对$<v_i,v_j>\in E$是有序的,即顶点之间的连线是有方向的,则称该图为有向图(directed grpah)。图7.7所示的G_2是一个有向图。

$G_2=(V_2,E_2)$

$V_2=\{v_0,v_1,v_2,v_3\}$

$E_2=\{<v_0,v_1>,<v_0,v_2>,<v_2,v_3>,<v_3,v_0>\}$

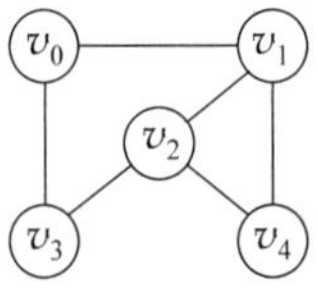

图7.6 无向图G_1

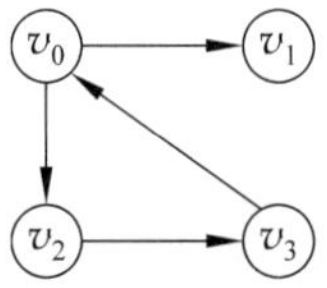

图7.7 有向图G_2

注意:为了方便区别,无向图的边用圆括号表示,有向图的边(或称为弧)用尖括号表示。显然在无向图中$(v_i,v_j)=(v_j,v_i)$,但在有向图中$<v_i,v_j>\neq<v_j,v_i>$。

(3) 顶点、边、弧、弧头、弧尾。

图中的数据元素v_i称为顶点(vertex);$P(v_i,v_j)$表示在顶点v_i和顶点v_j之间有一条直接连线。如果是在无向图中,则称这条连线为边;边用顶点的无序偶对(v,w)来表示,称顶点v和顶点w互为邻接点,边(v,w)称为与顶点v和w相关联。如果是在有向图中,一般称这条连线为弧(arc);弧用顶点的有序偶对$<v_i,v_j>$来表示,有序偶对的第一个结点v_i被称为始点(或弧尾 tail),在图中就是不带箭头的一端;有序偶对的第二个结点v_j被称为终点(或弧头 head),在图中就是带箭头的一端。若$<v,w>$是一条弧,则称顶点v邻接到w,顶点w邻接自v,$<v,w>$与顶点v和w相关联。

(4) 无向完全图。

在一个无向图中,如果任意两顶点都有一条直接边相连接,则称该图为无向完全图(undirected complete graph)。可以证明,在一个含有n个顶点的无向完全图中,有$n(n-1)/2$条边。图7.8所示的G_3是一个具有5个结点的无向完全图。

(5) 有向完全图。

在一个有向图中,如果任意两顶点之间都有方向互为相反的两条弧相连接,则称该图为有向完全图(directed complete graph)。在一个含有n个顶点的有向完全图中,有

$n(n-1)$条边。图 7.9 所示的 G_4 是一个具有 3 个结点的有向完全图。

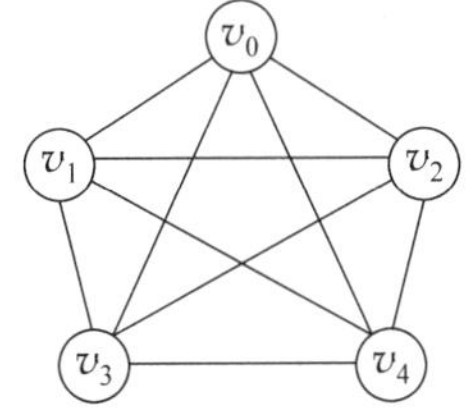

图 7.8　无向完全图 G_3

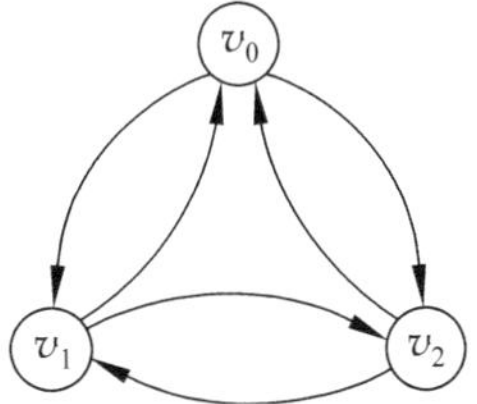

图 7.9　有向完全图 G_4

(6) 稠密图、稀疏图。

若一个图接近完全图,称为稠密图(dense graph);称边数很少的图(即 $e<<n(n-1)$)时,则称为稀疏图(sparse graph)。

(7) 度、入度、出度。

顶点的度(degree)是指依附于某顶点 v 的边数,通常记为 $D(v)$。在有向图中,要区别顶点的入度与出度的概念。顶点 v 的入度(indegree)是指以顶点 v 为终点的弧的数目,记为 $\mathrm{ID}(v)$;顶点 v 出度(outdegree)是指以顶点 v 为始点的弧的数目,记为 $\mathrm{OD}(v)$。

有 $\mathrm{D}(v)=\mathrm{ID}(v)+\mathrm{OD}(v)$。

例如,在图 7.6 所示的 G_1 中有:

$$D(v_0)=2 \quad D(v_1)=3 \quad D(v_2)=3 \quad D(v_3)=2 \quad D(v_4)=2$$

在图 7.7 所示的 G_2 中有:

$$\mathrm{ID}(v_0)=1 \quad \mathrm{OD}(v_0)=2 \quad D(v_0)=3$$
$$\mathrm{ID}(v_1)=1 \quad \mathrm{OD}(v_1)=0 \quad D(v_1)=1$$
$$\mathrm{ID}(v_2)=1 \quad \mathrm{OD}(v_2)=1 \quad D(v_2)=2$$
$$\mathrm{ID}(v_3)=1 \quad \mathrm{OD}(v_3)=1 \quad D(v_3)=2$$

可以证明,对于具有 n 个顶点、e 条边的图,顶点 v_i 的度 $D(v_i)$与顶点的个数以及边的数目满足关系:

$$e=\frac{1}{2}\sum_{i=1}^{n}D(v_i)$$

(8) 边的权、网图。

有时图的边或弧附带数值信息,这种数值称为权(weight)。在实际应用中,权值可以有某种含义。例如,在一个反映城市交通线路的图中,边上的权值可以表示该条线路的长度或者等级;对于一个电子线路图,边上的权值可以表示两个端点之间的电阻、电流或电压值;对于反映工程进度的图而言,边上的权值可以表示从前一个工程到后一个工程所需要的时间,等等。每条边或弧都带权的图称为带权图或网络(network)。图 7.10 所示的 G_5 就是一个无向网图。如果边是有方向的带权图,则是一个有向网图。

(9) 路径、路径长度。

在无向图中,顶点 v_p 到顶点 v_q 之间的路径(path)是指顶点序列 $v_p,v_{i1},v_{i2},\cdots,v_{im}$,

v_q。其中,(v_p, v_{i1}),(v_{i1}, v_{i2}),…,(v_{im}, v_q)分别为图中的边。路径上边的数目称为路径长度(path length)。在有向图中,路径也是有向的,它由若干条弧组成。图 7.6 所示的无向图 G_1 中,$v_0 \rightarrow v_3 \rightarrow v_2 \rightarrow v_4$ 与 $v_0 \rightarrow v_1 \rightarrow v_4$ 是从顶点 v_0 到顶点 v_4 的两条路径,路径长度分别为 3 和 2。

(10) 回路、简单路径、简单回路。

起点和终点相同的路径称为回路或者环(cycle)。序列中顶点不重复出现的路径称为简单路径。在图 7.6 中,前面提到的 v_0 到 v_4 的两条路径都为简单路径。除第一个顶点与最后一个顶点之外,其他顶点不重复出现的回路称为简单回路。如图 7.7 中的 $v_0 \rightarrow v_2 \rightarrow v_3 \rightarrow v_0$。

(11) 子图。

对于图 $G=(V,E)$,$G'=(V',E')$,若存在 V'是 V 的子集,E'是 E 的子集,则称图 G'是G 的一个子图(subgraph)。图 7.11 给出了 G_1 和 G_2 的两个子图 G'和G''

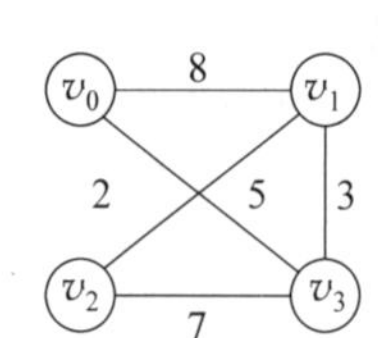

图 7.10 一个无向网图 G_5

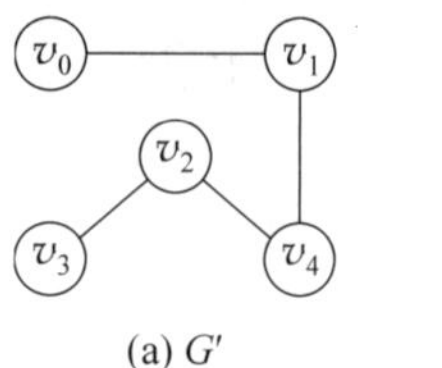

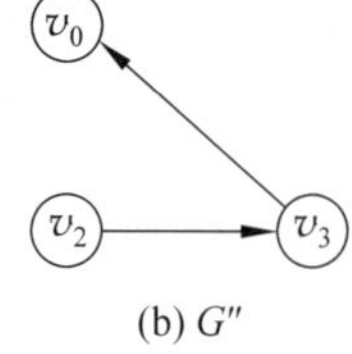

图 7.11 图 G_1 和图 G_2 的两个子图

(12) 连通的、连通图、连通分量。

在无向图中,如果从一个顶点 v_i 到另一个顶点 $v_j(i \neq j)$有路径,则称顶点 v_i 和 v_j 是连通的。如果图中任意两顶点都是连通的,则称该图是连通图(connected graph)。无向图的极大连通子图称为连通分量(connected component),基本特征表现为顶点数达到极大,如果再增加一个顶点就不再连通。图 7.12(a)中有两个连通分量,如图 7.12(b)所示。

(13) 强连通图、强连通分量。

对于有向图来说,若图中任意一对顶点 v_i 和 $v_j(i \neq j)$均有从一个顶点 v_i 到另一个顶点 v_j 的路径,也有从 v_j 到 v_i 的路径,则称该有向图是强连通图。有向图的极大强连通子图称为强连通分量。图 7.7 中有两个强连通分量,分别是$\{v_0, v_2, v_3\}$和$\{v_1\}$,如图 7.13 所示。

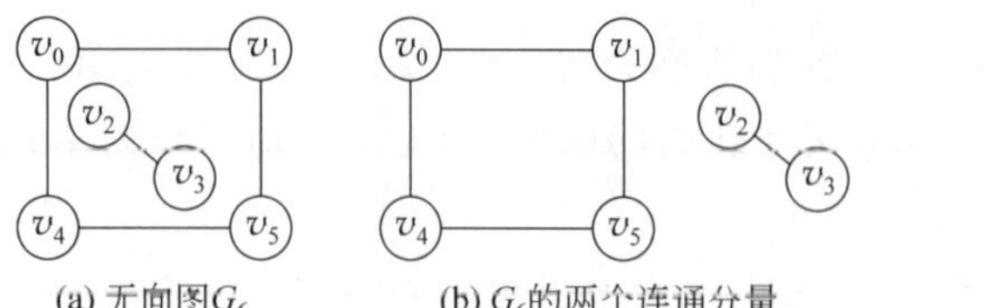

图 7.12 无向图 G_6 及连通分量示意图

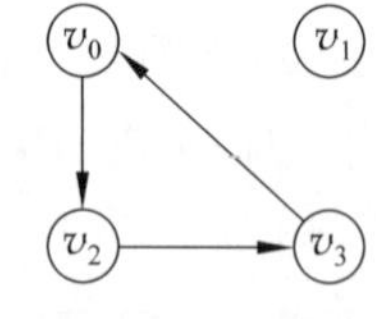

图 7.13 G_2 的两个强连通分量示意图

(14) 生成树、生成森林。

所谓连通图的生成树(spanning tree),是一个极小的连通子图,它包含图中全部顶点，且以最少的边数使其连通。一个具有 n 个顶点的连通图，它的生成树是由 n 个顶点和 $n-1$ 条边组成的连通子图。如果 G 的一个子图 G' 的边数大于 $n-1$，则 G' 中必定会产生回路。相反，如果 G' 的边数小于 $n-1$，则 G' 一定不连通。图 7.11(a)中 G' 给出了图 7.6中 G_1 的一棵生成树。在非连通图中，由每个连通分量都可得到一个极小连通子图，即一棵生成树。这些连通分量的生成树就组成了一个非连通图的生成森林(spanning forest)。

7.2.2 图的基本操作

根据图的定义可知，图的顶点之间没有先后次序之分，图中任一顶点都可以看成是第一顶点，而且任一顶点的邻接点也不存在确定的顺序。为了操作方便，可将图的顶点按某种顺序排列，由此即可得到顶点的位置(或序号)。同样也可以把每个顶点的邻接点进行排列，便可得到第一邻接点、第二邻接点等。在上述人为约定的基础上，可对图进行一些常用的基本操作。

图的基本操作定义如下。

CreatGraph(G)：输入图的顶点和边，建立图 G 的存储。

DestroyGraph(G)：释放图占用的存储空间。

GetVertex(G,v_i)：在图中找到顶点 v_i，并返回顶点 v_i 的相关信息。

AddVertex(G,v_i)：在图中增添新顶点 v_i。

DelVertex(G,v_i)：在图中删除顶点 v_i 及所有和顶点 v_i 相关联的边或弧。

AddArc(G,v_i,v_j)：在图中增添一条从顶点 v_i 到顶点 v_j 的边或弧。

DelArc(G,v_i,v_j)：在图中删除一条从顶点 v_i 到顶点 v_j 的边或弧。

DFS(G,v_i)：在图中，从顶点 v_i 出发深度优先遍历图。

BFS(G,v_i)：在图中，从顶点 v_i 出发广度优先遍历图。

在一个图中，顶点是没有先后次序的，但当采用某一种确定的存储方式存储后，存储结构中顶点的存储次序就构成了顶点之间的相对次序，这里用顶点在图中的位置表示该顶点的存储顺序；同样的道理，对一个顶点的所有邻接点，采用该顶点的第 i 个邻接点表示与该顶点相邻接的某个顶点的存储顺序，在这种意义下，图的基本操作还有如下几种。

LocateVertex(G,v_i)：在图中找到顶点 v_i，返回该顶点存储向量的下标，也称序号。

FirstAdjVertex(G,v_i)：在图中，返回 v_i 的第一个邻接点。若顶点在图中没有邻接顶点，则返回“空”。

NextAdjVertex(G,v_i,v_j)：在图中，返回 v_i 的(相对于 v_j 的)下一个邻接顶点。若 v_j 是 v_i 的最后一个邻接点，则返回“空”。

7.3 图的存储结构

图是一种结构复杂的数据结构，表现在不仅各个顶点的度可以千差万别，而且顶点之间的逻辑关系也错综复杂。从图的定义可知，一个图的信息包括两部分，即图中顶点的信息以及描述顶点之间的关系(边或者弧)的信息。因此无论采用什么方法建立图的存储结构,都要完整、准确地反映这两方面的信息。下面介绍几种常用的图的存储结构。

7.3.1 邻接矩阵

所谓邻接矩阵(adjacency matrix)的存储结构,就是用一维数组存储图中顶点的信息,用一个二维数组表示图中各顶点之间的邻接关系信息,这个二维数组称为邻接矩阵。假设图 $G=(V,E)$ 有 n 个确定的顶点,即 $V=\{v_0,v_1,\cdots,v_{n-1}\}$,则表示 G 中各顶点相邻关系为一个 $n\times n$ 的矩阵,矩阵的元素为

$$\mathbf{A}[i][j]=\begin{cases}1, & \text{顶点 } i \text{ 与 } j \text{ 之间有边或弧}\\ 0, & \text{顶点 } i \text{ 与 } j \text{ 之间无边或弧}\end{cases}$$

若 G 是带权图,则邻接矩阵可定义为

$$\mathbf{A}[i][j]=\begin{cases}w_{ij}, & \text{顶点 } i \text{ 与 } j \text{ 之间有边或弧,且权值为 } w_{ij}\\ 0, & \text{所在的对角线元素}(i=j)\\ \infty, & \text{顶点 } i \text{ 与 } j \text{ 之间无边或弧}\end{cases}$$

其中,w_{ij} 表示边 (v_i,v_j) 或弧 $<v_i,v_j>$ 上的权值;∞表示一个计算机允许的、大于所有边上权值的数。

用邻接矩阵表示法表示无向图,如图 7.14 所示。

图 7.14 一个无向图的邻接矩阵表示

用邻接矩阵表示法表示带权图,如图 7.15 所示。

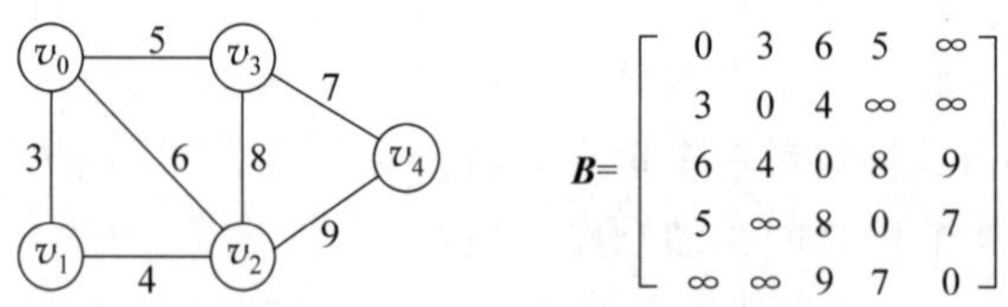

图 7.15 一个带权图的邻接矩阵表示

从图的邻接矩阵存储方法容易看出这种表示具有以下特点。

(1) 无向图的邻接矩阵一定是一个对称矩阵。因此,在具体存放邻接矩阵时只需存放上(或下)三角矩阵的元素即可。有向图的邻接矩阵不一定是对称矩阵。

(2) 对于无向图,邻接矩阵的第 i 行(或第 i 列)非零元素(或非∞元素)的个数正好是第 i 个顶点的度 $D(v_i)$。

(3) 对于有向图,邻接矩阵的第 i 行(或第 i 列)非零元素(或非∞元素)的个数正好是第 i 个顶点的出度 $\mathrm{OD}(v_i)$(或入度 $\mathrm{ID}(v_i)$)。

(4) 用邻接矩阵方法存储图,很容易确定图中任意两个顶点之间是否有边相连。但

是,要确定图中有多少条边,则必须按行、列对每个元素进行检测,所花费的时间代价很大,这是用邻接矩阵存储图的局限性。

(5) 在邻接矩阵表示法中,如果是顶点很多而边很少的图,将会表示成一个稀疏矩阵,这不仅浪费空间,而且使一些算法变得很慢。

下面介绍图的邻接矩阵存储表示。

在用邻接矩阵存储图时,除了用一个二维数组存储用于表示顶点间相邻关系的邻接矩阵外,还需用一个一维数组来存储顶点信息,另外还有图的顶点数和边数。故可将其形式描述如下。

```
#define MaxVertexNum 30                    /* 最大顶点个数 */
typedef struct {
    VertexType vertexs[MaxVertexNum];      /* 顶点表 */
    Edgetype arcs[MaxVertexNum][MaxVertexNum];      /* 邻接矩阵,即边表 */
    int vertexNum,edgeNum;                 /* 顶点数和边数 */
}MGragh;                                   /* MGragh 是以邻接矩阵存储的图类型 */
```

建立一个图的邻接矩阵存储的算法见算法 7.1。

【算法 7.1】

```
void CreatGraph(MGraph * G)                          /* 建立有向图 G 的邻接矩阵存储 */
{  int i,j,k,w;
   scanf("%d,%d",&(G->vertexNum),&(G->edgeNum));     /* 输入顶点数和边数 */
   for (i=0;i<G->vertexNum;i++)
     scanf("%c",&(G->vertexs [i]));                  /* 输入顶点信息,建立顶点表 */
   for(i=0;i<G->vertexNum;i++)
   for(j=0;j<G->vertexNum;j++)
       G->arcs[i][j]=0;                              /* 初始化邻接矩阵 */
   for(k=0;k<G->edgeNum;k++)
   {
      scanf("%d,%d",&i,&j);                          /* 输入 e 条边,建立邻接矩阵 */
     G->arcs[i][j]=1;   /* 若加入 G->arcs[j][i]=1,则为无向图的邻接矩阵存储建立 */
   }
}
```

对于带权图邻接矩阵的建立方法是,首先将矩阵的每个元素都初始化,如果 $i=j$,则使 G－＞arcs[i][j]=0,否则为∞(若图的权值为整数,则定义为最大整数;若为实数,则定义为最大实数)。然后读入边及权值(i,j,w_{ij}),将矩阵的相应元素置成 w_{ij}。

7.3.2 邻接表

邻接表(adjacency list)是图的一种顺序存储与链式存储结合的存储方法。邻接表表示法类似于树的孩子链表表示法。就是对于图 G 中的每个顶点 v_i,将所有邻接于 v_i 的顶点 v_j 链成一个单链表,这个单链表就称为顶点 v_i 的邻接表,再将所有点的邻接表表头放到数组中,就构成了图的邻接表。其中,单链表中的结点称为表结点,每个单链表设的一个头结点称为顶点结点。在邻接表表示中有两种结点结构，如图 7.16 所示。

一种是顶点结点结构，它由顶点域(vertex)和指向第一条邻接边的指针域，即边表头指针(firstedge)构成；另一种是表结点，它由邻接点域(adjvertex)和指向下一条邻接边的指针域(next)构成。对于带权图的边表需再增设一个存储边上信息(如权值等)的域(info)，带权图的边表结构如图 7.17 所示。

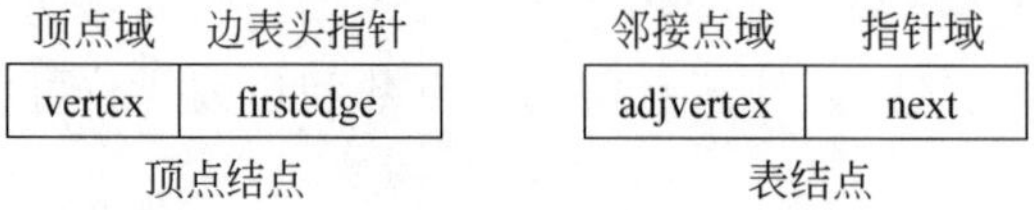

顶点域	边表头指针
vertex	firstedge

顶点结点

邻接点域	指针域
adjvertex	next

表结点

图 7.16　邻接矩阵表示的结点结构

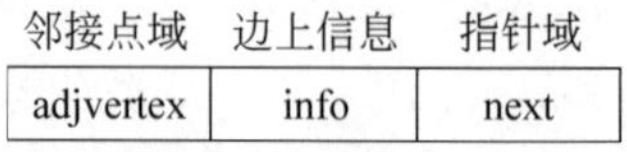

邻接点域	边上信息	指针域
adjvertex	info	next

图 7.17　带权图的边表结构

图 7.18 给出无向图 7.14 对应的邻接表的表示。

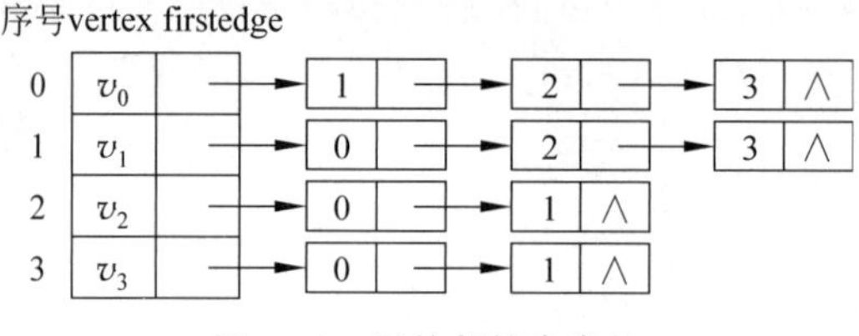

图 7.18　图的邻接表表示

邻接表表示的形式描述如下：

```
#define MaxVertexNum 30                        /* 最大顶点数为 30 */
typedef struct node {                          /* 表结点 */
      int adjvertex;    /* 邻接点域，一般是存放顶点对应的序号或在表头向量中的下标 */
      InfoType info;                           /* 与边(或弧)相关的信息 */
      struct node * next;                      /* 指向下一个邻接点的指针域 */
}EdgeNode;
typedef struct vnode {                         /* 顶点结点 */
      VertexType vertex;                       /* 顶点域 */
      EdgeNode * firstedge;                    /* 边表头指针 */
}VertexNode;
typedef struct {
      VertexNode adjlist[MaxVertexNum]; /* 邻接表 */
      int vertexNum,edgeNum;                   /* 顶点数和边数 */
}ALGraph;                                      /* ALGraph 是以邻接表方式存储的图类型 */
```

建立一个有向图的邻接表存储的算法如下。

【算法 7.2】

```
void CreateALGraph(ALGraph * G)
{ /* 建立有向图的邻接表存储 */
   int i,j,k;
   EdgeNode * p;
   scanf("%d,%d",&(G->vertexNum),&(G->edgeNum));     /* 读入顶点数和边数 */
```

```
    for(i=0;i<G->vertexNum;i++)                /* 建立有 n 个顶点的顶点表 */
    {  scanf("%c",&(G->adjlist[i].vertex));    /* 读入顶点信息 */
       G->adjlist[i].firstedge=NULL;           /* 顶点的边表头指针设为空 */
    }
    for(k=0;k<G->edgeNum;k++)                  /* 建立边表 */
    {  scanf("%d,%d",&i,&j);                   /* 读入边<Vi,Vj>的顶点对应序号 */
       p=(EdgeNode*)malloc(sizeof(EdgeNode));/* 生成新边表结点 p */
       p->adjvertex=j;                         /* 邻接点序号为 j */
       p->next=G->adjlist[i].firstedge;      /* 将新边表结点 p 插入顶点 Vi 的链表头部 */
       G->adjlist[i].firstedge=p;
    }
}                                              /* CreateALGraph */
```

若无向图中有 n 个顶点、e 条边，则它的邻接表需 n 个头结点和 $2e$ 个表结点。显然，在边稀疏（$e \ll n(n-1)/2$）的情况下，用邻接表表示图比邻接矩阵节省存储空间，当和边相关的信息较多时更是如此。

在无向图的邻接表中，顶点 v_i 的度恰为第 i 个链表中的结点数；而在有向图中，第 i 个链表中的结点个数只是顶点 v_i 的出度，为求入度，必须遍历整个邻接表。在所有链表中，其邻接点域的值为 i 的结点的个数是顶点 v_i 的入度。有时，为了便于确定顶点的入度或以顶点 v_i 为头的弧，可以建立一个有向图的逆邻接表，即对每个顶点 v_i 建立一个以 v_i 为头的弧的链表。例如图 7.19 所示为有向图 G_2（见图 7.7）的邻接表和逆邻接表。

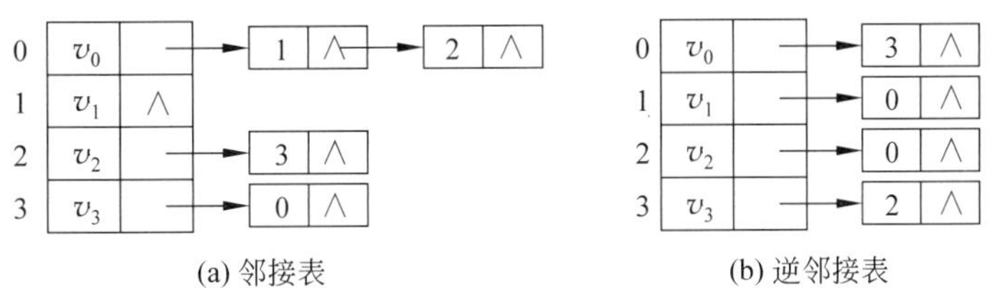

图 7.19　图 7.7 的邻接表和逆邻接表

在建立邻接表或逆邻接表时，若输入的顶点信息为顶点的编号，则建立邻接表的复杂度为 $O(n+e)$，否则，需要通过查找才能得到顶点在图中位置，则时间复杂度为 $O(n\times e)$。在邻接表上容易找到任一顶点的第一个邻接点和下一个邻接点，但要判定任意两个顶点（v_i 和 v_j）之间是否有边或弧相连，则需搜索第 i 个或第 j 个链表，因此，不如邻接矩阵方便。

7.3.3　十字链表

十字链表（orthogonal list）是有向图的一种存储方法，它实际上是邻接表与逆邻接表的结合，即把每一条弧的两个结点分别组织到以弧尾顶点为头结点的链表和以弧头顶点为头顶点的链表中。在十字链表表示中，顶点表和边表的结点结构分别如图 7.20(a)和(b)所示。

在弧结点中有 5 个域，其中尾域（tailvertex）和头域（headvertex）分别指示弧尾和弧

顶点值域	指针域	指针域
vertex	firstin	firstout

(a) 十字链表顶点表结点结构

弧尾结点	弧头结点	弧上信息	指针域	指针域
tailvertex	headvertex	info	hlink	tlink

(b) 十字链表边表的弧结点结构

图 7.20 十字链表顶点表、边表的弧结点结构示意

头这两个顶点在图中的位置,链域 hlink 指向弧头相同的下一条弧,链域 tlink 指向弧尾相同的下一条弧,info 域指向该弧的相关信息。弧头相同的弧在同一链表上,弧尾相同的弧也在同一链表上。它们的头结点即为顶点结点,它由 3 个域组成,其中 vertex 域存储和顶点相关的信息,如顶点的名称等;firstin 和 firstout 为两个链域,分别指向以该顶点为弧头或弧尾的第一个弧结点。例如,图 7.21(a)中所示图的十字链表如图 7.21(b)所示(省略 info 域)。若将有向图的邻接矩阵看成是稀疏矩阵的话,则十字链表也可以看成是邻接矩阵的链表存储结构,在图的十字链表中,弧结点所在的链表为非循环链表,结点之间相对位置自然形成,不一定按顶点序号有序,表头结点即顶点结点,它们之间是顺序存储。

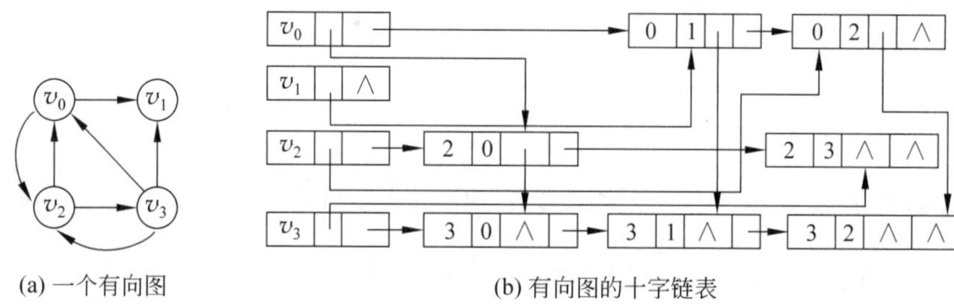

图 7.21 有向图及其十字链表表示

有向图的十字链表存储表示的形式描述如下:

```
#define MaxVertexNum 30
typedef struct ArcNode {
      int tailvertex,headvertex;          /* 该弧的尾和头顶点的位置 */
      struct ArcNode * hlink, * tlink;    /* 分别为弧头相同和弧尾相同的弧的链域 */
      InfoType info;                      /* 该弧相关信息的指针 */
}ArcNode;
typedef struct VertexNode {
      VertexType vertex;
      ArcNode * fisrin, * firstout;       /* 分别指向该顶点第一条入弧和出弧 */
}VertexNode;
typedef struct {
      VertexNode xlist[MaxVertexNum];     /* 表头向量 */
      int vertexNum,edgeNum;              /* 有向图的顶点数和弧数 */
}OLGraph;
```

下面给出建立一个有向图的十字链表存储的算法。通过该算法,只要输入 n 个顶点的信息和 e 条弧的信息,便可以建立该有向图的十字链表,其算法如下。

【算法 7.3】

```
void CreateOLgraph(OLGraph * G)
/* 采用十字链表表示,构造有向图 */
{  scanf("%d,%d",&(G->vertexNum),&(G->edgeNum));
   /* 读入顶点数和弧数 */
   for(i=0;i<G->vertexNum;i++)                     /* 构造表头向量 */
   {  scanf("%d",&(G->xlist[i].vertex));           /* 输入顶点值 */
      G->xlist[i].firstin=NULL;G->xlist[i].firstout=NULL;     /* 初始化指针 */
   }
   for(k=0;k<G->edgeNum;k++)                       /* 输入各弧并构造十字链表 */
   {  scanf("%d,%d",&v1,&v2);                      /* 输入一条弧的始点和终点 */
      i=LocateVertex(G,v1);
      j=LocateVertex(G,v2);                        /* 确定 v1 和 v2 在 G 中位置 */
      p=(ArcNode *)malloc(sizeof(ArcNode));        /* 假定有足够空间 */
      p->tailvertex=i; p->headvertex=j;
      p->tlink=G->xlist[i].firstout;G->xlist[i].firstout=p;
      p->hlink=G->xlist[j].firstin;G->xlist[j].firstin=p;
      /* 对弧结点赋值,完成在入弧和出弧链头的插入 */
   }
}                                                  /* CreateOLGraph */
```

在十字链表中既容易找到以某结点为尾的弧,也容易找到以某结点为头的弧,因而容易求得结点的出度和入度(若需要,可在建立十字链表的同时求出)。同时,由算法 7.3 可知,建立十字链表的时间复杂度和建立邻接表是相同的。在某些有向图的应用中,十字链表是很有用的工具。

7.3.4 邻接多重表

邻接多重表(adjacency multilist)主要用于存储无向图。因为如果用邻接表存储无向图,每条边的两个边结点分别在以该边所依附的两个顶点为头结点的链表中,这给图的某些操作带来不便。例如,对已访问过的边做标记,或者要删除图中某一条边等,都需要找到表示同一条边的两个结点。因此,在进行这一类操作的无向图的问题中采用邻接多重表作存储结构更为适宜。

邻接多重表的存储结构和十字链表类似,也是由顶点表和边表组成,每一条边用一个结点表示,其顶点表结点结构和边表结点结构如图 7.22 所示。

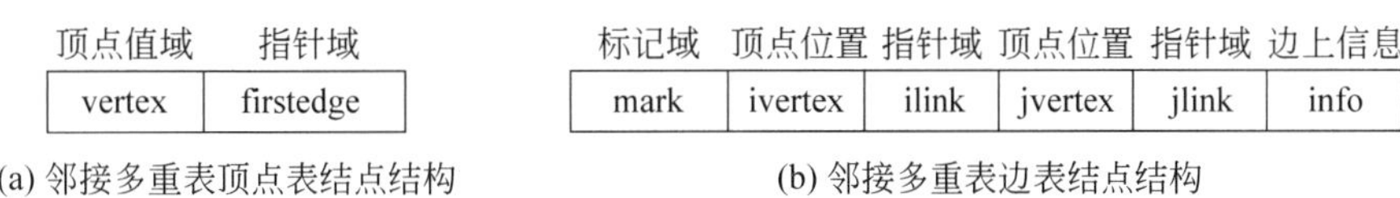

图 7.22 邻接多重表顶点表、边表结构示意图

其中,顶点表由两个域组成,vertex 域存储和该顶点相关的信息,firstedge 域指示第

一条依附于该顶点的边;边表结点由 6 个域组成,mark 为标记域,可用以标记该条边是否被搜索过;ivertex 和 jvertex 为该边依附的两个顶点在图中的位置;ilink 指向下一条依附于顶点 ivertex 的边;jlink 指向下一条依附于顶点 jvertex 的边,info 为指向和边相关的各种信息的指针域。

例如,图 7.23 所示为图 7.6 中无向图 G_1 的邻接多重表(省略 info 域)。在邻接多重表中,所有依附于同一顶点的边串联在同一链表中,由于每条边依附于两个顶点,则每个边结点同时链接在两个链表中。可见,对无向图而言,其邻接多重表和邻接表的差别,仅仅在于同一条边在邻接表中用两个结点表示,而在邻接多重表中只有一个结点。因此,除了在边结点中增加一个标志域外,邻接多重表所需的存储量和邻接表相同。在邻接多重表上,各种基本操作的实现亦和邻接表相似。邻接多重表存储表示的形式描述如下:

```
#define MaxVertexNum 30
typedef emnu { unvisited,visited} Visitif;
typedef struct EdgeNode {
      Visitif mark;                          /* 访问标记 */
      int ivertex,jvertex;                   /* 该边依附的两个顶点的位置 */
      struct EdgeNode * ilink, * jlink;      /* 分别指向依附这两个顶点的下一条边 */
      InfoType info;                         /* 该边信息指针 */
}EdgeNode;
typedef struct VertexNode {
      VertexType verter;
      EdgeNode * firstedge;                  /* 指向第一条依附该顶点的边 */
}VertexNode;
typedef struct {
      VertexNode adjmulist[MaxVertexNum];
      int vertexNum,edgeNum;                 /* 无向图的当前顶点数和边数 */
}AMLGraph;
```

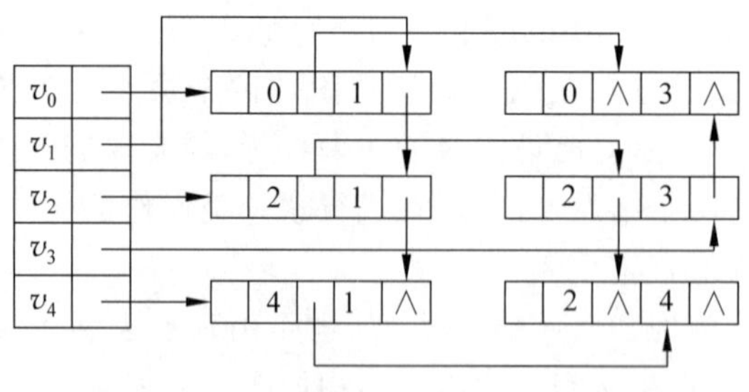

图 7.23　无向图 G_1 的邻接多重表

7.4　图的遍历

图的遍历是指从图中的任一顶点出发,对图中所有顶点访问一次而且仅访问一次。图的遍历是图的一种基本操作,图的许多其他操作都是建立在遍历操作的基础之上。

图的遍历操作较为复杂，主要表现在以下 4 方面。

(1) 在图结构中，没有一个“自然”的首结点，图中任意一个顶点都可以作为第一个被访问的结点。

(2) 在非连通图中，从一个顶点出发，只能够访问它所在的连通分量上的所有顶点，因此，还需考虑如何选取下一个出发点以访问图中其余的连通分量。

(3) 在图结构中，如果有回路存在，那么一个顶点被访问之后，有可能沿回路又回到该顶点。

(4) 在图结构中，一个顶点可以和其他多个顶点相连，当这样的顶点访问过后，存在如何选取下一个要访问的顶点的问题。

图的遍历通常有深度优先搜索和广度优先搜索两种方式，它们对无向图和有向图都适用。

7.4.1 深度优先搜索

深度优先搜索(depth_first search)遍历类似于树的先序遍历，是树的先序遍历的推广。

假设初始状态是图中所有顶点未曾被访问，则深度优先搜索可以从图中某个顶点 v 出发，访问此顶点，然后依次从 v 的未被访问的邻接点出发深度优先遍历图，直至图中所有和 v 有路径相通的顶点都被访问到；若此时图中尚有顶点未被访问，则另选图中一个未曾被访问的顶点作起始点，重复上述过程，直至图中所有顶点都被访问到为止。

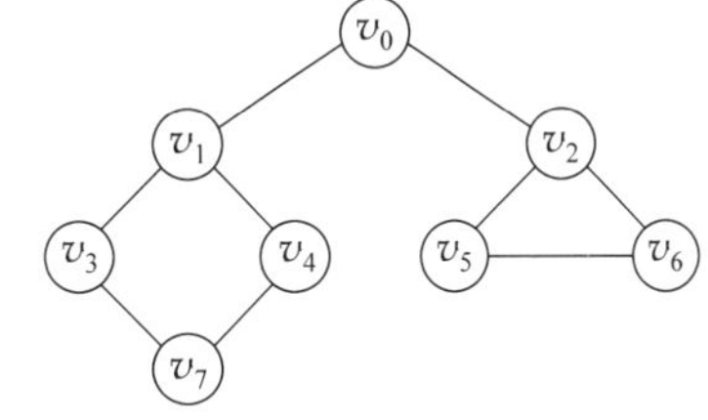

图 7.24 一个无向图

以图 7.24 所示的无向图为例，进行图的深度优先搜索。假设从顶点 v_0 出发进行搜索，在访问了顶点 v_0 之后，选择邻接点 v_1。因为 v_1 未曾访问，则从 v_1 出发进行搜索。以此类推，接着从 v_3、v_7、v_4 出发进行搜索。在访问了 v_4 之后，由于 v_4 的邻接点都已被访问，则搜索回到 v_7。由于同样的理由，搜索继续回到 v_3、v_1 直至 v_0，此时由于 v_0 的另一个邻接点未被访问，则搜索又从 v_0 到 v_2，再继续进行下去，由此得到的顶点访问序列为

$$v_0 \rightarrow v_1 \rightarrow v_3 \rightarrow v_7 \rightarrow v_4 \rightarrow v_2 \rightarrow v_5 \rightarrow v_6$$

显然，这是一个递归的过程。为了在遍历过程中便于区分顶点是否已被访问，需设访问标志数组 visited[n]，其初值为 false，一旦某个顶点被访问，则其相应的分量置为 true。

算法 7.4 和算法 7.5 给出了对整个图 G 以邻接表为存储结构进行深度优先遍历的描述。

【算法 7.4】

```
#define MaxVertexNum 30
#define false 0
#define true 1
int visited[MaxVertexNum];
```

```
void DFStraverse(ALGraph G)
    /*深度优先遍历以邻接表表示的图 G*/
{   int v;
    for(v=0;v<G.vertexNum;v++)
        visited[v]=flase;              /*标志向量初始化*/
    for(v=0;v<G. vertexNum;v++)
        if(!visited[v])DFS(G,v);
}                                      /*DFS*/
```

【算法 7.5】

```
void DFS(ALGraph G,int v)              /*从第 v 个顶点出发深度优先遍历图 G*/
{  EdgeNode *p;
   int w;
   Visit(v);visited[v]=true;           /*访问第 v 个顶点,并把访问标志置 true*/
   for(p=G.adjlist[v].firstedge;p; p=p->next)
   {  w=p->adjvertex;
      if(!visited[w])DFS(G,w);         /*对 v 尚未访问的邻接顶点 w 递归调用 DFS*/
   }
}
```

分析上述算法：在遍历时，对图中每个顶点至多调用一次 DFS 函数，因为一旦某个顶点被标志成已被访问，就不再从它出发进行搜索。因此，遍历图的过程实质上是对每个顶点查找其邻接点的过程。耗费的时间则取决于所采用的存储结构。用二维数组表示邻接矩阵存储结构时，查找每个顶点的邻接点所需时间为 $O(n^2)$，其中 n 为图中顶点数。而当以邻接表作图的存储结构时，找邻接点所需时间为 $O(e)$，其中 e 为无向图中边的数或有向图中弧的数。由此，当以邻接表作存储结构时，深度优先搜索遍历图的时间复杂度为 $O(n+e)$。

7.4.2 广度优先搜索

广度优先搜索(breadth_first search)遍历类似于树的按层次遍历的过程。

假设从图中某顶点 v 出发，在访问了 v 之后依次访问 v 的各个未曾访问过的邻接点，然后分别从这些邻接点出发依次访问它们的邻接点，并使“先被访问的顶点的邻接点”先于“后被访问的顶点的邻接点”被访问，直至图中所有已被访问的顶点的邻接点都被访问到。若此时图中尚有顶点未被访问，则另选图中一个未曾被访问的顶点作起始点，重复上述过程，直至图中所有顶点都被访问到为止。换句话说，广度优先搜索遍历图的过程中以 v 为起始点，由近至远，依次访问和 v 有路径相通且路径长度为 1，2，…的顶点。

例如，对图 7.24 所示无向图进行广度优先搜索遍历，首先访问 v_0 和 v_0 的邻接点 v_1 和 v_2，然后依次访问 v_1 的邻接点 v_3 和 v_4 及 v_2 的邻接点 v_5 和 v_6，最后访问 v_3 的邻接点 v_7。由于这些顶点的邻接点均已被访问，并且图中所有顶点都被访问，由此完成了图的遍历。得到的顶点访问序列为

$$v_0 \to v_1 \to v_2 \to v_3 \to v_4 \to v_5 \to v_6 \to v_7$$

和深度优先搜索类似,在遍历的过程中也需要一个访问标志数组。为了顺次访问路径长度为2,3,…的顶点,需设队列以存储已被访问的路径长度为1,2,…的顶点。

以邻接表为存储结构,从图的某一点 v 出发,进行广度优先遍历的算法如下。

【算法7.6】

```
void BFS(ALGraph G,int v)
{   /*从v出发按广度优先遍历图G;使用辅助队列Q和访问标志数组visited*/
      EdgeNode *p;
      int u,v,w;
      PSeqQueue Q;                 /*定义一个队列*/
      Q=Init_SeqQueue();           /*置空的队列Q,参考第3章*/
      Visit(v);                    /*访问v,注意Visit函数和visited数组的区别*/
      visited[v]=true;             /*把访问标志置true*/
      In_SeqQueue(Q,v);            /*v入队列*/
      while(! Empty _SeqQueue(Q))
      {  Out_SeqQueue(Q,&u);       /*出队列*/
         for(p=G.adjlist[u].firstedge;p; p=p->next)
         {  w=p->adjvertex;
            if(!visited[w])
            {  Visit(w);
               visited[w]=true;
               In_SeqQueue(Q,w);   /*u的尚未访问的邻接顶点w入队列Q*/
            }
         }
      }
}                                  /*BFS*/
```

算法7.7和算法7.8给出了对以邻接矩阵为存储结构的整个图 G 进行广度优先遍历实现的C语言描述。

【算法7.7】

```
void BFStraverse(MGraph G)
{  /*广度优先遍历图G*/
       int v ;
       for(v=0;v<G.vertexNum;v++)
            visited[v]=false;             /*标志向量初始化*/
       for(v=0;v<G.vertexNum;v++)
            if(!visited[v])BFS(G,v);    /*v未访问过,从v开始BFS*/
}
```

【算法7.8】

```
void BFS(MGraph G,int v)
{  /*以v为出发点,对图G进行BFS*/
```

```
    int i,j;
    PSeqQueue Q;
    Q=Init_SeqQueue();
    Visit(v);                                     /* 访问 */
    visited[v]=true;
    In_SeqQueue(Q,v);                             /* 原点入队列 */
    while(!Empty_SeqQueue(Q))
    {  Out_SeqQueue(Q,&i);                        /* 出队列 */
       for(j=0;j<G.vertexNum;j++)                 /* 依次搜索 i 的邻接点 j */
       if(G.arcs[i][j]==1 && !visited[j])         /* 若 j 未访问 */
       {  Visit(j);                               /* 访问 */
          visited[j]=true;
          In_SeqQueue(Q,j);                       /* j 入队列 */
       }
    }
}                                                 /* BFS */
```

分析上述算法,每个顶点至多进一次队列。遍历图的过程实质是通过边或弧找邻接点的过程,因此广度优先搜索遍历图的时间复杂度和深度优先搜索遍历相同,二者不同之处仅在于对顶点访问的顺序。

7.4.3 应用图的遍历判定图的连通性

判定一个图的连通性是图的应用问题之一,可以利用图的遍历算法来求解这一问题。本节重点讨论无向图的连通性。

在对无向图进行遍历时,对于连通图,仅需从图中任一顶点出发,进行深度优先搜索或广度优先搜索,便可访问到图中所有顶点。对非连通图,则需从多个顶点出发进行搜索,而每一次从一个新的起始点出发进行搜索的过程中得到的顶点访问序列恰为其各个连通分量中的顶点集。例如,图 7.12(a)是一个非连通图,按照图 7.25 所示的邻接表进行深度优先搜索遍历,需由算法 7.4 调用两次 DFS(即分别从顶点 v_0 和 v_2 出发),得到的顶点访问序列分别为

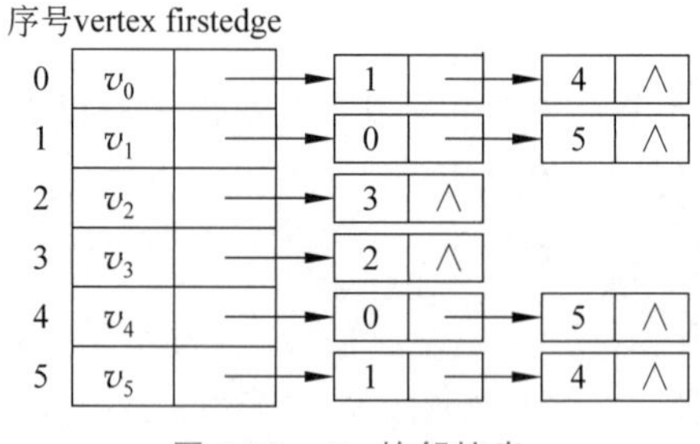

图 7.25 G_6 的邻接表

$$v_0\ v_1\ v_5\ v_4 \quad 和 \quad v_2\ v_3$$

这两个顶点集分别加上所有依附于这些顶点的边,便构成了非连通图 G_6 的两个连通分量,如图 7.12(b)所示。

因此,要想判定一个无向图是否为连通图,或有几个连通分量,可以设一个计数变量 count,初始时取值为 0,在算法 7.4 的第二个 for 循环中,每调用一次 DFS,就给 count 增 1。这样,当整个算法结束时,依据 count 的值,就可以确定图的连通性了,请读者编写这个算法。

7.4.4 图的遍历的其他应用

图的深度遍历和广度遍历是图中的重要算法，灵活运用图的遍历算法可以解决一些较为复杂的问题。

【例 7.1】 农夫过河问题。一个农夫带着一只羊、一只狼和一颗白菜过河（从左岸到右岸）。河边只有一条船，由于船太小，只能装下农夫和他的一样东西。在无人看管的情况下，狼要吃羊，羊要吃菜，请问农夫如何才能使三样东西平安过河。

分析：该问题是属于人工智能方面的经典问题，可以转换成图的问题。因为在解决问题的过程中，农夫需要多次驾船往返于两岸之间，每次可以带一样东西或自己单独过河，每次过河都会使农夫、狼、羊和菜所处的位置发生变化。如果利用一个四元组(farmer、wolf、sheep、vegetable)表示当前所处的位置，其中每个元素可以是 0 或 1，0 表示左岸，1 表示右岸。该四元组具有 16 种不同状态，初始时的状态为(0,0,0,0)，最终要达到的目标状态为(1,1,1,1)。状态之间的转换可能出现下面 4 种情况。

（1）农夫不带任何东西过河，可表示为

```
(farmer、wolf、sheep、vegetable)→(!farmer、wolf、sheep、vegetable)
```

（2）农夫带狼过河，可表示为

```
(farmer、wolf、sheep、vegetable)→(!farmer、!wolf、sheep、vegetable)
```

（3）农夫带羊过河，可表示为

```
(farmer、wolf、sheep、vegetable)→(!farmer、wolf、!sheep、vegetable)
```

（4）农夫带菜过河，可表示为

```
(farmer、wolf、sheep、vegetable)→(!farmer、wolf、sheep、!vegetable)
```

其中运算!代表非运算，即对于任何元素 x，有：

$$!x=\begin{cases}1, & x=0\\0, & x=1\end{cases}$$

按照问题的求解方法发现，这 16 种状态中有些状态是不安全的（即不允许出现），例如(1,0,0,1)表示农夫和菜在右岸，而狼和羊在左岸，这样狼会吃掉羊。因此从 16 种状态中删除不安全的状态，将剩余的安全状态之间根据转换关系联系起来，可得到求解简略状态图 7.26。

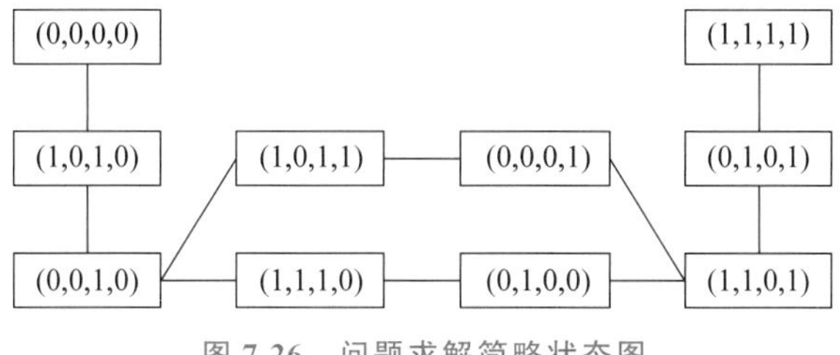

图 7.26 问题求解简略状态图

实际问题的求解就是从图 7.26 中寻找一条从顶点(0,0,0,0)到(1,1,1,1)的路径问题。因此对该问题的解决可以选择深度优先遍历算法或广度优先遍历算法。

存储结构：采用邻接矩阵和邻接表都可以完成图中两个顶点间的路径问题，这里仅列出邻接矩阵存储结构，并且 DFS 算法和 BFS 算法都可以用于搜索。

图的结点由 4 个域构成，类型定义为

```
typedef struct {
    int farmer;
    int wolf;
    int sheep;
    int vegetable;
} VertexType;
```

问题解决方法：首先要生成如图 7.26 所示的状态空间，然后要自动生成图的存储结构(邻接表、邻接矩阵)，最后利用搜索策略(深度优先、广度优先)思想求从顶点(0,0,0,0)到顶点(1,1,1,1)的一条简单路径。因此该问题有 4 种不同的解法。这里仅列出采用邻接矩阵存储结构的深度遍历算法的解决方法(见算法 7.9)。

【算法 7.9】

```
#define MaxVertexNum 10                    /*最大顶点数*/
typedef enum {FALSE,TRUE} Boolean;
Boolean visited[MaxVertexNum];             /*对已访问的顶点进行标记(图的遍历)*/
int path[MaxVertexNum];         /*保存 DFS 搜索到的路径,即某顶点到下一顶点的路径*/
int locate(MGraph*G,int F,int W,int S,int V)
                                           /*查找顶点(F,W,S,V)在顶点向量中的位置*/
{   int i;
    for(i=0;i<G->vertexNum;i++)
    if(G->vertexs[i].farmer==F && G->vertexs[i].wolf==W &&
        G->vertexs[i].sheep==S && G->vertexs[i].vegetable==V)
        return(i);                         /*返回当前位置*/
    return(-1);                            /*没有找到此顶点*/
}
int is_safe(int F,int W,int S,int V)      /*判断目前的(F,W,S,V)是否安全*/
{  /*当农夫与羊不在一起时,狼与羊或羊与白菜在一起是不安全的*/
    if(F!=S &&(W==S||S==V))return(0);
    else return(1);                        /*否则安全返回*/
}
int is_connected(MGraph *G,int i,int j) /*判断状态 i 与状态 j 之间是否可转换*/
{   int k=0;
    if(G->vertexs[i].wolf!=G->vertexs[j].wolf) k++;
    if(G->vertexs[i].sheep!=G->vertexs[j].sheep) k++;
    if(G->vertexs[i].vegetable!=G->vertexs[j].vegetable) k++;
    if(G->vertexs[i].farmer!=G->vertexs[j].farmer && k<=1)
/*以上三个条件不同时满足两个且农夫状态改变时,返回真,即农夫每次只能带一件东西过河*/
```

```
            return(1);
    else return(0);
}
void CreateG(MGraph *G)
{   int i,j,F,W,S,V;
    i=0;                                /*生成所有安全的图的顶点*/
    for(F=0;F<=1;F++)
        for(W=0;W<=1;W++)
            for(S=0;S<=1;S++)
                for(V=0;V<=1;V++)
                    if(is_safe(F,W,S,V))
                    {   G->vertexs[i].farmer=F;
                        G->vertexs[i].wolf=W;
                        G->vertexs[i].sheep=S;
                        G->vertexs[i].vegetable=V;
                        i++;
                    }
    G->vertexNum=i;
    for(i=0;i<G->vertexNum;i++)
        for(j=0;j<G->vertexNum;j++)
            if(is_connected(G,i,j))  /*状态i与状态j之间可转化,初始化为1,否则为0*/
                G->edges[i][j]=G->edges[j][i]=1;
            else
                G->edges[i][j]=G->edges[j][i]=0;
    return;
}
void print_path(MGraph *G,int u,int v)
/*输出从u到v的简单路径,即顶点序列中不重复出现的路径*/
{   int k;
    k=u;
    while(k!=v)
    {   printf("\n(%d,%d,%d,%d)",G->vertexs[k].farmer,G->vertexs[k].wolf,
          G->vertexs[k].sheep,G->vertexs[k].vegetable);
        k=path[k];
    }
    printf("\n(%d,%d,%d,%d)",G->vertexs[k].farmer,G->vertexs[k].wolf,
    G->vertexs[k].sheep,G->vertexs[k].vegetable);
}
void DFS_path(MGraph *G,int u,int v)   /*深度优先搜索从u到v的简单路径*/
{   int j;
    visited[u]=TRUE;                    /*标记已访问过的顶点*/
    for(j=0;j<G->vertexNum;j++)
        if(G->edges[u][j] && !visited[j] && !visited[v])
        {   path[u]=j;
```

```
            DFS_path(G,j,v);
        }
}
void main()
{   int i,j;
    MGraph graph;
    CreateG(&graph);
    for(i=0;i<graph.n;i++)visited[i]=FALSE;        /* 赋初值 */
    i=locate(&graph,0,0,0,0);
    j=locate(&graph,1,1,1,1);
    DFS_path(&graph,i,j);
    if(visited[j]) print_path(&graph,i,j);
}
```

【例 7.2】 骑士周游问题。在 8×8 的棋盘上，按照国际象棋的走马规则，从棋盘上任何一个方格开始，让马走遍所有的方格，每个点要求走过一次并且只准走过一次。

分析：骑士周游问题实际上是图论中的哈密尔顿通路问题，是典型的 NP 问题（Non-deterministic Polynomial），数学研究表明，还不存在求解此问题的充分必要条件，只是存在一些特定的情形下的充分条件。因此，骑士周游是否可解还没有明确的结论，在其可解的前提下，求解问题的速度与算法的设计有很大的关系，如果采用穷举搜索法，很容易陷入海量搜索的状态，耗费时间太长，使问题几乎不可解。因此，采取一定启发式的搜索策略是本题求解的关键。

如图 7.27 所示，在 8×8 的国际象棋棋盘上，当马处于其中某一点，如(4,4)位置，马可以走的方向有 8 个。

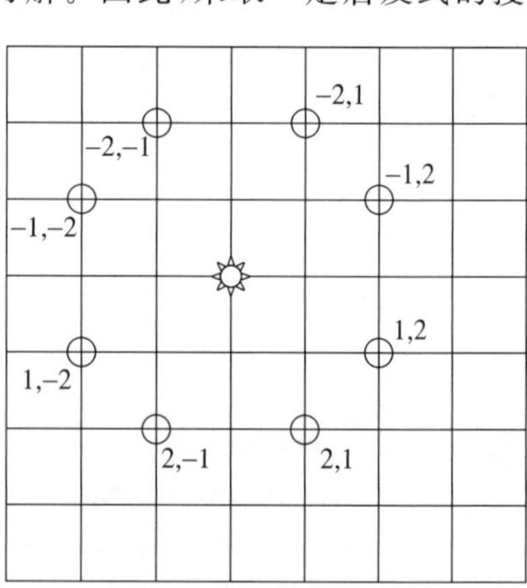

图 7.27 骑士周游示意图

骑士周游问题其实也是图的遍历问题，但比迷宫问题要复杂。其一，它遍历的规则是图中结点之间有约束关系，结点之间满足日字形的关系；其二，对于骑士周游问题，在寻找当前位置的下一个位置时不能单纯用图的深度优先搜索思想，在当前位置下如果马可以走的方向有多个，应有一定的选择策略，即结合了选择策略的图的深度优先搜索。

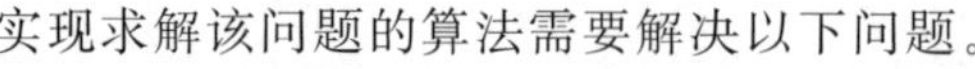
实现求解该问题的算法需要解决以下问题。

1）试探方向

因此当马位于棋盘上某一位置(x,y)时，在一般情形下，其可以达到下一个位置有 8 个，为了表示新的位置点的坐标，可以采用当前位置(x,y)加上 x 和 y 方向的增量的方式表示，定义增量数组如下：

```
struct direct_increment
{  int dx;
   int dy;
```

```
};
direct_increment direct_ay[8]={{1,2},{2,1},{2,-1},{1,-2},{-1,-2},{-2,-1},{-2,
1},{-1,2}};
```

这样,可以方便地由某一点(x,y)求出按特定方向到达的新点的(x',y')坐标:

```
x'=x+direct_ay[i].dx;
y'=y+direct_ay[i].dy;
```

选择 8 个方向中最佳的一个(选择下一个最佳落点)是马走下一步的关键。在此,为了避免陷入海量搜索,这里选择下一落马方向的满足条件:此方向没有走过,并且在此方向的下一落点在 8 个可能方向的落点中,它可以继续试探的方向数最少(如边界点,可试探的方向小于 8 个),在这种搜索模式下,如果存在某点出发的路径,会在最短的时间内搜索到。在本例算法中,这个问题通过函数 Select_bestpost()来实现。

2) 防止重复走某点,避免死循环

在向前搜索的过程中,会遇到某些点无法再向前继续搜索的情形,此时还存在某些点没有遍历到,搜索会回退到上一个走过的位置,选择此位置的下一个新方向继续搜索。因此,在每一步向前搜索的过程中,需要对当前位置所试探的方向做一个标记,标记出在当前位置,此方向已经走过,对即将试探的位置点作反方向标记,防止从新的位置点向其前驱(前面刚走过的位置点)结点搜索,陷入死循环;同时在回退之前,对棋盘上已放弃位置的走过标记要清除。

分析:采用递归进行求解,在每一步向前搜索的过程中,需要对当前位置所试探的方向做一个标记,标记出在当前位置,此方向已经走过;同时在当前位置的向另一个方向搜索前,对放弃位置的走过标记及到达此位置的方向要清除。在采用递归算法时,避免重复走某点是通过定义特殊的棋盘的数据结构及定义相关的操作来实现的,定义棋盘的存储结构如下:

```
struct Elem
{
char c;
int mark_direct[8];
};
Elem chessboard[12][12];
```

棋盘的元素是结构体类型,其中包括描述是否走过的标记字符型分量 c 和走过的方向数组分量 mark_direct[8];当某点走过后,分量 c 的值置 1,否则 c 的值为 0。

骑士周游的递归算法思想如下。

第一部分:

初始化棋盘,设置起始落点为当前位置。

第二部分(递归搜索算法):

```
标记当前位置走过;设置 succ=0;
if 遍历完称,succ=1,返回;
```

```
        else
          { for(i=0;!Succ && i<8;i++)
              {if!(存在位置的下一个最佳落点 bpos) continue;
              if 从 bpos 出发能完成搜索(递归调用),则打印 bpos;
                else 清除 bpos 点走过的标记;
          }
    if succ!=1 搜索失败;
```

在算法中,使用 for 循环,结合寻找最佳落点,是为了保证在最佳落点不可解时,改用其他方向的落点继续搜索;同时采用递归方式执行,在可解的情况下,算法逆向打印出走过的路径。

算法的主要部分如算法 7.10 所示(其中,算法 bool Select_bestpost(Position * ppos, Position * bpos)完成最佳下一落点选择,递归算法 bool Visit_Recursion(Elem(* p)[12],Position pos)实现马的周游)。

【算法 7.10】

```
struct Elem
{char c;
int mark_direct[8];
};
Elem chessboard[12][12];          /*定义国际象棋,棋盘边界两个格,用于检测*/
struct direct_increment
{  int dx;
   int dy;
};
struct Position{
   int x;
   int y;
   };
direct_increment direct_ay[8]={{1,2},{2,1},{2,-1},{1,-2},{-1,-2},{-2,-1},{-2,
1},{-1,2}};
void init_chessboard(Elem( * p)[12])
{    /*初始化 8×8 棋盘*/
     for(int i=0;i<12;i++)
         for(int j=0;j<12;j++)
                (p[i][j]).c='#';
     for(i=2;i<=9;i++)
         for(int j=2;j<=9;j++)
             {(p[i][j]).c='0';
               for(int k=0;k<8;k++)((p[i][j]).mark_direct)[k]=0;
             }
}
bool check_position(Position pos)
/*检测 pos 点是否在棋盘上*/
```

```
{   if(pos.x<2||pos.x>9||pos.y<2||pos.y>9)return false;
    else return true;
}
bool is_last_point(Elem(*p)[12],Position pos)
{   /*判断 pos 是否是棋盘上最后一个没有走的点*/
    char cc=p[pos.x][pos.y].c;
    if(cc=='1')return false;
     else
       for(int i=2;i<=9;i++)
        for(int j=2;j<=9;j++)
          if(p[i][j].c=='0'&&!(i==pos.x&&j==pos.y))return false;
    return true;
}
int count_way(Position pos)      /*计算当前结点可以走的路的方向数*/
{   int counter=0;
    for(int i=0;i<8;i++)
    {   Position pos1;
        pos1.x=pos.x+direct_ay[i].dx;
        pos1.y=pos.x+direct_ay[i].dy;
        if((chessboard[pos.x][pos.y].mark_direct)[i]==0
        &&(chessboard[pos.x+direct_ay[i].dx][pos.y+direct_ay[i].dy]).c=='0')
            ++counter;
    }
        return counter;
}
bool Select_bestpost(Position *ppos,Position *bpos)
{  /*direct 记录找到的最佳方向,用它在 direct_increment 数组中的位置表示,
    用启发式贪心法来寻找最佳下一个位置 bpos,供马走*/
    int ct;int i;int direct,direct_ct=8;
    Position pos1,pos_best;
    int flag=0;
    for(i=0;i<8;i++)
    { if(((chessboard[ppos->x][ppos->y]).mark_direct)[i]==0)  /*此方向没有走过*/
        { pos1.x=ppos->x+direct_ay[i].dx;
          pos1.y=ppos->y+direct_ay[i].dy;
          if(check_position(pos1)&& !is_visited(chessboard,pos1))
              if(is_last_point(chessboard,pos1))ct=1;
                  else
                 ct=count_way(pos1);
          else ct=-1;              /*不在棋盘中了*/
          if(ct<=direct_ct && ct>0)
          {   pos_best.x=pos1.x;
              pos_best.y=pos1.y;
              flag=1;
```

```
                direct_ct=ct;
                direct=i;
            }
        }
        else continue;
    }
    if(flag)
    {   bpos->x=pos_best.x;
        bpos->y=pos_best.y;
        int reverse_direct=(direct)>=4? direct-4:direct+4; /* 试探方向的反方向 */
        (chessboard[ppos->x][ppos->y]).mark_direct[direct]=1;
        (chessboard[bpos->x][bpos->y]).mark_direct[reverse_direct]=1;
                                        /* 标记反方向不可走,防止进入死循环 */
        return true;
        }                               /* 找到一个满足条件的下一落点 */
      else
        return false;
}
bool Visit_Recursion(Elem(*p)[12],Position pos)
{  /* 求马的周游路径,入口参数 :指向棋盘的指针,起始位置点 pos
   返回值:true 表示存在一条遍历路径,false 表示无路径 */
   Position next_pos;
   static Position pos_beg=pos;
                          /* 记下初始位置,作为判断算法是否成功,即是否找到路径的依据 */
   int Succ=0; static ct=0; /* succ 标记是否周游成功,ct 记录打印次数,控制换行输出 */
   int i;
   mark_step(chessboard,pos);  /* 标记走过了 */
   if(visit_complete(chessboard))
   {Succ=1;
    ct=0;
    return true;
   }
   else
    for(i=0;!Succ && i<8;i++)
        {  /* 如 succ 为 1,终止其他方向的搜索,当还有结点没有走时,继续搜索 */
           if(!Select_bestpost(&pos,&next_pos))continue;
           if(!Visit_Recursion(p,next_pos))
              {   clear_pos(p,next_pos);
                  continue;
              }
              else Succ=1;
              ++ct;
              pirntf("<=%d:%d",next_pos.x,next_pos.y);
              if(ct%8==0)printf("\n");      /* 打印格式控制,换行 */
              }
```

```
        if(!Succ)return false;                  /*没有路径,返回 false*/
    }

void main()
{   Position pos1;
    char ch;
    init_chessboard(chessboard);
    while(1)
    {   printf("请输入马在棋盘中的起始位置,可以随便设(2<=x<=9,2<=y<=9)\n");
        printf("输入的两个位置用空格分隔,用 Enter 键确认\n");
    scanf("%d %d",&pos1.x,&pos1.y);
    if(Visit_Recursion(chessboard,pos1))
    {   printf("<=%d:%d\n",pos1.x,pos1.y); /*打印起始点*/
        printf("逆向打印走过的路径\n");;
        printf("遍历结束!\n");
    }
    else
    printf("没有满足条件的路径!\n");
    printf("还要尝试其他起始位置吗?输入 y 继续,输入其他字符退出\n");
    getchar(ch);
    init_chessboard(chessboard);
    if(ch=='y')continue;
    else break;
    }
}
```

对于此例,请读者思考,如果要按照马周游的顺序打印走过的点,该如何修改算法。

【例 7.3】 迷宫的最短路径求解。

分析:在例 3.8 中用递归实现了迷宫问题的求解,可以求出从入口到出口的一条路径,当我们用图的数学模型来抽象迷宫问题时,就会发现例 3.8 的算法实际就是图的深度优先遍历算法。如果对迷宫问题利用图的广度优先遍历算法同样能找到一条从入口到出口的最短路径。

算法的基本思想:用图的广度优先遍历思想,从迷宫入口点(1,1)出发,一层一层地向四周搜索,记下所有一步能到达的坐标点;然后依次再从这些点出发,再记下所有一步能到达的坐标点,以此类推,直到到达迷宫的出口点(m,n)为止,然后从出口点沿搜索路径回溯直至入口。这样就找到了一条迷宫的最短路径,否则迷宫无路径。显然算法需要队列保存探索到的路径序列,因为出队后的元素不能被删除,所以不能用循环队列,而应该用顺序非循环队列使进队的路径元素不会被覆盖掉,或者使用循环队列,但保证循环队列空间足够大,不会覆盖曾经使用过的空间,这样既有队列的先进先出,又能保存所有走过的路径。

有关迷宫的数据结构、试探方向、如何防止重复到达某点以避免发生死循环的问题与例 3.2 中的处理方法相同,不同的是如何存储搜索路径。在搜索过程中必须记下每一个可到达的坐标点,以便从这些点出发继续向四周搜索。由于先到达的点先向下搜索,故引进一个"先进先出"数据结构——队列来保存已到达的坐标点。到达迷宫的出口点(m,n)后,为了能够从出口点沿搜索路径回溯直至入口,对于每一点,记下坐标点的同时,还要记下到达该点的前驱点。因此,用一个结构数组 sq[num]作为队列的存储空间,因为迷宫中每个点至多被访问一次,所以 num 至多等于 $m*n$。sq 的每一个结构有 3 个域:x、y 和 pre,其中 x、y 分别为所到达的点的坐标,pre 为前驱点在 sq 中的坐标,是一个静态链域。除 sq 外,还有队头、队尾指针:front 用来指向队头元素,rear 用来指向队尾元素的下一位置。注意:这里的 front 和 rear 和第 3 章的约定稍有不同。

队的定义如下:

```
typedef struct {
    int x,y;                              /*当前点坐标*/
    int pre;                              /*前趋点位置*/
}sqtype;
```

初始状态,队列中只有一个元素 sq[0]记录的是入口点的坐标(1,1),因为该点是出发点,因此没有前驱点,pre 域为-1,队头指针 front 指向它,队尾指针指向它的下一位置。此后搜索时都是以 front 所指点为搜索的出发点,当搜索到一个可到达点时,将该点的坐标及 front 所指点的位置入队,记下到达点的坐标和它的前驱点位置。front 所指点的 4 个方向搜索完毕后,则出队(实际元素不出队,仅 front 后移),继续对下一点搜索。搜索过程中遇到出口点则成功,搜索结束,打印出迷宫最短路径,算法结束;或者当前队列空即没有搜索点了,表明没有路径,算法到此结束。

具体算法如下。

【算法 7.11】

```
#define m 6                               /*迷宫的实际行*/
#define n 8                               /*迷宫的实际列*/
int path(int maze[m+2][m+2],item*move)
{  /*maze是迷宫数组,move指向坐标增量数组的指针,item见例 3.2,(m,n)为迷宫出口
点*/
   sqtype sq[NUM+1];
   int front,rear;
   int x,y,i,j,v;
   front=rear=0;
   sq[0].x=1;sq[0].y=1; sq[0].pre=-1;rear++;       /*入口点入队*/
   maze[1][1]=-1;                         /*对走过的位置做标记*/
   while(front<rear)                      /*队列不空*/
   {
     x=sq[front].x;y=sq[front].y ; /*取队头元素,但不出队列*/
     for(v=0;v<4;v++)                     /*向 4 个方向探测*/
     {
        i=x+move[v].x;
        j=y+move[v].y;
```

```
        if(maze[i][j]==0)           /* 判断当前方向是否能走通 */
        {   /* 能走通,将新的点进队列 */
             sq[rear].x=i;
             sq[rear].y=j;
             sq[rear].pre=front;
             rear++;
            maze[i][j]=-1;          /* 走过的位置做标记 */
          }
          if(i==m&&j==n)            /* 是否到达出口 */
          {
                 printpath(sq,rear);      /* 打印迷宫路径 */
                 return 1;
          }
       }                            /* for v */
       front++;                     /* 当前点的 4 个方向搜索完毕,取下一个点搜索 */
   }                                /* while */
   return 0;
}                                   /* path */
```

【算法 7.12】

```
void printpath(sqtype sq[],int rear)         /* 打印迷宫路径 */
{   int i;
    i=rear-1;
    do{  printf("%d,%d←",sq[i].x,sq[i].y);
         i=sq[i].pre;                        /* 回溯 */
    } while(i!=-1);
}                                            /* printpath */
```

通过仔细比较可以看出算法 7.11 的核心思想来源于算法 7.6,即图的广度优先遍历算法。

7.5 最小生成树

7.5.1 生成树及生成森林

通过对图的遍历,本小节给出图的生成树或生成森林的算法。

设 $E(G)$为连通图 G 中所有边的集合,则从图中任一顶点出发遍历图时,必定将 $E(G)$分成两个集合 $T(G)$和 $B(G)$,其中 $T(G)$是遍历图过程中历经的边的集合;$B(G)$是剩余的边的集合。显然,$T(G)$和图 G 中所有顶点一起构成连通图 G 的极小连通子图。按照 7.2 节的定义,它是连通图的一棵生成树,并且由深度优先遍历得到的为深度优先生成树,由广度优先遍历得到的为广度优先生成树。例如,图 7.28 所示为图 7.24 所示的连通图的深度优先生成树和广度优先生成树。图 7.28 中虚线为集合 $B(G)$中的边,实

线为集合 $T(G)$ 中的边。

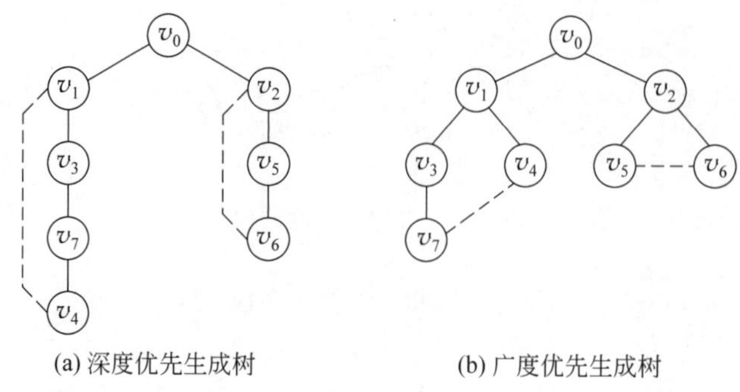

(a) 深度优先生成树
(b) 广度优先生成树

图 7.28 由图 7.24 得到的生成树

对于非连通图,通过这样的遍历,得到的是生成森林。例如,图 7.29(b)所示为图 7.29(a)的深度优先生成森林,它由 3 棵深度优先生成树组成。

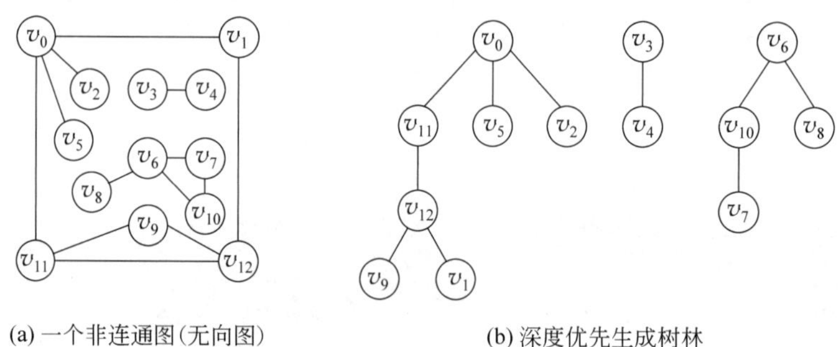

(a) 一个非连通图(无向图)
(b) 深度优先生成树林

图 7.29 非连通图及其生成树林

7.5.2 最小生成树的概念

由生成树的定义可知,无向连通图的生成树不是唯一的。连通图的一次遍历所经过的边的集合及图中所有顶点的集合就构成了该图的一棵生成树,对连通图的不同遍历,就可能得到不同的生成树。图 7.30 所示为图 7.24 的无向连通图的生成树。

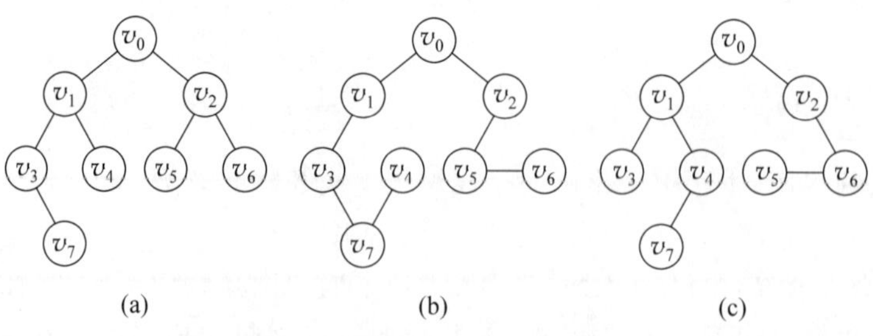

图 7.30 由图 7.24 的无向连通图得到的 3 棵生成树

可以证明,对于有 n 个顶点的无向连通图,无论其生成树的形态如何,所有生成树都有且仅有 $n-1$ 条边。

如果无向连通图是一个网,那么,它的所有生成树中必有一棵边的权值总和最小的生成树,称这棵生成树为最小代价生成树,简称为最小生成树(minimum cost spanning tree)。

最小生成树的概念可以应用到许多实际问题中。例如:以尽可能低的总造价建造城市间的通信网络,把10个城市联系在一起。在这10个城市中,任意两个城市之间都可以建造通信线路,通信线路的造价依据城市间的距离长矩而不同,可以构造一个通信线路造价网络。在网络中,每个顶点表示城市,顶点之间的边表示城市之间的通信线路,每条边的权值表示该条通信线路的造价。要想使总的造价最低,实际上就是寻找该网络的最小生成树。

下面介绍两种常用的构造最小生成树的方法。

7.5.3 构造最小生成树的 Prim 算法

假设 $G=(V,E)$ 为一网图,其中 V 为网图中所有顶点的集合,E 为网图中所有带权边的集合。设置两个新的集合 U 和 T,其中集合 U 用于存放 G 的最小生成树中的顶点,集合 T 存放 G 的最小生成树中的边。令集合 U 的初值为 $U=\{u_0\}$(假设构造最小生成树时,从顶点 u_0 出发),集合 T 的初值为 $T=\{\}$。Prim 算法的思想是:从所有 $u\in U$,$v\in V-U$ 的顶点中,选取具有最小权值的边 (u,v),将顶点 v 加入集合 U 中,将边 (u,v) 加入集合 T 中,如此不断重复,直到 $U=V$ 时,最小生成树构造完毕,这时集合 T 中包含了最小生成树的所有边。

Prim 算法可以用下列过程描述,其中用 w_{uv} 表示顶点 u 与顶点 v 边上的权值。

```
(1) U={u0},T={};
(2) while(U≠V) do
          (u,v)=min{wuv;u∈U,v∈V-U }
        T=T+{(u,v)}
        U=U+{v}
(3) 结束
```

图 7.31(a)所示的是一个网图,按照 Prim 算法,从顶点 v_0 出发,该网的最小生成树的产生过程如图 7.31(b)～图 7.31(h)所示。

为实现 Prim 算法,需设置两个辅助一维数组 lowcost 和 closevertex,其中 lowcost 用来保存集合 $V-U$ 中各顶点与集合 U 中各顶点构成的边中具有最小权值的边的权值;数组 closevertex 用来保存依附于该边的在集合 U 中的顶点。假设初始状态时,$U=\{u_0\}$(u_0 为出发的顶点),这时有 lowcost[0]=0,它表示顶点 u_0 已加入集合 U 中,数组 lowcost 的其他各分量的值是顶点 u_0 到其余各顶点所构成的直接边的权值。然后不断选取权值最小的边 (u_i,u_k)($u_i\in U$,$u_k\in V-U$),每选取一条边,就将 lowcost(k)置为 0,表示顶点 u_k 已加入集合 U 中。因为顶点 u_k 从集合 $V-U$ 进入集合 U 后,这两个集合的内容发生了变化,所以需要依据具体情况更新数组 lowcost 和 closevertex 中部分分量的内容。最后 closevertex 中即为所建立的最小生成树。

当无向网采用二维数组存储的邻接矩阵存储时,Prim 算法的 C 语言实现如下。

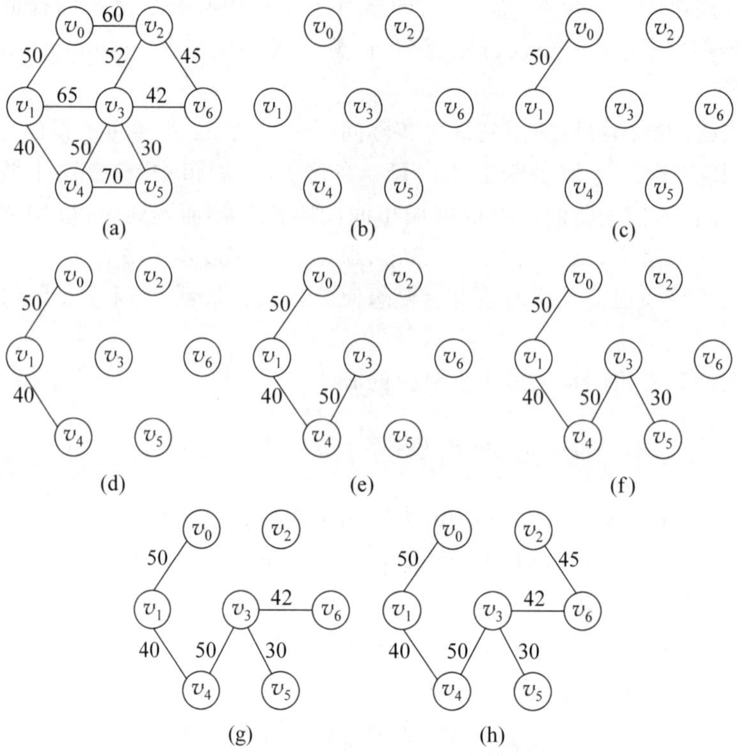

图 7.31 Prim 算法构造最小生成树的过程示意图

【算法 7.13】

```
#define INFINITY 30000          /* 定义一个权值的最大值 */
#define MaxVertexNum 30         /* 最大顶点数为 30 */
typedef struct
{int adjvertex;             /* 某顶点与已构造好的部分生成树的顶点之间权值最小的顶点 */
 int lowcost;                   /* 某顶点与已构造好的部分生成树的顶点之间的最小权值 */
}ClosEdge[MaxVertexNum];    /* 用 Prim 算法求最小生成树时的辅助数组 */
void MiniSpanTree_PRIM(MGraph G,int u,ClosEdge closedge)
{/* 从第 u 个顶点出发构造图 G 的最小生成树,最小生成树顶点信息存在放在数组 closedge
    中 */
 int i,j,w,k;
 for(i=0;i<G.vertexNum;i++)          /* 辅助数组初始化 */
    if(i!=u)
        {closedge[i].adjvertex=u;
         closedge[i].lowcost=G.arcs[u][i];
        }
 closedge[u].lowcost=0;               /* 初始,U={u} */
 for(i=0;i<G.vertexNum-1;i++)        /* 选择其余的 G.vertexNum-1 个顶点 */
 {  w=INFINITY;
    for(j=0;j<G.vertexNum;j++)        /* 在辅助数组 closedge 中选择权值最小的顶点 */
```

```
        if(closedge[j].lowcost!=0&&closedge[j].lowcost<w)
        {   w=closedge[j].lowcost;
            k=j;
        }                                /*求出生成树的下一个顶点k*/
    closedge[k].lowcost=0;               /*第k顶点并入U集*/
    for(j=0;j<G.vertexNum;j++)           /*新顶点并入U后,修改辅助数组*/
        if(G.arcs[k][j]<closedge[j].lowcost)
        {   closedge[j].adjvertex=k;
            closedge[j].lowcost=G.arcs[k][j];
        }
  }
  for(i=0;i<G.vertexNum;i++)             /*打印最小生成树的各条边*/
        if(i!=u)
        printf("%d->%d,%d\n",i,closedge[i].adjvertex,G.arcs[i][closedge[i].
adjvertex]);
  }
```

在Prim算法中,第一个for循环的执行次数为$n-1$,第二个for循环中又包括了一个while循环和一个for循环,执行次数为$2(n-1)^2$,所以Prim算法的时间复杂度为$O(n^2)$。由此可知,Prim算法与网中边数无关,适合求边稠密的网的最小生成树。

7.5.4 构造最小生成树的Kruskal算法

Kruskal算法是一种按照网中边的权值递增的顺序构造最小生成树的方法。其基本思想是,设无向连通网为$G=(V,E)$,令G的最小生成树为T,其初态为$T=(V,\{\})$,即开始时,最小生成树T由图G中的n个顶点构成,顶点之间没有一条边,这样T中各顶点各自构成一个连通分量。然后,按照边的权值由小到大的顺序,考察G的边集E中的各条边。若被考察的边的两个顶点属于T的两个不同的连通分量,则将此边作为最小生成树的边加入T中,同时把两个连通分量连接为一个连通分量;若被考察边的两个顶点属于同一个连通分量,则舍去此边,以免造成回路,如此下去,当T中的连通分量个数为1时,此连通分量便为G的一棵最小生成树。构造最小生成树的过程如图7.32所示。在构造过程中,按照网中边的权值由小到大的顺序,不断选取当前未被选取的边集中权值最小的边。最后形成的连通分量便为G的一棵最小生成树。

对于图7.31(a)所示的网,按照Kruskal算法思想,n个结点的生成树,有$n-1$条边,故反复上述过程,直到选取了$n-1$条边为止,就构成了一棵最小生成树。

实现Kruskal算法的关键问题是,当一条边加入T的边集中后,如何判断是否构成回路,一种解决方法是定义一个一维数组$f[n]$,存放T中每一个顶点所处连通分量的编号。开始令$f[i]=i$,即图中每个顶点自成一个连通分量。如果要往T的边集中增加一条边(v_i,v_j),首先检查$f[i]$和$f[j]$是否相同,若相同,则表明v_i和v_j处在同一连通分量中,加入此边必然形成回路;若不相同,则不会形成回路,此时可以把此边加入生成树的边集中。当加入一条新边后,必然将两个不同的连通分量连通,此时就需将两个连通

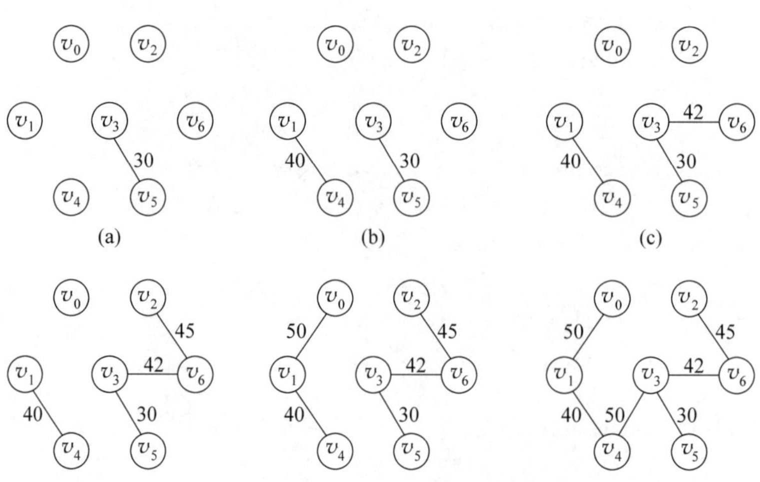

图 7.32　利用 Kruskal 算法构造最小生成树的过程示意图

分量合并，合并方法是将一个连通分量的编号换成另一个连通分量的编号。下面以图的边表结构（用一个结构体存储图的顶点个数、边的个数、顶点信息、边的信息）来存储一个带权的连通图，实现 Kruskal 算法。

图的边表存储结构的形式描述如下：

```
#define MaxVertexNum 30
#define MaxEdge 100
typedef struct ENode{
    int vertex1,vertex2;
    WeightType weight;
}ENode;
typedef struct {
    int vertexNum,edgeNum;                  /* 顶点个数,边的个数 */
    VertexType vertexs[MaxVertexNum];       /* 顶点信息 */
    ENode edges[MaxVertexNum];              /* 边的信息 */
}ELGraph;                          /* 注意：此图的存储结构与前面介绍的几种不一样 */
```

【算法 7.14】

```
void Kruskal(ELGraph G,ENode TE[])
                /* 用 Kruskal 算法构成图 G 的最小生成树,最小生成树存放在 TE[]中 */
{   int i,j,k;
    int f[MaxVertexNum];
    for(i=0;i<G.vertexNum;i++) f[i]=i;      /* 初始化 f 数组 */
    sort(G.edges);                          /* 对图 G 的边表按权值从小到大排序 */
    j=0;k=0;
    while(k<G.vertexNum-1)                  /* 选 n-1 条边 */
    {   s1=f[ G.edges[j].vertex1];
```

```
        s2=f[G.edges[j].vertex2];
         if(s1!=s2)                        /*产生一条最小边*/
         {   TE[k].vertex1=G.edges[j].vertex1;
             TE[k].vertex2=G.edges[j].vertex2;
             TE[k].weight=G.edges[j].weight;
              k++;
             for(i=0;i<G.vertexNum;i++)
                 if(f[i]==s2)f[i]=s1;      /*修改连通的编号*/
         }
        j++;
    }
}
```

Kruskal 算法的时间复杂度与图的边数有关，设图的顶点数为 n，边数为 e，则第一个循环初始化数组 f 的语句频度为 n，对边表排序若采用堆排序或快速排序，则时间复杂度为 $O(e\log_2 e)$，while 循环的最大执行频度为 $O(e)$，其中包括修改 f 数组的语句频度为 n，共执行 $n-1$ 次。故总的时间复杂度为 $O(e(\log_2 e+n))$。

7.6 最短路径

最短路径问题是图的又一个比较典型的应用问题。例如：某一地区的一个公路网，给定了该网内的 n 个城市以及这些城市之间的相通公路的距离，能否找到城市 A 到城市 B 之间距离最近的通路呢？如果将城市用顶点表示，城市间的公路用边表示，公路的长度作为边的权值。那么，这个问题就可以归结为在网图中，求点 A 到点 B 的所有路径中，边的权值之和最小的那一条路径。这条路径就是两点之间的最短路径，并称路径上的第一个顶点为源点(source)，最后一个顶点为终点(destination)。下面讨论两种最常见的最短路径问题。

7.6.1 从一个源点到其他各点的最短路径

本节先来讨论单源点的最短路径问题：给定带权有向图 $G=(V,E)$和源点 $v\in V$，求从 v 到 G 中其余各顶点的最短路径。在下面的讨论中假设源点为 v_0。

迪杰斯特拉(E.W.Dijkstra，1930—2002，荷兰计算机科学家，1972 年获图灵奖)提出了一个按路径长度递增的次序产生最短路径的算法。该算法的基本思想是：设置两个顶点的集合 S 和 $T=V-S$，集合 S 中存放已找到最短路径的顶点，集合 T 存放当前还未找到最短路径的顶点。初始状态时，集合 S 中只包含源点 v_0，然后不断从集合 T 中选取到顶点 v_0 路径长度最短的顶点 u，并加入集合 S 中，集合 S 每加入一个新的顶点 u，都要修改顶点 v_0 到集合 T 中剩余顶点的最短路径长度值，集合 T 中各顶点新的最短路径长度值为原来的最短路径长度值与顶点 u 的最短路径长度值加上 u 到该顶点的路径长度值中的较小值。此过程不断重复，直到集合 T 的顶点全部加入集合 S 中为止。

Dijkstra 算法的正确性可以用反证法加以证明。假设下一条最短路径的终点为 x，那么，该路径必然或者是弧(v_0,x)，或者是中间只经过集合 S 中的顶点而到达顶点 x 的路径。因为假如此路径上除 x 之外有一个或一个以上的顶点不在集合 S 中，那么必然存在另外的终点不在 S 中而路径长度比此路径还短的路径，这与按路径长度递增的顺序产生最短路径的前提相矛盾，所以此假设不成立。

下面介绍 Dijkstra 算法的实现。

首先，引进一个辅助向量 $\boldsymbol{D}$，它的每个分量 $\boldsymbol{D}[i]$ 表示当前所找到的从始点 v_0 到每个终点 v_i 的最短路径的长度。它的初态为若从 v_0 到 v_i 有弧，则 $\boldsymbol{D}[i]$为弧上的权值；否则置 $\boldsymbol{D}[i]$为∞。显然，长度为

$$\boldsymbol{D}[j]=\min\{\boldsymbol{D}[i]\mid v_i\in V-S\},S\text{ 初值为}\{v_0\}$$

的路径就是从 v_0 出发的一条最短路径。此路径为(v_0,v_j)。

那么，长度次短的路径是哪一条呢？假设该次短路径的终点是 v_k，则可想而知，这条路径或者是(v_0,v_k)，或者是(v_0,v_j,v_k)。它的长度或者是从 v_0 到 v_k 的弧上的权值，或者是 $\boldsymbol{D}[j]$和从 v_j 到 v_k 的弧上的权值之和。

依据前面介绍的算法思想，在一般情况下，长度次短的路径的长度必是

$$\boldsymbol{D}[j]=\min\{\boldsymbol{D}[i]\mid v_i\in V-S\}$$

其中，$\boldsymbol{D}[i]$或者是弧(v_0,v_i)上的权值，或者是 $\boldsymbol{D}[k](v_k\in S)$和弧$(v_k,v_i)$上的权值之和。

根据以上分析，可以得到如下所述的算法。

(1) 假设用带权的邻接矩阵 arcs 来表示带权有向图，arcs$[i][j]$ 表示弧(v_i,v_j)上的权值。若(v_i,v_j)不存在，则置 arcs$[i][j]$为∞(在计算机上可用允许的最大值代替)。S 为已找到从 v_0 出发的最短路径的终点的集合，它的初始状态 $S=\{v_0\}$。那么，从 v_0 出发到图上其余各顶点 v_i 可能达到最短路径长度的初值为

$$\boldsymbol{D}[i]=\text{arcs}[\text{LocateVertex}(\text{G},v_0)][i]\quad v_i\in V-S$$

(2) 选择 v_j，使得

$$\boldsymbol{D}[j]=\min\{\boldsymbol{D}[i]\mid v_i\in V-S\}$$

v_j 就是当前求得的一条从 v_0 出发的最短路径的终点。令 $S=S\cup\{v_j\}$。

(3) 修改从 v_0 出发到集合 $V-S$ 上任一顶点 v_k 可达的最短路径长度。如果

$$\boldsymbol{D}[j]+\text{arcs}[j][k]<\boldsymbol{D}[k]$$

则修改 $\boldsymbol{D}[k]$为

$$\boldsymbol{D}[k]=\boldsymbol{D}[j]+\text{arcs}[j][k]$$

重复操作(2)、(3)共 $n-1$ 次。由此求得从 v_0 到图上其余各顶点的最短路径是依路径长度递增的序列。

算法 7.15 为用 C 语言描述的 Dijkstra 算法。

【算法 7.15】

```
#define INFINITY 30000                    /* 定义一个权值的最大值 */
#define MaxVertexNnum 30                  /* 假设有向网顶点数最大为 30 */
#define true 1
#define false 0
```

```
void ShortestPath_DiJ(MGraph G,int v0,int P[],int D[])
{   /* 用 Dijkstra 算法求有向网 G 的 v0 顶点到其余顶点 v 的最短路径,P[v]表示 v 的前驱
       顶点,D[v]表示 v0 到顶点 v 的最短带权路径长度,final[v]为 true 则表明已经找到从
       v0 到 v 的最短路径 */
    int i,j,w,v;
    int min;
    int final[MaxVertexNum];
    for(v=0;v<=G.vertexNum-1;v++)
    {  final[v]=false;
       D[v]=G.arcs[v0][v];
       P[v]=-1;                              /* 初始化,表示无前驱 */
       if(D[v]<INFINITY)
              P[v]=v0;                       /* v0 到 v 有弧,v 的前驱初始值为 v0 */
    }
    D[v0]=0; final[v0]=true;                 /* 初始时,v0 属于 S 集 */
    /* 开始主循环,每次求得 v0 到某个顶点 v 的最短路径,并加 v 到 S 集 */
    for(i=1;i<=G.vertexNum;i++)              /* 寻找其余 G.vertexNum-1 个顶点 */
    {  v=-1;
       min=INFINITY;
       for(w=0;w<=G.vertexNum-1;w++)         /* 寻找当前离 v0 最近的顶点 v */
          if((!final[w])&&(D[w]<min))
          {  v=w;
             min=D[w];
          }
       if(v==-1)
         break;  /* 若 v=-1 表明所有与 v0 有通路的顶点均已找到了最短路径,退出主循环 */
       final[v]=true;                        /* 将 v 加入 S 集 */
       for(w=0;w<=G.vertexNum-1;w++)         /* 更新当前最短路径及距离 */
           if(!final[w]&&(min+G.arcs[v][w]<D[w]))
           {    D[w]=min+G.arcs[v][w];
                P[w]=v;                      /* 修改 w 的前驱 */
           }
    }
}

void Print_ShortestPath(MGraph G,int v0,int P[],int D[])
{   /* 显示从顶点 v0 到其余顶点的最短路径及距离 */
    int v,i,j;
    printf("The shortest path from Vertex %d to the other Vertex:\n",v0);
    for(v=0;v<=G.vertexNum-1;v++)
    {   if(P[v]==-1)continue;                /* 表明顶点 v0 到顶点 v 没有通路 */
        printf("%-4d",D[v]);
        printf("%d<-",v);
        i=v;
        while(P[i]!=-1)
```

```
        {   printf("%d<-",P[i]);
            i=P[i];
        }
        printf("\n");
    }
}
```

例如,图 7.33 所示是一个有向网图及其带权邻接矩阵。

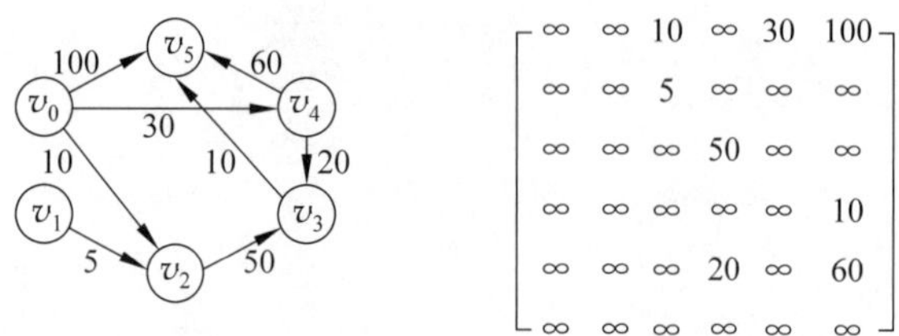

图 7.33　一个有向网图及其带权邻接矩阵

若对图 7.33 施行 Dijkstra 算法,则所得从 v_0 到其余各顶点的最短路径,以及运算过程中 **D** 向量的变化状况如图 7.34 所示。

终点	从 v_0 到各终点的 **D** 值和最短路径的求解过程				
	$i=1$	$i=2$	$i=3$	$i=4$	$i=5$
v_1	∞	∞	∞	∞	∞ 无
v_2	10 (v_0,v_2)				
v_3	∞	60 (v_0,v_2,v_3)	50 (v_0,v_4,v_3)		
v_4	30 (v_0,v_4)	30 (v_0,v_4)			
v_5	100 (v_0,v_5)	100 (v_0,v_5)	90 (v_0,v_4,v_5)	60 (v_0,v_4,v_3,v_5)	
v_j	v_2	v_4	v_3	v_5	
S	$\{v_0,v_2\}$	$\{v_0,v_2,v_4\}$	$\{v_0,v_2,v_3,v_4\}$	$\{v_0,v_2,v_3,v_4,v_5\}$	

图 7.34　用 Dijkstra 算法构造单源点最短路径过程中各参数的变化示意

下面分析这个算法的运行时间。第一个 for 循环的时间复杂度是 $O(n)$,第二个 for 循环共进行 $n-1$ 次,每次执行的时间是 $O(n)$。所以总的时间复杂度是 $O(n^2)$。如果用带权的邻接表作为有向图的存储结构,则虽然修改 **D** 向量的时间可以减少,但由于在 **D** 向量中选择最小分量的时间不变,所以总的时间仍为 $O(n^2)$。

如果只希望找到从源点到某一个特定终点的最短路径,算法是否简单呢?从上面我们求最短路径的原理来看,这个问题和求源点到其他所有顶点的最短路径一样复杂,其

时间复杂度也是 $O(n^2)$。

7.6.2 每一对顶点之间的最短路径

解决这个问题的一个办法是每次以一个顶点为源点，重复调用 Dijkstra 算法便可求得每一对顶点之间的最短路径。总的执行时间为 $O(n^3)$。

这里要介绍由罗伯特·弗洛伊德（Robert W.Floyd，1936—2001，美国计算机科学家，1978 年获图灵奖）提出的另一个算法——Floyd 算法。Floyd 算法的时间复杂度也是 $O(n^3)$，但形式上更简单，而且算法设计思想也比较独特。

Floyd 算法仍从图的带权邻接矩阵出发，其基本思想如下。

假设求从顶点 v_i 到 v_j 的最短路径。如果从 v_i 到 v_j 有弧，则从 v_i 到 v_j 存在一条长度为 arcs[i][j]的路径，该路径不一定是最短路径，尚需进行 n 次试探。首先考虑路径(v_i，v_0，v_j)是否存在（即判别弧(v_i，v_0)和(v_0，v_j)是否存在）。如果存在，则比较(v_i，v_j)和(v_i，v_0，v_j)的路径长度，取长度较短者为从 v_i 到 v_j 的中间顶点的序号不大于 0 的最短路径。假如在路径上再增加一个顶点 v_1，也就是说，如果(v_i，…，v_1)和(v_1，…，v_j)分别是当前找到的中间顶点的序号不大于 0 的最短路径，那么(v_i，…，v_1，… ，v_j) 就有可能是从 v_i 到 v_j 的中间顶点的序号不大于 1 的最短路径。将它和已经得到的从 v_i 到 v_j 中间顶点序号不大于 0 的最短路径相比较，从中选出中间顶点的序号不大于 1 的最短路径之后，再增加一个顶点 v_2，继续进行试探，以此类推。在一般情况下，若(v_i，…，v_k)和(v_k，…，v_j)分别是从 v_i 到 v_k 和从 v_k 到 v_j 的中间顶点的序号不大于 $k-1$ 的最短路径，则将(v_i，…，v_k，…，v_j)和已经得到的从 v_i 到 v_j 且中间顶点序号不大于 $k-1$ 的最短路径相比较，其长度较短者便是从 v_i 到 v_j 的中间顶点的序号不大于 k 的最短路径。这样，在经过 n 次比较后，最后求得的就是从 v_i 到 v_j 的最短路径。

按此方法，可以同时求得各对顶点间的最短路径。

现定义一个 n 阶方阵序列。

$$\boldsymbol{D}^{(-1)},\boldsymbol{D}^{(0)},\cdots,\boldsymbol{D}^{(k)},\cdots,\boldsymbol{D}^{(n-1)}$$

其中，

$$\boldsymbol{D}^{(-1)}[i][j]=\text{arcs}[i][j]$$

$$\boldsymbol{D}^{(k)}[i][j]=\min\{\boldsymbol{D}^{(k-1)}[i][j],\boldsymbol{D}^{(k-1)}[i][k]+\boldsymbol{D}^{(k-1)}[k][j]\}\quad 0\leqslant k\leqslant n-1$$

从上述计算公式可见，$\boldsymbol{D}^{(1)}[i][j]$是从 v_i 到 v_j 的中间顶点的序号不大于 1 的最短路径的长度；$\boldsymbol{D}^{(k)}[i][j]$ 是从 v_i 到 v_j 的中间顶点的序号不大于 k 的最短路径的长度；$\boldsymbol{D}^{(n-1)}[i][j]$ 就是从 v_i 到 v_j 的最短路径的长度。

然后再定义一个最短路径序列方阵 $\boldsymbol{P}$，可以表示为一个 n 阶方阵序列。

$$\boldsymbol{P}^{(-1)},\boldsymbol{P}^{(0)},\cdots,\boldsymbol{P}^{(k)},\cdots,\boldsymbol{P}^{(n-1)}$$

其中，$\boldsymbol{P}^{(k)}(0\leqslant k\leqslant n-1)$表示中间顶点的序号不大于 k 的情况下任意两个顶点间的最短路径方阵。$\boldsymbol{P}^{(k)}[i][j]$表示中间顶点的序号不大于 k 的情况下从顶点 v_i 到 v_j 的最短路径

上的 v_j 的直接前驱顶点。$\boldsymbol{P}^{(-1)}$ 是初始最短路径方阵，只包含直接相连的两个顶点。$\boldsymbol{P}^{(n-1)}$ 是加入所有顶点后得到的最短路径方阵，就是算法求解的结果。

由此得到求任意两顶点间的最短路径的算法 7.16。

【算法 7.16】

```
#define INFINITY 30000                    /* 定义一个权值的最大值 */
#define MaxVertexNum 30                   /* 假设有向网顶点数最大为 30 */
void ShortestPath_Floyd(Mgraph G,int P[][MaxVertexNum][MaxVertexNum],
                          int D[][MaxVertexNum])
{/* 用 Floyd 算法求有向网 G 中各对顶点 v 和 w 之间的最短路径 P[v][w]及其带权长度 D[v][w] */
  int v,w,u;
  for(v=0;v<G.vertexNum;++v)              /* 初始化 D、P */
    for(w=0;w<G.vertexNum;++w)
    {  D[v][w]=G.arcs[v][w];
       P[v][w]=v;
       if (D[v][w]==INFINITY)             /* 从 v 到 w 没有直接路径 */
           P[v][w]=-1;
    }
    for(u=0; u<G.vertexNum; ++u)
    for(v=0; v<G.vertexNum; ++v)
        for(w=0;w<G.vertexNum;++w)
        if (D[v][u]+D[u][w]<D[v][w]) /* 从 v 经 u 到 w 的一条路径更短 */
        {     D[v][w]=D[v][u]+D[u][w];
              P[v][w]=u;
        }
}/* ShortestPath_Floyd */
```

同时，算法 7.17 给出了如何打印出任意顶点间的路径方法。其主要思想是：在最终得到最短路径方阵 $\boldsymbol{P}$ 中，利用递归的思想查找任意两个顶点 i、j 之间的最短路径。

【算法 7.17】

```
void Dispath(int v,int w,int p[][MaxVertexNum]) //v 和 w 两点间的路径
{
    if(p[v][w]==v)printf("% d,",v);
    else {
        Dispath(v,p[v][w],p);
        Dispath(p[v][w],w, p);
    }
}
```

图 7.35 给出了一个简单的有向网图、邻接矩阵以及利用上述算法所求的最短路径值方阵 $\boldsymbol{D}$ 和最短路径方阵 $\boldsymbol{P}$。由 $\boldsymbol{D}^{(-1)}$ 方阵求出 $\boldsymbol{D}^{(0)}$，由 $\boldsymbol{D}^{(0)}$ 求出 $\boldsymbol{D}^{(1)}$，由 $\boldsymbol{D}^{(1)}$ 求出

$\boldsymbol{D}^{(2)}$；同理由 $\boldsymbol{P}^{(-1)}$ 求出 $\boldsymbol{P}^{(0)}$，由 $\boldsymbol{P}^{(0)}$ 求出 $\boldsymbol{P}^{(1)}$，由 $\boldsymbol{P}^{(1)}$ 求出 $\boldsymbol{P}^{(2)}$，$\boldsymbol{D}^{(2)}$、$\boldsymbol{P}^{(2)}$ 就是最后的结果。

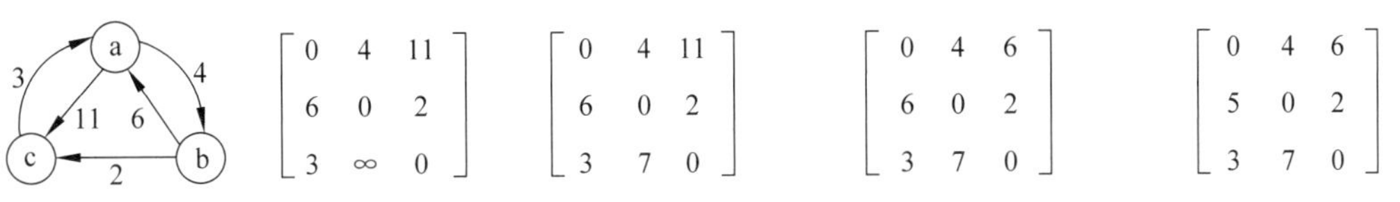

(a) 有向网图　(b) 邻接矩阵　(c) 最短路径值方阵 $\boldsymbol{D}^{(0)}$　(d) 最短路径值方阵 $\boldsymbol{D}^{(1)}$　(e) 最短路径值方阵 $\boldsymbol{D}^{(2)}$

$$\begin{bmatrix} & a & a \\ b & & b \\ c & & \end{bmatrix} \quad \begin{bmatrix} & a & a \\ b & & b \\ c & a & \end{bmatrix} \quad \begin{bmatrix} & a & b \\ b & & b \\ c & a & \end{bmatrix} \quad \begin{bmatrix} & a & b \\ c & & b \\ c & a & \end{bmatrix}$$

(f) 最短路径方阵 $\boldsymbol{P}^{(-1)}$　(g) 最短路径方阵 $\boldsymbol{P}^{(0)}$　(h) 最短路径方阵 $\boldsymbol{P}^{(1)}$　(i) 最短路径方阵 $\boldsymbol{P}^{(2)}$

图 7.35　一个有向网图和其最短路径值及最短路径方阵

7.7 有向无环图及其应用

7.7.1 有向无环图的概念

一个无环的有向图称作有向无环图(directed acycline graph，DAG)。有向无环图是一类较有向树更一般的特殊有向图，图 7.36 给出了有向树、有向无环图和有向图的例子。

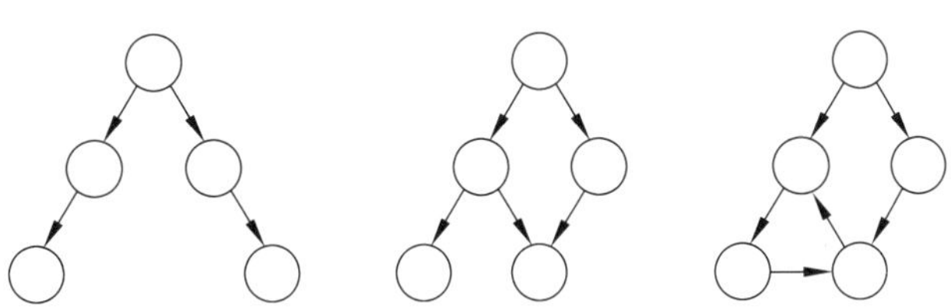

图 7.36　有向树、有向无环图和有向图

有向无环图是描述含有公共子式的表达式的有效工具。例如下述表达式：

$$(a+b)\times(b\times(c+d)+(c+d)\times e)\times((c+d)\times e)$$

可以用二叉树来描述表达式，如图 7.37 所示。仔细观察该表达式，可发现有一些相同的子表达式，如(c+d)和(c+d)×e 等，在二叉树中，它们也重复出现。若利用有向无环图，则可实现对相同子式的共享，从而节省存储空间。例如，图 7.38 所示为描述同一表达式的有向无环图。

检查一个有向图是否存在环要比检查一个无向图是否存在环复杂。对于无向图来说，若在深度优先遍历过程中遇到回边(即指向已访问过的顶点的边)，则必定存在环；而对于有向图来说，这条回边有可能是指向深度优先生成森林中另一棵生成树上顶点的弧。但是，如果从有向图上某个顶点 v 出发的遍历，在 DFS(v)结束之前出现一条从顶点 u 到顶点 v 的回边，由于 u 在生成树上是 v 的子孙，则有向图必定存在包含顶点 v 和 u 的环。

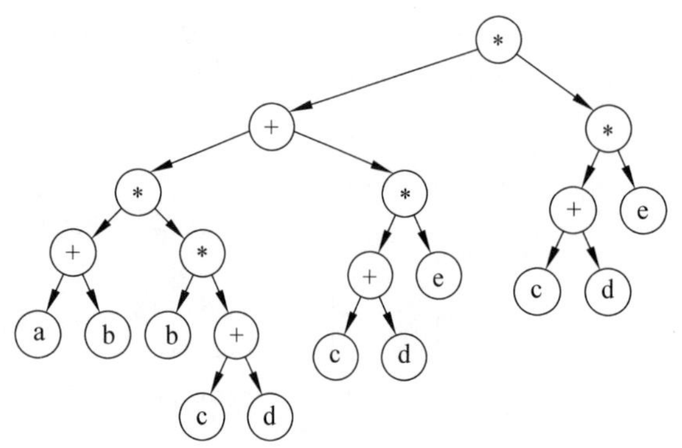

图 7.37　用二叉树描述表达式

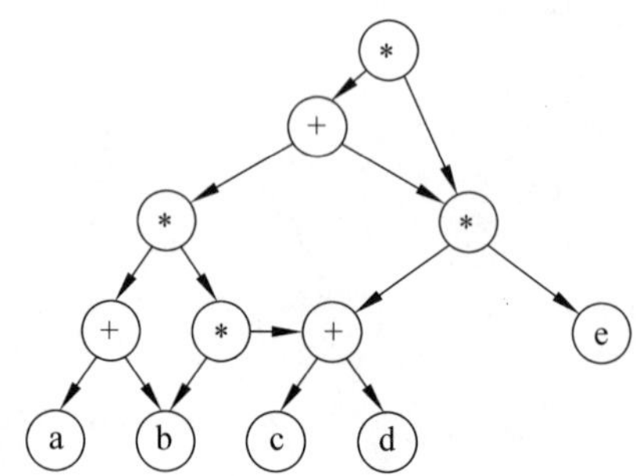

图 7.38　描述同一表达式的有向无环图

有向无环图是描述一项工程或系统实施过程的有效工具。除最简单的情况外，几乎所有的工程(project)都可分为若干被称作活动(activity)的子工程，而这些子工程之间，通常受一定条件的约束，如其中某些子工程必须在另一些子工程完成之后才能开始。对整个工程和系统，人们关心的是两方面的问题：一是工程能否顺利进行；二是估算整个工程完成所必需的最短时间。7.7.2 节和 7.7.3 节详细介绍这两个问题是如何通过对有向图进行拓扑排序和关键路径操作来解决的。

7.7.2　AOV 网与拓扑排序

在现代化管理中，为了分析和实施一项工程计划，往往把一个较大的工程划分为许多子工程，这些子工程就称为活动。在整个工程实施中，有些活动的开始是以它的所有的前序活动的结束为先决条件的，必须在其他有关活动完成之后才能开始，有些活动没有先决条件，可以安排在任何时间开始。AOV 网就是一种可以形象地反映出整个工程中各个活动的先后关系的有向图。若以图中的顶点来表示活动，有向边表示活动之间的优先关系，则这样活动在顶点上的有向图称为 AOV 网(activity on vertex network)。在 AOV 网中，若从顶点 i 到顶点 j 之间存在一条有向路径，则称顶点 i 是顶点 j 的前驱，或者称顶点 j 是顶点 i 的后继。若(i,j)是图中的弧，则称顶点 i 是顶点 j 的直接前驱，顶点 j 是顶点 i 的直接后继。

AOV 网中的弧表示了活动之间存在的制约关系。例如，计算机专业的学生必须完成一系列规定的基础课和专业课才能毕业。学生按照怎样的顺序来学习这些课程呢？这个问题可以被看成是一个大的工程，其活动就是学习每一门课程。有一些课程必须在先学完某些先修课程之后才能开始学习，有些课程可以随时安排学习。这些课程的名称与相应代号如表 7.1 所示。

表 7.1 计算机专业课程设置

课程代号	课　程　名	先行课程代号	课程代号	课　程　名	先行课程代号
C_1	计算机导论	无	C_8	算法分析	C_3
C_2	数值分析	C_1,C_{13}	C_9	高级语言	C_3,C_4
C_3	数据结构	C_1,C_{13}	C_{10}	编译系统	C_9
C_4	汇编语言	C_1,C_{12}	C_{11}	操作系统	C_{10}
C_5	自动控制理论	C_{13}	C_{12}	解析几何	无
C_6	人工智能	C_3	C_{13}	高等数学	C_{12}
C_7	微机原理	C_3,C_4,C_9			

在表 7.1 中，C_1、C_{12}是独立于其他课程的基础课，而有的课却需要有先行课程，例如，学完"计算机导论"和"高等数学"后才能学"数值分析"，先行条件规定了课程之间的优先关系。这种优先关系可以用图 7.39 所示的 AOV 网图来表示。其中，顶点表示课程，有向边表示前提条件。若课程 i 为课程 j 的先行课，则必然存在有向边(i,j)。在安排学习顺序时，必须保证在学习某门课之前，已经学习了其先行课程。

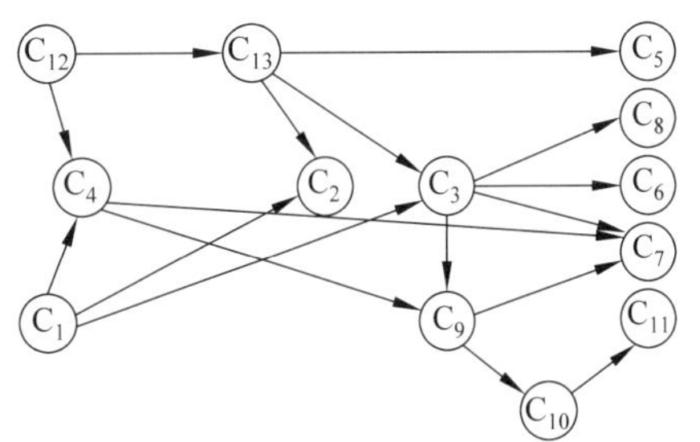

图 7.39 一个 AOV 网实例

类似的 AOV 网的例子还有很多，如大家熟悉的计算机程序，任何一个可执行程序也可以划分为若干个程序段（或若干语句），由这些程序段组成的流程图也是一个 AOV 网。

给出有向图 $G=(V,E)$，对于 V 中顶点的线性序列$(v_{i1},v_{i2},\cdots,v_{in})$，如果满足如下条件：若在 G 中从顶点 v_i 到 v_j 有一条路径，则在序列中顶点 v_i 必在顶点 v_j 之前，则该序列称为 G 的一个拓扑序列(topological order)。构造有向图的一个拓扑序列过程称为拓扑排序(topological sort)。

AOV 网所代表的一项工程中活动的集合显然是一个偏序集合。为了保证该项工程得以顺利完成，必须保证 AOV 网中不出现回路；否则，意味着某项活动应以自身作为能否开展的先决条件，这是荒谬的。

测试 AOV 网是否没有回路（即是否是一个有向无环图）的方法，就是在 AOV 网的偏序集合下构造一个线性序列，该线性序列具有以下性质。

- AOV 网中，若顶点 i 优先于顶点 j，则在线性序列中顶点 i 仍然优先于顶点 j。
- 对于网中原来没有优先关系的顶点 i 与顶点 j，如图 7.39 中的 C_1 与 C_{13}，在线性序列中也建立一个先后关系，或者顶点 i 优先于顶点 j，或者顶点 j 优先于顶点 i。

满足这样性质的线性序列称为拓扑有序序列。构造拓扑序列的过程称为拓扑排序。也可以说拓扑排序就是由某个集合上的一个偏序得到该集合上的一个全序的操作。

若某个 AOV 网中所有顶点都在它的拓扑序列中，则说明该 AOV 网不会存在回路，这时的拓扑序列集合是 AOV 网中所有活动的一个全序集合。以图 7.39 中的 AOV 网为例,可以得到不止一个拓扑序列,C_1、C_{12}、C_4、C_{13}、C_5、C_2、C_3、C_9、C_7、C_{10}、C_{11}、C_6、C_8 就是其中之一。显然,对于任何一项工程中各个活动的安排,必须按拓扑有序序列中的顺序进行才是可行的。

对 AOV 网进行拓扑排序的方法和步骤如下。

① 从 AOV 网中选择一个没有前驱的顶点(该顶点的入度为 0)并且输出它。

② 从网中删去该顶点,并且删去从该顶点发出的全部有向边。

③ 重复上述两步,直到剩余的网中不再存在没有前驱的顶点为止。

这样操作的结果有两种:一种是网中全部顶点都被输出,这说明网中不存在有向回路;另一种就是网中顶点未被全部输出,剩余的顶点均有前驱顶点,这说明网中存在有向回路。

图 7.40 给出了在一个 AOV 网上实施上述步骤的例子。

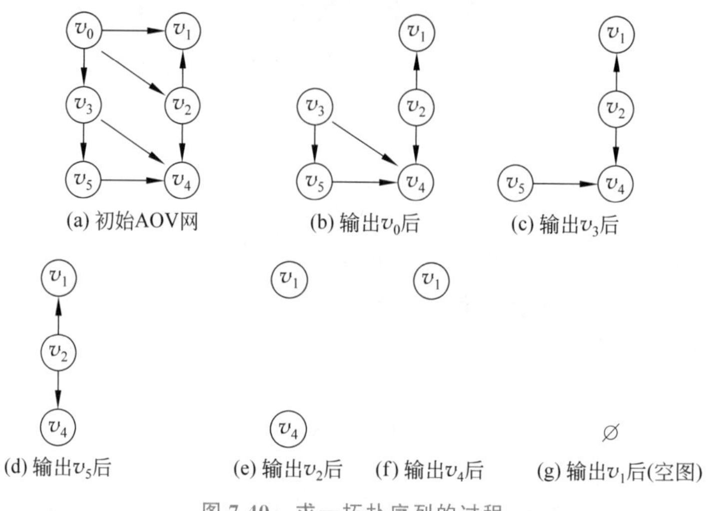

图 7.40 求一拓扑序列的过程

这样得到一个拓扑序列:v_0,v_3,v_5,v_2,v_4,v_1。

为了实现上述算法,对 AOV 网采用邻接表存储方式,并且邻接表中顶点结点中增加一个记录顶点入度的数据域,即顶点结构设为

indegree	vertex	firstedge

其中,vertex、firstedge 的含义如前所述;indegree 为记录顶点入度的数据域。图 7.40(a)中的 AOV 网的邻接表如图 7.41 所示。

算法中设置了一个堆栈,将 AOV 网中入度为 0 的顶点都入栈。为此,拓扑排序的算法步骤如下。

① 将没有前驱的顶点(indegree 域为 0)压入栈。

② 从栈中退出栈顶元素输出,并把该顶点引出的所有有向边删去,即把它的各个邻接顶点的入度减 1。

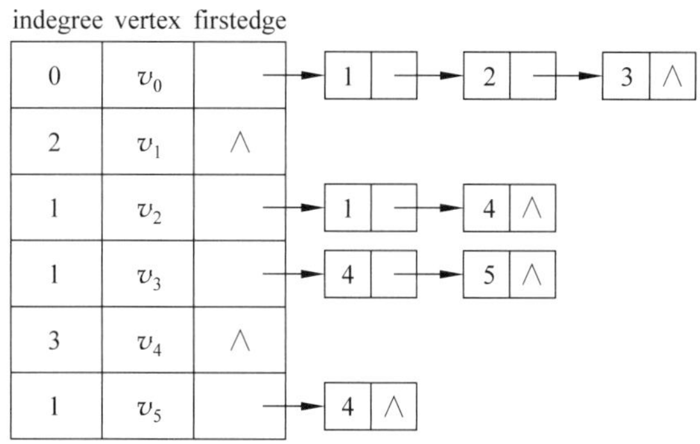

图 7.41 图 7.40(a)所示的一个 AOV 网的邻接表

③ 将新的入度为 0 的顶点再入堆栈。

④ 重复②和③,直到栈为空为止。此时或者是已经输出全部顶点,或者剩下的顶点中没有入度为 0 的顶点。

从上面的步骤可以看出,栈在这里的作用只是保存当前入度为 0 的顶点,并使之处理有序。也可用队列来保存入度为 0 的顶点,因为对保存的顶点处理顺序并没有特定的要求。在下面给出用 C 语言描述的拓扑排序的算法实现(见算法 7.18)中,采用栈来存放当前未处理过的入度为 0 的结点,是不是必须定义一个栈,在内存增设栈的空间呢? 通过分析可以发现,入度为 0 的顶点进栈后入度域没有作用了,可以用这个入度域存放下一个入度为 0 的顶点地址(下标),用一个栈顶位置的指针(top)指向第一个入度为 0 的顶点,这样就能将所有未处理过的入度为 0 的结点连接起来,从而形成一个链栈。这种设计方法节省了空间,是程序设计技巧之一。

下面给出用 C 语言描述的拓扑排序算法。

【算法 7.18】

```
#define MaxVertexNum 30                          /* 最大顶点数为 30 */
typedef struct node {                            /* 表结点 */
          int adjvertex;
                  /* 邻接点域,一般是存放顶点对应的序号或在表头向量中的下标 */
          struct node * next;                    /* 指向下一个邻接点的指针域 */
    }EdgeNode;
typedef struct vnode {                           /* 顶点表结点 */
          int indegree;                          /* 存放顶点入度 */
          int vertex;                            /* 顶点域 */
          EdgeNode * firstedge;                  /* 边表头指针 */
    }VertexNode;
typedef struct {
          VertexNode adjlist[MaxVertexNum];      /* 邻接表 */
          int vertexNum,edgeNum;                 /* 顶点数和边数 */
    }ALGraph;                                    /* ALGraph 是以邻接表方式存储 */
void FindInDegree(ALGraph * G)                   /* 求各顶点的入度 */
```

```
{   int i;
    EdgeNode *p;
    for(i=0;i<G->vertexNum;i++)
        G->adjlist[i].indegree=0;
    for(i=0;i<G->vertexNum;i++)
    {  for(p=G->adjlist[i].firstedge;p;p=p->next)
        G->adjlist[p->adjvertex].indegree++;
    }
}
void Top_Sort(ALGraph G)
{/*对以邻接链表为存储结构的图 G,输出其拓扑序列*/
    int i,j,k,count=0;
    int top=-1;                              /*栈顶指针初始化*/
    EdgeNode *p;
    FindInDegree(&G);                        /*求各顶点的入度*/
      for(i=0;i<G.vertexNum;i++)             /*依次将入度为 0 的顶点压入链式栈*/
      {   if(G.adjlist[i].indegree==0)
          {   G.adjlist[i].indegree=top;
              top=i;
          }
      }
      while(top!=-1)                         /*栈不空*/
      {  j=top;
         top=G.adjlist[top].indegree;        /*从栈中退出一个顶点并输出*/
         printf("%3d",G.adjlist[j].vertex);
         count++;                            /*排序到的顶点计数*/
         for(p=G.adjlist[j].firstedge;p;p=p->next)
         {  k=p->adjvertex;
            G.adjlist[k].indegree--;         /*当前输出顶点邻接点的入度减 1*/
            if(G.adjlist[k].indegree==0)     /*新的入度为 0 的顶点进栈*/
            {   G.adjlist[k].indegree=top;
                top=k;                       /*修改栈顶下标*/
            }
         }
     }
     if(count<G.vertexNum)printf("The network has a cycle");
}
```

对一个具有 n 个顶点、e 条边的网来说,整个算法的时间复杂度为 $O(n+e)$。

7.7.3 AOE 图与关键路径

如果在带权的有向图中,以顶点表示事件,以有向边表示活动,边上的权值表示活动的开销(如该活动持续的时间),则此带权的有向图称为 AOE 网(activity on edge network)。

AOV 网和 AOE 网有密切关系但又不同，如果分别用 AOV 网和 AOE 网表示一项工程，那么 AOV 网中仅仅体现出各个子工程(用顶点表示)之间的优先关系，这种关系是定性的关系；而在 AOE 网中还要体现出完成各个子工程(用边表示)的确切时间，各个子工程的关系是一种定量的关系。因此，如果用 AOE 网来表示一项工程，那么，仅仅考虑各个子工程之间的优先关系还不够，更多的是关心整个工程完成的最短时间是多少；哪些活动的延期将会影响整个工程的进度，而加速这些活动是否会提高整个工程的效率。因此，通常在 AOE 网中列出完成预定工程计划所需要进行的活动，每个活动计划完成的时间，要发生哪些事件以及这些事件与活动之间的关系，从而可以确定该项工程是否可行，估算工程完成的时间以及确定哪些活动是影响工程进度的关键。

AOE 网具有以下两个性质。

(1) 只有在某顶点所代表的事件发生后，从该顶点出发的各有向边所代表的活动才能开始。只有在进入某一顶点的各有向边所代表的活动都已经结束，该顶点所代表的事件才能发生。

(2) 在一个表示工程的 AOE 网中，应该不存在回路，网中仅存在一个入度为零的顶点，称为源点，它表示了整个工程的开始；网中也仅存在一个出度为零的顶点，称为终点，它表示整个工程的结束。

图 7.42 给出了一个具有 15 个活动、10 个事件的假想工程的 AOE 网。$v_0, v_2, \cdots, v_9$ 分别表示一个事件；$<v_0, v_1>, <v_0, v_2>, \cdots, <v_8, v_9>$ 分别表示一个活动；用 $a_1, a_2, \cdots, a_{15}$ 代表这些活动。其中，v_0 称为源点，是整个工程的开始点，其入度为 0；v_9 为汇点，是整个工程的结束点，其出度为 0。

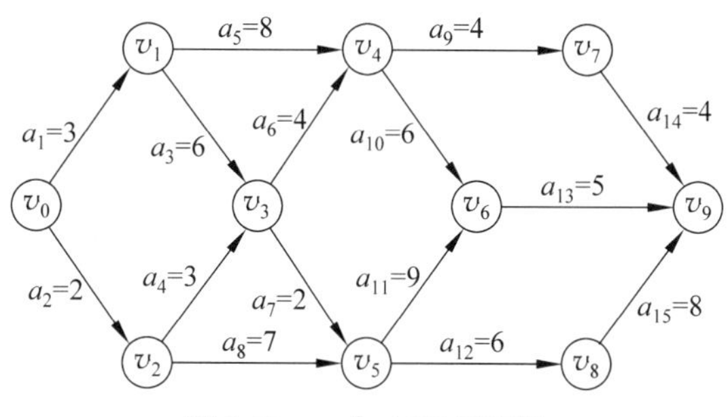

图 7.42　一个 AOE 网实例

对于 AOE 网，可采用与 AOV 网一样的邻接表存储方式。其中，邻接表中边结点的信息域为该边的权值，即该有向边代表的活动所持续的时间。

利用 AOE 网进行工程管理，一般讨论以下两个问题。

(1) 完成整个工程至少需要多少时间?

(2) 哪些活动是影响工程进度的关键活动?

由于 AOE 网中的某些活动能够同时进行，故完成整个工程所必须花费的时间应该为源点到终点的最大路径长度(这里的路径长度是指该路径上的各个活动所需时间之和)。具有最大路径长度的路径称为关键路径。关键路径上的活动称为关键活动。关键路径长度是整个工程所需的最短工期。这就是说,要缩短整个工期,必须加快关键活动的进度。因此利用AOE网进行工程管理时所需解决的主要问题是计算出完成整个工程的最长路径,从而确定关键路径,以找出影响工程进度的关键活动。

为了在AOE网中找出关键路径,需要定义如下几个参量,并且说明其计算方法。

(1) 事件的最早发生时间 $v_e(j)$。$v_e(j)$是指从源点到顶点 v_j 的最大路径长度。这个时间决定了所有从顶点 v_j 发出的有向边所代表的活动能够开工的最早时间。根据AOE网的性质,只有进入 v_j 的所有活动$<v_i,v_j>$都结束时,v_j 代表的事件才能发生;而活动$<v_i,v_j>$的最早结束时间为 $v_e(i)+\mathrm{dut}(<v_i,v_j>)$。通常将工程的源点事件 v_0 的最早发生时间定义为0。所以计算 v_j 的最早发生时间的方法如下:

$$\begin{cases} v_e(0)=0 \\ v_e(j)=\max\{v_e(i)+\mathrm{dut}(<v_i,v_j>)\} \quad <v_i,v_j>\in T \end{cases}$$

其中,T 表示所有到达 v_j 的有向边的集合;$\mathrm{dut}(<v_i,v_j>)$为有向边$<v_i,v_j>$上的权值。

(2) 事件的最迟发生时间 $v_l(i)$。$v_l(i)$是指在不推迟整个工期的前提下,事件 v_i 允许的最迟发生时间。设有向边$<v_i,v_j>$代表从 v_i 出发的活动,为了不拖延整个工期,v_i 发生的最迟时间必须保证不推迟从事件 v_i 出发的所有活动$<v_i,v_j>$的终点 v_j 的最迟时间 $v_l(j)$。显然 $v_l(n-1)=v_e(n-1)$。$v_l(i)$的计算方法如下:

$$\begin{cases} v_l(n-1)=v_e(n-1) \quad /*\text{ 汇点 }*/ \\ v_l(i)=\min\{v_l(j)-\mathrm{dut}(<v_i,v_j>)\} \quad <v_i,v_j>\in S \end{cases}$$

其中,S 为所有从 v_i 发出的有向边的集合。

(3) 活动 $a_k=<v_i,v_j>$的最早开始时间 $e(k)$。若活动 a_k 是由弧$<v_i,v_j>$表示,根据AOE网的性质,只有事件 v_i 发生了,活动 a_k 才能开始。也就是说,活动 a_k 的最早开始时间应等于事件 v_i 的最早发生时间。因此,有:

$$e(k)=v_e(i)$$

(4) 活动 $a_k=<v_i,v_j>$的最迟开始时间 $l(k)$。活动 a_k 的最迟开始时间指:在不推迟整个工程完成日期的前提下,必须开始的最迟时间。若由弧$<v_i,v_j>$表示,则 a_k 的最迟开始时间要保证事件 v_j 的最迟发生时间不拖后。因此,应该有:

$$l(k)=v_l(j)-\mathrm{dut}(<v_i,v_j>)$$

根据每个活动的最早开始时间 $e(k)$和最迟开始时间 $l(k)$就可以判定该活动是否为关键活动,也就是那些 $l(k)=e(k)$的活动就是关键活动,而那些 $l(k)>e(k)$的活动则不是关键活动,$l(k)-e(k)$的值为活动的时间余量,是在不延误工期的前提下活动 a_k 可以延迟的时间。关键活动确定之后,关键活动所在的路径就是关键路径。

求 $v_e(j)$和 $v_l(i)$需分两步进行:

① 从 $v_e(0)=0$ 开始向后递推

$$v_e(j)=\max\{v_e(i)+\mathrm{dut}(<v_i,v_j>)\} \quad <v_i,v_j>\in T,1\leqslant j\leqslant n-1$$

其中,T 表示所有到达 v_j 的有向边的集合。

② 从 $v_l(n-1)=v_e(n-1)$起向前递推

$$v_l(i)=\min\{v_l(j)-\mathrm{dut}(<v_i,v_j>)\} \quad <v_i,v_j>\in S,0\leqslant i\leqslant n-2$$

其中,S 为所有从 v_i 发出的有向边的集合。

这两个递推公式的计算必须分别在拓扑有序和逆拓扑有序的前提下进行。其中 $v_e(j)$ 必须在 v_j 所有前驱的最早发生时间求得之后才能确定,而 $v_l(i)$ 则必须在 v_i 所有的后继的最迟发生时间求得之后才能确定。因此可以在拓扑排序的基础上计算 $v_e(j)$ 和 $v_l(i)$。

由此上述方法得到求关键路径的算法步骤如下。

(1) 从源点 v_0 出发,令 $v_e[0]=0$,按拓扑有序求其余各顶点的最早发生时间 $v_e[i]$ $(1\leqslant i\leqslant n-1)$。如果得到的拓扑有序序列中顶点个数小于网中顶点数 n,则说明网中存在环,不能求关键路径,算法终止;否则执行步骤(2)。

(2) 从汇点 v_{n-1} 出发,令 $v_l[n-1]=v_e[n-1]$,按逆拓扑有序求其余各顶点的最迟发生时间 $v_l[i]$$(0\leqslant i\leqslant n-2)$。

(3) 根据各顶点的 v_e 和 v_l 值,求每条弧 s 的最早开始时间 $e(s)$ 和最迟开始时间 l(s)。若某条弧满足条件 $e(s)=l(s)$,则为关键活动。

步骤(1)由拓扑排序算法 7.18 改造而来,参见算法 7.19。步骤(2)、步骤(3)参见算法 7.20。

算法中 AOE 网的存储结构和 AOV 网拓扑排序采用的存储结构一样,都是邻接表,不过 AOE 网在表结点上需要增加一个弧的时间权值域。

```
typedef struct node {               /* 表结点 */
            int adjvertex; /* 邻接点域,一般是存放顶点对应的序号或在表头向量中的下标 */
            int info;               /* 弧的时间权值 */
            struct node * next;     /* 指向下一个邻接点的指针域 */
}EdgeNode;
```

邻接表存储结构的其他定义同算法 7.2。

【算法 7.19】

```
int TopOrder(ALGraph G,int tpord[],int ve[])
{  /* 有向网 G 采用邻接表存储结构,求各顶点事件的最早发生时间 ve */
    /* 若 G 无回路,用数组 tpord[]保存 G 的一个拓扑序列,返回值为 1,否则为 0 */
    int i,j,k,count=0;
    top=-1;                             /* 栈顶指针初始化 */
    EdgeNode * p;
    FindInDegree(&G);                   /* 求各顶点的入度,见算法 7.18 */
    for(i=0;i<G.vertexNum;i++)          /* 依次将入度为 0 的顶点压入链式栈 */
    {
        if(G.adjlist[i].indegree==0)
        {
                G.adjlist[i].indegree=top;
                top=i;
        }
    }
```

```
    while(top!=-1)                              /*栈不空*/
    {
        j=top;
        top=G.adjlist[top].indegree;            /*从栈中退出一个顶点并输出*/
        tpord[count++]=G.adjlist[j].vertex;
        for(p=G.adjlist[j].firstedge;p;p=p->next)
        {
            k=p->adjvertex;
             G.adjlist[k].indegree--;           /*当前输出顶点邻接点的入度减1*/
             if(G.adjlist[k].indegree==0)       /*新的入度为0的顶点进栈*/
             {
                 G.adjlist[k].indegree=top;
                 top=k;                         /*修改栈顶下标*/
             }
             if(ve[j]+p->info>ve[k])
                 ve[k]=ve[j]+p->info;           /*p->info为活动(边)的持续时间*/
        }
    }
    if(count<G.vertexNum) return 0;            /*该有向网有回路返回0,否则返回1*/
    else return 1;
}                                               /*TopOrder*/
```

【算法 7.20】

```
int Criticalpath(ALGraph G)
{  /*G为AOE网,输出G的各项关键活动*/
    int i,j,k,e,l,ve[MaxVertexNum],vl[MaxVertexNum],order[MaxVertexNum];
    EdgeNode *p;
    int count=G.vertexNum;
    if(TopOrder(G,order,ve)==0) return 0;          /*该有向网有回路返回0*/
    for(i=0;i<G.vertexNum;i++) vl[i]=ve[G.vertexNum-1];
                                                    /*初始化顶点事件的最迟发生时间*/
    for(i=count;i>0;i--)                            /*按拓扑逆序求各顶点的vl值*/
    {
        j=order[i-1];
        for(p=G.adjlist[j].firstedge; p; p=p->next)
        {
            k=p->adjvertex;
            if(vl[k]-p->info<vl[j]) vl[j]=vl[k]-p->info;
        }
    }
    for(j=0; j<G.vertexNum; j++)                    /*求e、l和关键活动*/
        for(p=G.adjlist[j].firstedge; p; p=p->next)
        {
            k=p->adjvertex;
```

```
        e=ve[j];
        l=vl[k]-p->info;
        if(e==l)
            printf( "%d->%d ",j,k);                 /* 输出关键活动 */
    }
    return 1;                                       /* 求出关键活动后返回 1 */
}                                                   /* Criticalpath */
```

对于图 7.43 所示的网，从 v_0 到 v_9 可计算求得的关键路径有两条：<v_0，v_1，v_3，v_5，v_6，v_9>和<v_0，v_1，v_3，v_5，v_8，v_9>，它们的长度都是 25，即整个工程用 25 天就能完成。

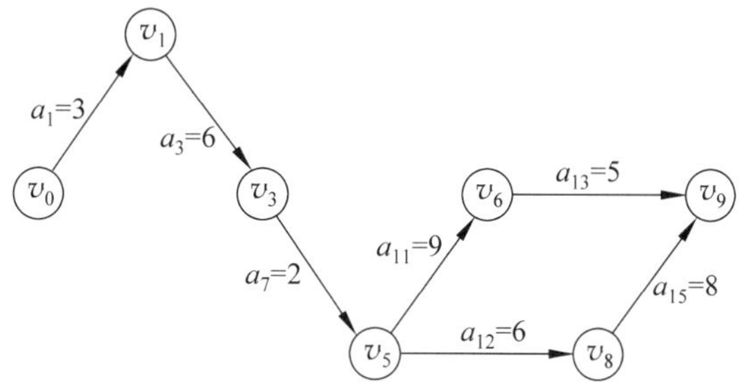

图 7.43 一个 AOE 网的关键路径实例

实践证明：用 AOE 网来估算工程的完成时间是非常有用的。但由于网中各项活动是相互牵涉的，因此影响关键活动的因素也是多方面的，任何一项活动持续时间的改变都会影响关键路径的改变。另一方面，并不是加快任何一个关键活动都可缩短整个工程的完成时间。只有加快那些包含在所有的关键路径上的关键活动才能达到这个目的。通过图 7.43 中可以分析看出，a_{12} 是关键活动，它在两条关键路径的其中一条上，如果加快 a_{12} 的速度，使之由 6 天变成 4 天完成，这样并不能把整个工程工期缩短为 23 天。如果一个活动处于所有关键路径上，那么提高这个活动的速度，就能缩短工期。例如把 a_3 的速度由 6 天变成 4 天，由于 a_3 处在所有的关键路径上，这样整个工程 23 天就能完成。但完成时间不能缩短太多，否则会使原来的关键路径变成不是关键路径，需要重新寻找路径。由此可见，关键活动速度的提高是有限的，只有在不改变网的关键路径的情况下，提高关键活动的速度才能有效。

7.8 案例分析与实现

【案例 7.2 分析与实现】 单循环比赛的胜负序列。

下面以图 7.5 所示的例子进行编程实现。共有 6 人进行单循环比赛，假设他们比赛以后的胜负关系如图 7.44 所示，弧头所在结点表示输家，弧尾表示赢家。现在对图 7.44 求简单路径，将这个图用邻接矩阵进行存储。而深度优先搜索就是求简单路径的方法之一，并且很适合在邻接矩阵上进行遍历。但深度优先搜索方法需要指定一个起始点，并且对于胜负序列，并非所有的点作为起始点时都存在结果序列。所以，本案例的求解并不是完全按深度优先搜索算法来进行,需要改进这个算法。当选定某个顶点作为起始点时要能够进行试探,当试探出得不到简单路径的时候要能够回退,重新选择一个顶点作为起始位置。所以,可以增加一个计数器,对每次以某个顶点为起点的深度优先搜索算法执行完后,如果计数器的值是顶点数,那么本次搜索算法得到的序列就是正确的胜负序列。反之,要换个顶点再进行深度优先搜索,并且要将原有的遍历标志位的标志向量数组重置。

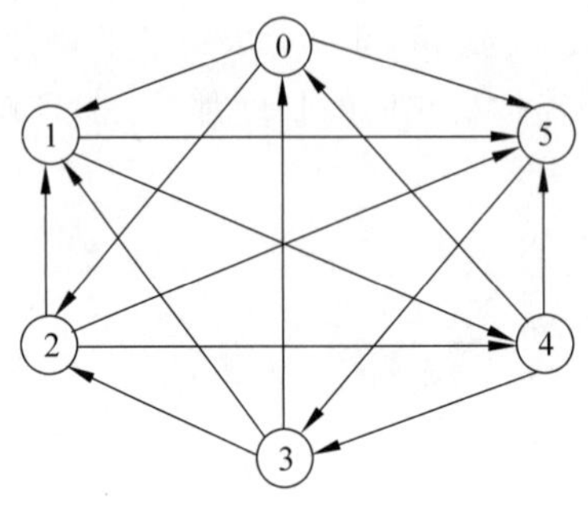

图 7.44　单循环比赛

案例实现的具体算法如下:

【算法 7.21】

```
#include<stdio.h>
#include<string.h>
#define MaxVertexNum 30
#define false 0
#define true 1
#define InfoType int
#define VertexType int
int count=0;                                /* 计数器是全局变量 */
typedef struct node
{                                           /* 表结点 */
    int adjvertex;    /* 邻接点域,一般是存放顶点对应的序号或在表头向量中的下标 */
    InfoType info;                          /* 与边(或弧)相关的信息 */
    struct node * next;                     /* 指向下一个邻接点的指针域 */
} EdgeNode;
typedef struct vnode
{                                           /* 顶点结点 */
    VertexType vertex;                      /* 顶点域 */
    EdgeNode * firstedge;                   /* 边表头指针 */
} VertexNode;
typedef struct
{
    VertexNode adjlist[MaxVertexNum];       /* 邻接表 */
    int vertexNum, edgeNum;                 /* 顶点数和边数 */
```

```
} ALGraph;
void DFS(ALGraph G, int v);
typedef struct
{
    int m;
    int n;
} VertexNode_init;                          /* ALGraph 是以邻接表方式存储的图类型 */
void CreateALGraph(ALGraph *G, int n)
{   /* 建立有向图的邻接表存储,直接赋值 */
    int i, j, k;
    EdgeNode *p, *pi, *pj;
    G->vertexNum=n;
    G->edgeNum=15;                          /* 读入顶点数和边数,6 个顶点,15 条边 */

    VertexNode_init init_vex[15] ={
        {0, 1},
        {0, 2},
        {0, 5},
        {4, 0},
        {3, 0},
        {1, 5},
        {1, 4},
        {2, 1},
        {3, 1},
        {2, 5},
        {2, 4},
        {3, 2},
        {5, 3},
        {4, 3},
        {4, 5},
    };                                                  /* 边的信息 */
    for (i=0; i <G->vertexNum; i++)                     /* 建立有 n 个顶点的顶点表 */
    {
        G->adjlist[i].vertex=i;
        G->adjlist[i].firstedge=NULL;                   /* 顶点的边表头指针设为空 */
    }
    for (k=0; k <G->edgeNum; k++)                       /* 建立边表 */
    {
        pi=(EdgeNode *)malloc(sizeof(EdgeNode));
                                                        /* 生成新边表结点 pi */
        pi->adjvertex=init_vex[k].n;                    /* 邻接点序号为 j */
        pi->next=G->adjlist[init_vex[k].m].firstedge;
                                            /* 将新边表结点 p 插入顶点 Vi 的链表头部 */
        G->adjlist[init_vex[k].m].firstedge=pi;
```

```
    }
}                                                          /* CreateALGraph */
int visited[MaxVertexNum];                                 /* 标志向量数组 */
void DFStraverse(ALGraph G)
/* 深度优先遍历以邻接表表示的图 G */
{
    int v;
    for (v=0; v<G.vertexNum; v++)
        visited[v]=false;                                  /* 标志向量初始化 */
    for (v=0; v<G.vertexNum; v++)
        if (!visited[v])
            DFS(G, v);
}                                                          /* DFS */

void DFS(ALGraph G, int v)                     /* 从第 v 个顶点出发深度优先遍历图 G */
{
    EdgeNode *p;
    int w;
    //Visit(v);
    if (!visited[v])
    {
        printf("V%d->", v);                    //访问即打印第 v 个顶点
        count++;                               //计数器增 1
    }

    visited[v]=true;                           /* 访问第 v 个顶点,并把访问标志置 true */
    for (p=G.adjlist[v].firstedge; p; p=p->next)
    {
        w=p->adjvertex;
        if (!visited[w])
            DFS(G, w);                         /* 对 v 尚未访问的邻接顶点 w 递归调用 DFS */
    }
}
int main()
{
    ALGraph G;
    CreateALGraph(&G, 6);
    for (int i=0; i<G.vertexNum; i++)
    {
        DFS(G, i);
        if (count==6)
        {
            printf("胜负序列正确!\n");
            break;
        }
        else if (count<6 && count>=0)
```

```
        {
            printf("错误的胜负序列!\n");
            count=0;              /* 计数器归零 */
            for (int v=0; v <G.vertexNum; v++)
            visited[v]=false;    /* 完成一次深度优先搜索后要将标志向量全部重置 */
        }
    }
}
```

程序运行结果如图 7.45 所示。

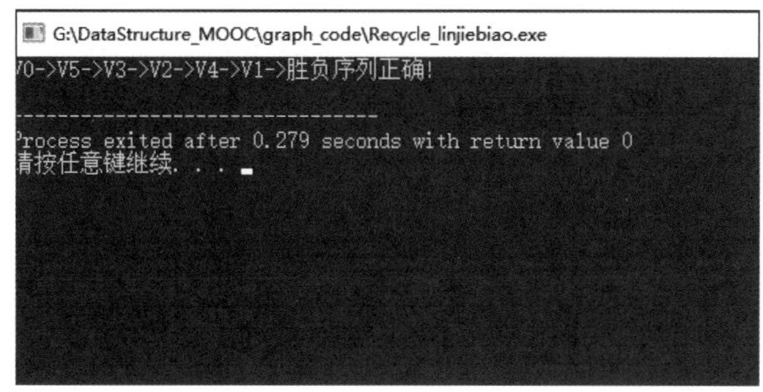

图 7.45　案例 7.2 程序运行结果

本章小结

图是一种应用范围很广的非线性数据结构,是一种网状结构。图中任何两个数据元素之间都可能存在关系,即数据元素之间存在多对多的关系。在有向图中,每个元素可以有多个直接前驱和直接后继,并且两个元素可以互为直接前驱和直接后继。

需要存储图的顶点信息和边的信息(即顶点之间的关系),通常为了运算方便,将它们分开存储。对于图的顶点信息适合采用能够直接存取的数组存储,对于图的边信息,主要有邻接矩阵、邻接表、十字链表以及邻接多重表等存储方式。

图的遍历是从图的某个顶点出发,按照某种搜索策略访问图中所有顶点且每个顶点仅访问一次。按搜索策略的不同,有深度优先和广度优先两种遍历方法。它们对无向图和有向图都适用。由于图中有回路,在访问了某个顶点之后可能沿着某条路径又回到了该顶点。因此为避免同一顶点被多次访问,通常引入一个辅助数组,记录每个顶点是否被访问过。图的遍历是图的许多其他操作的基础,以遍历算法为基础或遍历算法为框架,可以写出图的许多操作或应用算法。如判断两顶点的可达性、判断图的连通性、求无向图的生成树等。

一条连通图的生成树含有该图的全部 n 个顶点和 $n-1$ 条边,其中权值和最小的生成树为最小生成树。Prim 算法和 Kruskal 算法是构造最小生成树的两个经典算法。虽然所采用的策略不同,得到的最小生成树中边的次序可能不同,但最小生成树的权值必然相同。

最短路径指图中从一个顶点到另一个顶点权值和最小的路径。根据不同的要求和应用，最短路径算法分为 Dijkstra 算法和 Floyd 算法。其中 Dijkstra 算法用于求解某个顶点到其余顶点权值和最小的路径，Floyd 算法用于求每一对顶点之间的最短路径。

有向无环图是描述一项工程或系统进行过程的有效工具。AOE 图和 AOV 网是两种常用的表示流程图的有向无环图。AOV 网侧重表示活动的前后次序，AOE 网除了表示活动先后次序外，还表示活动的持续时间。拓扑排序是有向图中的重要运算，利用拓扑排序可判断有向图是否存在回路。关键路径是 AOE 网中从流程的开始到结束顶点长度最长的路径，要掌握求解关键路径的过程及其引入的计算公式。

习　题

一、选择题

1. 无向图 $G=(V,E)$，其中 $V=\{a,b,c,d,e,f\}$，$E=\{(a,b),(a,e),(a,c),(b,e),(c,f),(f,d),(e,d)\}$，对该图进行深度优先遍历，得到的顶点序列正确的是（　　）。

A. a,b,e,c,d,f　　B. a,c,f,e,b,d　　C. a,e,b,c,f,d　　D. a,e,d,f,c,b

2. 一个 n 个顶点的连通无向图，其边的个数至少为（　　）。

A. $n-1$　　B. n　　C. $n+1$　　D. $n\log_2 n$

3. 在图采用邻接表存储时，求最小生成树的 Prim 算法的时间复杂度为（　　）。

A. $O(n)$　　B. $O(n+e)$　　C. $O(n^2)$　　D. $O(n^3)$

4. G 是一个非连通的无向图，共有 28 条边，则该图至少有（　　）个顶点。

A. 6　　B. 7　　C. 8　　D. 9

5. 图的广度优先搜索类似于树的（　　）遍历。

A. 先序　　B. 中序　　C. 后序　　D. 层次

6. 一个有 n 个顶点的无向图，最少有（　　）个连通分量，最多有（　　）个连通分量。

A. 0　　B. 1　　C. $n-1$　　D. n

7. 在一个无向图中，所有顶点的度数之和等于所有边数的（　　）倍，在一个有向图中，所有顶点的入度之和等于所有顶点出度之和的（　　）倍。

A. 1/2　　B. 2　　C. 1　　D. 4

8. 下面（　　）方法可以判断出一个有向图是否有环（回路）。

A. 深度优先遍历　　B. 拓扑排序　　C. 求最短路径　　D. 求关键路径

9. 在有向图 G 的拓扑序列中，若顶点 V_i 在顶点 V_j 之前，则下列情形不可能出现的是（　　）。

A. G 中有弧 $<V_i,V_j>$　　B. G 中有一条从 V_i 到 V_j 的路径

C. G 中没有弧 $<V_i,V_j>$　　D. G 中有一条从 V_j 到 V_i 的路径

10. 下列关于 AOE 网的叙述中，不正确的是（　　）。

A. 关键活动不按期完成就会影响整个工程的完成时间

B. 任何一个关键活动提前完成，那么整个工程将会提前完成

C. 所有的关键活动提前完成，那么整个工程将会提前完成

D. 某些关键活动提前完成，整个工程将会提前完成

二、填空题

1. Kruskal 算法的时间复杂度为________，它对________图较为适合。

2. 为了实现图的广度优先搜索，除了一个标志数组标志已访问的图的结点外，还需________存放被访问的结点以实现遍历。

3. 具有 n 个顶点 e 条边的有向图和无向图用邻接表表示，则邻接表的边结点个数分别为________和________条。

4. 在有向图的邻接矩阵表示中，计算第 i 个顶点入度的方法是________。

5. 若 n 个顶点的连通图是一个环，则它有________棵生成树。

6. n 个顶点的连通图用邻接矩阵表示时，该矩阵至少有________个非零元素。

7. 有 n 个顶点的有向图，至少需要________条弧才能保证是连通的。

8. 有向图 G 可拓扑排序的判别条件是________。

9. 若要求一个稠密图的最小生成树，最好用________算法求解。

10. AOV 网中，结点表示________，边表示________。AOE 网中，结点表示________，边表示________。

三、判断题

1. 当改变网上某一关键路径上任一关键活动后，必将产生不同的关键路径。（　）

2. 在 n 个结点的无向图中，若边数大于 $n-1$，则该图必是连通图。（　）

3. 在 AOE 网中，关键路径上某个活动的时间缩短，整个工程的时间也就必定缩短。（　）

4. 若一个有向图的邻接矩阵对角线以下元素均为零，则该图的拓扑有序序列必定存在。（　）

5. 一个有向图的邻接表和逆邻接表中结点的个数可能不等。（　）

6. 强连通图的各顶点间均可达。（　）

7. 带权的连通无向图的最小代价生成树是唯一的。（　）

8. 广度遍历生成树描述了从起点到各顶点的最短路径。（　）

9. 邻接多重表是无向图和有向图的链式存储结构。（　）

10. 连通图上各边权值均不相同，则该图的最小生成树是唯一的。（　）

四、应用题

1. 设一个有向图为 $G=(V,E)$，其中 $V=\{a,b,c,d,e\}$，$E=\{$<a,b>，<b,a>，<c,d>，<d,e>，<e,a>，<e,c>$\}$，请画出该有向图，并求各个顶点的入度和出度。

2. 对 n 个顶点的无向图 G，采用邻接矩阵表示，如何判别下列有关问题。

（1）图中有多少条边？

（2）任意两个顶点 i 和 j 是否有边相连？

(3) 任意一个顶点的度是多少？

3. 图 7.46 是一个有向图，试给出：

(1) 每个顶点的入度和出度；

(2) 邻接矩阵；

(3) 邻接表；

(4) 逆邻接表；

(5) 强连通分量。

4. 如图 7.47 所示，按照下列条件分别写出从顶点 0 出发按深度优先搜索遍历得到的顶点序列和按广度优先搜索遍历得到的顶点序列。

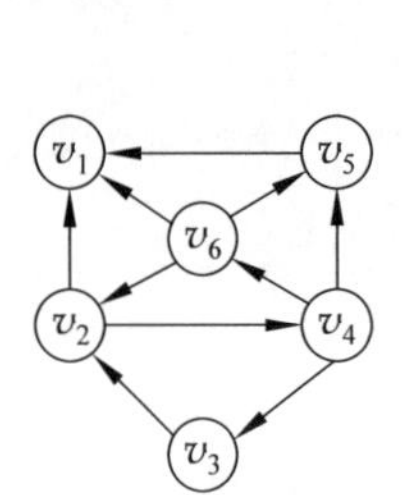

图 7.46 应用题第 3 题的图

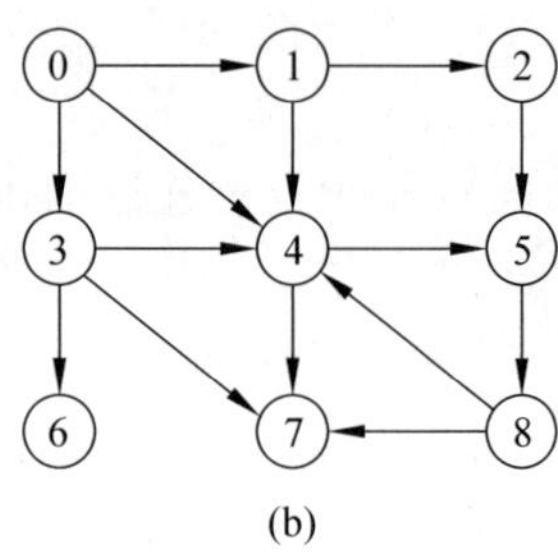

图 7.47 应用题第 4 题的图

(1) 假定它们采用邻接矩阵表示。

(2) 假定它们采用邻接表表示，且每个顶点邻接表中的结点是按顶点序号从大到小的次序链接的。

5. 对于图 7.48，画出最小生成树。

(1) 从顶点 0 出发，按照 Prim 算法求出最小生成树。

(2) 按照 Kruskal 算法求出最小生成树。

(3) 求从顶点 0 出发到其他各顶点的最短路径。

6. 写出图 7.49 中全部不同的拓扑排序序列。

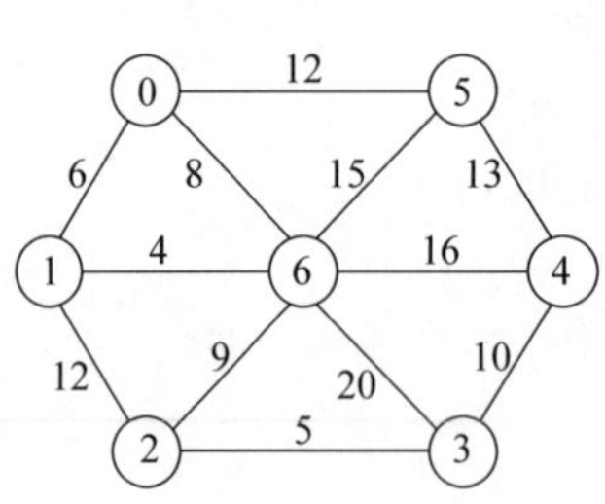

图 7.48 应用题第 5 题的图

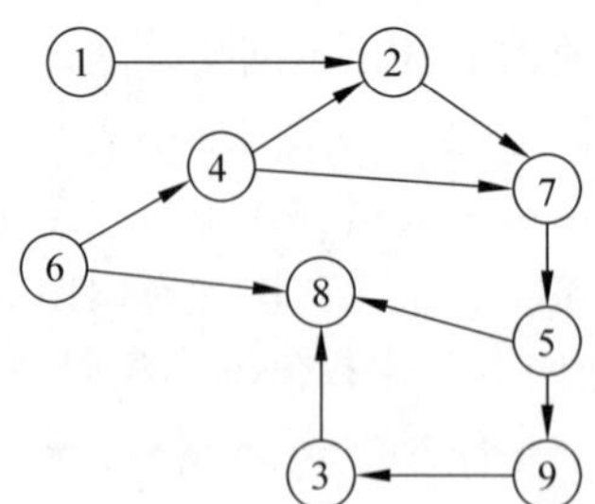

图 7.49 应用题第 6 题的图

五、算法设计题

1. 求出一个邻接矩阵表示的图中所有顶点的最大出度数。

2. 在无向图的邻接表上实现如下操作,试写出算法。

(1) 往图中插入一个顶点。 (2) 往图中插入一条边。

(3) 删去图中某顶点。 (4) 删去图中某条边。

3. 试以邻接表和邻接矩阵为存储结构,分别写出基于 DFS 和 BFS 遍历的算法来判别顶点 v_i 和 v_j($i \neq j$)之间是否有路径。

4. 设图中各边的权值都相等,试分别以邻接矩阵和邻接表为存储结构写出算法:

求顶点 v_i 到顶点 v_j($i \neq j$)的最短路径,要求输出路径上的所有顶点(提示:利用 BFS 遍历的思想)。

5. 利用拓扑排序算法的思想写一算法判别有向图中是否存在有向环,当有向环存在时,输出构成环的顶点。

6. 设有向图 G 有 n 个顶点(用 1,2,…,n 表示),e 条边,写一种算法根据其邻接表生成其逆邻接表,要求算法的时间复杂性为 $O(n+e)$。

第8章 chapter 8

查　找

思政教学设计

查找是各种数据结构必不可少的运算，也是大多数计算机应用程序的核心功能之一。查找的目的就是从给定的数据集中，找到所需要的数据记录。在现实生活中，人们经常遇到各种查找操作。例如，在学生的成绩单中，找出某个学生的某一门课程的成绩；在图书馆，查找所需要的图书或资料。在计算机系统中，特别是数据库系统，查找特定的数据记录(检索)是非常重要的功能之一。例如，在某学校的教务管理系统中，只要输入特定的数据(学号)，有关该同学的信息会快速显示出来；在进行DNA序列检测时，同样需要快速查找功能的实现，否则无法实现DNA的匹配检测。由此可见，查找是系统软件和应用软件中最常见的操作之一；设计高效的查找算法一直是软件开发人员所追求的目标。

本章主要介绍查找的基本概念以及一些基本的查找算法，并通过讨论各种查找算法的平均查找长度来比较各种方法的优劣。

【本章学习要求】

掌握：查找的基本概念和查找算法的评价方法。

掌握：顺序表的查找算法、有序表的折半查找算法以及分块查找的算法思想。

掌握：二叉排序树的基本概念，二叉排序树的建立、查找、删除操作。

了解：平衡二叉树基本概念和其平衡调整方法。

了解：B树查找算法的基本实现思想。

掌握：散列查找基本概念、常用哈希算法以及冲突的处理方法。

8.1 案例导引

查找是在大量的信息中确定关键字等于给定值的记录是否存在的过程，是最常用的基本运算操作之一。查找算法应用十分广泛，百度、谷歌等搜索引擎就是利用各种查找技术实现用户信息查询的。它通常需要解决两大问题：一是能否找到？二是如何快速找到？所以不仅需要学习并掌握各种查找算法，还需要学习并掌握高效快速的查找算法。下面介绍几个基于查找的应用案例。

【案例8.1】 用户登录。

现在很多的应用系统都要求用户登录后才可以使用，例如微信、QQ、邮箱、游戏等。

在登录相应的应用系统时，服务器如何核对用户的身份呢？这似乎也不难，只要匹配用户信息即可。有些应用系统的用户量非常大，如何快速找到刚刚输入的用户账号，以便取出相应的密码与输入的密码进行核对呢？一种是采用遍历的方法，对数据库中所有的记录进行遍历。假定账号容量中有十亿有效用户，由第 2 章介绍的线性结构可知，需要平均查找 $n/2$ 次，即达到约五亿次比较，非常费时。现实中用户登录过程非常快，读者可以想想是如何实现快速登录的呢？还有别的高效方法吗？

【案例 8.2】 查询商品。

一个超市有许多商品，试查询到底有多少种商品，并统计每种商品的数量。

这个问题用已经学过的线性表知识可以解决，首先定义一个空线性表，用枚举法对超市所有商品进行扫描，每扫描一个商品，就在线性表内进行查询，如果查询到，就在此商品计数(加 1)，如果查询不到，就把这个商品插入线性表中，这样处理的结果没有问题，但效率不高。假定有 n 种商品，时间复杂度显然是 $O(n^2)$，能不能找到效率更好的算法呢？

【案例 8.3】 查询电话号码。

假定一个公司有员工 20 人，能否通过给定员工姓名快速查找员工的电话号码信息？如果利用第 2 章中线性表所学知识，可以通过逐步比较查找到，平均而言，找到任何一个员工的电话号码需要 10 次比较。有没有更快更好的算法呢？这个算法是有的，通过本章所学的哈希查找技术，只需要一次或者几次比较就能查找到电话号码。

8.2 基本概念

为了学习查找方法，先介绍几个常见的术语和概念。

(1) 查找表。由同一类型的数据元素(记录)组成的集合称为查找表。查找表就是待查文件。

(2) 关键字。数据记录中某个可以标识一个记录的数据项的值称为关键字。若关键字可以唯一地标识一个记录，则称此关键字为主关键字，反之称为次关键字。

(3) 查找。查找就是在一个查找表中找到关键字等于给定值的某个记录。例如，一个关于驾驶证记录的数据库，它对颁发的每一张驾驶证都有一条记录，给定一个驾驶证号码，就可以查到与之相关的信息，给定一个姓名，可能找到多条同名的驾驶证记录。在这里，驾驶证记录的数据库就是查找表，驾驶证号码就是主关键字，姓名是次关键字。

(4) 查找成功或查找不成功。可以利用形式化定义描述基于关键字的查找。假设有一个包含 n 条记录的集合 C，形式如下：

$$(k_1,R_1),(k_2,R_2),\cdots,(k_n,R_n)$$

其中，$k_1,k_2,\cdots,k_n$ 是互不相同的关键字值，R_i 是与关键字 k_i 相关联的信息。若给定某个关键字值 K，查找问题就是在 C 中定位记录(k_i,R_i)，使得 $k_i=K$。因此，查找就是定位关键字值 $k_i=K$ 记录的系统过程。若在 C 中存在至少一个关键字值为 k_i 的记录，使得 $k_i=K$，则称查找成功。查找结果可以输出查找到的有关信息(如位置等)。若在 C 中找不到记录使得 $k_i=K$，则称查找失败(不成功)。此时的查找结果可以给出一个“空”记录或者“空”指针。

(5) 静态查找和动态查找。对于查找表的查找,一般分为静态查找和动态查找。在查找时,只是对数据元素(记录)实行查询或检索,不改变查找表的结构,一般称为静态查找;若在查找的同时,改变查找表的结构,即插入查找表中不存在的记录,或者从查找表中删除已存在的某个记录,则称为动态查找。

(6) 查找效率和平均查找长度。评价一个算法的效率,往往需要从时间和空间两方面进行权衡比较。对查找算法而言,讨论的主要是时间效率,即查找所花费的时间。当涉及的数据量相当大的时候,查找的效率就显得格外重要。在实际应用中,为了提高查找效率,往往需要对数据进行特殊的存储处理。最常用的方法就是对数据进行预排序和建立索引。通过数据的预处理使得数据按照关键字值有序,然后建立索引,这样可以换取查找时间,提高查找效率。为什么图书馆中的图书排列总是按照分类号有序排列的?其目的就是方便读者快速找到所需要的图书。

在讨论各种查找算法时,通常把对关键字的最多比较次数和平均比较次数作为衡量一个查找算法优劣的标准,前者叫作最大查找长度,后者叫作平均查找长度(average search length)。对 n 个记录进行查找时,平均查找长度可以表示为

$$\mathrm{ASL}(n)=\sum_{i=1}^{n} p_i c_i$$

其中,n 是记录的个数,p_i 是查找第 i 个记录的概率,若不特别声明,一般假定每个记录的查找概率相等,即 $p_i=1/n$,c_i 是查找表中第 i 个记录所需进行的比较次数。为了更进一步地评价一个查找算法的性能,有时还要考虑查找失败时所需花费的比较次数。

8.3 线性表的查找

线性表的查找主要有顺序查找、折半查找及分块查找 3 种方式。

8.3.1 顺序查找

顺序查找是一种最简单的查找方法,其基本思想是,从表的一端开始顺序扫描,依次将表中的结点关键字和给定值进行比较,若二者相等,则查找成功;若扫描结束后,还没有与给定值相等的关键字,则查找失败。

顺序查找方法既可以用顺序存储结构来实现,也可以用链式存储结构来实现。这里只介绍以顺序表作为存储结构时实现的顺序查找算法。不失一般性,假定涉及的关键字类型为整型,顺序表的类型具体定义如下:

```
#define maxsize 100              /* 查找表最大长度 */
typedef int KeyType;             /* 整型 */
```

涉及的数据记录至少含有一个关键字段(域):

```
typedef struct {
    KeyType key;
    …}
DataType;
typedef struct {
```

```
    DataType r[maxsize];        /* 数据元素存储空间 */
    int  length;                /* 表的长度 */
}Sqlist;
```

算法8.1描述了顺序查找过程。

【算法8.1】

```
int SeqSearch(Sqlist s,KeyType k)
{  /*在表s中顺序查找关键字k,若查找成功,则函数值为该元素在表中的位置,若查找失败,
     返回-1*/
    int i;
    for(i=0 ; i<s.length ; i++)
        if(s.r[i].key==k)return(i);          /*查找成功*/
    return(-1);                              /*查找失败*/
}
```

由该算法可知,若找到的是第一个元素 $r[0]$,则比较次数 c_1 为1;若找到的第 i 个元素是 $r[i-1]$,则比较次数 c_i 是 i,因此比较的次数依赖于所查找的关键字在表中的位置。假设表中各结点检索概率相等,即 $p_i=1/n$,则查找成功时,顺序查找的平均查找长度为

$$\mathrm{ASL}=\sum_{i=1}^{n} p_i c_i=\frac{1}{n}\sum_{i=1}^{n} i=(n+1)/2$$

可以看到,查找成功时平均比较次数约是表长度的一半。若表中不存在 k 值的元素,则必须进行 n 次比较。顺序查找的优点是算法简单且适用范围广。缺点是当 n 值很大时,查找效率很低。

算法8.1采用单重循环语言实现,简单明了,但算法效率不高,因为每次都要进行两次比较,第一次是检测当前下标是否在查找表的有效范围内,第二次查看当前下标记录的关键字是否等于要找的关键字。

可以通过设置“前哨站”的办法来实现,即把要找的关键字先送到查找表的尾部。

对算法8.1的改进算法如下。

【算法8.2】 带前哨站顺序查找算法。

```
int SeqSearch_gai(Sqlist s,KeyType k)
{   int n,i=0;
    n=s.length;
    s.r[n].key=k;                 /*设置前哨站*/
    while(s.r[i].key!=k)          /*从表首开始向后扫描*/
          i++;
    if(i==n)return(-1);
    else return(i);
}
```

虽然算法8.2的时间效率也为 $O(n)$,但实际比较次数比算法8.1少,并且更加结构化。这种“前哨站”的设置是常见的程序设计技巧之一,请读者仔细体会。

8.3.2 折半查找

有序表指的是用数组存储且结点按关键字有序的线性表。对于一个有序表,可以采用顺序查找的方法来查找指定的关键字，但为了提高查找效率，通常采用折半查找来实现。

折半查找又称为二分查找，它是一种效率较高的查找方法，其基本思想是，设表中的结点按关键字递增有序，首先将待查值 k 和表中间位置上的结点关键字进行比较，若二者相等，则查找成功；否则，若 k 值小，则在表的前半部分中继续利用折半查找法查找，若 k 值大，则在表的后半部分中继续利用折半查找法查找。这样，经过一次关键字比较就缩小一半的查找区间，如此进行下去，直到查找到该关键字或查找失败。

【例 8.1】 已知有 11 个关键字的有序表序列如下：

02,08,15,23,31,37,42,49,67,83,91

当给定的 k 值为 23 和 89 时，折半查找的过程如图 8.1 所示。图中用方括号表示当前的查找区间，用↑指向中间位置。

```
[02  08  15  23  31  37  42  49  67  83  91]
                     ↑
[02  08  15  23  31] 37  42  49  67  83  91
         ↑
 02  08  15 [23  31] 37  42  49  67  83  91]
             ↑
```

(a) 查找关键字 23 的过程

```
[02  08  15  23  31  37  42  49  67  83  91]
                     ↑
 02  08  15  23  31  37 [42  49  67  83  91]
                                 ↑
 02  08  15  23  31  37  42  49  67 [83  91]
                                     ↑
 02  08  15  23  31  37  42  49  67  83 [91]
                                         ↑
```

(b) 查找关键字 89 的过程

图 8.1 折半法查找示例

算法 8.3 描述了折半查找的过程。

【算法 8.3】

```
int BinSearch(Sqlist s,KeyType k)
{  /* 在表 s 中用折半查找法查找关键字 k,若查找成功,则函数值为该元素在表中的位置,若查
      找失败,返回-1 */
   int low,mid,high;
   low=0;high=s.length-1;
   while(low<=high)
   {   mid=(low+high)/2;                              /* 取区间中点 */
       if(s.r[mid].key==k)   return(i);               /* 查找成功 */
       else if(s.r[mid].key>k) high=mid-1;            /* 在左区间中查找 */
```

```
        else low=mid+1;                                /* 在右区间中查找 */
    }
    return(-1);                                        /* 查找失败 */
}
```

如何将这个算法改写成递归算法，请读者思考。

折半查找过程可用二叉树来描述，把有序表中间位置上的结点作为树的根结点，左子表和右子表分别对应树的左子树和右子树，由此构造出相应的二叉树。上述具有 11 个结点的有序表可用图 8.2 所示的二叉树来描述，图中结点对应有序表中的一个元素。

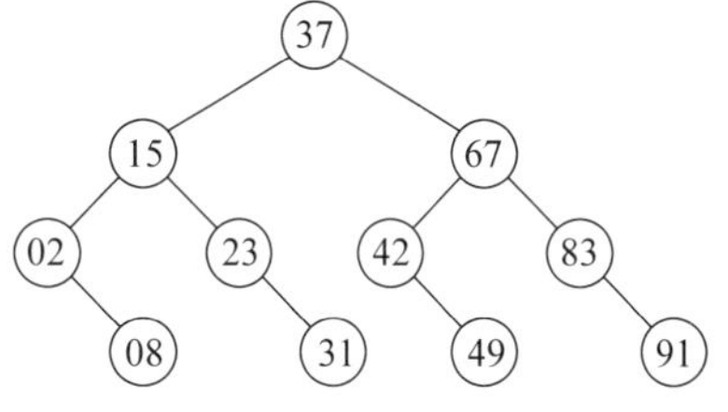

图 8.2　描述折半查找过程的二叉树

从图 8.2 中可以看到，查找结点 23 的过程恰好走了一条从根结点到结点 23 的路径，比较的次数是该路径中结点的个数，只需比较 3 次。由此可见，折半查找过程就是走一条从根结点到被查结点的路径，比较的次数就是该路径中结点的个数，也就是该结点在树中的层数。

下面探讨折半查找的平均查找长度。为讨论方便，假设有序表的长度为 $n=2^h-1$，则判定树是深度为 $h=\log_2(n+1)$ 的满二叉树，树中第 j 层上结点的个数为 2^{j-1}。现假定表中各结点的查找概率相等，则折半查找的平均查找长度为

$$\begin{aligned}\text{ASL} &= \sum_{i=1}^{n} p_i c_i = \frac{1}{n}\sum_{j=1}^{h} j \times 2^{j-1} = \frac{1}{n}(2^0 + 2 \times 2^1 + \cdots + h \times 2^{h-1}) \\ &= \frac{n+1}{n}\log_2(n+1) - 1\end{aligned}$$

当 n 很大时，ASL 近似等于：

$$\text{ASL} = \log_2(n+1) - 1$$

通过上述分析可知，折半查找的优点是查找效率很高，若 $n=1000$，则采用折半查找平均仅需不到 10 次比较，如采用顺序查找平均需 500 次左右比较。该算法的缺点是需事先对表中的关键字进行排序，而排序花费时间较长，故此算法经常用于有序表一旦建立就很少改动且经常需要查找的线性表中，同时只适用于顺序存储结构而不能用于线性链表中。

8.3.3　分块查找

分块查找又称为索引顺序查找，它是顺序查找的一种改进方法，该方法除要求有原表外，还要求建立一个索引表。原表的要求及索引表的建立过程如下：将表划分为若干块，块内的各关键字不一定有序，但前一块中结点的最大关键字必须小于后一块中结点的最小关键字，即所谓的“分块有序”；再从原表的每一块中选取最大关键字和该块在表中的起始位置构建一个索引表，要求从第 i 块中选取的最大关键字和该块在表中的起始位置应存放到索引表的下标为 i 的单元处，显然由此构建的索引表是一个递增的有序表。

例如，图 8.3 所示为一个原表和其对应的索引表，原表中有 18 个结点，均分成 3 块，其中第一块中的最大关键字 25 小于第二块中的最小关键字 29，第二块中的最大关键字

53 小于第三块中的最小关键字 62。索引表中的元素是一个结构体单元，该结构体由关键字和块的起始地址两部分构成。

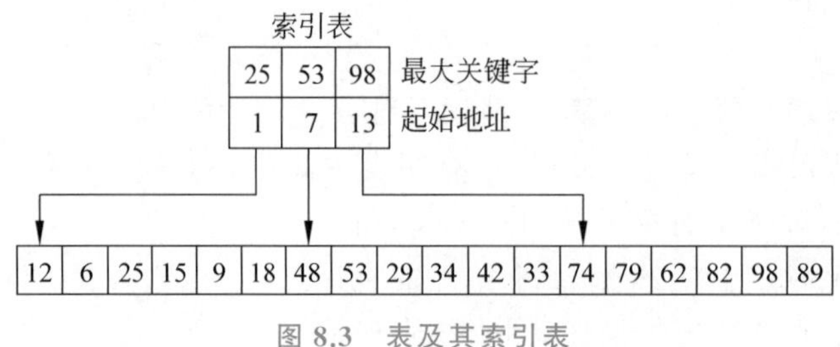

图 8.3 表及其索引表

分块查找的基本思想：首先在索引表中查找以确定待查关键字所在的块，然后在确定的块中顺序查找。例如在图 8.3 中查找关键字 29，先将 29 和索引表中的关键字进行比较，因为 25＜29＜53，所以关键字为 29 的结点若存在，一定位于第二块中，然后根据索引表提供的第二块首地址 7 和第三块首地址 13，可以在表的下标为 7～12 的单元里查找，以确定查找成功与否，本例 29 位于下标为 9 的单元里，显然查找成功。

下面探讨分块查找的平均查找长度。由于分块查找分两步进行，因此整个查找算法的平均查找长度应该是两次查找的平均查找长度之和，即：

$$ASL_{bs}=ASL_{idx}+ASL_{sq}$$

其中，ASL_{bs}表示分块查找的平均查找长度，ASL_{idx}表示查找索引表以确定所在块的平均查找长度，ASL_{sq}表示在块中查找关键字的平均查找长度。

假定表的长度为 n，表中各结点的查找概率相等，表被均匀分成 b 块，每块含的结点个数 $s=\lceil n/b \rceil$。

由于索引表是有序的，可以用顺序查找和折半查找两种方法来查找。

若以折半查找确定块，则分块查找的平均查找长度为

$$ASL_{bs}=ASL_{idx}+ASL_{sq}\approx\log_2(b+1)-1+(s+1)/2\approx\log_2(n/s+1)+s/2$$

若以顺序查找确定块，则分块查找的平均查找长度为

$$ASL_{bs}=ASL_{idx}+ASL_{sq}=(b+1)/2+(s+1)/2=n/(2s)+s/2+1$$

当 $s=\sqrt{n}$ 时，ASL_{bs}取得最小值，有：

$$ASL_{bs}=\sqrt{n}+1\approx\sqrt{n}$$

从上述分析的结果可以看出，分块查找的性能介于顺序查找和折半查找之间。它的效率优于顺序查找法，但缺点是增加了辅助存储空间和需将顺序表分块排序；同时它的效率劣于折半查找法，但好处是不需要对全部记录进行排序，而且当块用单链表表示时，由于块中结点可以无序，所以往表的块中插入和删除结点比较方便，不需大量移动结点。

8.4 树表查找

前面介绍的 3 种查找算法都是静态查找，主要适用于顺序表结构，并且对表中的结点仅做查找操作，而不做插入和删除操作。动态查找不仅要查找结点，而且还要不断地

插入和删除结点，当表采用顺序结构时，需要花费大量的时间用于结点的移动，效率很低。在这种情况下，本节介绍用树结构存储结点的动态查找算法，即树表，特点是树表本身也是在查找过程中动态生成的。树表主要有二叉排序树、平衡二叉树、B树和B+树等。下面分别讨论这些树表的查找方法。

8.4.1 二叉排序树

二叉排序树又称为二叉查找树，它或者是一棵空树，或者是具有以下性质的二叉树：若任一结点的左子树非空，则左子树中的所有结点的值都不大于根结点的值；若任一结点的右子树非空，则右子树中的所有结点的值都不小于根结点的值。一个记录集合可以用一个二叉排序树来表示，树中一个结点对应于集合中的一个记录，整棵树表示该记录集合。从二叉排序树的定义可以得知，对二叉排序树进行中序遍历就可以得到集合中所有记录按关键字从小到大排列的一个递增有序序列。

【例 8.2】 已知有一集合的记录关键字序列为{34,18,76,52,13,67,82,25,58,91,73,20}，该集合对应的一棵二叉排序树如图 8.4 所示。

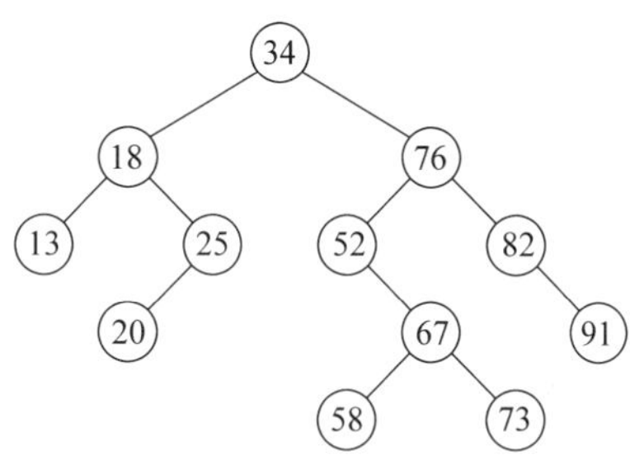

图 8.4 二叉排序树

二叉排序树通常采用二叉链表作为存储结构，其存储结构描述如下：

```
typedef struct BinSTreeNode{
    DataType elem                          /* elem 含有关键字域 */
    struct BinSTreeNode * lchild;
    struct BinSTreeNode * rchild;
} * BinSTree;
```

1. 二叉排序树的查找

二叉排序树的查找过程和折半查找类似，也是一个逐步缩小查找范围的过程。它的基本思想：当二叉排序树为空时，查找失败；当二叉排序树不为空时，将给定值和根结点的关键字进行比较，若相等，则查找成功；若给定值小于根结点的关键字，则在左子树上进行查找；若给定值大于根结点的关键字，则在右子树上查找。在左子树或右子树上的查找和整个二叉树的查找方法一样，所以可以用递归方法实现，下面给出二叉排序树的查找算法。

【算法 8.4】

```
BinSTree BSTreeSearch(BinSTree t,KeyType k)
{  /* 在根指针为 t 的二叉排序树中查找关键字为 k 的结点，若查找成功，则返回指向该结点的
      指针；否则返回空指针 */
    if(t==NULL) return NULL;
    if(t->elem.key==k) return(t);                     /* 查找成功 */
```

```
    if(bt->elem.key>k)
        return BSTreeSearch(t->lchild,k );          /* 在左子树中查找 */
    else
        return BSTreeSearch(t->rchild,k );          /* 在右子树中查找 */
}
```

2. 二叉排序树的插入和生成

在二叉排序树中插入新的结点时，为保证插入后的二叉树仍然是二叉排序树，新添加的结点一定是叶结点。插入的具体过程如下。

(1) 若二叉排序树为空，则把待插入的结点作为根结点插入空树中。

(2) 若二叉排序树非空，则将待插入的结点关键字和根结点的关键字进行比较，若待插入的结点关键字小于根结点的关键字，将待插入的结点插入根的左子树中，否则插入右子树中。

(3) 子树中的插入过程和树中的插入过程相同，如此插入下去，直到把待插入的结点作为叶子插入二叉排序树中。显然可以用递归方法实现。

下面给出二叉排序树的插入结点算法。

【算法 8.5】

```
void BSTreeInsert(BinSTree *t,KeyType k)
{  /* 在二叉排序树中插入关键字为 k 的结点，*t 指向二叉排序树的根结点 */
    BinSTree r;
    if(*t==NULL)
    {   r=(BinSTree)malloc(sizeof(BinSTreeNode));
        r->elem.key=k; r->lchild=r->rchild=NULL;
        *t=r;                        /* 若二叉排序树为空，被插结点作为树的根结点 */
        return;
    }
    else
        if(k<((*t)->elem.key))
              BSTreeInsert(&((*t)->lchild),k);       /* 插入左子树中 */
        else
              BSTreeInsert(&((*t)->rchild),k);       /* 插入右子树中 */
}
```

利用二叉排序树的插入操作，可以从一棵空树开始，将元素逐个插入二叉排序树中，从而建立一棵二叉排序树。读者可用算法 8.5 编写建立二叉排序树的算法。

【例 8.3】 给定一组结点的关键字序列为{34,18,76,52,13,67,82,58,73,16}，则构造二叉排序树的过程如图 8.5 所示。

3. 二叉排序树的删除

在二叉排序树中删除一个结点时，需保证删除后的二叉树仍然是二叉排序树。为讨论

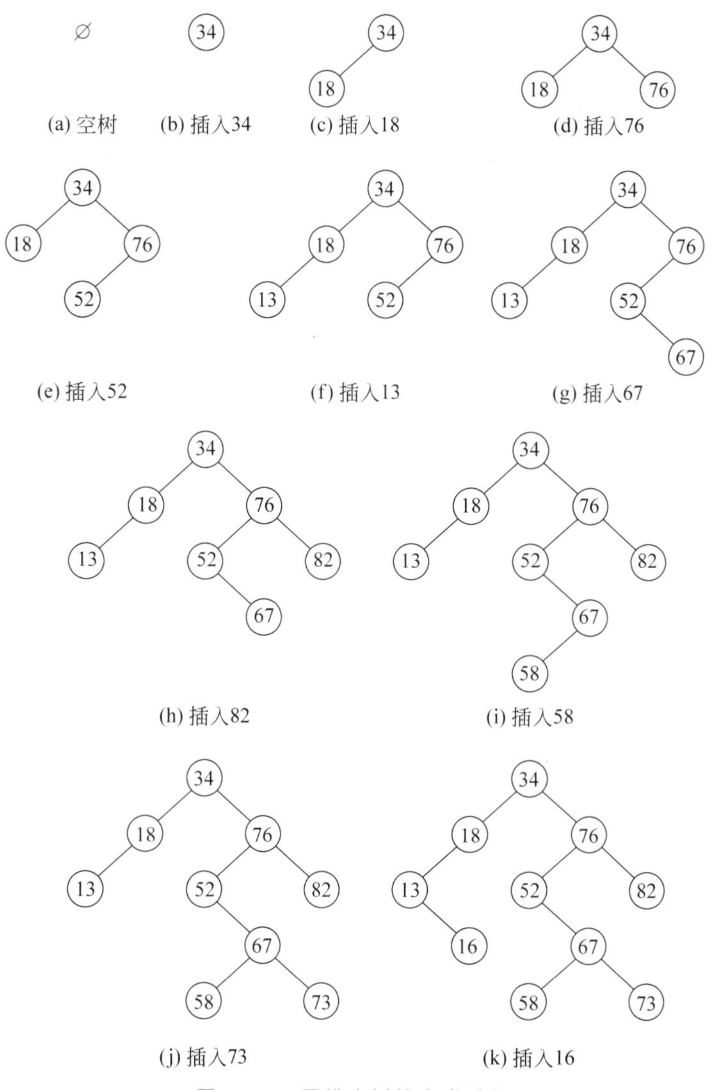

图 8.5 二叉排序树的生成过程

方便,假定被删除结点为 p,其双亲结点为 f。删除的过程可按下述的两种情况分别处理。

(1) 如果被删除的结点没有左子树,则只需把结点 f 指向 p 的指针改为指向 p 的右子树,例如,图 8.6(b)为图 8.6(a)中删除结点 13 后的情形。

(2) 如果被删除的结点 p 有左子树,则删除结点 p 时,有两种方法。第一种方法:从结点 p 的左子树中选择结点值最大的结点 s(其实就是 p 的左子树中最右下角的结点,该结点 s 可能有左子树,但右子树一定为空),用结点 s 替换结点 p(即把 s 的数据复制到 p 中),再将指向结点 s 的指针改为指向结点 s 的左子树即可,例如,图 8.6(c)为图 8.6(a)中删除结点 76 后的图示。第二种方法:从结点 p 的左子树中选择结点值最大的结点 s,将 s 的右指针指向 p 结点的右子树,用结点 p 的左孩子取代 p 的位置成为 f 的一个孩子(即结点 f 指向 p 的指针改为指向 p 的左子树),例如,图 8.6(d)为图 8.6(a)中删除结

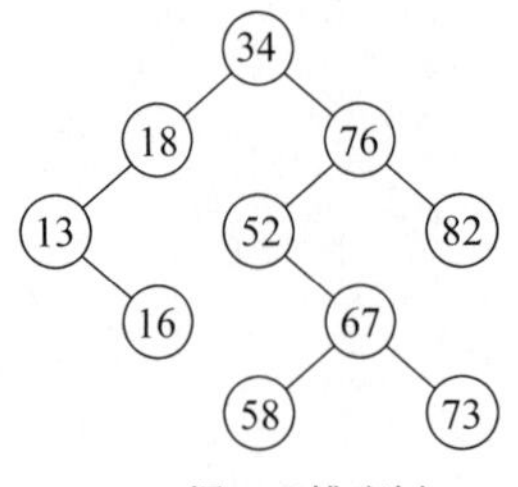

(a) 一棵二叉排序树

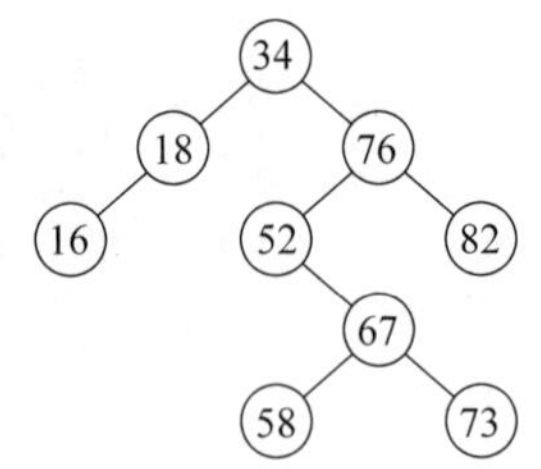

(b) 删除结点13后的二叉排序树

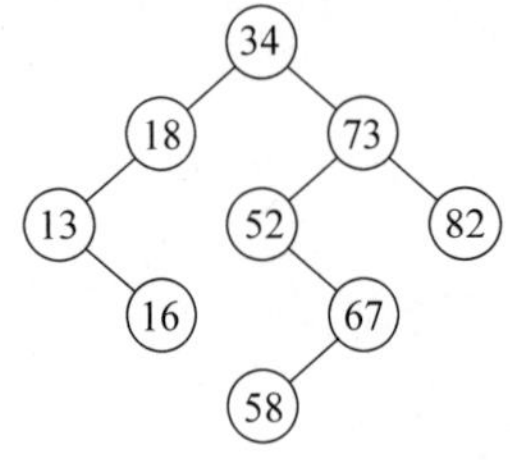

(c) 删除结点76后的一种二叉排序树

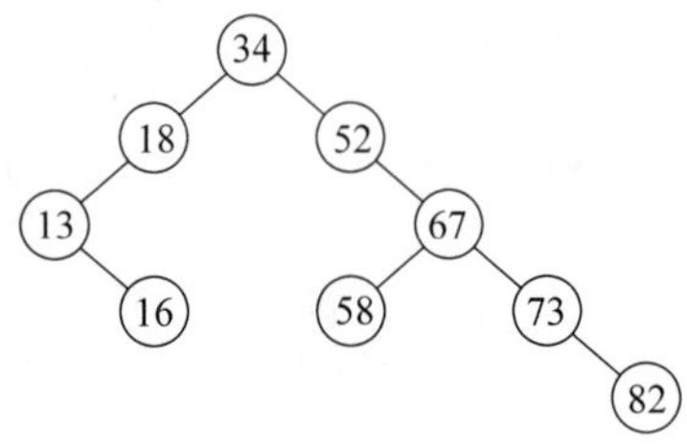

(d) 删除结点76后的另一种二叉排序树

图 8.6　二叉排序树的删除过程

点 76 后的图示。

其中,(2)中第二种方法可能会增加树的深度,因此第一种方法比较好。

下面给出二叉排序树的删除结点算法。

【算法 8.6】

```
int BSTreeDelete(BinSTree *bt,KeyType k)
{   /*在二叉排序树中删除关键字为 k 的结点,*bt 指向二叉排序树的根结点;删除成功返回
    1,不成功返回 0*/
    BinSTree f,p,q,s;
    p=*bt; f=NULL;
    while(p&& p->elem.key!=k)            /*查找关键字为 key 的结点*/
    {  f=p;                              /*f 为指向结点*p 的双亲结点的指针*/
       if(p->elem.key>k)p=p->lchild;     /*搜索左子树*/
       else p=p->rchild;                 /*搜索右子树*/
    }
    if(p==NULL)return(0);                /*找不到待删的结点时返回*/
    if(p->lchild==NULL)                  /*待删结点的左子树为空*/
    {
        if(f==NULL)                      /*待删结点为根结点*/
            *bt=p->rchild;
        else if(f->lchild==p)            /*待删结点是其双亲结点的左结点*/
            f->lchild=p->rchild ;
        else f->rchild=p->rchild;        /*待删结点是其双亲结点的右结点*/
        free(p);
  }
```

```
    else                                /*待删结点有左子树*/
    {   q=p; s=p->lchild;
        while(s->rchild)                /*在待删结点的左子树中查找最右下结点*/
        {   q=s ;
            s=s->rchild;
        }
        if(q==p)                        /*将最右下结点的左子树链到待删结点上*/
            q->lchild=s->lchild;
        else q->rchild=s->lchild;
        p->elem=s->elem;
        free(s);
        return(1);
    }
}
```

4. 二叉排序树的查找分析

从前面的二叉排序树的查找算法可知，在二叉排序树中进行查找，若查找成功，则是从根结点出发走了一条从根结点到待查结点的路径；若查找失败，则走了一条从根结点到叶结点的路径。和折半查找类似，和关键字的比较次数不超过树的深度。然而，折半查找对查找长度为 n 的表其判定树是唯一的，而含有 n 个结点的二叉排序树却是不唯一的，树的形态和深度依赖于结点插入的先后次序。如关键字序列(36,45,67,28,20,40)构成的二叉排序树如图 8.7(a)所示，树的深度为 3；而关键字序列(20,28,36,40,45,67)构成的二叉排序树如图 8.7(b)所示，树的深度为 7。

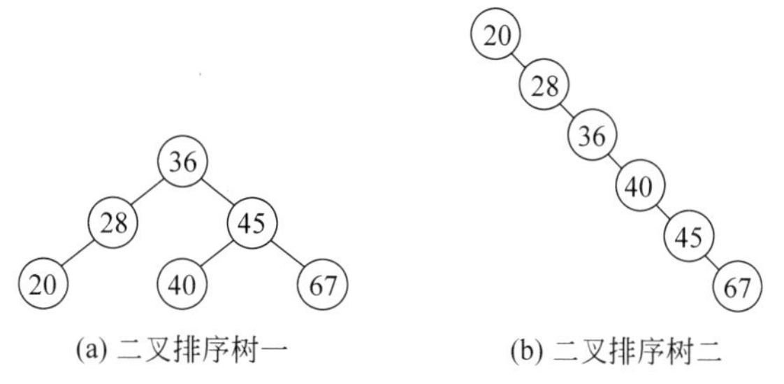

图 8.7　由一组关键字构成的不同二叉排序树

由图 8.7 可知，在查找失败的情况下，图 8.7(a)和图 8.7(b)中树的比较次数分别为 3 和 6；在查找成功的情况下，二者的平均查找长度也不相同。假定每个结点的查找概率相等，则图 8.7(a)中的树在查找成功的情况下，其平均查找长度为

$$\mathrm{ASL}_a=\frac{1}{6}(1+2+2+3+3+3)=\frac{14}{6}$$

类似可得到，图 8.7(b)中的树在查找成功的情况下，其平均查找长度为

$$\mathrm{ASL}_b=\frac{1}{6}(1+2+3+4+5+6)=\frac{21}{6}$$

通过上述分析可知，二叉排序树的平均查找长度和树的形态密切相关。在最坏的情况下，n 个结点构造的是一棵深度为 n 的单支树，其平均查找长度为$(n+1)/2$；最好的情况下，构造的树的形态和折半查找相类似，平均查找长度也是 $O(\log_2 n)$，但和折半查找相比，在二叉排序树上插入和删除结点无须大量移动结点，操作更加方便。

8.4.2　平衡二叉树

从第 8.4.1 节的讨论可知，二叉排序树的查找效率和树的形状密切相关，当树的形状是比较均衡时查找效率最好，而当树的形状明显偏向某一个方向时查找效率会迅速下降，而一棵二叉排序树的形状取决于结点的插入顺序。因此在实际应用中，用前面所述的方法构造一棵比较均衡的二叉排序树是较困难的。下面介绍一种对二叉排序树用动态平衡的方法来构造一棵形态均衡的二叉排序树，这种二叉排序树也叫作平衡二叉排序树。

平衡二叉树(AVL 树)是 1962 年由 Adelson-Velskii 和 Landis 提出的，所以又称为 AVL 树，其性质是，或者是一棵空树；或者是满足下列性质的二叉树：树的左子树和右子树的深度之差的绝对值不大于 1 且左右子树也需满足上述性质。把二叉树上任一结点的左子树深度减去右子树深度称为该结点的平衡因子，易知平衡二叉树中所有结点的因子只可能为 0、−1 和 1。例如，图 8.8(a)是一棵平衡的二叉树，图 8.8(b)是一棵非平衡的二叉树。

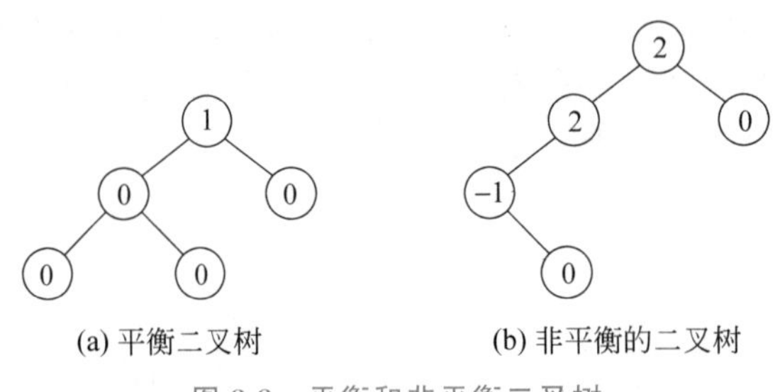

图 8.8　平衡和非平衡二叉树

如果一个二叉树既是平衡二叉树又是二叉排序树，则该树被称为平衡二叉排序树。平衡二叉排序树的存储结构定义为

```
typedef struct AVLNode {
    DataType elem;                    /* elem 含有关键字域 */
    int bf;                           /* bf 记录平衡因子 */
    struct AVLNode * lchild, * rchild;
}AVLNode, * AVLTree;
```

1. 平衡化旋转

在平衡二叉排序树中插入和删除一个结点时，通常会影响到从根结点到插入结点路径上的某些结点的平衡因子，这就有可能破坏二叉排序树的平衡。二叉排序树失去平衡

后，应找出其中的最小不平衡子树，在保证排序树性质的前提下，调整最小不平衡子树中各结点的连接关系，以达到新的平衡。最小不平衡子树是指离插入结点最近，且平衡因子绝对值大于1的结点为根的子树。假定最小不平衡子树的根结点是A，则失去平衡后调整子树的规律可归纳为以下4种平衡化旋转。

(1) LL型调整。

由于在结点A的左孩子(L)的左子树(L)中插入结点，使结点A的平衡因子由1变为2而失去平衡，其一般形式如图8.9(a)和图8.9(b)所示，图中长方形表示子树，α、β、γ子树的深度为h，带阴影的小框表示插入的结点。调整规则是进行一次顺时针旋转操作，即将A的左孩子B提升为新二叉树的根，原来的根A连同其右子树γ向右下旋转成为B的右子树，而原B的右子树β作为A的左子树。易知，调整后得到的新的二叉树不仅是平衡的，而且仍是一棵二叉排序树。调整后的结果如图8.9(c)所示，相应的算法描述如下。

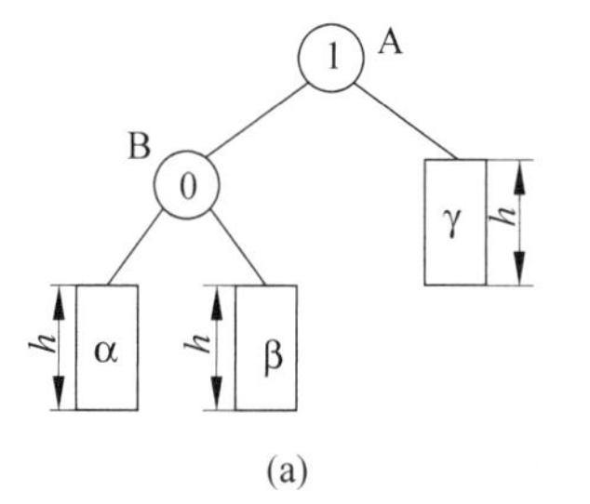

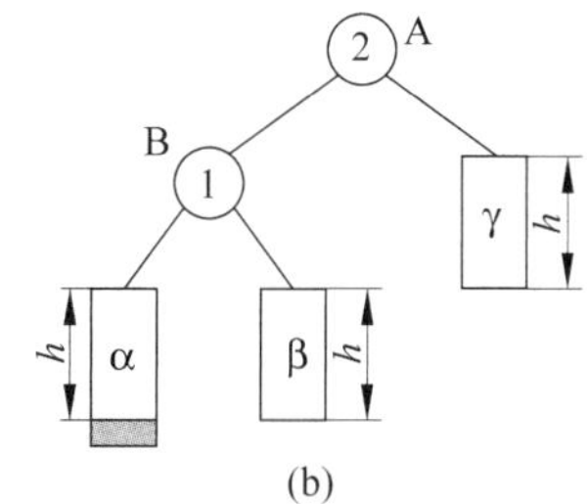

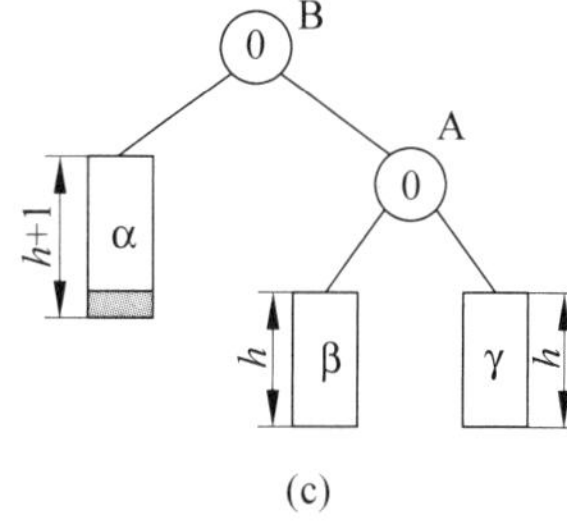

图8.9 LL型调整操作示意图

【算法8.7】 LL型调整。

```
AVLTree LL_Rotate(AVLTree a)
{   /* 对以a为当前结点的最小不平衡子树进行LL型调整 */
    AVLTree b;
    b=a->lchild;                        /* b指向a的左子树根结点 */
    a->lchild=b->rchild;                /* b的右子树挂接为a的左子树 */
    b->rchild=a;
    a->bf=b->bf=0;                      /* 调整结点的平衡因子 */
    return(b);
}
```

(2) RR型调整。

由于在结点A的右孩子(R)的右子树(R)中插入结点，使结点A的平衡因子由－1变为－2而失去平衡，其一般形式如图8.10(a)和图8.10(b)所示。调整规则和LL型的类似，需进行一次逆时针旋转操作，即将A的右孩子B提升为新二叉树的根，原来的根A连同其左子树α向左下旋转成为B的左子树，而原B的左子树β作为A的右子树。调整后的结果如图8.10(c)所示。相应的算法描述如下。

【算法8.8】 RR型调整。

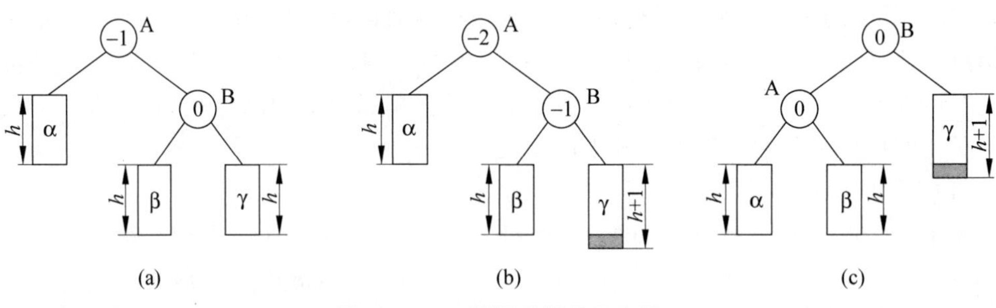

图 8.10 RR 型调整操作示意图

```
AVLTree RR_Rotate(AVLTree a)
{  /*对以 a 为当前结点的最小不平衡子树进行 RR 型调整*/
    AVLTree b;
    b=a->rchild;                /*b 指向 a 的右子树根结点*/
    a->rlchild=b->lchild;       /*b 的左子树挂接为 a 的右子树*/
    b->lchild=a;
    a->bf=b->bf=0;              /*调整结点的平衡因子*/
    return(b);
}
```

(3) LR 型调整。

由于在结点 A 的左孩子(L)的右子树(R)中插入结点,使结点 A 的平衡因子由 1 变为 2 而失去平衡,其一般形式为图 8.11(a)和图 8.11(b),其调整规则是需进行两次旋转(先逆时针旋转后顺时针旋转)操作,即将 A 的左孩子的右孩子 C 提升为新二叉树的根,原 C 的父结点 B 连同左子树 α 成为新根 C 的左子树,原 C 的左子树 β 成为 B 的右子树,原根 A 连同右子树 δ 成为新根 C 的右子树,原 C 的右子树 γ 成为 A 的左子树。调整后的结果如图 8.11(c)所示。

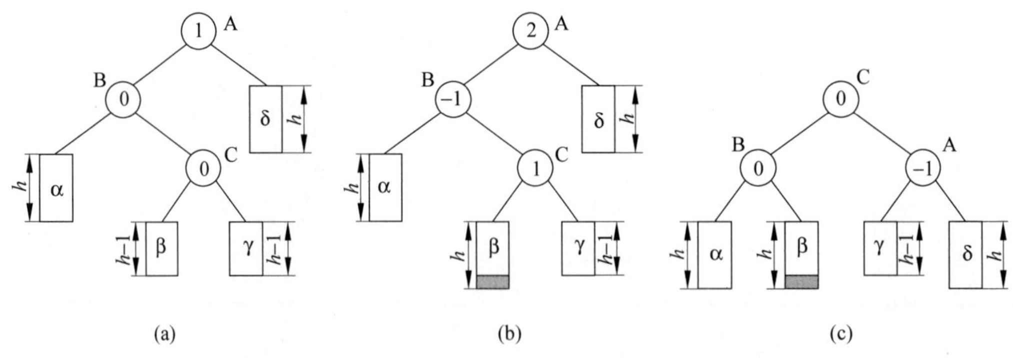

图 8.11 LR 型调整操作示意图

下面根据插入结点后 C 的平衡因子的不同,分析旋转后各结点的平衡因子的情况。

① 若 α、β、γ、δ 都是空树,C 就是新插入的结点,旋转前 A、B 和 C 的平衡因子分别为 2、-1、0,经过旋转后 A、B 和 C 的平衡因子都变为 0。

② 若新结点插入C的左子树中，旋转前A、B和C的平衡因子分别为2、-1、1，旋转后A、B和C的平衡因子分别为-1、0、0。

③ 若新结点插入C的右子树中，旋转前A、B和C的平衡因子分别为2、-1、-1，旋转后A、B和C的平衡因子分别为0、1、0。

根据上述分析，相应的算法描述如下。

【算法8.9】 LR型调整。

```
AVLTree LR_Rotate(AVLTree a)
{  /* 对以 a 为当前结点的最小不平衡子树进行 LR 型调整 */
   AVLTree b,c;
   b=a->lchild; c=b->rchild;
   a->lchild=c->rchild;            /* c 的右子树挂接为 a 的左子树 */
   b->rchild=c->lchild;            /* c 的左子树挂接为 b 的右子树 */
   c->lchild=b;                    /* c 指向 b 的左子树根结点 */
   c->rchild=a;
   if(c->bf==1)                    /* 调整结点的平衡因子 */
   {   a->bf=-1;
       b->bf=0;
   }
   else if(c->bf==-1)
   {
       a->bf=0;
       b->bf=1;
   }
   else a->bf=b->bf=0;
   c->bf=0;
   return(c);
}
```

(4) RL型调整。

由于在A的右孩子(R)的左子树(L)中插入结点，使A的平衡因子由-1变为-2而失去平衡，其一般形式为图8.12(a)和图8.12(b)，调整规则和LR型的类似，需进行两次旋转(先顺时针旋转后逆时针旋转)操作。即将A的右孩子的左孩子C提升为新二叉树的根，原C的父结点B连同右子树δ成为新根C的右子树，原C的右子树γ成为B的左子树，原根A连同左子树α成为新根C的左子树，原C的左子树β成为A的右子树。调整后的结果如图8.12(c)所示。

下面根据插入结点后C的平衡因子的不同，分析旋转后各结点的平衡因子的情况。

① 若α、β、γ、δ都是空树，C就是新插入的结点，旋转前A、B和C的平衡因子分别为-2、1、0，经过旋转后A、B和C的平衡因子都变为0。

② 若新结点插入C的左子树中，旋转前A、B和C的平衡因子分别为-2、1、1，旋转后A、B和C的平衡因子分别为0、-1、0。

③ 若新结点插入C的右子树中，旋转前A、B和C的平衡因子分别为-2、1、-1，旋转后A、B和C的平衡因子分别为1、0、0。

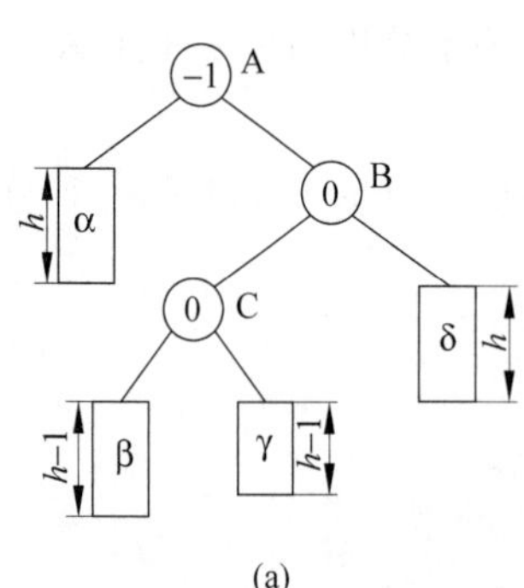
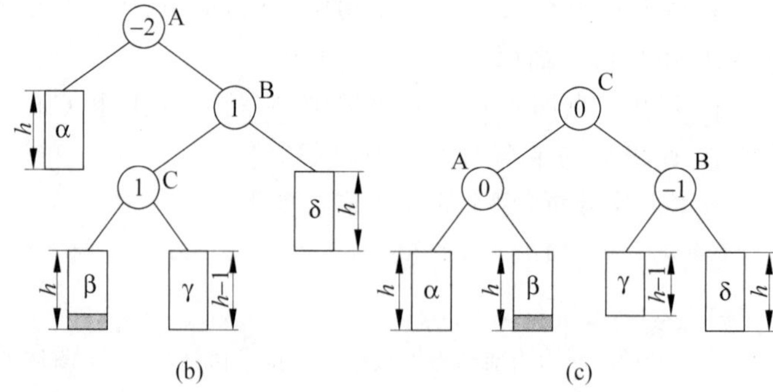

图 8.12 RL 型调整操作示意图

相应的算法描述如下。

【算法 8.10】 RL 型调整。

```
AVLTree RL_Rotate(AVLTree a)
{  /* 对以 a 为当前结点的最小不平衡子树进行 RL 型调整 */
   AVLTree b,c;
   b=a->rchild; c=b->lchild;
   a->rchild=c->lchild;             /* c 的左子树挂接为 a 的右子树 */
   b->lchild=c->rlchild;            /* c 的右子树挂接为 b 的左子树 */
   c->lchild=a;                     /* c 指向 a 的左子树根结点 */
   c->rchild=b;                     /* c 指向 b 的右子树根结点 */
   if(c->bf==1)                     /* 调整结点的平衡因子 */
   {  a->bf=0;
      b->bf=-1;
   }
   else if(c->bf==-1)
   {
      a->bf=1;
      b->bf=0;
   }
   else a->bf=b->bf=0;
   c->bf=0;
   return(c);
}
```

通过对上述调整过程的分析可以看到,调整后新子树的高度和插入前子树的高度相同,因此当插入结点导致二叉排序树不平衡时,只须对最小不平衡子树上的结点进行调整,就可以实现整个二叉排序树的平衡。

2. AVL 树的插入

如何使构成的二叉排序树成为一棵平衡二叉树呢? 首先看一个具体的例子,假设要构造的平衡二叉排序树的各结点的关键字序列为(34,18,7,69,55),则平衡二叉树的生成过程如图 8.13 所示。

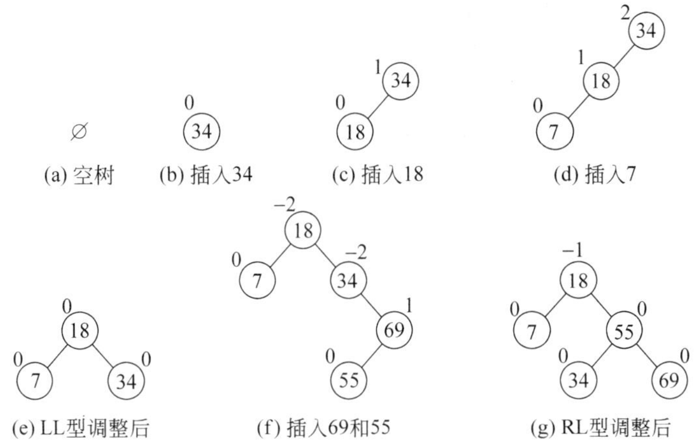

图 8.13 平衡二叉树的生成过程示例

从上述的例子可以看到，平衡二叉树的插入操作是在二叉排序树的插入操作基础之上实现的，当插入新结点而导致二叉排序树不平衡时，需进行平衡化旋转，转换成平衡二叉排序树，而完成这一过程需要解决以下几个问题。

(1) 插入新结点后，若二叉树失去平衡，如何找到最小不平衡子树？

算法的基本思想是在寻找新结点的插入位置时，始终令指针 a 指向离插入位置最近的且平衡因子不为零的结点，同时令指针 fa 指向结点 *a 的双亲结点，若这样的结点不存在，则指针 a 指向根结点。由此可以知道，当插入新结点导致树不平衡时，指针 a 所指的结点就是最小不平衡子树的根。

(2) 新结点插入后，需修改哪些相关结点的平衡因子？如何修改？

失去平衡的最小子树的根结点 *a 在插入新结点 *s 之前，平衡因子必然不为 0，而且必然是离插入结点最近的平衡因子不为 0 的结点。插入新结点后，需修改从结点 *a 到新结点路径上各结点的平衡因子。只需从 *a 的孩子结点 *b 开始，顺序扫描该路径上的结点 *p，若新结点 *s 插在 *p 的左子树中，则 *p 的平衡因子由 0 变为 1；否则新结点插在 *p 的右子树中，*p 的平衡因子由 0 变为 −1。结点 *a 的平衡因子修改见问题(3)。

(3) 如何判断以 *a 为根的子树是否失去平衡？

当结点 *a 的平衡因子为 1(或 −1)时，若新结点插在结点 *a 的右(或左)子树中，左右子树等高，结点 *a 的平衡因子为 0，以 *a 为根的子树没有失去平衡，若新结点插在结点 *a 的左(或右)子树中，则以 *a 为根的子树失去平衡，应对以 *a 为根的最小不平衡子树进行平衡化调整。

(4) 失去平衡时，如何确定旋转类型并做相应的调整？

当结点 *a 的平衡因子为 2 时，若 *a 的左孩子 *b 的平衡因子为 1，表示新结点 *s 插入结点 *b 的左子树中，应采用 LL 型方法进行调整，否则结点 *b 的平衡因子为 −1，表示新结点 *s 插入结点 *b 的右子树中，应采用 LR 型方法进行调整；当结点 *a 的平衡因子为 −2 时，若 *a 的右孩子 *b 的平衡因子为 1，表示新结点 *s 插入结点 *b 的左子树中,应采用 RL 型方法进行调整,否则结点 * b 的平衡因子为 -1,表示新结点 * s 插入结点 * b 的右子树中,应采用 RR 型方法进行调整。

综上所述,结点的查找和插入算法如下。

【算法 8.11】 AVL 树的查找和插入算法。

```
void AVLInsert(AVLTree *pavlt,AVLTree s)
{   /* 将结点 s 插入以 * pavlt 为根结点的平衡二叉排序树中 */
    AVLTree f,a,b,p,q;
    if(*pavlt==NULL)                    /* AVL 树为空 */
    {    *pavlt=s;
        return;
    }
    a=*pavlt; f=NULL;
                 /* 指针 a 记录离 * s 最近的平衡因子不为 0 的结点,f 指向 * a 的父结点 */
    p=*pavlt; q=NULL;
    while(p!=NULL)                      /* 寻找插入结点的位置及最小不平衡子树 */
    {   if(p->elem.key==s->elem.key) return;        /* AVL 树中已存在该关键字 */
        if(p->bf!=0)                    /* 寻找最小不平衡子树 */
        {  a=p;
           f=q;
        }
        q=p;
        if(s->elem.key<p->elem.key) p=p->lchild;
        else p=p->rchild;
    }
    if(s->elem.key<q->elem.key) q->lchild=s;   /* 将结点 * s 插入合适的位置 */
    else q->rchild=s;
    p=a;
    while(p!=s)                         /* 插入结点后,修改相关结点的平衡因子 */
      if(s->elem.key<p->elem.key)
      {  p->bf++;
         p=p->lchild;
      }
      else
      {  p->bf--;
         p=p->rlchild;
      }
    if(a->bf>-2 && a->bf<2) return;    /* 插入结点后,没有破坏树的平衡性 */
    if(a->bf==2)
    {   b=a->lchild;
        if(b->bf==1)                    /* 结点插在 * a 的左孩子的左子树中 */
            p=LL_Rotate(a);             /* LL 型调整 */
        else                            /* 结点插在 * a 的左孩子的右子树中 */
            p=LR_Rotate(a);             /* LR 型调整 */
```

```
    }
    else
    {   b=a->rchild;
        if(b->bf==1)                         /*结点插在*a的右孩子的左子树中*/
            p=RL_Rotate(a);                  /*RL型调整*/
        else                                 /*结点插在*a的右孩子的右子树中*/
            p=RR_Rotate(a);                  /*RR型调整*/
    }
    if(f==NULL)                              /*原*a是AVL树的根*/
        *pavlt=p;
    else if(f->lchild==a)                    /*将新子树链到原结点*a的双亲结点上*/
            f->lchild=p;
    else f->rchild=p;
}
```

3. 平衡树查找的效率分析

在平衡二叉排序树上进行查找的过程和普通排序树相同,因此,在查找过程中和给定值进行比较的关键字个数不超过树的深度。那么含有 n 个关键字的平衡树的最大深度是多少呢?为了回答这个问题,先分析深度为 h 的平衡树所具有的最少结点数。

假设以 $N(h)$ 表示深度为 h 的平衡树中含有的最少结点数,显然,$N(0)=0$;$N(1)=1$;$N(2)=2$;并且 $N(h)=N(h-1)+N(h-2)+1$。这个关系和斐波那契数列极为相似,利用归纳法容易证明,当 $h\geqslant 0$ 时,$N_h=F_{h+2}-1$,而 F_h 约等于 $\varphi^h/\sqrt{5}$ $\left(其中\ \varphi=\dfrac{1+\sqrt{5}}{2}\right)$,则 N_h 约等于 $\varphi^{h+2}/\sqrt{5}-1$。反之,含有 n 个结点的平衡树的最大深度为 $\log_{\varphi}(\sqrt{5}(n+1))-2$,因此,在平衡树上进行查找的时间复杂度为 $O(\log_2 n)$。

8.4.3 平衡二叉树的建立

本小节将平衡二叉树4种旋转操作集成在一起,实现平衡二叉树的建立。利用循环依次读入数据,逐一插入一棵初始为空的AVL中,插入后如果发现不平衡,立即调整。实现时在平衡二叉树结构上增加一个表示树高的字段,使得判断二叉树是否平衡的操作变得简单易行。

程序代码如下:

```
#include<stdio.h>
#include<stdlib.h>

typedef int ElementType;

typedef struct AVLNode *AVLTree;    //AVL树类型
struct AVLNode{
```

```
    ElementType Data;                    //结点数据
    AVLTree lchild;                      //指向左子树
    AVLTree rchild;                      //指向右子树
    int H;                               //树高
};

/*返回最大值*/
int Max(int a, int b)
{
    return a>b?a:b;
}

int GetHigh(AVLTree T);
AVLTree LL(AVLTree A);
AVLTree RR(AVLTree A);
AVLTree LR(AVLTree A);
AVLTree RL(AVLTree A);
AVLTree Insert(AVLTree T, ElementType X);

int main()
{
    int num,K,i;
    AVLTree T=NULL;                      //初始为空的AVL树
    scanf("%d",&num);
    for (i=0; i<num; i++)
    {
        scanf("%d",&K);
        T=Insert(T,K);                   //插入结点
    }
    printf("%d\n",T->Data);              //打印根结点

    return 0;
}

/*返回T的高度*/
int GetHigh(AVLTree T)
{
    if (T) return T->H;
    else return  -1;
}

/*LL型旋转,A必须有一个左子树结点B*/
AVLTree LL(AVLTree A)
{
```

```
    AVLTree B=A->lchild;
    A->lchild=B->rchild;
    B->rchild=A;
    A->H=Max(GetHigh(A->lchild), GetHigh(A->rchild))+1;
    B->H=Max(GetHigh(B->lchild), A->H) +1;
    return B;
}

/* RR 型旋转,A 必须有一个右子树结点 B */
AVLTree RR(AVLTree A)
{
    AVLTree B=A->rchild;
    A->rchild=B->lchild;
    B->lchild=A;
    A->H=Max(GetHigh(A->lchild), GetHigh(A->rchild))+1;
    B->H=Max(GetHigh(B->lchild), A->H)+1;
    return B;
}

/* LR 型旋转 */
AVLTree LR(AVLTree A)
{
    AVLTree B,C;
    B=A->lchild;
    C=B->rchild;
    B->rchild=C->lchild;
    A->lchild=C->rchild;
    C->lchild=B;
    C->rchild=A;
    B->H=Max(GetHigh(B->lchild), GetHigh(B->rchild))+1;
    A->H=Max(GetHigh(A->lchild), GetHigh(A->rchild))+1;
    C->H=Max(B->H, A->H) +1;
    return C;
}

/* RL 型旋转 */
AVLTree RL(AVLTree A)
{
    AVLTree B,C;
    B=A->rchild;
    C=B->lchild;
    B->lchild=C->rchild;
    A->rchild=C->lchild;
    C->rchild=B;
```

```
    C->lchild=A;
    B->H=Max(GetHigh(B->lchild), GetHigh(B->rchild)) +1;
    A->H=Max(GetHigh(A->lchild), GetHigh(A->rchild)) +1;
    C->H=Max(B->H, A->H) +1;
    return C;
}

/*将 X 插入 AVL 树 T 中,并且返回调整后的 AVL 树*/
AVLTree Insert(AVLTree T, ElementType X)
{
    if (!T)                          //若插入为空树,则新建包含一个结点的树
    {
        T=(AVLTree)malloc(sizeof(struct AVLNode));
        T->Data =X;
        T->H=0;
        T->lchild=T->rchild=NULL;
    }
    else if (X <T->Data)             //插入 T 的左子树
    {
        T->lchild=Insert(T->lchild, X);
        if (GetHigh(T->lchild)-GetHigh(T->rchild)==2)
                                     //若不平衡,则需要调整
            if (X <T->lchild->Data)
                T=LL(T);             //LL 型调整
            else
                T=LR(T);             //LR 型调整
    }
    else if (X >T->Data)             // 插入 T 的右子树
    {
        T->rchild=Insert(T->rchild, X);
        if (GetHigh(T->lchild)-GetHigh(T->rchild)==-2)
                                     //若不平衡,则需要调整
            if (X >T->rchild->Data)
                T=RR(T);             //RR 型调整
            else
                T=RL(T);             //RL 型调整
    }
    //else X==T->Data 无须调整
    T->H=Max(GetHigh(T->lchild), GetHigh(T->rchild))+1;   //更新树高

    return T;
}
```

请思考如下问题:如果 AVL 树结构里不定义树高,而是作为普通二叉树来存储,该如何修改程序?

8.4.4 B树和B+树

前面讨论的查找算法都是数据在内存里直接查找的，它适用于规模较小的文件。对于规模较大的存放在外存的文件，前面所述的算法就不合适了。因为若以结点作为内、外存交换的单位，则在查找一个结点时，需多次对外存进行访问，以二叉排序树为例，平均需对外存进行 $\log_2 n$ 次访问，这需花费大量的时间。对一个数据规模较大保存在外存的文件来说，查找的效率主要依赖于查找外存的次数，因而必须利用其他的方法来进行处理。1970年，R. Bayer和E. Mccreight提出了一种适用外查找的树——B树。

1. B树的定义

一棵 m 阶的B树满足下列条件。

(1) 树中每个结点至多有 m 棵子树。

(2) 除根结点和叶结点外，其他每个结点至少有 $\lceil m/2 \rceil$ 棵子树。

(3) 根结点至少有两个子树(B树只有一个结点除外)。

(4) 所有的叶结点都在同一层，且叶结点不包含任何信息。

(5) 有 j 个孩子的非叶结点恰好有 $j-1$ 个关键字，该结点包含的信息为

$$(P_0, K_1, P_1, K_2, P_2, \cdots, P_{j-2}, K_{j-1}, P_{j-1})$$

其中，K_i 为关键字，且满足 $K_i < K_{i+1}$；P_i 为指向子树根结点的指针，且 P_{i-1} 所指子树中所有结点的关键字都小于 K_i，P_i 所指子树中所有结点的关键字都大于 K_i。

例如，图8.14为一个6阶的B树。

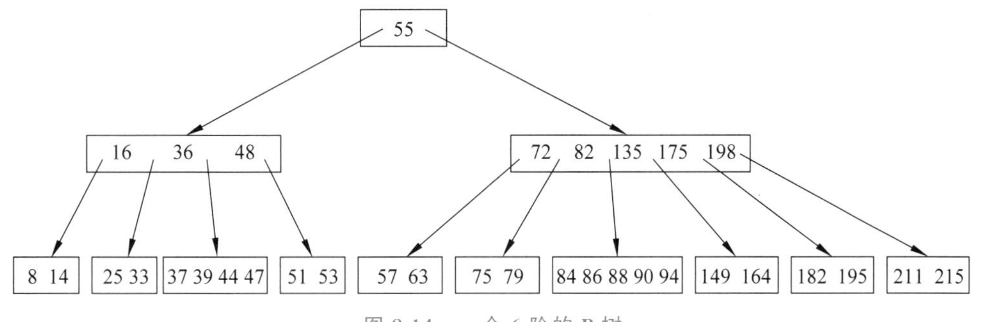

图8.14 一个6阶的B树

2. B树的运算

(1) B树的查找。

在B树上查找给定的关键字Key的方法是首先根据给定的B树的指针取出根结点，在根结点所包含的关键字中按顺序或二分法查找给定的关键字，若 $K_i=\text{Key}$，则查找成功；否则一定可以找到 K_{i-1} 和 K_i，使得 $K_{i-1}<\text{Key}<K_i$，取指针 P_i 所指的结点继续查找，重复上述过程，直到找到或指针 P_i 为空，查找失败。整个查找过程中访问外存的次数不超过B树的深度。

例如在图 8.14 中查找关键字 88。由于根结点只有一个结点 55,且 88>55,则在 P_1 指针所指的子树中继续进行查找;P_1 指针所指的结点包含 5 个关键字(72,82,135,175,198),且 82<88<135,则在 P_2 指针所指的子树中进行查找;最后结点(84,86,88,90,94)中包含关键字 88,查找成功。

如树中没有待查找的关键字时,方法类似。

(2) B 树的插入。

B 树的插入指的是在 B 树中添加一个关键字,易知插入的关键字一定位于最底层的某个非叶结点。插入的过程首先是查找待插入的最底层的某个非叶结点,再把关键字添加到该结点中,具体可分为以下两种情况。

① 若该结点中关键字的个数小于 $m-1$,则直接插入即可。

例如在图 8.14 中插入关键字 28,插入后的 B 树如图 8.15 所示。

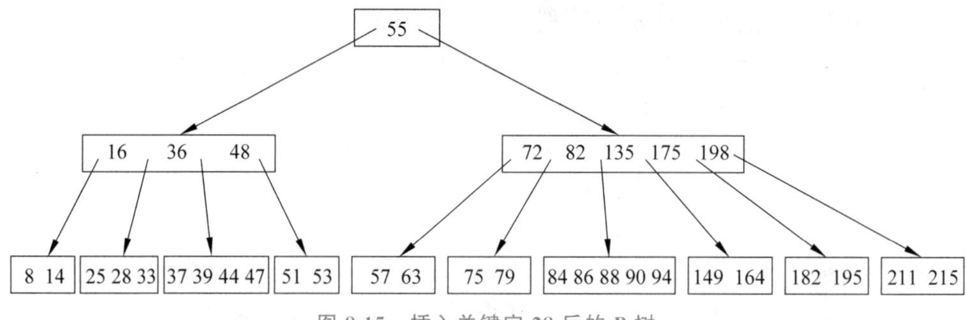

图 8.15 插入关键字 28 后的 B 树

② 若该结点中关键字的个数大于 $m-1$,则将引起结点的分裂。这时需把结点分裂为两个,并把中间的一个关键字取出来放到该结点双亲结点中去。若双亲结点中关键字的个数也大于 $m-1$,则需要再分裂。如果一直分裂到根结点,则需建立一个新的根结点,整个 B 树增加一层。

例如在图 8.14 中插入关键字 85,由于要插入的结点中已包含 5 个关键字,该结点分裂,把中间的关键字 86 插入该结点的父结点中,由于父结点也已包含了 5 个关键字,父结点再次分裂,把中间的关键字 86 插入根结点中。插入后的 B 树如图 8.16 所示。

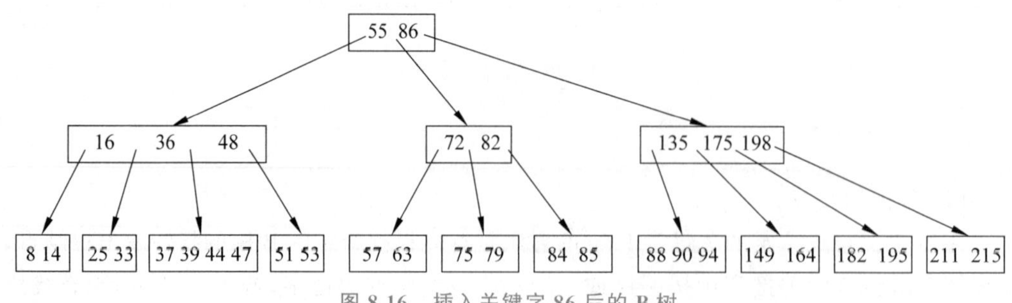

图 8.16 插入关键字 86 后的 B 树

(3) B 树的删除。

若在 B 树上删除一个关键字,首先在 B 树中查找到关键字所在的结点,然后根据下面的 4 种情况进行删除。假设父结点中信息为($P_0,K_1,P_1,K_2,P_2,\cdots,P_{i-1},K_i,P_i$)。

① 若关键字处于最底层的某个非叶结点中,且该结点中关键字的个数大于$\lceil m/2 \rceil-1$,删除该关键字后该结点仍满足 B 树的定义,则直接删除该关键字。

例如,图 8.17(a)为一个 3 阶 B 树,删除关键字 15 后的 B 树如图 8.17(b)所示。

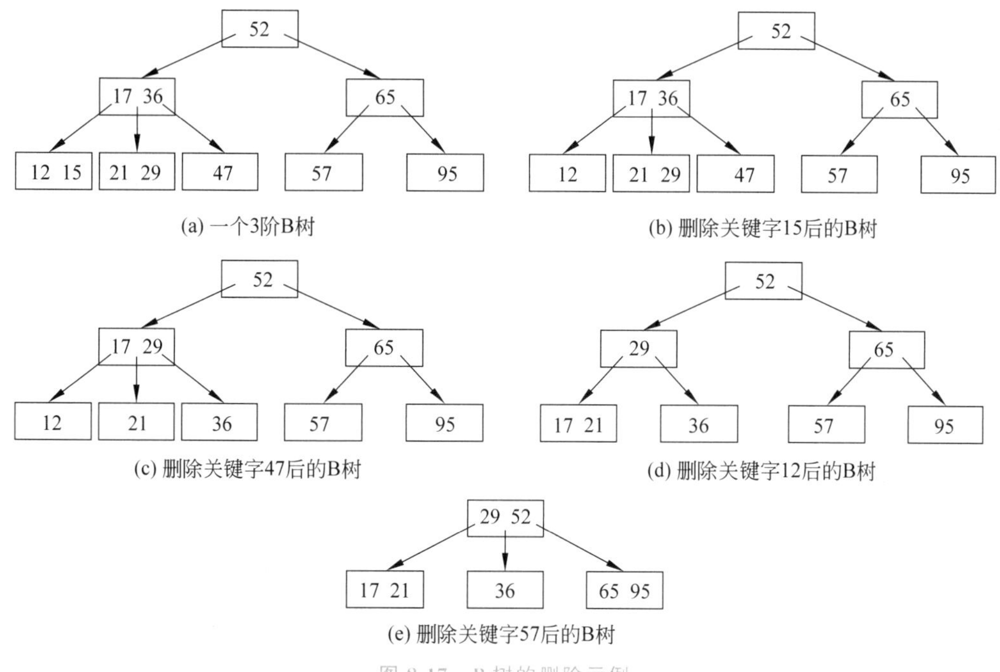

图 8.17 B 树的删除示例

② 若关键字处于最底层的某个非叶结点中,且该结点中关键字的个数等于$\lceil m/2 \rceil-1$,但与该结点相邻的左兄弟(或右兄弟)结点中的关键字的个数大于$\lceil m/2 \rceil-1$,可将其兄弟结点中最大(或最小)的关键字上移至父结点,而将父结点中大于(或小于)且紧靠上移关键字的关键字下移至被删除的关键字所在的结点中。

例如,在图 8.17(b)中删除关键字 47 后的 B 树如图 8.17(c)所示。

③ 若关键字处于最底层的某个非叶结点中,且该结点和其左右兄弟的结点中的关键字个数都等于$\lceil m/2 \rceil-1$,则需要合并该结点、其左(或右)兄弟结点及父结点中的某个关键字。

假设其有右兄弟,且其右兄弟结点地址由父结点中的指针 P_i 所指,则删除关键字后,将该结点剩下的关键字加上其父结点中对应关键字 K_i 以及 P_i 所指结点中的关键字合并,并从父结点中删除 K_i。

例如,在图 8.17(c)中删除关键字 12 后的 B 树如图 8.17(d)所示。

由于删除 K_i 可能引起父结点进行同样的调整,这种调整一直传到根结点。如果根结点仅包含一个关键字,这时根结点和它的两个孩子进行组合,形成新的根结点,从而使得树减少一层。

例如,在图 8.17(d)中删除关键字 57 后的 B 树如图 8.17(e)所示。

④ 若关键字处于非终端结点中，令该关键字为 K_i，此时可用指针 P_i 所指子树中的最小关键字 K 替换 K_i，然后再采用上述 3 种方法之一来删除关键字 K_i。

3. B＋树的定义

B＋树是 B 树的一个变形树，它和 B 树的区别如下。

(1) 有 n 棵子树的结点中包含 n 个关键字。

(2) 所有的叶结点中包含了全部关键字的信息以及指向含这些关键字记录的指针，且叶结点按关键字大小顺序链接。

(3) 所有分支结点可看成是索引部分，结点中仅包含其子树中最大(或最小)关键字。

例如图 8.18 所示的为一棵 3 阶的 B＋树。为便于查找提供了两个头指针(root 和 head 指针)。

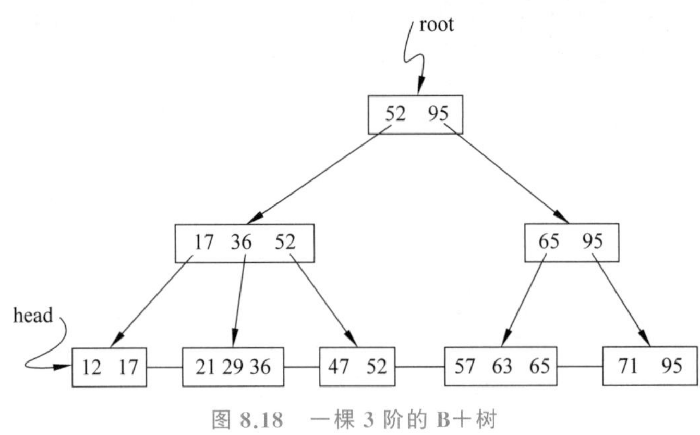

图 8.18　一棵 3 阶的 B＋树

4. B＋树的运算

(1) B＋树的查找。

通常在 B＋树中有两个头指针：一个指向根结点，另一个指向关键字最小的叶结点。这决定了 B＋树有两种查找方式：一种是利用 head 指针直接从最小关键字开始顺序查找；另一种是利用 root 指针从根结点开始随机查找，查找方式和 B 树类似，但在查找时，若非终端结点上的关键字等于给定值，查找并不结束，而是继续向下直到叶结点。

(2) B＋树的插入。

B＋树的插入操作和 B 树类似。不同的是仅在叶结点上进行，当结点中的关键字个数等于 m 时，结点分裂成两个结点，两结点中关键字个数分别为$\lceil (m+1)/2 \rceil$和$\lfloor (m+1)/2 \rfloor$，而且应把两结点中的最大关键字放到它们的双亲结点中。因此和 B 树类似，插入操作有可能使树增加一层。

(3) B＋树的删除。

B＋树的删除也是仅在叶结点进行。和 B 树类似，若因删除操作使结点中关键字的个数少于$\lceil m/2 \rceil$时，需和兄弟结点合并。当叶结点中最大的关键字被删除时，其在分支结点中的值可以作为分界关键字存在。

8.5 哈希表查找

8.5.1 哈希表与哈希方法

前面所介绍的各种查找方法的共同特点在于：由于结点在数据结构中的位置和待查值之间不存在确定的关系，因而查找时需通过对关键字的一系列比较，逐步缩小查找范围，直到确定结点的存储位置或确定查找失败。查找的效率依赖于查找过程中所进行的比较次数。如果在记录的存储位置和其关键字之间建立某种直接关系，那么在进行查找时，就无须作比较或只作很少次数的比较就能直接由关键字找到相应的记录，哈希(Hash)表查找正是基于这种思想。本节讨论这种查找技术。

哈希表查找方法又名杂凑法或散列法，因其英文单词 Hash 而得名。哈希法的基本思想是根据结点的键值从而确定结点的存储位置。即以待查的结点关键字 key 为自变量，通过一个确定的函数 Hash，计算出对应的函数值 Hash(key)，并以这个函数值作为该结点的存储地址，将结点存入 Hash(key)所指的存储位置上。查找时再根据要查找的关键字 key 为自变量，用同样的函数计算地址，然后到相应的单元里去取要查找的结点。用这种查找法进行查找时只需对结点的关键字进行某种运算就能确定结点在表中的位置，因此哈希法的平均比较次数和表中所含结点的个数无关，能实现快速查找。把上述的函数 Hash 称为哈希函数，Hash(key)称为哈希地址。

例如，1949 年以来北京地区各民族人口统计表如下所示①。

年　份	总　人　口	汉　族	回　族	……
1949	260 万	150 万	1 万	
1950	300 万	260 万	2 万	
⋮				

假定这个线性表采用顺序存储，如何查找 2021 年北京市人口信息呢？若以年份作关键字，构造哈希函数：Hash(key)＝key－1948，得到：Hash(1949)＝1，Hash(1950)＝2…；若用顺序表存储，显然，要想查找 2021 年北京地区的人口数据，只要计算 Hash(2021)＝73，就可以立即找到数据的存储地址。

由此可见，哈希函数只是一种映像，哈希函数的设定很灵活，只要使任何关键字的哈希函数值都落在表长允许的范围之内即可。

若某个哈希函数 Hash 对于不同的关键字 Key_1 和 Key_2 得到相同的哈希地址，即 $Hash(Key_1)=Hash(Key_2)$ 且 $Key_1 \neq Key_2$，这种现象称为冲突，而发生冲突的这两个不同的关键字称为哈希函数的同义词。在选定哈希函数时应考虑避免产生冲突，但在实际应用中理想的、没有冲突的哈希函数极少存在，因此使用哈希法需要解决的关键问题是选取一个好的哈希函数，使得产生的冲突机会尽可能少，由于冲突难以避免，还需设计一

① 表中数据仅供学习哈希函数作参考，无人口统计意义。——编辑注

种有效解决冲突的方法。

在一般情况下，哈希表的空间必须比结点的集合大，虽然浪费了一定的空间，但换取的是查找效率。设哈希表的空间大小为 m，存储的结点总数为 n，则称 $\alpha=n/m$ 为哈希表的装填因子（或负载因子）。直观地看，α 越小，发生冲突的可能性就越小，反之，α 越大，表中已填入的结点个数越多，再填入结点时发生冲突的可能性就越大。一般 α 常取 0.65～0.9 为宜。

综上所述，哈希表查找必须解决如下两个主要问题。

（1）选取一个计算简单而且冲突尽可能少的按键值均匀地分布在给定的存储空间中的哈希函数。

（2）需设计一种解决冲突的有效方法。

8.5.2 常用的哈希方法

一个好的哈希函数应使函数值均匀地分布在存储空间的有效地址范围内，以尽可能减少冲突。由于实际问题中关键字的种类繁多，没法构造出统一的哈希函数，同时哈希函数的构造方法多种多样，这里只介绍一些比较常用的、计算较为简便的方法。

1. 直接定址法

采用直接取关键字值或关键字的某个线性函数作为哈希地址。如 Hash(key)＝key 或 Hash(key)＝a×key＋b，其中 a 和 b 是常数。

该方法所得的地址集合和关键字集合大小相等，当某结构中的元素关键字都不相同时，采用该方法不会产生冲突，但由于失去压缩函数的特点，实际使用中并不常用。

2. 数字分析法

当关键字的位数比哈希表的地址码位数多时，对关键字的各位数字进行分析，丢掉数字分布不均匀的位，取分布均匀的位作为地址。

【例 8.4】 有一组 7 位数字的关键字表，如图 8.19 所示，哈希地址位数为两位，需经过数字分析丢掉 5 位。

分析这 7 个关键字得知，前三位都是 996，不均匀，应丢掉，第 5 位有 5 个 4，最后一位只取 6 和 9，所以也应该丢掉。留下的第 4 位和第 6 位数字分布比较均匀，它们的组合作为哈希地址。

数字分析法的使用依赖于所有关键字的每一位的分布是已知的情况，在实际应用过程中，如果不能够已知关键字的全部情况，该方法就不一定合适。

关键字 K	$H(K)$
996 34 56	35
996 53 49	54
996 44 36	43
996 84 99	89
996 22 46	24
996 54 16	51
996 14 09	10

图 8.19 一组关键字表

3. 除余法（也被称为除留余数法）

选择一个适当的正整数 P，用 P 去除关键字，取其余数作为哈希地址，即：

$$\text{Hash(key)}=\text{key}\%P+b \quad (b\text{ 为常数})$$

在这种方法中，P 的选择很重要。如果选择关键字基数的幂次来除关键字，其结果必定是关键字的低位数字作哈希地址；若取 P 为任意偶数，则当关键字为偶数时，得到的哈希函数值为偶数;若关键字为奇数,则哈希函数值为奇数。因此,P 为偶数也不好。理论分析和试验结果均证明 P 应取小于存储区容量的素数。

【例 8.5】 有一组关键字为(26,38,73,21,54,35,167,32,7,223,62),当哈希表的长度为 15 时,P 取 13 比较合理。利用哈希函数 Hash(key)=key%13 进行计算,可知上述关键字序列所对应的哈希地址如下:

关键字	26	38	73	21	54	35	167	32	7	223	62
哈希地址	0	12	8	8	2	9	11	6	7	2	10

从中可以看出关键字 73,21 以及 54,223 属同义字,有冲突发生,8.5.3 节会介绍如何解决冲突。

4. 平方取中法

该方法是先计算出关键字 K 的平方值 K^2,然后再取 K^2 值的中间几位或几位的组合作为哈希地址,取的位数由哈希表的表长决定。由于一个关键字平方后所得的中间几位和该关键字的每一位都相关,从而使哈希地址的分布更加均匀。这是一种较常使用的构造哈希函数的方法。

例如,关键字为 3632,则 $3632^2=13191424$。若表长为 1000,则可以取第 4~6 位为哈希地址,即 Hash(3632)=914。

5. 折叠法

将关键字分割成位数相同的几部分(最后一部分的位数可以不同),然后取这几部分的叠加和(舍去进位)作为哈希地址,这种方法称为折叠法。折叠法又可分为移位叠加和间界叠加两种方法。移位叠加是将分割后的每一部分的最低位对齐,然后相加;间界叠加是从一端沿分割界来回折叠,然后对齐相加。

例如,关键字为 key=68257326,哈希表的长度为 1000 时,可把关键字分为 68、257 和 326 三部分,其求和结果如图 8.20 所示。

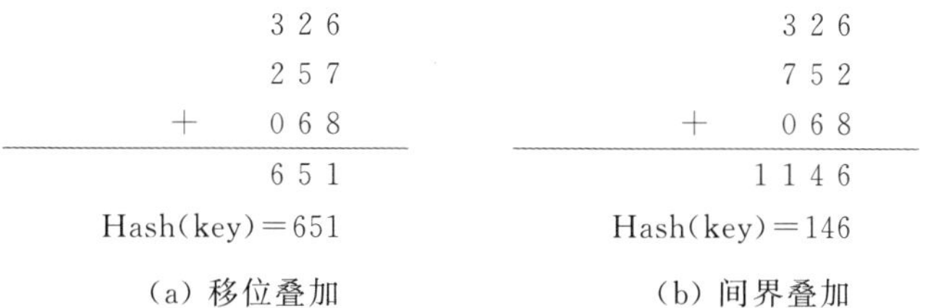

图 8.20 折叠法求哈希地址

因此,若关键字位数很多,而且关键字中每一位上数字分布大致均匀,不适于用数字分析法时,可以采用折叠法得到哈希地址。

8.5.3 处理冲突的方法

选取一个好的哈希函数可以减少冲突,但不可避免冲突,处理冲突的方法主要有开放地址法和链地址法。

1. 开放地址法

具体做法：当发生冲突时，使用某种方法在哈希表中形成一个探测序列，沿着此探测序列逐个单元地查找，直到找到给定的关键字或者碰到一个开放的地址(即该地址单元为空)为止。插入元素时，碰到开放的地址单元说明表中没有待查的元素，可将待插入的新关键字放在该地址单元中。查找时碰到一个开放的地址(即该地址单元为空)就表示表中没有待查的关键字，查找不成功。下面介绍几种常用的探测方法。

(1) 线性探测法。

基本思想：将哈希表看成一个循环表。若地址为 $d(d=\text{Hash(key)})$ 的单元发生冲突，则依次探测下述地址单元：

$$d+1,d+2,\cdots,m-1,0,1,\cdots,d-1 \quad (m\text{ 为哈希表的长度})$$

直到找到一个空单元或查找到关键字为 key 的元素为止。若沿着该探测序列查找一遍之后，又回到了地址 d，则表示哈希表的存储区已满。这种方法也称为一次线性探测法或线性探测再散列，求哈希地址可以表示为

$$H_i=(\text{Hash(key)}+d_i)\%m \quad (1\leqslant i<m)$$

其中，Hash(key)为哈希函数，m 为哈希表的长度，d_i 为增量序列{1,2,3,…,$m-1$}，实际上 $d_i=i$。

【例 8.6】 有一组关键字为(26,38,73,21,54,35,167,32,7,223,62)，试用线性探测法构造这组关键字的哈希表并计算查找成功时的平均查找长度，假定哈希表的长度为 15。

当哈希表的长度为 15 时，显然 P 取 13 比较合理。利用哈希函数 Hash(key)=key%13 进行计算，可知上述关键字序列所对应的哈希地址如下：

关键字	26	38	73	21	54	35	167	32	7	223	62
哈希地址	0	12	8	8	2	9	11	6	7	2	10

根据哈希函数计算后，不同关键字的哈希地址出现了冲突，需依据线性探测解决冲突，具体的情形如下。

插入 26、38、73 时，由于存储地址未被占用，可直接存放，插入 21 时，由于其地址和 73 的地址发生冲突，进行线性探测，21 插入下标为 9 的单元里，54 的地址为 2，可直接插入，35 的地址由于被 21 占用，线性探测后存入 10 单元里，167、32 和 7 可直接插入，223 的地址由于被 54 占用，线性探测后存入 3 单元里，62 的地址由于被占用，经过 3 次线性探测再散列后存入 13 单元里。存放后的哈希表如下所示：

哈希地址	0	1	2	3	4	5	6	7	8	9	10	11	12	13	14
关键字	26		54	223			32	7	73	21	35	167	38	62	
比较次数	1		1	2			1	1	1	2	2	1	1	4	

可以看到，35 和 21 虽然不是同义词，但发生了冲突，原因是 21 和 73 发生冲突时，为

解决冲突,21 占用了 35 的地址,从而导致两个原本不是同义词的关键字之间发生冲突,这种现象称为堆积现象。查找成功的平均查找长度为

$$ASL=(1+1+2+1+1+1+2+2+1+1+4)/11=1.55$$

通过上述分析可知,用线性探测法处理冲突,思路清晰,算法简单,但该方法的缺点很明显。例如,容易造成堆积和溢出现象,需要对溢出单独处理;删除操作非常困难,假如要从哈希表中删除一个结点,只能对该位置做删除标志,不能把该位置置为空,否则将会影响以后的查找。链地址法(拉链法)解决冲突就能很好地处理这些问题。

(2) 二次探测法。

在线性探测法求哈希地址公式 $H_i=(\text{Hash}(\text{key})+d_i)\%m$ 中,如果增量序列 d_i 为 $1^2,-1^2,2^2,-2^2,\cdots,\pm k^2$ 时,这种解决冲突的方法称为二次探测法。由于该方法使用的探测序列跳跃式地散列在整个哈希表中,因而减少了堆积的可能性,但缺点是不容易探测到整个哈希表空间。

(3) 伪随机再散列。

在线性探测法求哈希地址公式 $H_i=(\text{Hash}(\text{key})+d_i)\%m$ 中,如果增量序列 d_i 为伪随机序列,则这种方法被称为伪随机再散列,详细内容这里不再赘述。

2. 链地址法

链地址法(拉链法)是解决冲突既灵活又有效的方法,它的基本思想是根据关键字 key,将数据元素存放在哈希基表中的 Hash(key)位置上,如果发生冲突,则创建一个结点存放该数据元素,并将该结点插入一个链表中。这种由冲突的数据元素构成的链表称为哈希链表。一个哈希基表与若干条哈希链表相连构成一个完整的哈希表。

【例 8.7】 已知一组关键字和选定的哈希函数和例 8.6 相同,m 也是取 13。用链地址法构造这组关键字的哈希表并计算查找成功的平均查找长度。

利用哈希函数 Hash(key)=key%13 进行计算,可知上述关键字序列所对应的哈希地址如下:

关键字	26	38	73	21	54	35	167	32	7	223	62
哈希地址	0	12	8	8	2	9	11	6	7	2	10
比较次数	1	1	1	2	1	1	1	1	1	2	1

用链地址法解决冲突得到的哈希表如图 8.21 所示。

在哈希表中可以看出除了关键字 223 和 21 用了两次比较,其他关键字都是 1 次,所有查找成功的平均查找长度:

$$ASL=(1+1+2+1+1+1+2+1+1+1+1)/11=1.18$$

采用链地址法进行查找的过程如下。

首先是利用哈希函数计算被查找的 key 位于哈希基表的位置 $i=\text{Hash}(\text{key})$。

(1) 如果哈希基表的数据域为空,说明查找不成功。

(2) 如果哈希基表的数据域关键字等于 key,说明查找成功。

(3) 如果哈希基表的数据域关键字不等于 key,说明产生冲突,在哈希基表的下标为 i 的位置上找相应的哈希链表,将哈希链表搜索完,就能确定查找成功与否。

哈希基表

				哈希链表	
0	26	∧			
1		∧			
2	54	→	233	∧	同义词冲突
3		∧			
4		∧			
5		∧			
6	32	∧			
7	7	∧			
8	73	→	21	∧	同义词冲突
9	35	∧			
10	62	∧			
11	167	∧			
12	38	∧			

图 8.21　用链地址法解决冲突得到的哈希表

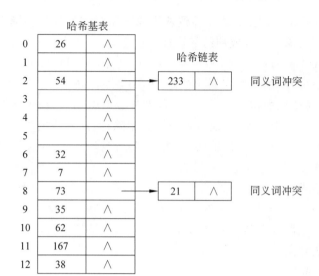

这种方法不会产生堆积和溢出现象，克服了开放地址法的缺点，同时可以随时对哈希表(包括哈希链表)进行修改、插入和删除等操作，因此链地址法的哈希表是一种有效的存储结构。

哈希链表是动态的，冲突越多，链表越长。所以要设计好的哈希函数使数据元素尽可能地分布在哈希基表中，哈希链表越短越好。如果哈希函数的均匀性差，就会造成哈希基表中空闲单元多、哈希链表很长的情况，此时哈希查找的效率会降低。

8.5.4　哈希表的操作

哈希表上的操作主要有查找、插入和删除，其中查找操作是最重要的操作。哈希表上的查找过程和建立哈希表的过程相似。查找过程为假定给定 K 值，根据建表时设定的哈希函数计算其哈希地址，若该地址上没有结点值，则查找失败；否则将给定的 K 值和该地址中的结点值比较，若相等则查找成功，否则按建表时设定的处理冲突的方法计算处理冲突后的下一个哈希地址，直到找到，或者遍历完整个哈希表，查找失败为止。

下面以线性探测法来研究哈希表的查找和插入算法。

哈希表的类型定义为

```
#define maxsize 100
#define nullkey -1                          /* 设定空记录标记 */
typedef struct {
        DataType elem[maxsize];
        int length;
}HashTable;
```

哈希表的查找算法如下。

【算法 8.12】

```
int HashSearch(HashTable *ht,KeyType k)
/*查找成功,返回所在的下标,不成功返回-1*/
{
    int d,i;
    d=Hash(k);                               /*计算哈希地址,哈希函数为 Hash(k)*/
    for(i=0;i<ht->length;i++)
    {   if(ht->elem[d].key==k)return(d);     /*检索成功,返回哈希地址*/
        d=(d+1)%ht->length;                  /*用解决冲突的方法求下一个哈希地址*/
    }
    return(-1);
}
```

哈希表的插入算法如下。

【算法 8.13】

```
void HashInsert(HashTable *ht,KeyType k)
/*将关键字 k 插入哈希表中*/
{
    int d,j;
    d=Hash(k);                              /*计算 key 的插入位置*/
    if(ht->elem[d].key==nullkey)
        ht->elem[d].Key=k;                  /*关键字插入哈希表中*/
        ht->length++;
    else
    {   j=d;
        d=(d+1)%maxsize;
        while ((d!=j)&& ht->elem[d].key!=nullkey)
              d=(d+1)%maxsize;
    if(ht->elem[d].key==nullkey)
        ht->elem[d].Key=k;                  /*关键字插入哈希表中*/
        ht->length++;
    else
        printf("overflow!");               /*表已满*/
    }
}
```

8.5.5 哈希表查找及其分析

哈希表的查找过程与哈希表的构造过程基本一致,对于给定的关键字值 k,按照建表时设定的哈希函数求得哈希地址;若哈希地址所指位置已有记录,并且其关键字值不等于给定值 k,则根据建表时设定的冲突处理方法求得同义词的下一地址,直到求得的哈希地址所指位置为空闲或其中记录的关键字值等于给定值 k 为止;如果求得的哈希地址对应的内存空间为空闲,则查找失败;如果求得的哈希地址对应的内存空间中的记录关键字值等于给定值 k,则查找成功。

上述查找过程可以描述如下。

(1) 计算出给定关键字值对应的哈希地址 addr=Hash(key)。

(2) while((addr 中不空)&&(addr 中关键字值!=k))

按冲突处理方法求得下一地址 addr。

(3) 如果(addr 中为空),则查找失败,返回失败信息。

(4) 否则查找成功,并返回地址 addr。

在处理冲突方法相同的哈希表中,其平均查找时间,还依赖于哈希表的装填因子,哈希表的装填因子为

$$\alpha=\frac{\text{表中填入的记录数}}{\text{哈希表的长度}}$$

装填因子越小,表中填入的记录就越少,发生冲突的可能性就会小。反之,表中已填入的记录越多,再填充记录时,发生冲突的可能性就越大,查找时进行关键字的比较次数就越多。

从哈希表的查找过程可知,虽然哈希表是在关键字和存储位置之间直接建立了对应关系,可利用关键字值进行转换计算后,直接求出存储地址;但是由于冲突的产生,哈希表的查找过程仍然是一个和关键字比较的过程,所以仍需用平均查找长度来衡量哈希表查找效率。查找过程中哈希表中关键字和给定值进行比较的次数取决于以下 3 个因素:哈希函数、解决冲突的方法和哈希表的装填因子。下面给出平均查找长度公式,推导过程从略。

线性探测的哈希表查找成功和查找不成功时的平均查找长度分别为

$$S_{nl}\approx\frac{1}{2}\left(1+\frac{1}{1-a}\right)$$

$$U_{nl}\approx\frac{1}{2}\left(1+\frac{1}{(1-a)^2}\right)$$

链地址法的哈希表查找成功和查找不成功时的平均查找长度分别为

$$S_{nl}\approx 1+\frac{a}{2}$$

$$U_{nl}\approx a+\mathrm{e}^{-a}$$

8.6 案例分析与实现

【案例 8.4】 商品查找。

对超市内各种商品进行统计,要求统计出商品的种类数以及每种商品的数量,这个问题实际上也是个查找问题,问题的关键在于需要反复查找某种输入商品并将其个数加 1。如果简单地将最多 N 个输入商品存为数组,则每次查找的最坏情况都需要时间复杂度 $O(n)$,于是总查找时间将达到 $O(n^2)$。二分查找方法可以达到 $O(\log_2 n)$的查找效率,但是前提是数组里的数据有序。在学习高效排序算法之前,用如冒泡排序之类的简单算法并不是很好的选择,因为时间复杂度可能达到 $O(n^2)$。利用二叉排序树可以有效地解

决这个问题并提高查找效率，如果二叉排序树比较平衡，则单次插入和查找都可以达到$O(\log_2 n)$的复杂度，因此总体时间复杂度可能降低到$O(n\log_2 n)$。当然最坏情况下，可能形成单边倾斜的二叉搜索树，这时的效率只有$O(n^2)$。采用二叉排序树的另一个好处就是，对其进行中序遍历就可以得到按字典递增序的输出序列。

数据结构仍然用前面介绍的二叉排序树结构存储，结点结构体除了存储该结点的商品名称及左右子树的指针外，还需要一个计数器来存储该商品的数量。具体实现代码如下：

```
#include<stdio.h>
#include<stdlib.h>
#include<string.h>

#define MAXN 100000
#define MAXS 30

typedef struct BinSTreeNode * BinSTree;
struct BinSTreeNode {
    char Data[MAXS+1];
    int cnt;
    BinSTree lchild;
    BinSTree rchild;
};

/* 将商品名字插入二叉排序树 T,或累计已存在商品 */
BinSTree Insert(BinSTree T, char * Name)
{
    int cmp;

    if (!T)                                //建立第一个结点
    {
        T = (BinSTree)malloc(sizeof(BinSTreeNode));
        strcpy(T->Data,Name);
        T->cnt=1;
        T->lchild=T->rchild=NULL;
    }
    else                                   //插入
    {
        cmp=strcmp(Name, T->Data);         //比较商品名字
        if (cmp<0)
            T->lchild=Insert(T->lchild,Name);
        else if (cmp>0)
            T->rchild=Insert(T->rchild,Name);
        else T->cnt++;                     //若商品存在,计数
```

```
    }
    return T;
}

/*计数,并输出统计结果*/
void Output(BinSTree T, int N)
{
    if (!T) return;                         //递归终止条件
    Output(T->lchild,N);                    //输出左子树
    printf("%s  %.4lf%c\n",T->Data,(double)T->cnt/(double)N*100.0,'%');
                                            //输出统计结果
    Output(T->rchild,N);                    //输出右子树
}

int main()
{
    int num,i;
    char Name[MAXS+1];
    BinSTree T=NULL;
    scanf("%d\n",&num);
    for (i=0;i<num;i++)
    {
        gets(Name);
        T=Insert(T,Name);
    }
    Output(T,num);

    return 0;
}
```

请读者思考：在数据规模较大时，二叉排序树有时会显著不平衡，为什么会出现这种不平衡？二叉排序树的不平衡会导致什么问题？如何解决？

【案例 8.5】 手机号码查询。

在 8.1 节中曾假定一个公司有员工 20 人，能否通过给定员工姓名快速查找电话号码信息？下面用哈希查找技术来求解这个问题。

设计一个长度为 m（大于 n 的最小素数）的散列表，根据员工姓名拼音首字母在 26 个字母表中的顺序，计算总和并用除余法来计算散列映射的值。例如，Yin yue 首字母为 Y 和 y，在字母表中的顺序为 25，两者之和则为 50。建好散列表后，就可以把输入的所有员工姓名及手机号码插入表中。最后，根据输入的员工姓名拼音首字母字符串，通过扫描散列表，找出其电话号码信息。具体实现代码如下：

```
#include<stdio.h>
#include<stdlib.h>
```

```
#include<string.h>
#define maxsize 30
#define nullkey -1
typedef char* keyType;
typedef struct{
    char name[30];                  //姓名
    char key[5];                    //姓名拼音首字母
    double phoneNumber;             //手机号码
}DataType;
typedef struct{
    DataType elem[maxsize];
    int length;                     //哈希表中元素个数
}HashTable, *PHashTable;

int isUppercase(char c)
{
    if(c>=65 && c<=90)
        return 1;
    else if (c>=97 && c<=122)
        return 0;
    else
        return -1;
}

int HashFun(char *key, int m)
{  //Hash 函数,根据姓名首字母在字母表顺序求和并对表长求余
   int d=0,i=0;
   for(i=0;i<strlen(key);i++)
   {
       if(isUppercase(key[i])==1)
           d=d+key[i]-64;
       else if(isUppercase(key[i])==0)
           d=d+key[i]-96;
       else
           d=d+key[i];
   }

   d =d%m;
   return d;
}

void getNameCaptital(char *key, char*nameCaps)
{  //获取姓名拼音首字母,并组成字符串
   char delims[]=" ";
```

```
    char * result=NULL;
    char nameCap[5];
    int i=0;
    result=strtok(key, delims );
    while(result !=NULL)
    {
        nameCap[i++]=result[0];
        result=strtok( NULL, delims );
    }
    nameCap[i]='\0';
    strcpy(nameCaps,nameCap);
}

PHashTable InitHashTable()
{   //初始化 Hash 表,把 Hash 表 HT 中每一单元的关键字 key 域都设置为空标志
    int i;
    PHashTable ht;
    ht=(PHashTable)malloc(sizeof(HashTable));
    ht->length=0;
    for (i=0; i <maxsize; i++)
    {
        ht->elem[i].phoneNumber=nullkey;
        strcpy(ht->elem[i].name, "null");
        strcpy(ht->elem[i].key, "null");
    }
    return ht;
}

int HashSearch(HashTable * ht, keyType k, int * count)
{
    int d,i;
    * count=0;
    d=HashFun(k,maxsize);
    for(i=1;i<ht->length;i++)
    {
        * count= * count +1;
        if(!strcmp(_strlwr(ht->elem[d].key),_strlwr(k)))
            return d;
        d=(d+1)%maxsize;
    }
    return -1;
}

void HashInsert(HashTable * ht, DataType x)
```

```
{
    int d,j;
    d=HashFun(x.key,maxsize);
    if(ht->elem[d].phoneNumber==nullkey)
    {
        ht->elem[d]=x;
        ht->length++;
    }
    else
    {
        j=d;
        d=(d+1)%maxsize;
        while((d!=j) && ht->elem[d].phoneNumber!=nullkey)
            d=(d+1)%maxsize;

        if(ht->elem[d].phoneNumber==nullkey)
        {
            ht->elem[d]=x;
            ht->length++;
        }
        else
          printf("overflow");
    }
}

void PrintHashTable(HashTable HT)
{  //显示输出散列表中的所有元素的信息
   int i;
   printf("Hash 表为: \n");
   printf("下标\t 姓名首字母\t 姓名\t 电话号码\n");
   printf("---------------------------\n");
   for (i=0; i <maxsize; i++)
       printf("%d\t%s\t%s\t%.0lf\n", i, HT.elem[i].key, HT.elem[i].name, HT.
       elem[i].phoneNumber);

   printf("\n");
}

int main()
{
    int n, m, i, j;
    DataType x;
    char name[30];
    char nameCaps[5];
```

```
    PHashTable ht=InitHashTable();

    printf("输入待散列用户个数 n, 要求 n<=maxsize:\n");
    do
    {
        scanf("%d", &n);
        if (n >maxsize)
            printf("重新输入 n 值: ");
    }while (n >maxsize);

    printf("输入%d个用户姓名及电话号码: \n", n);
    getchar();
    for (i=0; i <n; i++)
    {
        printf("输入%d/%d个用户姓名:", i+1,n);
        gets(x.name);
        strcpy(name, x.name);
        printf("输入%d/%d个用户电话号码:", i+1, n);
        scanf("%lf", &x.phoneNumber);
        getchar();
        getNameCaptital(name, nameCaps);
        strcpy(x.key, nameCaps);
        HashInsert(ht, x);
    }

    PrintHashTable(*ht);
    do
    {
        printf("输入一个待查找用户姓名拼音的首字母:");
        gets(x.key);
        int count=0;
        if ((j=HashSearch(ht, x.key, &count)) !=-1)
            printf("查找成功: %s 的电话号码为%.0lf,下标值为%d\n",
            ht->elem[j].key, ht->elem[j].phoneNumber,j);
        else
            printf("查找失败!\n");
        printf("比较次数为%d!\n", count);
    }while(strcmp(x.key,"#"));
    return 0;
}
```

将最大表长设置为 30,按照电话号码 17353766601～17353766620 的顺序,向散列表中输入 20 位员工的姓名和电话号码信息。为方便说明问题,假定 20 位员工的拼音首字母均不相同。构造的哈希表如表 8.1 所示。

表 8.1 20 名员工信息构造的哈希表

下标	姓名拼音首字母	姓 名 拼 音	电 话 号 码	查找成功比较次数
0	null	null	−1	
1	null	null	−1	
2	xh	xu hao	17353766616	1
3	null	null	−1	
4	null	null	−1	
5	null	null	−1	
6	null	null	−1	
7	cxj	chen xue jin	17353766605	1
8	tjh	tian jia hong	17353766613	1
9	null	null	−1	
10	czk	cheng ze kai	17353766603	1
11	xq	xu qian	17353766612	1
12	lmq	liu meng qi	17353766618	1
13	hjy	hao jing yu	17353766607	1
14	dxl	dong xiao long	17353766619	5
15	null	null	−1	
16	hh	huang hun	17353766609	1
17	zcq	zhu cheng qi	17353766614	2
18	hj	huang jun	17353766609	1
19	zw	zhang wei	17353766606	1
20	cp	cheng peng	17353766608	2
21	zx	zheng xiao	17353766610	2
22	yy	yan yu	17353766611	3
23	qf	qin feng	17353766602	2
24	cyz	chu yue zhong	17353766604	1
25	qmy	qin meng ying	17353766615	1
26	wxf	wang xi feng	17353766620	4
27	tyl	tang ya ling	17353766617	1
28	null	null	−1	
29	null	null	−1	

当查找某员工的电话号码时,可以输入员工姓名拼音首字母组成的字符串。例如要查找姓名为 huang jun 的电话号码,可以直接输入 hj。当输入#时,查询结束,并且字母大小写对查询结果无影响。表 8.1 中有 20 位员工信息,在查找成功的情况下,平均查找次数为 1.65 次。

请思考如下两个问题。

(1) 有些员工的首字母相同,在查找时,如果要输出所有具有相同首字母的员工信息,则如何修改程序?

(2) 尝试其他形式的散列函数及解决冲突的机制,与上述给出的算法比较运行效率。

本章小结

本章主要讨论查找表(包括静态查找表和动态查找表)的各种实现方法,讨论了各种查找方法的查找效率。

静态查找表主要采用顺序存储方式,主要的查找方法包括顺序查找、折半查找和分块查找。顺序查找对查找表无任何要求,既适用无序表,又适用有序表,查找成功的平均查找长度为$(n+1)/2$,时间复杂度为$O(n)$;折半查找要求表中元素必须按关键字有序,其平均查找长度为近似($\log_2(n+1)-1$),时间复杂度为$O(\log_2 n)$;分块查找每块内的元素可以无序,但要求块与块之间必须有序,并建立索引表。静态查找表不便于元素的插入和删除。

动态查找表使用链式存储,存储空间能动态分配,它便于插入、删除等操作。主要的查找方法包括二叉排序树、AVL 树、B 树、B+树。二叉排序树和平衡二叉排序树是一种有序树,对它的查找类似于折半查找,其查找性能介于折半查找和顺序查找之间;当二叉排序树是平衡二叉树时,其查找性能最优。B 树和 B+树的查找主要适用于外查找,即查找适用于数据保存在外存储器的较大文件中,查找过程需要访问外存的查找。

哈希查找是通过构造哈希函数来计算关键字存储地址的一种查找方法,由于在查找过程中不需要进行比较(在不冲突的情况下),其查找时间与表中记录的个数无关。但实际上,由于不可避免地会发生冲突,而使查找时间增加。哈希法的查找效率主要取决于发生冲突的可能性和处理冲突的方法。

习　题

一、选择题

1. 若查找每个记录的概率均等,则在具有 n 个记录的顺序文件中采用顺序查找法查找一个记录,其平均查找长度 ASL 为(　　)。

A. $(n-1)/2$　　B. $n/2$　　C. $(n+1)/2$　　D. n

2. 具有 12 个关键字的有序表,折半查找的平均查找长度为(　　)。

A. 3.1　　B. 4　　C. 2.5　　D. 5

3. 当采用分块查找时，数据的组织方式为(　　)。

A. 数据分成若干块，每块内数据有序

B. 数据分成若干块，每块内数据不必有序，但块间必须有序，每块内最大(或最小)的数据组成索引块

C. 数据分成若干块，每块内数据有序，每块内最大(或最小)的数据组成索引块

D. 数据分成若干块，每块(除最后一块外)中数据个数需相同

4. 在平衡二叉树中插入一个结点后造成了不平衡，设最低的不平衡结点为A，并已知A的左孩子的平衡因子为0，右孩子的平衡因子为1，则应作(　　)型调整以使其平衡。

A. LL　　B. LR　　C. RL　　D. RR

5. 下面关于折半查找的叙述正确的是(　　)。

A. 表必须有序，表可以顺序方式存储，也可以链表方式存储

B. 表必须有序且表中数据必须是整型，实型或字符型

C. 表必须有序，而且只能从小到大排列

D. 表必须有序，且表只能以顺序方式存储

6. 从空二叉排序树开始，用下列序列中的(　　)，构造的二叉排序树的高度最小。

A. 45,25,55,15,35,95,30　　B. 35,25,15,30,55,45,95

C. 15,25,30,35,45,55,95　　D. 30,25,15,35,45,95,55

7. 具有5层结点的AVL树至少有(　　)个结点。

A. 10　　B. 12　　C. 15　　D. 17

8. 在一棵平衡二叉树中，每个结点的平衡因子的取值范围是(　　)。

A. −1～1　　B. −2～2　　C. 1～2　　D. 0～1

9. 下列关于 m 阶B树的说法错误的是(　　)。

A. 根结点至多有 m 棵子树

B. 所有叶子都在同一层次上

C. 非叶结点至少有 $m/2$(m 为偶数)或 $m/2+1$(m 为奇数)棵子树

D. 根结点中的数据是有序的

10. 假定有 k 个关键字互为同义词，若用线性探测法把这 k 个关键字存入散列表中，至少要进行(　　)次探测。

A. $k-1$ 次　　B. k 次　　C. $k+1$ 次　　D. $k(k+1)/2$ 次

11. 下面关于哈希查找的说法正确的是(　　)。

A. 哈希函数构造的越复杂越好，因为这样随机性好、冲突小

B. 除留余数法是所有哈希函数中最好的

C. 不存在特别好与坏的哈希函数，要视情况而定

D. 若需在哈希表中删去一个元素，不管用何种方法解决冲突都只要简单地将该元素删去即可

12. 将10个元素散列到100 000个单元的哈希表中，则(　　)产生冲突。

A. 一定会　　B. 一定不会　　C. 仍可能会

二、填空题

1. 顺序查找 n 个元素的顺序表,若查找成功,则比较关键字的次数最多为________次;当使用监视哨时,若查找失败,则比较关键字的次数为________。

2. 在顺序表(8,11,15,19,25,26,30,33,42,48,50)中,用折半法查找关键字 20,需做的关键字比较次数为________。

3. 对于具有 144 个记录的文件,若采用分块查找法,且每块长度为 8,则平均查找长度为________。

4. 已知二叉排序树的左右子树均不为空,则________上所有结点的值均小于它的根结点的值,________上所有结点的值均大于它的根结点的值。

5. 高度为 4 的 3 阶 B 树中,最多有________个关键字。

6. 二叉排序树的查找效率与树的形态有关。当二叉排序树退化成单支树时,查找算法退化为________查找,其平均查找长度上升为________。当二叉排序树是一棵平衡二叉树时,其平均查找长度为________。

7. 在一棵 m 阶 B 树中,若在某结点中插入一个新关键字而引起该结点分裂,则此结点中原有的关键字的个数是________;若在某结点中删除一个关键字而导致结点合并,则该结点中原有的关键字的个数是________。

8. ________法构造的哈希函数肯定不会发生冲突。

三、判断题

1. 折半查找法的查找速度一定比顺序查找法快。 ( )

2. 就平均查找长度而言,分块查找最小,折半查找次之,顺序查找最大。 ( )

3. 对一棵二叉排序树按先序方法遍历得出的结点序列是从小到大的序列。 ( )

4. 哈希查找不需要进行任何比较。 ( )

5. 将线性表中的结点信息组织成平衡的二叉树,其优点之一是无论线性表中的数据如何排列总能保证平均查找长度均为 $\log_2 n$ 量级(n 为线性表中的结点数目)。 ( )

6. 在平衡二叉树中,向某个平衡因子不为零的结点的树中插入一个新结点,必引起平衡旋转。 ( )

7. 有序的线性表无论如何存储,都能采用折半查找。 ( )

8. B+树既能索引查找也能顺序查找。 ( )

9. 哈希表的平均查找长度与处理冲突的方法无关。 ( )

10. 装填因子是哈希表的一个重要参数,它反映哈希表的装满程度。 ( )

四、应用题

1. 试比较折半查找和二叉排序树查找的性能。

2. 简要叙述 B 树与 B+树的区别。

3. 如何衡量哈希函数的优劣?简要叙述哈希表技术中的冲突概念,并指出两种解决冲突的方法。

4. 依次输入表(30,15,28,20,24,10,12,68,35,50,46,55)中的元素,生成一棵二叉排序树。

(1) 试画出生成之后的二叉排序树;

(2) 对该二叉排序树作中序遍历,试写出遍历序列;

(3) 假定每个元素的查找概率相等,试计算该二叉排序树的平均查找长度。

5. 已知长度为 11 的表(xal,wan,wil,zol,yo,xul,yum,wen,wim,zi,yon),按表中元素顺序依次插入一棵初始为空的平衡二叉排序树,画出插入完成后的平衡二叉排序树,并求其在等概率的情况下查找成功的平均查找长度。

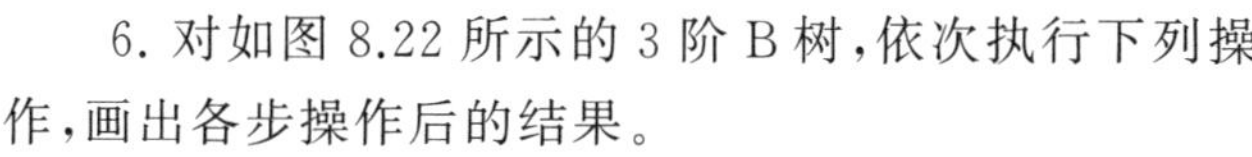

6. 对如图 8.22 所示的 3 阶 B 树,依次执行下列操作,画出各步操作后的结果。

(1)插入 90;(2)插入 25;(3)插入 45;(4)删除 60;(5)删除 80。

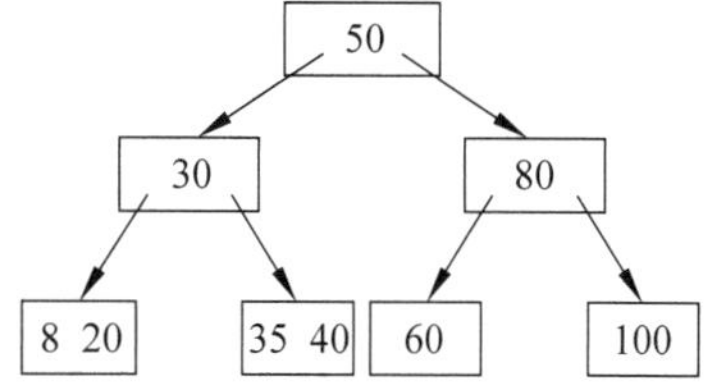

图 8.22 3 阶 B 树

7. 给定关键字序列(26,25,20,33,21,24,45,204,42,38,29,31),要求用哈希法进行存储,规定负载因子 $\alpha=0.6$。

(1) 请给出除余法的哈希函数。

(2) 用开放地址线性探测法解决冲突,请画出插入所有的关键字后得到的哈希表,并指出发生冲突的次数。

8. 设哈希函数为 Hash(key)=key%11,解决冲突的方法为链地址法,试将下列关键字集合{35,67,42,21,29,86,95,47,50,36,91}依次插入哈希表中(画出哈希表的示意图)。并计算平均查找长度 ASL。

五、算法设计题

1. 给出折半查找的递归算法,并给出算法时间复杂度分析。

2. 试编写一种算法求出指定结点在给定的二叉排序树中所在的层数。

3. 在二叉排序树的结构中,有些数据元素值可能是相同的,设计一个算法实现按递增有序打印结点的关键字域,要求相同的数据元素仅输出一个。

4. 设 f 是二叉排序树中的一个结点,其右儿子为 p。删除结点 p,使其仍为二叉排序树。

5. 假设一棵平衡二叉树的每个结点都标明了平衡因子 b,试设计一个算法,求平衡二叉树的高度。

6. 设二叉排序树的各元素值均不相同,采用二叉链表作为存储结构,试分别设计递归和非递归算法按递减序打印所有左子树为空,右子树非空的结点的数据域的值。

7. 试编写一种算法,在给定的二叉排序树上找出任意两个不同结点最近的公共祖先(若在两结点 A,B 中,A 是 B 的祖先,则认为 A,B 最近的公共祖先就是 A)。

第 9 章 chapter 9

排　　序

思政教学设计

排序是数据处理中经常使用的重要运算之一。所谓排序(sorting),就是使一组记录,按照记录中某个或某些关键字的大小,递增或递减地排列起来的操作。研究如何进行排序,提高排序算法的效率,是计算机理论研究的重要课题之一。

【本章学习要求】

掌握:排序的基本概念和相关术语。

掌握:插入排序的基本思想,掌握直接插入排序算法、折半插入排序算法以及希尔排序算法的实现过程,了解插入排序算法的时间效率和空间效率。

掌握:交换排序的基本思想,掌握冒泡排序算法、快速排序算法的实现过程,了解冒泡排序和快速排序的算法性能。

掌握:选择排序的基本思想,掌握简单选择排序以及堆排序的算法实现及算法评价。

掌握:归并排序的基本思想和 2 路归并排序的算法实现。

掌握:基数排序的基本思想和链式基数排序的算法实现。

9.1 案例导引

为什么要研究排序?因为排序最终目的是实现快速查找(检索)。假设 A 图书馆的图书按照书名或者分类号有序排列,而 B 图书馆的图书是杂乱无章地堆放在一起。请读者设想一下:在哪个图书馆能够快速地找到你需要的图书?对比有序表和无序表的查找算法:在无序的顺序表中,只能进行顺序查找,其平均查找长度为$(n+1)/2$;而在有序的顺序表中,可以采用折半查找算法实现快速查找,其平均查找长度大约为$\log_2(n+1)-1$。显然有序表的查找效率比无序表的查找效率要高,因此在进行查找操作时,总希望待查找的记录是按关键字有序排列的。

所谓排序就是要调整原文件中的记录顺序,使之按关键字递增(或递减)次序排列起来。其形式化定义描述如下。

输入:n 个记录 $r_1,r_2,\cdots,r_n$,其相应的关键字分别为 $k_1,k_2,\cdots,k_n$。

输出:$r_1',r_2',\cdots,r_n'$,使得 $k_1'\leqslant k_2'\leqslant\cdots\leqslant k_n'$(或 $k_1'\geqslant k_2'\geqslant\cdots\geqslant k_n'$)。

其中:

(1) 待排序对象是文件,文件由一组记录组成。记录则由若干个数据项(域)组成,其中有一数据项可用来标识一个记录，称为关键字项。该数据项的值称为关键字(key)。

(2) 排序运算的依据是关键字。关键字的选取应根据问题的具体要求而设定。

例如，在高考成绩统计中将每个考生作为一个记录，如表9.1和表9.2所示。每条记录包含准考证号、姓名、各科的分数和总分数等内容。在表9.1中，用"准考证号"作为关键字，唯一地标识一个考生的记录，同时该表是以准考证号为关键字的升序排列。若要按照考生的总分数排名次，则需用"总分数"作为关键字(见表9.2)。因此将高考成绩以总分数为关键字进行排序，便于统计和分类；以准考证号为关键字进行排序，便于学生成绩查询。通常待排序记录中可以拥有相同的关键字，如高考成绩表中周芳芳和高飞的总分数。当待排序记录中具有多个相同关键字，排序结果可能不唯一(表9.2中高飞的记录可以在周芳芳之前也可以在周芳芳之后)。

表9.1 高考成绩统计表(以准考证号为主关键字的升序排列)

准考证号	姓名	语文	数学	英语	综合	总分数
0102003	张帆	75	85	78	74	312
0102004	周芳芳	80	72	83	81	316
0102008	李明	65	88	80	73	306
0102011	王刚	73	68	60	55	256
0102107	章小明	54	66	70	69	259
0103002	李明	83	80	83	85	331
0104109	高飞	92	78	77	69	316
0105010	刘雯雯	69	56	68	55	248

表9.2 高考成绩统计表(以总分数为主关键字的降序排序)

准考证号	姓名	语文	数学	英语	综合	总分数
0103002	李明	83	80	83	85	331
0102004	周芳芳	80	72	83	81	316
0104109	高飞	92	78	77	69	316
0102003	张帆	75	85	78	74	312
0102008	李明	65	88	80	73	306
0102107	章小明	54	66	70	69	259
0102011	王刚	73	68	60	55	256
0105010	刘雯雯	69	56	68	55	248

在待排序的文件中，若存在关键字相同的多个记录，经过排序后这些具有相同关键字的记录之间的相对次序保持不变，该排序方法是稳定的；若具有相同关键字的记录之间的相对次序发生变化，则称这种排序方法是不稳定的。实际上，排序算法的稳定性是

针对所有输入实例而言的。即在所有可能的输入实例中，只要有一个实例使得算法不满足稳定性要求，则该排序算法就是不稳定的。

假设以偶对(4,1)、(3,1)、(3,7)、(5,6)中第一个数字作为关键字来进行排序，在这种状况下，会产生两种不同的排序结果：

(3,1)(3,7)(4,1)(5,6)(维持相同关键字原次序，稳定)

(3,7)(3,1)(4,1)(5,6)(改变相同关键字原次序，不稳定)

实际上排序算法有如下不同的分类方法。

(1) 按是否涉及数据的内、外存交换分类。在排序过程中，若整个文件都是放在内存中处理，排序时不涉及数据的内、外存交换，则称为内部排序(简称内排序)；反之，若排序过程中要进行数据的内、外存交换，则称为外部排序。本章仅介绍内排序。

(2) 按策略划分内部排序方法可以分为5类：插入排序、选择排序、交换排序、归并排序和分配排序。无论何种策略的排序方法，都离不开关键字的比较和记录的移动操作。本章重点介绍这几类排序。

排序过程就是将无序的记录序列通过关键字的比较和记录的移动，使得序列有序，因此，内排序过程有两种基本操作：比较关键字的大小；将记录从一个位置移动到另一个位置。关键字的比较操作是大部分排序方法都必需的，而记录的移动要根据记录的存储方式来确定。若待排序的记录是利用顺序存储方式存储的，则在排序过程中必须移动记录；若待排序的记录是利用链式存储方式存储的，则在排序过程中仅须修改指针，不须移动记录。

内排序算法有不同的策略和方法，每一种算法都具备自己的特点，很难有一种综合方法来评价哪个算法的优与劣。对排序算法的评价主要从时间和空间复杂度两个方面来分析，同时也要考虑其稳定性问题。生活中很多地方都会用到排序算法，对于一个实际问题，一般应考虑具体问题的规模以及稳定性来选择适合的排序算法，下面举例说明。

【案例9.1】 商品检索结果排序。

随着互联网技术的发展，网上购物已经被越来越多的人所接受，成为当代生活中主要购物方式之一。在各互联网购物平台，消费者可以通过检索功能查询想要购买的商品。系统根据输入的关键词查询并返回相关的商品信息，消费者可以分别根据价格、评论数、销量等对返回的结果进行排序，方便对各商家提供的产品进行对比分析。

如何根据价格、评论数、销量等关键字分别对检索结果进行排序呢？首先，在这一过程中，消费者检索到的结果可能有几十万甚至上百万条。因此，需要选择时空复杂度较低的排序算法，例如堆排序、快速排序等算法。其次，此问题中，消费者并不关心原始检索结果的相对顺序，因此无须考虑排序算法的稳定性。第三，每个商品拥有价格、评论数、销量等关键字属性，算法可以根据用户选择的关键字进行排序。

【案例9.2】 订单生产顺序安排。

某公司每年的商品订单约1000单，并且是按照公司与客户签订订单的时间顺序生成的，即先签订的订单排在后签订的订单之前。公司为了利益最大化，希望将订单金额较高的优先安排生产，并且如果两个订单金额相同，则优先为下单时间较早的订单安排生产。

如何为公司安排生产呢？对于上述问题，可以根据订单金额，对所有订单进行降序排序。但是,当两个订单金额相同时,公司要求优先为下单时间较早的订单安排生产。根据上述问题描述,可以得知销售订单已经按照公司与客户签订订单的时间顺序排列。因此,需要使用具有稳定性的排序算法,保持原有订单间的相对顺序;同时,该公司每年的订单规模约 1000 单,数据量不大,对排序算法的时间和空间复杂度要求较低。

为讨论方便,在本章中若无特别说明,均假定待排序的记录序列采用顺序存储,并且排序结果是按关键字递增的。本章的各种排序算法中,均认为待排序记录的定义如下:

```
#define MAXSIZE 100                  /* 顺序表的最大长度,假定顺序表的长度为 100 */
typedef int KeyType;                 /* 假定关键字类型为整数类型 */
typedef struct {
      KeyType key;                   /* 关键字项 */
      OtherType other;               /* 其他项 */
}DataType;                           /* 数据元素类型 */
typedef struct {
      DataType r[MAXSIZE+1];         /* r[0]闲置或充当前哨站 */
      int length;                    /* 顺序表长度 */
} SqList;                            /* 顺序表类型 */
```

9.2 插入排序

插入排序的基本思想是通过构建有序序列,将待排序的数据,在已排好序的序列中从后向前扫描,找到其相应位置并进行插入操作。通常采用申请一个辅助空间来记录当前待插入的记录,因此在从后向前扫描过程中,需要反复把已排序元素逐步向后挪位,为最新元素提供插入空间。本节主要介绍直接插入排序、折半(二分法)插入排序、表插入排序和希尔排序。

9.2.1 直接插入排序

直接插入排序(straight insertion sort)算法实质就是将待插入子序列元素逐步插入有序子序列的执行过程。设有一待排序序列 S=$\{r_1,r_2,r_3,\cdots,r_i,\cdots,r_n\}$,其中$\{r_1,r_2,\cdots,r_i\}(1\leqslant i\leqslant n)$是按照关键字$\{k_1\leqslant k_2\leqslant\cdots\leqslant k_i\}$有序的子序列,序列$\{r_{i+1},\cdots,r_n\}$暂时无序。操作如下:从序列$\{r_{i+1},\cdots,r_n\}$的第一个元素 r_{i+1} 开始取数据元素,每取一个元素就将其插入前面的有序序列中,并使插入后的序列有序,直到所有元素插入完成,最后形成的序列将是一个有序序列。

按照上述思想,举一个例子来说明直接插入排序的过程。

【例 9.1】 已知 10 个待排序的数据元素,其关键字分别为 75,88,68,92,$\underline{88}$,62,77,96,80,72,用直接插入排序法对其进行排序(88 和 $\underline{88}$ 表示的关键字值是相同的,目的是区分在排序过程中其位置的变化过程)。

如果一个序列只有一个元素,显然这个序列是有序的。在这个例子中,关键字序列可以分成两个子序列:{75} 和 {88,68,92,$\underline{88}$,62,77,96,80,72},第一个序列有序,从第二个序列分别取88,68,92,…插入前面的有序序列中。

排序过程如下：其中()中的记录关键字为已排序的部分。

初始序列：	(75)	88	68	92	**88**	62	77	96	80	72
第一次排序：	(75	88)	68	92	**88**	62	77	96	80	72
第二次排序：	(68	75	88)	92	**88**	62	77	96	80	72
第三次排序：	(68	75	88	92)	**88**	62	77	96	80	72
第四次排序：	(68	75	88	**88**	92)	62	77	96	80	72
第五次排序：	(62	68	75	88	**88**	92)	77	96	80	72
第六次排序：	(62	68	75	77	88	**88**	92)	96	80	72
第七次排序：	(62	68	75	77	88	**88**	92	96)	80	72
第八次排序：	(62	68	75	77	80	88	**88**	92	96)	72
第九次排序：	(62	68	72	75	77	80	88	**88**	92	96)

至此,整个排序过程结束。在排序过程中,88和<u>88</u>的相对位置(前后关系)始终未变,所以这个排序是稳定的。

直接插入排序算法描述如下。

【算法9.1】

```
void StraightInsertSort(SqList * S)
{   /* 对顺序表s中的s->r[1..length]作直接插入排序 */
    int i,j;
    for(i=2;i<=S->length;i++)
    {
        S->r[0]=S->r[i];          /* 复制到前哨站 */
        j=i-1;
        while(S->r[0].key <S->r[j].key)
        {
            S->r[j+1]=S->r[j];
            j--;
        }                         /* 记录后移 */
        S->r[j+1]=S->r[0];        /* 插入正确位置 */
    }
}
```

直接插入排序算法比较简单,容易实现。在空间效率方面,仅用了一个辅助单元$r[0]$,因此辅助空间为$O(1)$。在时间效率方面,由于向有序表中逐个插入记录的操作,共进行了$n-1$趟,每趟操作分为比较关键字和移动记录。可以看出比较次数和移动次数取决于待排序列的初始排列,可分为以下3种情况。

(1) 最好情况：待排序序列中各数据元素在排序前已按关键字大小排好序,这种情况下的每趟插入过程仅须将当前待插入元素与前面已排好序的有序序列中最后一个元素进行比较,所以比较次数为1,数据元素的移动次数也仅为两次,其中一次是把待排序元素放入前哨站,另一次是把前哨站中的元素送到正确的位置。因此,总的比较次数为

$n-1$ 次，总的移动次数为 $2(n-1)$次，所以时间复杂度为 $O(n)$。

(2) 最坏情况：待排序序列中各数据元素为逆序状态时，在每一趟中，当前待插入元素与前面已排好序的有序序列的每一个元素都要进行比较，同时，每一次比较均要做一次数据移动。考虑到前哨站的存在，第 i 趟需要比较的次数为 $i+1$，移动的次数为 $i+2$，所以时间复杂度为 $O(n^2)$。

$$总的比较次数=\sum_{i=2}^{n} i \approx \frac{n^2}{2}次; \quad 总的移动次数=\sum_{i=2}^{n}(i+2) \approx \frac{n^2}{2}次$$

(3) 一般情况：当处理第 i 个元素 s_i 时，它有 i 个可能的插入位置，即插入第 $1,\cdots,i$ 位置上。假设每个位置上发生的概率是相同的，均为 $1/i$，比较次数为 j，则插入元素 s_i 的平均比较次数是 $\sum_{j=1}^{i}\frac{1}{i}\times j=\frac{i+1}{2}$。

而直接插入排序的总比较次数是 $\sum_{i=2}^{n}\left(\frac{i+1}{2}\right)=\frac{n-1}{2}+\frac{(n-1)\times(n+2)}{2}\approx\frac{n^2}{4}$。

一般情况下的平均比较次数和平均移动次数是同一数量级，故直接插入排序的平均时间复杂度为 $O(n^2)$。

根据上述 3 种情况可知，直接插入排序的时间复杂度为 $O(n^2)$，它是一个稳定的排序方法。

9.2.2 折半插入排序

直接插入排序的基本操作是向有序表中插入一个记录，插入位置的确定通过对有序表中记录按关键字逐个比较得到的。从前面的算法分析来看，一般情况下总比较次数约为 $n^2/4$。既然是有序表，完全可以用折半查找的方法来确定插入位置。通过第 8 章中有关折半查找算法的分析可知，在一般情况下总的比较次数为 $O(\log_2 n)$。请看下面的例子。

【例 9.2】 已知 10 个待排序的数据元素，其关键字分别为 75，88，68，92，**88**，62，77，96，80，72，用折半插入排序(binary insertion sort)法对其进行排序。

以下是在第 8 趟排序的基础上进行排序的过程。

第八次排序： (62　68　75　77　80　88　**88**　92　96)　72
low↑　　　　↑mid>72　　↑high
(62　68　75　77　80　88　**88**　92　96)　72
low↑　↑mid<72　↑high
(62　68　75　77　80　88　**88**　92　96)　72
low　↑mid　↑high
(62　68　75　77　80　88　**88**　92　96)　72
high↑low

第九次排序： (62　68　72　75　77　80　88　**88**　92　96)

折半插入排序算法的描述如下。

【算法 9.2】

```
void BinaryInsertSort(SqList * S)
{  /* 对顺序表 S 作折半插入排序 * /
```

```
    int low,high,mid;
    for(i=2;i<=S->length;i++)
    {
        S->r[0]=S->r[i];                    /*保存待插入元素*/
        low=1;high=i-1;                     /*设置初始区间*/
        while(low<=high)
        {  /*该循环语句完成确定插入位置*/
            mid=(low+high)/2;
            if(S->r[0].key>=S->r[mid].key)
                low=mid+1;                  /*插入位置在高半区中*/
            else high=mid-1;                /*插入位置在低半区中*/
        }                                   /*while*/
        for(j=i-1;j>=high+1;j--)            /*high+1为插入位置*/
            S->r[j+1]=S->r[j];              /*后移元素,留出插入空位*/
        S->r[high+1]=S->r[0];               /*将元素插入*/
        }                                   /*for*/
}                                           /*BinaryInsertSort*/
```

相对于直接插入排序,折半插入排序的比较次数与待排序记录的初始状态无关,仅依赖于记录的个数,插入第 i 个记录时,其比较次数最多为$\lfloor \log_2 i \rfloor+1=\lceil \log_2 i \rceil$。故有 n 个记录排序的总比较次数为

$$\sum_{i=1}^{n}\lceil \log_2 i \rceil \approx n \times \log_2 n$$

由上面的结果分析可知,当 n 较大时,显然比直接插入排序的最大比较次数少得多,大于直接插入排序的最小比较次数。移动记录的次数和直接插入排序相同,故时间复杂度仍为 $O(n^2)$。它是一个稳定的排序方法。算法中增加了一个辅助空间,故算法的辅助空间为 $O(1)$。

9.2.3 希尔排序

根据直接插入排序的算法分析,在序列本身已经是有序的情况下,其时间复杂度为 $O(n)$。同时需要指出的一点是,在短序列(待排序的记录数较少)的情况下,插入排序比较有效。1959 年,D.L.Shell 发现:可以有效利用插入排序的这两个性质来提高排序算法的效率,该算法后来被称为希尔排序(Shell's sort)算法。其思想是先将待排序列分割为若干子序列分别进行直接插入排序;待整个序列基本有序时,再对全体记录进行一次直接插入排序。

【例 9.3】 将序列 39,80,76,41,13,29,50,78,30,11,100,7,<u>41</u>,86 用希尔排序的方法进行排序。

(1) 选定步长序列,分别为 5、3、1。

(2) 针对步长序列进行排序,从最大的步长开始,逐步减少步长,最后一次选择的步长为 1。

具体的排序过程如下：

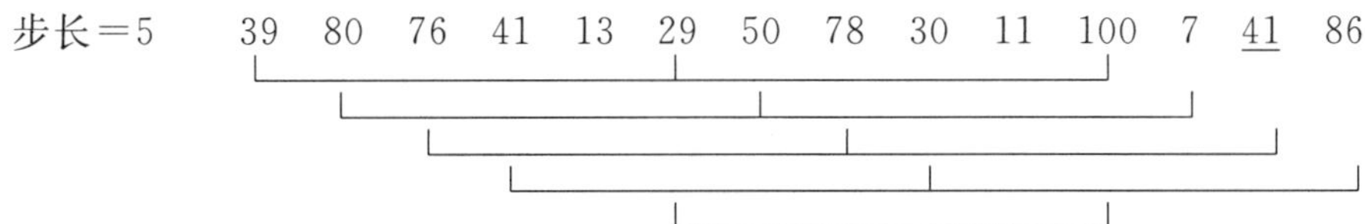

子序列分别为{39,29,100},{80,50,7},{76,78,41},{41,30,86},{13,11}。然后分别对子序列进行直接插入排序,得到排序后的子序列为{29,39,100},{7,50,80},{41,78,76},{30,41,86},{11,13}。将其插入对应的位置,得到第一趟排序结果。

第一趟排序结果：

步长=3　29　7　41　30　11　39　50　76　41　13　100　80　78　86

步长为3时,子序列分别为{29,30,50,13,78},{7,11,76,100,86},{41,39,41,80}。然后分别对子序列进行直接插入排序,得到排序后的子序列为{13,29,30,50,78},{7,11,76,86,100},{39,41,41,80}。将其插入对应的位置,得到第二趟排序结果。

第二趟排序结果：

步长=1　13　7　39　29　11　41　30　76　41　50　86　80　78　100

此时,序列基本"有序",对其进行直接插入排序,得到最终结果：

7　11　13　29　30　39　41　41　50　76　78　80　86　100

从例9.3可以看出,希尔排序通过不断缩小增量(步长)将原始序列分成若干子序列,所以有时将其称为缩小增量排序算法。这里需要指出的是增量序列(步长)是变化的,通常在排序前就必须规定好增量序列。

希尔排序算法描述：

(1) 选择一个步长序列 $t_1,t_2,\cdots,t_i,\cdots,t_k$,其中 $t_i>t_{i+1}$,$t_k=1$。

(2) 按步长序列个数 k,对序列进行 k 趟排序。

(3) 每趟排序,根据对应的步长 t_i,将待排序列分割成若干子序列,分别对各子序列进行直接插入排序。仅当步长为1时,整个序列作为一个表来处理,表长度即为整个序列的长度。

希尔排序算法描述如下。

【算法9.3】

```
void ShellInsert(SqList * S,int gap)
{   /* 一趟增量为 gap 的插入排序,gap 为步长 */
    int i,j;
    for(i=gap+1;i<=S->length;i++)
        if(S->r[i].key<S->r[i-gap].key)
        {   /* 小于时,需将 r[i]插入有序表 */
                S->r[0]=S->r[i];                /* 为统一算法设置监视哨 */
                for(j=i-gap;j>0 && S->r[0].key<S->r[j].key;j=j-gap)
                    S->r[j+gap]=S->r[j];        /* 记录后移 */
                S->r[j+gap]=S->r[0];            /* 插入正确位置 */
```

```
        }                                         /* if */
    }
    void ShellSort(SqList * s,int gaps[],int t)
    {   /* 按增量序列 gaps[0,1,…,t-1]对顺序表 S 作希尔排序 */
        int k;
        for(k=0;k<t;k++)
            ShellInsert(S,gaps[k]);               /* 一趟增量为 gaps[k]的插入排序 */
    }
```

希尔排序时效分析很难,在理论上还有待进一步研究。希尔排序在第一趟并没有优势,但随着步长的减小,序列越来越变得有序,插入排序效率就越高。显然希尔排序时间复杂度优于直接插入排序。有学者分析,希尔排序的时间复杂度在 $O(n\log_2 n)$ 和 $O(n^2)$ 之间,大致为 $O(n^{1.3})$。

希尔排序中关键字的比较次数与记录移动次数依赖于步长因子序列的选取,特定情况下可以准确估算出关键字的比较次数和记录的移动次数。步长 t_i 有各种不同的取法,Shell 最早提出 $t_1=\left\lfloor \frac{n}{2} \right\rfloor$,$t_{i+1}=\left\lfloor \frac{t_i}{2} \right\rfloor$,后来 D.Knuth 教授建议取 $t_{i+1}=\left\lfloor \frac{t_i-1}{3} \right\rfloor$,一般认为 t_i 都取成奇数、t_i 之间互素为好,究竟如何选取 t_i 最好?理论上至今仍没有得到证明。但需要注意:步长因子中除 1 外没有公因子,且最后一个步长因子必须为 1。

希尔排序方法是一个不稳定的排序方法。

9.3 交换排序

交换排序的基本思想是通过两两比较待排序记录的关键字,若不满足排序要求,则交换;不断重复比较和交换过程,直到待排序记录满足排序要求为止。本节主要介绍冒泡排序和快速排序。

9.3.1 冒泡排序

冒泡排序(bubble sort)的算法思想就是不停地比较相邻记录的关键字,如果不满足排序要求,就交换相邻记录,直到所有的记录都已经排好序为止。对于待排序记录 S=$\{r_1,r_2,\cdots,r_n\}$,假设待排序记录长为 n,冒泡排序将按照下述步骤排序。

(1) 比较记录 r_1 与 r_2 的关键字,若 r_1.key>r_2.key,则将两个记录交换,紧接着依次比较 r_2 和 r_3,直至 r_{n-1}与 r_n 为止。这样一趟比较过程中,会发现关键字值较小的记录会逐步前移,关键字值最大的记录移至最后。

(2) 由于关键字值最大的记录已经在最后(第 n 位),进行第二趟冒泡排序仅需将关键字值次大的记录移动到第 $n-1$ 位置,方法同(1)。依次完成第 3 趟,第 4 趟……直到所有记录都完成排序。

【例 9.4】 已知 10 个待排序的记录,其关键字分别为 75,87,68,92,88,61,77,96,80,72,用冒泡排序法对其进行排序。

排序过程如下,[]中的元素为本次冒出的元素。

初始序列	75,	87,	68,	92,	88,	61,	77,	96,	80,	72
第一趟	75,	68,	87,	88,	61,	77,	92,	80,	72,	[96]
第二趟	68,	75,	87,	61,	77,	88,	80,	72,	[92],	96
第三趟	68,	75,	61,	77,	87,	80,	72,	[88],	92,	96
第四趟	68,	61,	75,	77,	80,	72,	[87],	88,	92,	96
第五趟	61,	68,	75,	77,	72,	[80],	87,	88,	92,	96
第六趟	61,	68,	75,	72,	[77],	80,	87,	88,	92,	96
第七趟	61,	68,	72,	[75],	77,	80,	87,	88,	92,	96
第八趟	61,	68,	[72],	75,	77,	80,	87,	88,	92,	96
第九趟	61,	[68],	72,	75,	77,	80,	87,	88,	92,	96
	[61],	68,	72,	75,	77,	80,	87,	88,	92,	96

至此,待排序序列变为有序序列:61,68,72,75,77,80,87,88,92,96。

通过例9.4可以看出,冒泡排序就是通过两两比较相邻记录,依次分别求出最大值、次最大值、……、最小值。对 n 个记录进行第 k 趟冒泡排序方法如下。

(1) $i=1$;//设置从第一个记录开始进行两两比较。

(2) 若 $i \geqslant n-k+1$,一趟冒泡结束。

(3) 比较 $r[i]$.key 与 $r[i+1]$.key,若 $r[i].\text{key} \leqslant r[i+1]$.key,不交换,转(5)。

(4) 当 $r[i].\text{key} > r[i+1]$.key 时,$r[0]=r[i]$;$r[i]=r[i+1]$;$r[i+1]=r[0]$;将 $r[i]$与 $r[i+1]$交换。

(5) $i=i+1$;要对下两个记录进行两两比较,转(2)。

显然 n 个记录需要 $n-1$ 趟排序,冒泡排序的算法描述如下。

【算法 9.4】

```
void BubbleSort(SqList * S)
{  /* 对顺序表 S 作冒泡排序 */
    int i,j;
    for(i=1;i<=S->length-1;i++)                          /* 进行 n-1 趟排序 */
        for(j=2; j<=1+S->length-i; j++)
            if(S->r[j].key <S->r[j-1].key)
            {  /* S->r[j]与 S->r[j-1]交换 */
               S->r[0]=S->r[j];
               S->r[j]=S->r[j-1];
               S->r[j-1]=S->r[0];
            }
}
```

由于冒泡算法中使用了交换操作,仅用了一个辅助单元,因此其算法空间复杂度为 $O(1)$。

由冒泡排序的算法描述可知,第 i 次内层 for 循环中共需要比较 $n-i$ 次,最多交换 $n-i$ 次,最少交换 0 次,平均交换为最多次数的一半,即$(n-i)/2$ 次。因此,总的比较次

数为

$$C_{\max}=\sum_{i=1}^{n-1}(n-i)=n(n-1)/2=O(n^2)$$

总的交换次数最多为 $O(n^2)$，最少为 0，平均交换次数为

$$M_{\max}=\sum_{i=1}^{n-1}(n-i)/2=n(n-1)/4=O(n^2)$$

因此冒泡排序的最大、最小和平均时间代价为 $O(n^2)$。

通过观察冒泡排序过程不难发现：如果某趟排序一次数据交换都没发生，说明待排数据已经有序了，此时算法应该结束。但算法 9.4 并没有这个功能，无论数据的初始状态如何，算法 9.4 都将进行 $n-1$ 趟排序。

可以对冒泡排序进行改进，在算法 9.4 中增加一个标志变量 flag，在每趟排序前设置 flag 为 0，在每趟排序过程中如果发生数据交换，就将 flag 赋 1，每趟排序结束后立刻判断 flag，如果 flag 仍然为 0，说明数据没有发生交换，待排数据已经有序了，算法结束，不需要进行下趟排序。

如果数据的初始状态已经有序，请读者分析采用这种改进了的算法所花费的时间代价。

9.3.2 快速排序

1962 年，Tony Hoare(英国计算机科学家，1980 年获图灵奖)设计出快速排序(quick sort)方法。该算法实际上是对冒泡排序的一种改进。它的基本思想是通过一趟排序将待排序记录分割成独立的两部分，其中一部分记录的关键字比另一部分记录的关键字小，然后分别对这两部分记录继续使用该方法排序，以达到整个序列有序。

快速排序的算法思想如下。

(1) 待排序序列 S 中任意选择一个记录 r 作为轴值(设记录 r 的关键字为 k)。

(2) 将剩余的记录分割成两个子序列 L 和 R，子序列 L 中的关键字均小于或等于 k，子序列 R 中所含记录的关键字均大于或等于 k。

(3) 将子序列 L 中所有记录放在记录 r 左边，子序列 R 中所有记录放在记录 r 右边，此时记录 r 左边记录的关键字小于或等于 k，记录 r 右边的记录的关键字大于或等于 k，因此记录 r 正好处于正确的位置。

(4) 对于子序列 L 和 R 递归进行快速排序，直到子序列中只含有 0 或 1 个元素，退出递归。

在具体实现时，步骤(2)、(3)可以同时实现，即在分割的过程中将所有小于或等于轴值的记录放在轴值 r 左边，将大于或等于它的记录放在它的右边。这个过程的实现是通过交换记录来实现的。快速排序算法的关键在于分割过程的实现。

下面将以具体的例子来说明快速排序算法的实现过程。

【例 9.5】 初始序列为 49，14，38，74，96，65，8，$\underline{49}$，55，27，请给出第一趟快速排序结果。

存储单元：	$r[1]$	$r[2]$	$r[3]$	$r[4]$	$r[5]$	$r[6]$	$r[7]$	$r[8]$	$r[9]$	$r[10]$
记录中关键字：	49	14	38	74	96	65	8	$\underline{49}$	55	27

在第一趟快速排序过程中，设轴值为第一个记录即关键字为 49 的记录，先将其存放

在 $r[0]$中，其目的是为排序序列分割作准备。用 low 和 high 来表示整个序列的左、右指针，开始时分别位于序列两端，即 low=1，high=10。首先，high 指针从右向左开始扫描，直到扫描到小于轴值的位置停下。本例中找到 27 停下，然后将 27 放到位置 low 处，完成第一次搜索交换；这时 27 原来的位置就空闲下来，以备存放下一个大于轴值的记录。然后从 low=low+1 位置从左到右查找大于轴值的记录，找到 74 停下，将 74 放到 high 指示的位置(27 最初位置)，将 74 原先的位置空闲下来，完成第二次搜索交换；然后在 high=high−1 位置再次从右向左查找记录小于轴值的记录，找到 8，然后完成第三次搜索交换……直至 low 和 high 指针相遇，将轴值填入 low 位置后，整个序列完成了一趟排序，此时会发现小于或等于 49 的数在轴值的左边，而大于或等于 49 的数在轴值的右边，分割工作完成。接着对子序列{27,14,38 ,8}和{65,96,49,55 ,74}分别重复执行快速排序算法，直到整个序列完成排序工作。

以下是第一趟快速排序过程。

设置两个搜索指针，low=1，high=10，并选择 $r[1]$为轴值记录，将轴值保存 $r[0]=$ r[low]

```
□   14   38   74   96   65   8   49   55   27
↑                                         ↑
low                                      high
```

从 high 向左搜索发现 $r[10]$.key 小于 $r[0]$.key 停下，将 $r[10]$送入 r[low]，完成第一次搜索交换，得到：

```
27   14   38   74   96   65   8   49   55   □
↑                                          ↑
low                                       high
```

从 low+1 位置向右搜索发现 $r[4]$.key 大于 $r[0]$.key 停下，将 $r[4]$送入 r[high]，完成第二次搜索交换，得到：

```
27   14   38   □   96   65   8   49   55   74
               ↑                          ↑
              low                        high
```

从 high−1 位置向左搜索发现 $r[7]$.key 小于 $r[0]$.key 停下，将 $r[7]$送入 r[low]，完成第三次搜索交换，得到：

```
27   14   38   8   96   65   □   49   55   74
               ↑             ↑
              low           high
```

从 low+1 位置向右搜索发现 $r[5]$.key 大于 $r[0]$.key 停下，将 $r[5]$送入 r[high]，完成第四次搜索交换，得到：

```
27   14   38   8   □   65   96   49   55   74
                   ↑        ↑
                  low      high
```

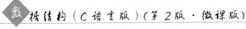

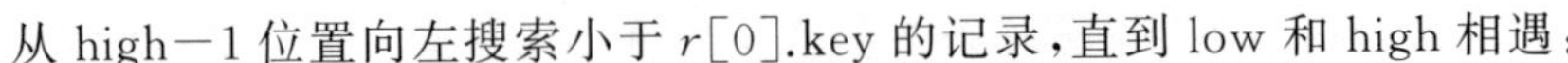

从 high−1 位置向左搜索小于 $r[0]$.key 的记录，直到 low 和 high 相遇：

27　14　38　8　□　65　96　<u>49</u>　55　74

↑ ↑

low　　　high

此时 low=high，填入支点记录(轴值)即 $r[\text{low}]=r[0]$，第一趟排序结束，得到的排序结果：

(27,14,38,8)　[49]　(65,96,<u>49</u>,55,74)

按照第一趟排序方法分别对子序列(27,14,38,8) 和子序列(65,96,<u>49</u>,55,74)进行快速排序，最终就能得到全部排序结果。

从上面快速排序的示例中，可以看出整个快速排序分成两部分，第一部分完成一趟快速排序，将待排序序列分成两个子序列；第二部分则对划分后的子序列执行快速排序，显然对子序列的排序方法和对原序列的排序方法一样，可以采用递归算法，当子序列长度为 0 或者为 1 时不需要排序，这是递归的结束条件。

一趟快速排序的算法描述如下。

【算法 9.5】

```
int QuickSort1(SqList * S,int low,int high)     /* 一趟快速排序 */
{   /* 交换顺序表 S 中子表 r[low..high]的记录,使轴值(支点)记录到位,并返回其所在位置 */
    /* 此时,在它之前(后)的记录均不大(小)于它 */
    KeyType pivotkey;
    S->r[0]=S->r[low];                      /* 以子表的第一个记录作为轴值(支点)记录 */
    pivotkey=S->r[low].key;                 /* 取轴值(支点)记录关键字 */
    while(low<high)                         /* 从表的两端交替地向中间扫描 */
    {
        while(low<high && S->r[high].key>=pivotkey)
            high--;
        S->r[low]=S->r[high];               /* 将比轴值(支点)记录小的交换到低端 */
        while(low<high && S->r[low].key<=pivotkey)
            low++;
        S->r[high]=S->r[low];               /* 将比轴值(支点)记录大的交换到高端 */
    }
    S->r[low]=S->r[0];                      /* 轴值(支点)记录到位 */
    return low;                             /* 返回轴值(支点)记录所在位置 */
}
```

完整的快速排序算法的递归描述如下。

【算法 9.6】

```
void QuickSort(SqList * S,int low,int high)    /* 递归形式的快速排序 */
{   /* 对顺序表 S 中的子序列 r[low..high]作快速排序 */
    int pivotloc;
    if(low<high)
```

```
        {
            pivotloc=QuickSort1(S,low,high);        /*将待排序序列一分为二*/
            QuickSort(S,low,pivotloc-1);            /*对小于轴值序列实现递归排序*/
            QuickSort(S,pivotloc+1,high);           /*对大于轴值序列实现递归排序*/
        }
    }
```

快速排序的递归过程可用一棵二叉树形象地给出，例9.5进行快速排序所对应的递归调用过程可用图9.1所示的二叉树描述。

快速排序是递归的，每层递归调用时的指针和参数均要用栈来存放，递归调用层次数与上述二叉树的深度一致。因而，空间复杂度在理想情况下为$O(\log_2 n)$，即树的高度(接近平衡二叉树时)；在最坏情况下，即二叉树是一个单枝树时，空间复杂度为$O(n)$。

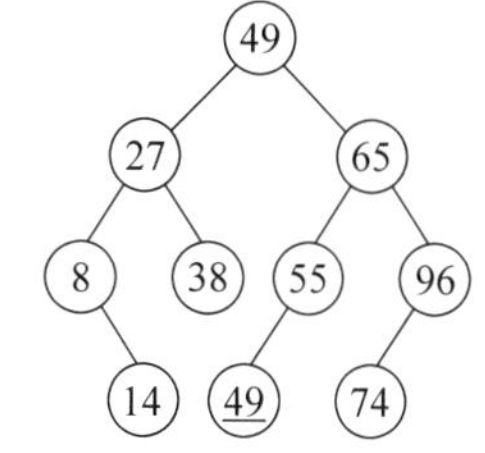

图9.1　描述例9.5中待排序列对应递归调用过程的二叉树

在n个记录的待排序列中，一次划分需要约n次关键字比较，时间复杂度为$O(n)$，若设$T(n)$为对n个记录的待排序列进行快速排序所需时间。

理想情况下，每次划分，正好将分成两个等长的子序列，则：

$$T(n) \leqslant cn+2T(n/2) \qquad c\text{是一个常数}$$
$$\leqslant cn+2(cn/2+2T(n/4))=2cn+4T(n/4) \leqslant 2cn+4(cn/4+T(n/8))=3cn+8T(n/8)$$
$$\cdots\cdots$$
$$\leqslant cn\log_2 n+nT(1)=O(n\log_2 n)$$

在最坏情况下，即每次划分，只得到一个子序列，时效为$O(n^2)$。

快速排序通常被认为是同数量级($O(n\log_2 n)$)的排序方法中平均性能最好的排序方法。但若初始序列按关键字有序或基本有序时，快速排序反而蜕化为冒泡排序，时间效率很差。为改进之，通常以“三者取中法”来选取支点记录，即将排序区间的两个端点与中点3个记录关键字居中的调整为支点记录。快速排序是一个不稳定的排序方法。

9.4 选择排序

选择排序的基本思想是每一趟从待排序列中选取一个关键字最小的记录，即第一趟从n个记录中选取关键字最小的记录，第二趟从剩下的$n-1$个记录中选取关键字次小的记录，直到整个序列的记录选完为止。这样根据选取记录的顺序，可以得到按关键字有序的序列。本节介绍的选择排序算法是简单选择排序和堆排序。

9.4.1 简单选择排序

简单选择排序(simple selection sort)的方法：第一趟，从n个待排序记录中找出关键字最小的记录与第一个记录交换；第二趟，从第二个记录开始的$n-1$个待排序记录中再选出关键字最小的记录与第二个记录交换；如此，第 i 趟，则从第 i 个记录开始的 $n-i+1$ 个待排序记录中选出关键字最小的记录与第 i 个记录交换，直到整个序列按关键字有序。

【例 9.6】 已知 10 个待排序的记录，其关键字分别为 75,87,68,92,88,61,77,96,80,72，用简单选择排序法对其进行排序。

排序过程如下，[]中的元素为本次已排好序的元素。

```
初始序列  75,   87,   68,   92,   88,   61,   77,   96,   80,   72
第一趟    [61], 87,   68,   92,   88,   75,   77,   96,   80,   72
第二趟    [61,  68],  87,   92,   88,   75,   77,   96,   80,   72
第三趟    [61,  68,   72],  92,   88,   75,   77,   96,   80,   87
第四趟    [61,  68,   72,   75],  88,   92,   77,   96,   80,   77
第五趟    [61,  68,   72,   75,   77],  92,   88,   96,   80,   87
第六趟    [61,  68,   72,   75,   77,   80],  88,   96,   92,   87
第七趟    [61,  68,   72,   75,   77,   80,   87],  96,   92,   88
第八趟    [61,  68,   72,   75,   77,   80,   87,   88],  92,   96
第九趟    [61,  68,   72,   75,   77,   80,   87,   88,   92],  96
第十趟    [61,  68,   72,   75,   77,   80,   87,   88,   92,   96]
排序结果为 61,  68,   72,   75,   77,   80,   87,   88,   92,   96
```

简单选择排序的算法描述如下。

【算法 9.7】

```
void SelectSort(SqList * S)
{   for(i=1;i<S->length;i++)              /* 作 S->length-1 趟选取 */
    {
        for(j=i+1,t=i;j<=S->length;j++)
        {  /* 在 i 开始的 length-i+1 条待排序记录中选关键字最小的记录 */
           if(S->r[t].key>S->r[j].key)
               t=j;                       /* t 中存放关键字最小的记录下标 */
        }
        tmp=S->r[t];
        S->r[t]=S->r[i];
        S->r[i]=tmp;                      /* 关键字最小的记录与第 i 条记录交换 */
    }
}
```

简单选择排序的比较次数与待排序序列初始状态无关，在第 i 趟排序中选出关键字最小的记录，需做 $n-i$ 次比较，因此总的比较次数为

$$\sum_{i=1}^{n-1}(n-i)=n(n-1)/2=O(n^2)$$

无论待排序列的初始状态如何，每趟排序均要执行一次交换操作，总的移动次数为 $n-1$。所以简单选择排序的平均时间复杂度为 $O(n^2)$。算法中增加了一个辅助空间

tmp,因此,辅助空间为 $O(1)$。简单选择排序是不稳定的。

9.4.2 堆排序

简单选择排序中,由于每次选择只是从待排序记录中选出一个关键字值最小的排序记录,而没有保存与其他待排序记录比较的结果,因此在进行后一趟排序操作时又重复部分比较操作,从而降低效率。J.Willioms 和 Robert W.Floyd 在 1964 年提出了堆排序(heap sort)方法,克服了这一缺点。

设有 n 个记录的关键字序列 $k_1,k_2,\cdots,k_n$,当且仅当满足下述关系之一时,称为堆。

$$\begin{cases}K_i \leqslant K_{2i} \\ K_i \leqslant K_{2i+1}\end{cases} \quad \text{或} \quad \begin{cases}K_i \geqslant K_{2i} \\ K_i \geqslant K_{2i+1}\end{cases}$$

若以一维数组存储一个堆,则堆正好对应一棵完全二叉树的顺序存储,所有非叶结点的值均不大于(或不小于)其左右孩子的值,根结点的值是最小(或最大)的。一般称根结点值最小的堆为小根堆,称根结点值最大的堆为大根堆。例如,下面两个序列为堆,所对应的完全二叉树如图 9.2 所示。

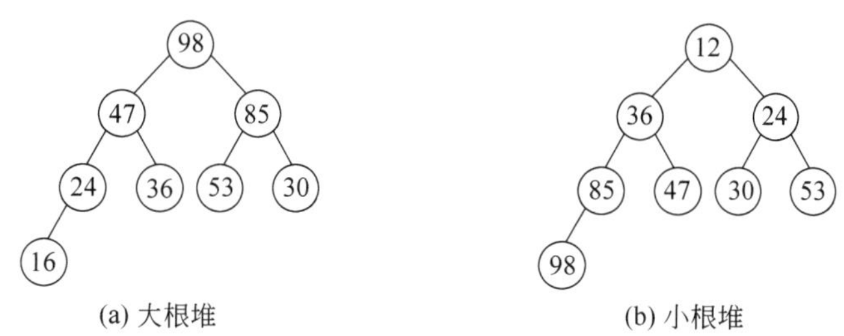

图 9.2 两个堆示例

设有 n 个元素,将其按关键字大小进行排序。首先将这 n 个元素按关键字大小建成堆,将堆顶元素输出,得到 n 个元素中关键字最小(或最大)的元素。然后,再对剩下的 $n-1$ 个元素建成堆,输出堆顶记录,得到 $n-1$ 个元素中关键字次小(或次大)的元素。如此反复,便得到一个按关键字有序的序列。上述排序过程称为堆排序。

实现堆排序需解决如下两个问题。

(1) 如何将 n 个待排序元素根据关键字大小建成堆。

(2) 输出堆顶元素后,怎样调整剩余 $n-1$ 个元素,使其再成为一个新堆。

首先,讨论输出堆顶元素后,对剩余元素重新建堆的调整过程。

调整方法:设有 m 个元素的堆,输出堆顶元素后,剩下 $m-1$ 个元素。将堆底元素送入堆顶,堆被破坏,其原因仅是根结点不满足堆的性质,但左右子树均满足堆的性质。将根结点与左、右孩子中较小(或较大)的进行交换。若与左孩子交换,则堆的左子树被破坏,且仅左子树的根结点不满足堆的性质;若与右孩子交换,则堆的右子树被破坏,且仅右子树的根结点不满足堆的性质。继续对不满足堆性质的子树进行上述交换操作,直到叶结点,堆被建成。这个自根结点到叶结点的调整过程称为堆的筛选。

图 9.3(a)是一个堆(小根堆),假设输出元素 12 之后,用堆中的最后元素来进行替

代，如图 9.3(b)所示。如上所述，图 9.3(b)不是堆，必须对其调整。首先将堆顶元素 91 与其左、右子树的根结点的值(36 和 24)进行比较，由于右子树根结点值 24 小于左子树根结点值 36 且小于根结点值，则将 24 和 91 进行交换，如图 9.3(c)所示。调整后的右子树不满足堆定义的要求，因此采用上述方法，继续调整右子树使其成为一个堆，得到如图 9.3(d)所示的堆。

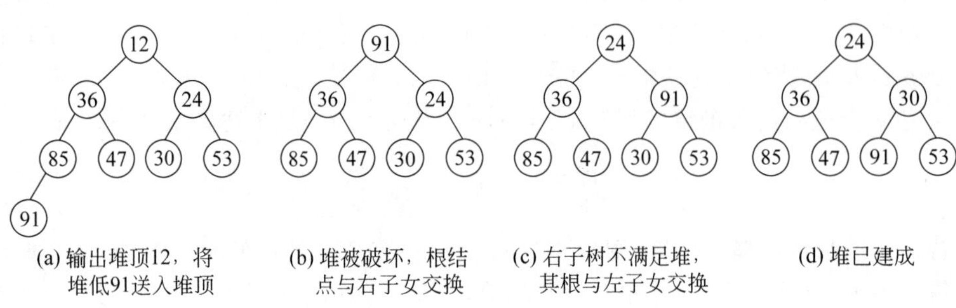

图 9.3　自堆顶到叶子的调整过程

堆的筛选过程讨论之后，再来讨论对 n 个元素进行初始建堆的过程。

建堆方法：对初始序列进行建堆的过程，实际上是一个反复进行筛选的过程。设有 n 个记录的关键字序列为 $k_1, k_2, \cdots, k_n$，顺序存储形成 n 个结点的完全二叉树，很容易看出以第一个结点(树根)到以第$\lfloor n/2 \rfloor$结点为根的子树不是堆，但后面的结点都是叶子，满足堆的性质。从第$\lfloor n/2 \rfloor$结点开始直到根结点，依次对各结点为根的子树进行筛选，使之成为堆。

堆排序：对 n 个元素进行堆排序，先将其建成堆，以根结点与第 n 个结点交换；调整前 $n-1$ 个结点成为堆，再以根结点与第 $n-1$ 个结点交换；重复上述操作，直到整个序列有序。

【例 9.7】　存在关键字{53,36,30,91,47,12,24,85}的无序序列，其对应的完全二叉树如图 9.4(a)所示。要求把其建立成一个堆(小根堆)。

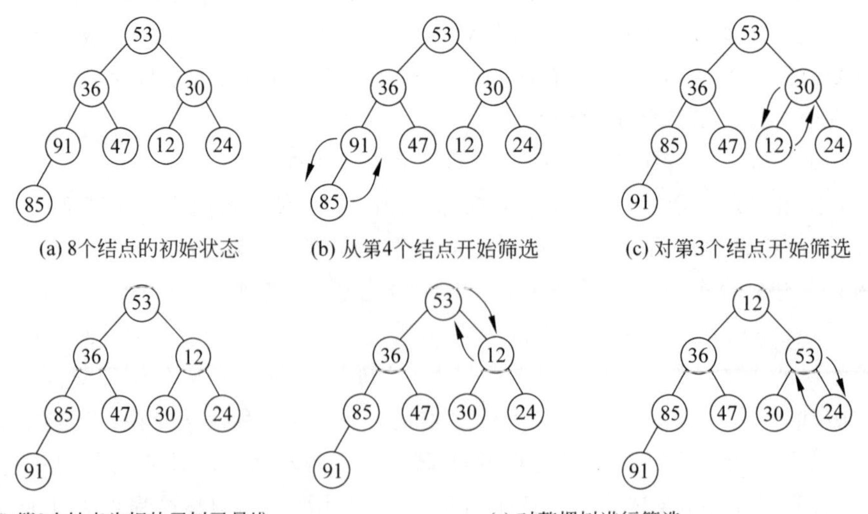

图 9.4　建堆示例

首先从第$\lfloor n/2 \rfloor$个元素(91)开始,对以第$\lfloor n/2 \rfloor$个元素为根的子树进行筛选,使其调整为堆,如图 9.4(b)所示。同样道理,对第$\lfloor n/2 \rfloor-1$ 个元素(第 3 个元素)30 进行筛选,如图 9.4(c)所示。接着调整第 2 个元素 36,使其成为一个堆,但以 36 为根结点的子树满足堆定义的要求,故不需要做调整,如图 9.4(d)所示。同理,对以 53 为根结点的树进行调整,使其满足堆的定义要求,如图 9.4(e)所示,从而完成整个堆的建立过程。

假设待排序元素存放于线性表 S 中,则对第 n 个元素进行筛选的算法描述如下。

【算法 9.8】

```
void HeapAdjust(SqList * S,int n,int m)
{   /* S->r[n..m]中的记录关键字除 r[n]外均满足堆的定义,本函数将对第 n 个结点为根的子
      树筛选,使其成为大顶堆 */
    int i,j;
    DataType rc;
    rc=S->r[n];i=n;
    for(j=2*i;j<=m;j=j*2)              /* 沿关键字较大的孩子结点向下筛选 */
    {   if(j<m && S->r[j].key<S->r[j+1].key)
            j=j+1;                     /* 为关键字较大的元素下标 */
        if(rc.key>S->r[j].key)break;   /* rc 应插入在位置 i 上 */
        S->r[i]=S->r[j];
        i=j;                           /* 使 i 结点满足堆定义 */
    }
    S->r[i]=rc;                        /* 插入 */
}
```

根据对例 9.7 的分析,发现堆排序实质上是对无序序列不断建堆和调整堆的过程,其堆排序算法描述如下。

【算法 9.9】

```
void HeapSort(SqList * S)
{   int i;
    for(i=S->length/2;i>0;i--)      /* 将 r[1..length]建成堆 */
        HeapAdjust(S,i,S->length);
    for(i=S->length;i>1;i--)
    {   S->r[1]<=>S->r[i];          /* 堆顶与堆底元素交换,将最大元素移到后面 */
        HeapAdjust(S,1,i-1);        /* 将 r[1..i-1]重新调整为堆 */
    }
}
```

一般来说,在记录数较少的情况下,堆排序的效率不是很理想,但是在记录数较大的情况下,堆排序是非常有效的,它的时间复杂度为 $O(n\log_2 n)$。堆排序中初始建堆虽然时间复杂度为 $O(n)$,但后面的每次堆调整花费时间很少,请读者比较简单选择排序和堆排序每趟比较次数的差异。堆排序算法中增加了一个辅助空间,辅助空间为 $O(1)$。堆排序还有一个优点就是它的时间效率比较稳定,时间效率基本与待排序记录的初始状态无关,但堆排序是不稳定的。

9.5 归并排序

通常一个短序列排序要比长序列排序简单,因此人们常采用一种“分而治之”的策略——分治法(merging sort)。将一个长序列划分成若干短序列,这样可以提高算法效率。在算法设计课程中,通常将快速排序方法归结为分治法。快速排序将待排序序列分割成两个子序列,然后分别递归调用对两个子序列进行快速排序,它侧重于分割过程。而归并排序是将原始序列分成两个子序列,然后分别对每个子序列执行递归调用,最后再将已排好序的子序列合并,侧重于归并过程。归并排序也属于分治法排序。

归并就是将两个或两个以上的有序子序列合并成一个有序序列。图9.5就是一个二路归并的例子。

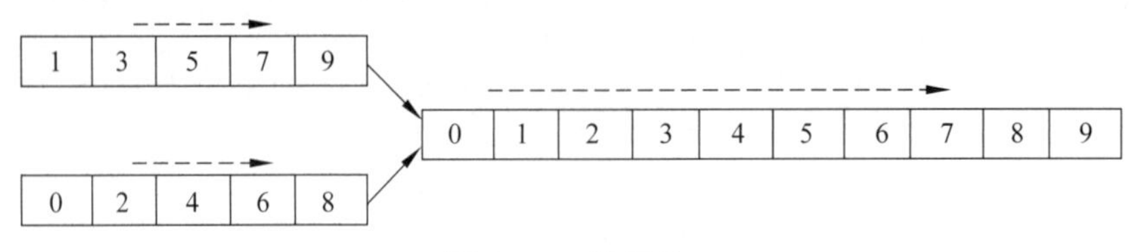

图9.5 二路归并

二路归并就是在每次归并过程中,将两个有序的子序列归并成一个有序序列,如此反复,合并直至待排序序列完全有序。三路归并同二路归并类似,不同之处是每次3个序列完成归并。下面用具体的例子来说明归并排序的算法思想。

【例9.8】 已知10个待排序的记录,其关键字分别为75,87,68,92,88,61,77,96,80,72,用归并排序法对其进行排序。

排序过程如下,其中,[]中的元素为归并的元素。

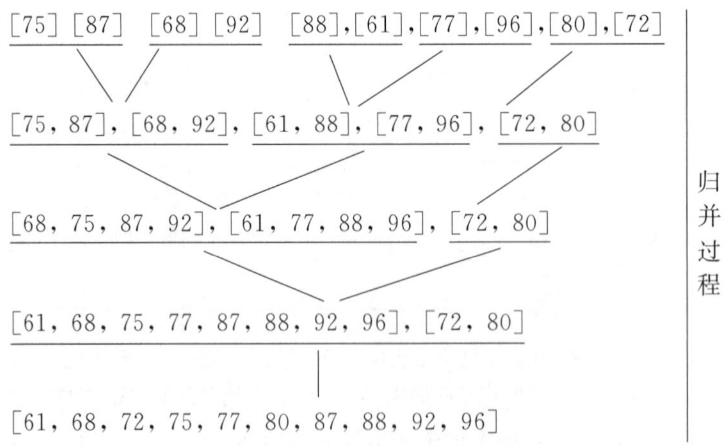

排序结果为61,68,72,75,77,80,87,88,92,96。

例9.8主要是实现二路归并排序。首先将原始序列划分为越来越多的子序列,直到子序列长度为1为止(长度为1的序列是有序的);然后进行第一轮两两归并,得到长度为 2 的子序列,然后对长度为 2 的有序序列再进行第 2 轮归并,直到得到长度为 10 的序列为止,最后得到的序列一定是有序的。

二路归并排序的核心是如何将相邻的两个有序序列归并成一个有序序列。同快速排序算法类似,归并过程分为两部分,第一部分是将整个序列划分为两个长度基本相等的子序列,然后分别完成归并排序的递归调用,使两个子序列变成有序序列;第二部分完成两个子序列的归并过程,将这两个子序列归并成一个有序序列。

根据前面的分析可知,一趟归并过程主要将两个有序的子序列归并成一个新的有序序列,其算法描述如下。

【算法 9.10】

```
void Merge(DataType r[],DataType rf[],int u,int v,int t)
{   /*将有序的 r[u..v]和 r[v+1..t]归并为有序的 rf[u..t]*/
    int i,j,k;
    for(i=u,j=v+1,k=u;i<=v && j<=t;k++)         /*将 r 中记录由小到大归并到 rf*/
    {   if(r[i].key<=r[j].key)
        {   rf[k]=r[i];i++;}
        else
        {   rf[k]=r[j];j++;}
    }
    while(i<=v){rf[k++]=r[i++];}                 /*将剩余的 r[i..v]复制到 rf*/
    while(j<=t){rf[k++]=r[j++];}                 /*将剩余的 r[j..t]复制到 rf*/
}
```

二路归并排序主要将整个序列划分为两个有序的子序列,然后将这两个子序列进行归并操作,其算法描述如下。

【算法 9.11】

```
void MSort(DataType p[],DataType p1[],int n,int t)
{   /* 将 p[n..t]归并排序为 p1[n..t]*/
    int m;
    DataType p2[MAXSIZE+1];         /*中间变量,存放部分排序结果*/
    if(n==t)p1[n]=p[n]              /* p 中只有一个元素,不需要进行归并操作*/
    else
    {   m=(n+t)/2;                  /*平分待排序的序列*/
        MSort(p,p2,n,m);     /*将 p[n..m]归并为有序的 p2[n..m],调用递归过程实现*/
        MSort(p,p2,m+1,t);  /*将 p[m+1..t]归并为有序的 p2[m+1..t],调用递归过程实现*/
        Merge(p2,p1,n,m,t);         /*将 p2 [n..m]和 p2[m+1..t]归并到 p1 [n..t]*/
    }
}

void MergeSort(SqList *S)
{   /*对顺序表 S 作归并排序*/
    MSort(S->r,S->r,1,S->length);
}
```

从上面的算法可知，需要一个与待排序序列等长的辅助元素数组空间，所以空间复杂度为 $O(n)$。

对 n 个元素的待排序序列，将这 n 个元素看作叶结点，若将两两归并生成的子表看作它们的父结点，则归并过程对应由叶向根生成一棵二叉树的过程。所以归并趟数约等于二叉树的高度-1，即 $\log_2 n$，每趟归并需移动记录 n 次，故时间复杂度为 $O(n\log_2 n)$。归并排序在最好和最坏情况下的时间复杂度都为 $O(n\log_2 n)$，它不随待排数据初始状态的变化而变化。这是归并排序的优点之一。显然归并排序是稳定的排序。

9.6 基数排序

基数排序(radix sort)是一种借助于多关键码排序的思想，是将单关键码按基数分成"多关键码"进行排序的方法。

9.6.1 多关键码排序

先看一个例子。

一副扑克有 52 张牌，可按花色和面值分成两个属性，设其大小关系如下。

花色：梅花＜方块＜红心＜黑心。

面值：2＜3＜4＜5＜6＜7＜8＜9＜10＜J＜Q＜K＜A。

若对扑克牌按花色、面值进行升序排序，得到如下序列：

方块 2，方块 3，…，方块 A，梅花 2，梅花 3，…，梅花 A，红心 2，红心 3，…，红心 A，黑桃 2，黑桃 3，…，黑桃 A。

即两张牌，若花色不同，不论面值怎样，花色低的那张牌小于花色高的，只有在同花色情况下，大小关系才由面值的大小确定。这就是多关键码排序。

为得到排序结果，讨论以下两种排序方法。

【方法 1】 先对花色排序，将其分为 4 个组，即梅花组、方块组、红心组、黑桃组。再对每个组分别按面值进行排序，最后，将 4 个组连接起来即可。

【方法 2】 先按 13 个面值给出 13 个编号组(2 号，3 号，…，A 号)，将牌按面值依次放入对应的编号组，分成 13 堆。再按花色给出 4 个编号组(梅花、方块、红心、黑桃)，将 2 号组中牌取出分别放入对应花色组，再将 3 号组中牌取出分别放入对应花色组，……，这样，4 个花色组中均按面值有序，然后，将 4 个花色组依次连接起来即可。

设 n 个元素的排序表中的每个记录包含 d 个关键码 $(k^1, k^2, \cdots, k^d)$，称序列对关键码 $(k^1, k^2, \cdots, k^d)$ 有序是指：对于序列中任两个记录 R[i]和 R[j]($1 \leqslant i \leqslant j \leqslant n$)都满足下列有序关系：

$$(k_i^1, k_i^2, k_i^3, \cdots, k_i^d) < (k_j^1, k_j^2, k_j^3, \cdots, k_j^d)$$

其中，k^1 称为最主位关键码，k^d 称为最次位关键码。

多关键码排序按照从最主位关键码到最次位关键码，或从最次位关键码到最主位关键码的顺序逐次排序，有如下两种方法。

(1) 最主位优先(most significant digit first)法，简称为 MSD 法，即先按 k^1 排序分组，同一组中记录，关键码 k^1 相等，再对各组按 k^2 排序分成子组。之后，对后面的关键码继续这样的排序分组，直到按最次位关键码 k^d 对各子表排序后。再将各组连接起来，便得到一个有序序列。扑克牌按花色、面值排序中介绍的方法 1 即 MSD 法。

(2) 最次位优先(least significant digit first)法，简称为 LSD 法，即先从 k^d 开始排序，再对 k^{d-1} 进行排序，依次重复，直到对 k^1 排序后便得到一个有序序列。扑克牌按花色、面值排序中介绍的方法 2 即 LSD 法。

9.6.2 链式基数排序

将关键码拆分为若干项，每项作为一个"关键码"，则对单关键码的排序可按多关键码排序方法进行。例如，关键码为 4 位的整数，可以每位对应一项，拆分成 4 项；又如，关键码由 5 个字符组成的字符串，可以每个字符作为一个关键码。由于这样拆分后，每个关键码都在相同的范围内(对数字是 0～9，字符是 a～z)，称这样的关键码可能出现的符号个数为"基"，记作 RADIX。上述取数字为关键码的"基"为 10；取字符为关键码的"基"为 26。基于这一特性，用 LSD 法排序较为方便。

基数排序思路：从最低位关键码起，按关键码的不同值将序列中的记录"分配"到 RADIX 个队列中，然后再"收集"，称为一趟排序，第一趟之后，排序表中的记录已按最低位关键码有序，再对次最低位关键码进行一趟"分配"和"收集"，如此，直到对最高位关键码进行一趟"分配"和"收集"，则排序表按关键字有序。

链式基数排序是以用链表作为排序表的存储结构，用 RADIX 个链队列作为分配队列，关键码相同的记录存入同一个链队列中，收集则是将各链队列按关键码大小顺序链接起来。

【例 9.9】 以静态链表存储的排序表的基数排序过程如图 9.6 所示。排序表记录关键字为 179，208，306，93，859，984，55，9，271，33。

图 9.6(a)：初始记录的静态链表。

图 9.6(b)：第一趟按个位数分配，修改结点指针域，将链表中的记录分配到相应链队列中。

图 9.6(c)：第一趟收集，将各队列链接起来，形成单链表。

图 9.6(d)：第二趟按十位数分配，修改结点指针域，将链表中的记录分配到相应链队列中。

图 9.6(e)：第二趟收集，将各队列链接起来，形成单链表。

图 9.6(f)：第三趟按百位数分配，修改结点指针域，将链表中的记录分配到相应链队列中。

图 9.6(g)：第三趟收集：将各队列链接起来，形成单链表。此时，序列已有序。

相关的数据结构和算法如下。

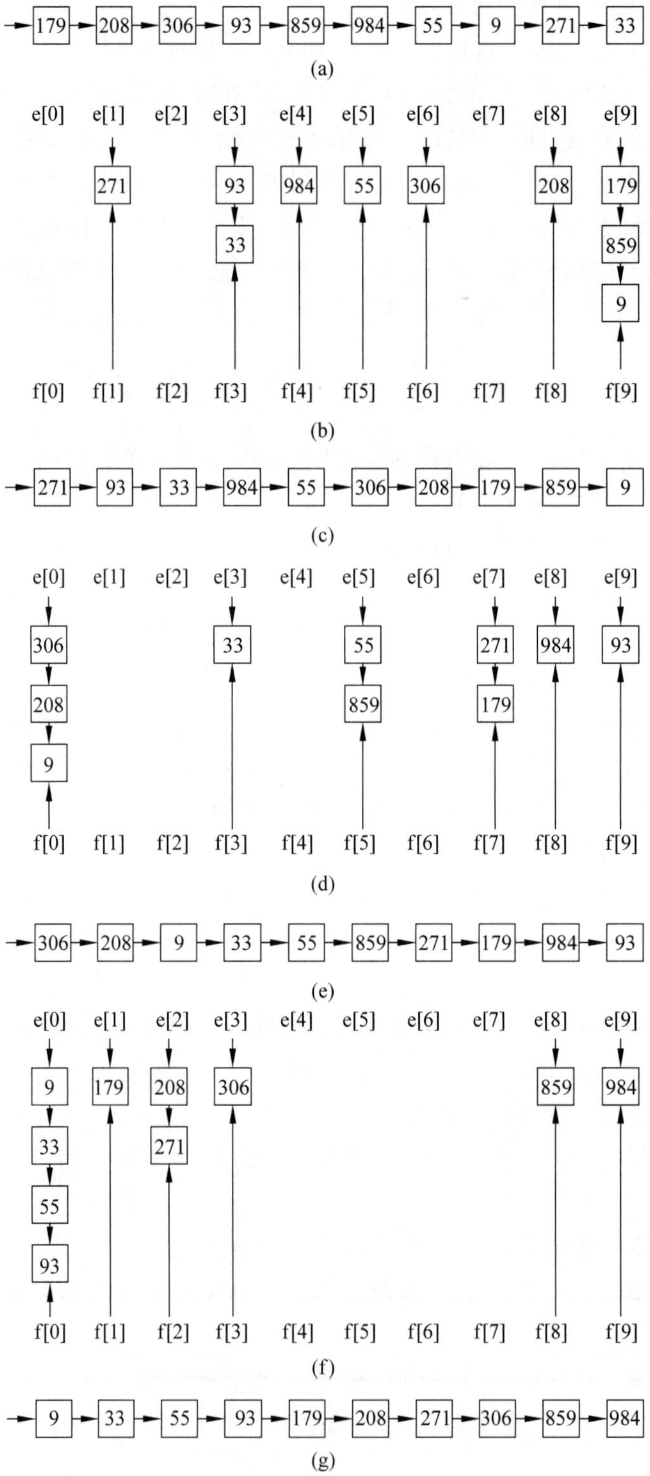

→179→208→306→93→859→984→55→9→271→33

(a)

e[0] e[1] e[2] e[3] e[4] e[5] e[6] e[7] e[8] e[9]

271 | 93→33 | 984 | 55 | 306 | 208 | 179→859→9

f[0] f[1] f[2] f[3] f[4] f[5] f[6] f[7] f[8] f[9]

(b)

→271→93→33→984→55→306→208→179→859→9

(c)

e[0] e[1] e[2] e[3] e[4] e[5] e[6] e[7] e[8] e[9]

306→208→9 | 33 | 55→859 | 271→179 | 984 | 93

f[0] f[1] f[2] f[3] f[4] f[5] f[6] f[7] f[8] f[9]

(d)

→306→208→9→33→55→859→271→179→984→93

(e)

e[0] e[1] e[2] e[3] e[4] e[5] e[6] e[7] e[8] e[9]

9→33→55→93 | 179 | 208→271 | 306 | 859 | 984

f[0] f[1] f[2] f[3] f[4] f[5] f[6] f[7] f[8] f[9]

(f)

→9→33→55→93→179→208→271→306→859→984

(g)

图 9.6 链式基数排序

【算法 9.12】

```
#define KEY_NUN 8                      /* 关键码项数 */
#define RADIX 10                       /* 关键码基数,此时为十进制整数的基数 */
#define MAX_SPACE 1000                 /* 分配的最大可利用存储空间 */
typedef struct{
    KeyType keys[KEY_NUM];             /* 关键码字段 */
    InfoType otheritems;               /* 其他字段 */
    int next;                          /* 指针字段 */
    }NodeType;                         /* 静态链表结点类型 */
 typedef struct{
    int f;
    int e;
    }Q_Node;
  typedef Q_Node Queue[RADIX];         /* 各队列的头尾指针 */

void Distribute(NodeType R[],int i,Queue q)
        /* 分配算法: 静态链表 R 中的记录已按 Key[0],Key[1],…,Key[i-1]有序,该算法按
照第 i 个关键码 Key[i]建立 RADIX 子表,使同一个子表中的记录的 Key[i]相同,q[i].f 和
q[i].e[0]分别指向第 i 个子表的第一个和最后一个记录 */
{   int j,p;
    for(j=0;j<RADIX;j++)
        q[j].f=q[j].e=0;               /* 各子表初始化为空 */
    for(p=R[0].next; p; p=R[p].next)
    {   j=ord(R[p].keys[i]);           /* ord 将记录中第 i 个关键码映射到[0…RADIX-1]中 */
        if(!q[j].f)
            q[j].f=q[j].e=p;           /* 第一个元素插入队列 q[j] */
        else
        {   R[q[j].e].next=p;
            q[j].e=p;                  /* 将 p 所指的结点插入第 j 个队列中 */
        }
    }
}
void Collect(NodeType R[],int i,Queue q)
/* 收集算法,按照 q[0]…q[RADIX-1]所指各子表依次链接成一个链表 */
{   int t,j;
    for(j=0;!q[j].f;j=succ(j));        /* 找到第一个非空子表,succ 为求后继函数 */
        R[0].next=q[j].f;
    t=q[j].e;
    while(j<RADIX)
    {   for(j=succ(j);j<RADIX&&!q[j].f; j=succ(j));     /* 找到下一个非空子表 */
        if(q[j].f)
        {   R[t].next=q[j].f;
            t=q[j].e;
```

```
        }                              /*链接两个非空子表*/
    }
    R[t].next=0;                       /*t指向最后一个非空子表中的最后一个结点*/
}
void RadixSort(NodeType R[],int n)
/*对R作基数排序,使其成为按照关键字升序的静态链表,R[0]是头结点*/
{   int i; Queue q;
    for(i=0;i<n;i++)
        R[i].next=i+1;
    R[n].next=0;                       /*初始化,定义静态链表*/
    for(i=0;i<KEY_NUM;i++)
    {   Distribute(R,i,q);             /*第i趟分配和第i趟收集*/
        Collect(R,i,q);
    }
}
```

该算法的性能分析如下。

从时间复杂度看,设待排序列为 n 个记录,d 位关键码,每位关键码的取值范围为0～REDIX－1,则进行链式基数排序的时间复杂度为 $O(d(n+\text{REDIX}))$,其中,一趟分配时间复杂度为 $O(n)$,一趟收集时间复杂度为 $O(\text{REDIX})$,共进行 d 趟分配和收集。

从空间复杂度看,需要 2×REDIX 个队列头尾指针辅助空间,以及用于静态链表的 n 个指针。

9.7 案例分析与实现

【案例 9.1 分析与实现】 商品检索结果排序。

分析:根据9.1节中商品检索结果排序问题的描述,系统返回的商品检索结果数量较大,可以选择堆排序算法 $O(n\log_2 n)$,空间复杂度为 $O(1)$。设置关键字类型标志量keyType,指示消费者根据价格、评论数或者销量进行排序。设置排序类型标志量orderType,指示降序或升序排序。对9.1节中介绍的待排序记录的定义以及9.4.2节的堆排序算法进行简单修改,可以实现商品检索排序功能,具体实现代码如下:

```
#include<stdio.h>
#include<stdlib.h>
#include<time.h>

#define MAXSIZE 100                    /* 顺序表的最大长度,假定顺序表的长度为100 */
typedef struct
{/*定义商品信息结构体*/
    int ID;                            /* 商品ID */
    float Price;                       /* 商品价格 */
    int Comment;                       /* 商品评论数*/
```

```
    int Sale;                          /* 商品销售量 */
} Commodity;                           /* 商品数据元素类型 */

typedef struct
{/* 定义商品信息顺序表 */
    Commodity r[MAXSIZE +1];           /* r[0]闲置或充当前哨站 */
    int length;                        /* 顺序表长度 */
}SqList;                               /* 顺序表类型 */

void Init_SqList(SqList * S, int length)
{   //初始化商品信息顺序表
    srand(time(NULL));
    Commodity product;
    for(int i=1;i<=length;i++)
    {
        product.ID=i;
        product.Price=rand()%201+10;
        product.Comment=rand()%1001;
        product.Sale=product.Comment +rand()%201;
        S->r[i]=product;
    }
    S->length=length;
}

void SqlistDisplay(SqList * S)
{//输出顺序表中的商品信息
    int i=1;
    printf("ID\tPrice\tComment\tSale\n");
    for(i=1;i<=S->length;i++)
    {
        printf("%d\t%.1f\t%d\t%d \n",S->r[i].ID, S->r[i].Price,S->r[i]
        .Comment, S->r[i].Sale);
    }
}

void HeapAdjustByPrice(SqList * S, int n, int m, int orderType)
{   //根据价格排序,n: 根结点位置,m: 终止结点位置
    int i, j;
    Commodity rc;
    rc=S->r[n];
    i=n;
    if (orderType==0)
    {   /* 降序排序 */
        for (j=2 * i; j <=m; j=j * 2)
```

```
            {   /* 沿关键字较大的孩子结点向下筛选 */
                if (j <m && S->r[j].Price <S->r[j+1].Price)
                    j=j+1;              /* 为关键字较大的元素下标,即选较大的那个 */
                if (rc.Price >S->r[j].Price)
                    break;              /* rc 应插入位置 i 上 */
                S->r[i]=S->r[j];
                i=j;                    /* 使 i 结点满足堆定义 */
            }
        }
        else
        {   /*升序排序*/
            for (j=2 * i; j <=m; j=j * 2)
            {   /* 沿关键字较小的孩子结点向下筛选 */
                if (j <m && S->r[j].Price >S->r[j +1].Price)
                    j=j +1;             /* 为关键字较小的元素下标,即选较小的那个 */
                if (rc.Price <S->r[j].Price)
                    break;              /* rc 应插入位置 i 上 */
                S->r[i]=S->r[j];
                i=j;                    /* 使 i 结点满足堆定义 */
            }
        }
        S->r[i]=rc;                     /* 插入 */
    }

    void HeapAdjustByComment(SqList * S, int n, int m, int orderType)
    {   //根据评论数排序,n: 根结点位置,m: 终止结点位置
        int i, j;
        Commodity rc;
        rc=S->r[n];
        i=n;
        if (orderType==0)
        {   /*降序排序*/
            for (j=2 * i; j <=m; j=j * 2)
            {   /* 沿关键字较大的孩子结点向下筛选 */
                if (j <m && S->r[j].Comment <S->r[j +1].Comment)
                    j=j +1;             /* 为关键字较大的元素下标,即选较大的那个 */
                if (rc.Comment >S->r[j].Comment)
                    break;              /* rc 应插入位置 i 上 */
                S->r[i]=S->r[j];
                i=j;                    /* 使 i 结点满足堆定义 */
            }
        }
        else
        {   /*升序排序*/
```

```
        for (j=2 * i; j <=m; j=j * 2)
        {   /* 沿关键字较小的孩子结点向下筛选 */
            if (j <m && S->r[j].Comment >S->r[j +1].Comment)
                j=j +1;             /* 为关键字较小的元素下标,即选较小的那个 */
            if (rc.Comment <S->r[j].Comment)
                break;              /* rc 应插入位置 i 上 */
            S->r[i]=S->r[j];
            i=j;                    /* 使 i 结点满足堆定义 */
        }
    }
    S->r[i]=rc;                     /* 插入 */
}

void HeapAdjustBySale(SqList * S, int n, int m, int orderType)
{   //根据关键字销售量排序,n: 根结点位置,m: 终止结点位置
    int i, j;
    Commodity rc;
    rc=S->r[n];
    i=n;
    if (orderType==0)
    {   /* 降序排序 */
        for (j=2 * i; j <=m; j=j * 2)
        {   /* 沿关键字较大的孩子结点向下筛选 */
            if (j <m && S->r[j].Sale <S->r[j +1].Sale)
                j=j+1;              /* 为关键字较大的元素下标,即选较大的那个 */
            if (rc.Sale >S->r[j].Sale)
                break;              /* rc 应插入位置 i 上 */
            S->r[i]=S->r[j];
            i=j;                    /* 使 i 结点满足堆定义 */
        }
    }
    else
    {   /* 升序排序 */
        for (j=2 * i; j <=m; j=j * 2)
        {   /* 沿关键字较小的孩子结点向下筛选 */
            if (j <m && S->r[j].Sale >S->r[j +1].Sale)
                j=j +1;             /* 为关键字较小的元素下标,即选较小的那个 */
            if (rc.Sale <S->r[j].Sale)
                break;              /* rc 应插入位置 i 上 */
            S->r[i]=S->r[j];
            i=j;                    /* 使 i 结点满足堆定义 */
        }
    }
    S->r[i]=rc;                     /* 插入 */
```

```
}

void HeapAdjust(SqList * S, int n, int m, int keyType, int orderType)
{   //根据排序关键字和排序类型,选择不同的子排序函数,
    // n: 根结点位置,m: 终止结点位置, keyType: 排序关键字,orderType: 升序或降序标识
    if (keyType==0)
    {   //按照价格排序
        HeapAdjustByPrice(S, n, m, orderType);
    }
    else if (keyType==1)
    {   //按照评论数排序
        HeapAdjustByComment(S, n, m, orderType);
    }
    else
    {   //按照销量排序
        HeapAdjustBySale(S, n, m, orderType);
    }
}

void HeapSort(SqList * S, int keyType, int orderType)
{//堆排序主调函数
    int i;
    for (i=S->length/2; i >0; i--)
    {   /* 将 r[1..length]建成堆 */
        HeapAdjust(S, i, S->length, keyType, orderType);
    }
    Commodity tempRc;
    for (i=S->length; i >1; i--)
    {
        tempRc=S->r[1];              /* 堆顶与堆底元素交换, 将堆顶元素移到最后面 */
        S->r[1]=S->r[i];
        S->r[i]=tempRc;
        HeapAdjust(S, 1, i-1,keyType, orderType);
                                     /* 将 r[1..i-1]重新调整为堆 */
    }
}

void PrintSortType(int keyType, int orderType)
{  //输出所选择的排序类型
    if (keyType==0)
    {  //按照价格排序
        printf("The data was sorted according to the Price in a(an) ");
    }
    else if (keyType==1)
```

```
    {   //按照评论数排序
        printf("The data was sorted according to the number of comments in a
        (an) ");
    }
    else
    {   //按照销量排序
        printf("The data was sorted according to the number of sales in a(an) ");
    }
    if(orderType==0)
    {
        printf("ascending order\n");
    }
    else
    {
        printf("descending order\n");
    }
}

int main()
{
    int keyType=2;     /* 取值 0-按照价格排序,1-按照评论数排序,2-按照销售量排序 */
    int orderType=0;                  /* 0-升序排序,1-降序排序 */
    PrintSortType(keyType, orderType);
    SqList *S=(SqList*)malloc(sizeof(SqList));
    Init_SqList(S,10);
    HeapSort(S, keyType, orderType);
    SqlistDisplay(S);
    return 0;
}
```

该算法的一次执行结果如下：

```
The data was sorted according to the number of sales in a(an) ascending order
ID  Price   Comment  Sale
 6  14.0     202     314
 2  182.0    129     324
 8  156.0    214     400
 5  183.0    342     418
 9  27.0     426     463
 4  41.0     671     737
 3  78.0     653     776
 7  128.0    846     887
 1  189.0    900     1003
10  120.0    922     1017
```

【案例 9.2 分析与实现】 订单生产顺序安排。

分析：根据 9.1 节中订单生产顺序安排问题的描述，可以选择一个稳定的排序算法，如冒泡排序。对 9.1 节中介绍的待排序记录的定义以及 9.3.1 节的冒泡排序算法进行修改，根据订单金额将所有订单降序排序，并可以保证当两个两个订单金额相同时，下单时间较早的订单会排在下单较晚的订单之前，具体实现代码如下：

```
#include<stdio.h>
#include<stdlib.h>
#include<time.h>

#define MAXSIZE 100                  /* 顺序表的最大长度,假定顺序表的长度为 100 */
typedef struct
{   //定义订单信息结构体
    int ID;                          /* 订单 ID */
    float orderAmount;               /* 订单金额 */
    time_t orderTime;                /* 订单时间 */
} Contract;                          /* 合同数据元素类型 */

typedef struct
{   //定义订单信息顺序表
    Contract r[MAXSIZE +1];          /* r[0]闲置或充当前哨站 */
    int length;                      /* 顺序表长度 */
} SqList;                            /* 顺序表类型 */

void SqlistDisplay(SqList * S)
{   //输出订单顺序表中的信息
    int i=1;
    struct tm * sttm;
    printf("ID\torderAmount\torderTime\n");
    for (i=1; i <=S->length; i++)
    {
        printf("%d\t%.1f\t", S->r[i].ID, S->r[i].orderAmount);
        sttm=localtime(&S->r[i].orderTime);
                                     //把整数的时间转换为 struct tm 结构体的时间
        //yyyy-mm-dd hh24:mi:ss 格式输出
        printf("\t%04u-%02u-%02u %02u:%02u:%02u\n", sttm->tm_year +1900,
            sttm->tm_mon +1, sttm->tm_mday, sttm->tm_hour, sttm->tm_min,
            sttm->tm_sec);
    }
}

void Init_SqList(SqList * S, int length)
{   //初始化订单信息
```

```
    srand(time(NULL));
    Contract order;
    int i;
    for (i=1; i<=length; i++)
    {
        order.ID=i;
        order.orderAmount=rand() %20001;
        order.orderTime=time(0)+i * 10;
        S->r[i]=order;
    }
    int j=rand()%length;
    S->r[j].orderAmount=S->r[j+1].orderAmount;
                                    //随机设置两个记录拥有相同的订单金额
    S->length=length;
}

void BubbleSort(SqList * S)
{   //冒泡排序
    int i, j;
    for (i=1; i<=S->length-1; i++)
    {
        for (j=1; j<S->length-i +1; j++)
        {
            if (S->r[j].orderAmount <S->r[j+1].orderAmount)
            {   // S->r[j]与 S->[j+1]交换
                S->r[0]=S->r[j];
                S->r[j]=S->r[j +1];
                S->r[j +1]=S->r[0];
            }
        }
    }
}

int main()
{   //主函数
    SqList * S=(SqList *)malloc(sizeof(SqList));
    Init_SqList(S, 10);
    BubbleSort(S);
    SqlistDisplay(S);
    return 0;
}
```

该算法的一次执行结果如下：

```
ID  orderAmount  orderTime
7   15431.0      2020-06-27 18:23:32
2   14450.0      2020-06-27 18:22:42
6   13773.0      2020-06-27 18:23:22
8   11804.0      2020-06-27 18:23:42
9   11804.0      2020-06-27 18:23:52
10  11016.0      2020-06-27 18:24:02
4   6100.0       2020-06-27 18:23:02
3   4688.0       2020-06-27 18:22:52
1   612.0        2020-06-27 18:22:32
5   525.0        2020-06-27 18:23:12
```

本章小结

本章介绍各种常用的排序算法,包括插入排序、交换排序、选择排序、归并排序以及基数排序。各种算法各有利弊,通常要根据排序表的元素个数、关键字的分布以及排序过程的稳定性要求等情况选用。表9.3给出了本章所介绍算法的时间代价和空间代价,以及它们的稳定性特点。

表9.3 排序算法小结

算　法	最大时间	平均时间	最小时间	辅助空间代价	稳定性
直接插入排序	$O(n^2)$	$O(n^2)$	$O(n)$	$O(1)$	稳定
折半插入排序	$O(n^2)$	$O(n^2)$	$O(n\log_2 n)$	$O(1)$	稳定
希尔排序①	$O(n^2)$		$O(n^{3/2})$	$O(1)$	不稳定
冒泡排序②	$O(n^2)$	$O(n^2)$	$O(n^2)$	$O(1)$	稳定
快速排序	$O(n^2)$	$O(n\log_2 n)$	$O(n\log_2 n)$	$O(\log n)$	不稳定
简单选择排序	$O(n^2)$	$O(n^2)$	$O(n^2)$	$O(1)$	不稳定
堆排序	$O(n\log_2 n)$	$O(n\log_2 n)$	$O(n\log_2 n)$	$O(1)$	不稳定
二路归并排序	$O(n\log_2 n)$	$O(n\log_2 n)$	$O(n\log_2 n)$	$O(n)$	稳定
基数排序	$O(d(n+rd))$	$O(d(n+rd))$		$O(rd)$	稳定

① 希尔排序算法的时间复杂度在理论上还有待进一步研究。
② 改进后的冒泡排序算法的最小时间应该是 $O(n)$。

对于排序算法的选择,一般可概括为如下3点。

(1) 当排序表已基本有序时,宜采用直接插入排序以及改进后的冒泡排序等算法。

(2) 当排序表较小时,宜采用简单选择排序及直接插入排序等算法。

(3) 当排序表较大时,宜采用希尔排序、堆排序、快速排序以及归并排序等算法,但从稳定性方面考虑,前3种算法不稳定,后一种较稳定。

习　题

一、选择题

1. 下列排序算法中，其中(　　)是稳定的。
   A. 堆排序和冒泡排序　　B. 快速排序和堆排序
   C. 简单选择排序和归并排序　　D. 归并排序和冒泡排序

2. 若对 n 个元素进行快速排序，如果初始数据已经有序，则时间复杂度为(　　)。
   A. $O(1)$　　B. $O(n)$　　C. $O(n^2)$　　D. $O(\log_2 n)$

3. 以下时间复杂度不是 $O(n\log_2 n)$ 的排序方法是(　　)。
   A. 堆排序　　B. 直接插入排序　　C. 二路归并排序　　D. 快速排序

4. 若需在 $O(n\log_2 n)$ 的时间内完成对数组的排序，且要求排序是稳定的，则可以选择的排序方法是(　　)。
   A. 快速排序　　B. 堆排序　　C. 直接插入排序　　D. 归并排序

5. 一组记录的关键字为{46,79,56,38,40,84}，则利用快速排序方法，以第一个记录为轴值得到的一次划分结果为(　　)。
   A. {38,40,46,56,79,84}　　B. {40,38,46,79,56,84}
   C. {40,38,46,56,79,84}　　D. {40,38,46,84,56,79}

6. 一组记录的关键字为{45,80,55,40,42,85}，则利用堆排序方法建立的初始堆为(　　)。
   A. {80,45,50,40,42,85}　　B. {85,80,55,40,42,45}
   C. {85,80,55,45,42,40}　　D. {85,55,80,42,45,40}

7. 在待排序的元素序列基本有序的前提下，效率最高的排序方法是(　　)。
   A. 直接插入排序　　B. 快速排序　　C. 简单选择排序　　D. 归并排序

8. 就排序算法所用的辅助空间而言，堆排序、快速排序、归并排序的关系是(　　)。
   A. 堆排序＜快速排序＜归并排序　　B. 堆排序＜归并排序＜快速排序
   C. 堆排序＞归并排序＞快速排序　　D. 堆排序＞快速排序＞归并排序

9. 一个序列有 10 000 个元素，若只想得到其中前 10 个最小元素，最好采用(　　)方法。
   A. 二路归并排序　　B. 直接选择排序　　C. 希尔排序　　D. 堆排序

10. 设有字符序列{Q,H,C,Y,P,A,M,S,R,F,D,X}，新序列{D,H,C,F,P,A,M,Q,R,S,Y,X}是下列(　　)算法一趟排序的结果。
    A. 冒泡排序　　B. 初始步长为 4 的希尔排序
    C. 二路归并排序　　D. 快速排序

二、填空题

1. 按排序过程中依据的不同原则对内部排序方法进行分类，主要有________、

________、________、________等4类。

2. 排序算法所花费的时间,通常用在数据的比较和________两大操作上。

3. 在堆排序、快速排序和归并排序中,若只从排序结果的稳定性考虑,则应选择________方法;若只从平均情况下排序最快考虑,则应选择________方法;若只从最坏情况下排序最快并且要节省内存考虑,则应选择________方法。

4. 直接插入排序用监视哨的作用是________。

5. 对 n 个记录进行快速排序时,递归调用而使用的栈所能达到的最大深度为________,平均深度为________。

6. 设表中元素的初始状态是按键值递增的,则________排序最省时间,________排序最费时间。

7. 归并排序除了在递归实现时所用的________个栈空间外,还用________个辅助空间。

8. 对 n 个记录建立一个堆的方法是首先将要排序的所有记录分放到一棵________的各个结点中,然后从 $i=$________的结点 k_i 开始,逐步把以 $k_{n/2}, k_{n/2-1}, k_{n/2-2}, \cdots$ 为根的子树排成堆,直到以 k_1 为根的树排成堆,就完成了初次建堆的过程。

9. 若用冒泡排序对关键字序列{50,45,35,19,9,3}进行从小到大的排序,所需进行的关键字比较总次数是________。

10. 一组记录的键值为{12,38,35,25,74,50,63,90},按二路归并排序方法对该序列进行一趟归并后的结果是________。

三、判断题

1. 快速排序的速度在所有排序方法中最快,而且所需附加空间也最少。 ( )
2. 在大根堆中,最大元素在根的位置。 ( )
3. 用希尔排序方法时,若关键字的初始排序越杂乱无序,则排序效率越低。 ( )
4. 对 n 个记录进行堆排序,在最坏情况下的时间复杂度是 $O(n^2)$。 ( )
5. 在任何情况下,快速排序方法的时间性能总是最优的。 ( )
6. 堆是满二叉树。 ( )
7. 快速排序和归并排序在最坏情况下的比较次数都是 $O(n\log_2 n)$。 ( )
8. 只有在初始数据表为逆序时,直接插入排序所执行的比较次数最多。 ( )
9. 简单选择排序算法的时间复杂性不受数据的初始状态影响,为 $O(n^2)$。 ( )

四、应用题

1. 给出待排序的关键字序列为{26,31,75,41,87,15,$\underline{41}$,10},请手工操作下列排序过程:

(1)直接插入排序;(2)冒泡排序;(3)简单选择排序;(4)堆排序。

2. 给出待排序的关键字序列为{100,87,52,61,27,170,37,45,$\underline{61}$,118,14,88,32},请手工操作下列排序过程:

(1)希尔排序(步长为5,3,1);(2)快速排序;(3)二路归并排序。

3. 指出在以上两题所涉及的排序方法中，哪些是稳定的？哪些是不稳定的？并为每一种不稳定的排序方法举出一个不稳定的实例。

4. 对于 n 个元素组成的线性表进行快速排序时，所需进行的比较次数与这 n 个元素的初始状态有关。问：

(1) 当 $n=7$ 时，给出一个最好情况的初始状态的实例，需进行多少次比较？

(2) 当 $n=7$ 时，在最坏情况下需进行多少次比较？给出一个实例。

5. 写出关键字序列{50,12,31,100,81,40,63,18,72,4,28,120,66,38}采用快速排序时第一趟排序过程中的数据移动情况。

6. 高度为 h 的堆中，最多有多少个元素？最少有多少个元素？在大根堆中，关键字最小的元素可能存放在堆的哪些地方？

7. 判别以下序列是否为堆(小顶堆或大顶堆)。如果不是，则把它调整为堆。

(1) {100,86,48,73,35,39,42,57,66,21}。

(2) {12,70,33,65,24,56,48,92,86,33}。

(3) {05,56,20,23,40,38,29,61,35,76,28,100}。

五、算法设计题

1. 以单链表作为存储结构实现直接插入排序算法。

2. 以单链表作为存储结构实现简单选择排序算法。

3. 利用快速排序找轴点的方法可以快速地将一个正整数线性表调整为奇数在左边偶数在右边的线性表，如原表(1,4,6,3,7,9,12,23,2)调整为(1,23,3,7,9,6,12,4,2)，试写出这样的调整算法。

4. 利用快速排序的思想，编写一个递归算法，求出给定的 n 个元素中的第 m 个最小的元素。

5. 有几个记录存储在带头结点的双向链表中，如图 9.7 所示。现用双向冒泡排序对其按升序进行排序，请写出这种排序算法。(注：双向冒泡排序即相邻两趟排序以相反方向冒泡。)

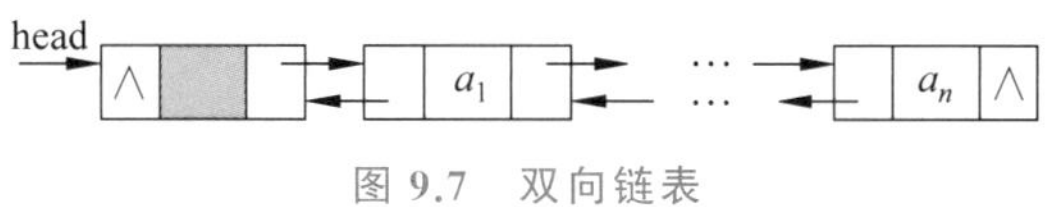

图 9.7 双向链表

6. 已知($k_1,k_2,\cdots,k_n$)是堆，试写一个算法将($k_1,k_2,\cdots,k_n,k_{n+1}$)调整为堆。按此思想写一个从空堆开始一个一个填入元素的建堆算法(提示：增加一个 k_{n+1} 后应从叶子向根的方向调整)。

第 10 章 chapter 10

数据结构综合应用

在前面各章中已经介绍了线性结构、树形结构、图结构等几种主要数据结构，由于这些类型的数据结构是在各章节分别介绍的，并未对它们之间的关系进行认真讨论，所以本章首先对这几种结构类型之间的关系作一些概括性的说明，再通过分析一些具体问题的解决过程来给出数据结构的综合应用。

【本章学习要求】

掌握：几种主要逻辑结构及其由特殊到一般的关系。即线性结构、树形结构都是图结构的特殊形式，因此，针对图结构的各种算法思想也适用于树形结构和线性结构。

掌握：二叉树、树、图的遍历算法及其延伸应用。

10.1 各种结构类型之间的关系概述

本书中所述的各种数据结构类型有栈、队列、线性表、二叉树、树、森林、图等。仔细分析，可以看出，上述这些结构是一种由特殊到一般的结构关系，即栈、队列是特殊的线性表，线性表是特殊的树、二叉树是特殊的树、树是特殊的图。反过来也可以这样说，即无环的图是树、每个结点最多有两个子结点的树为二叉树、每个结点最多有一个结点的树为线性表等。图 10.1 给出了这种关系的示意图。

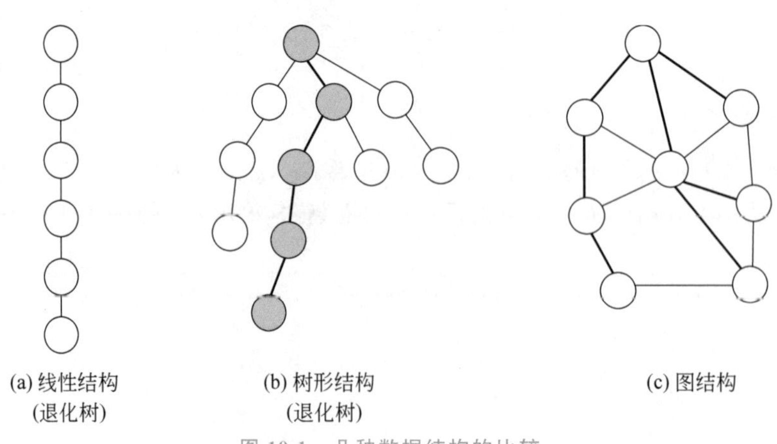

图 10.1 几种数据结构的比较

既然各种数据结构存在这种关系，那么，一些针对具有更一般抽象层次数据结构的算法也必然可用于更特殊层次的数据结构。如图的算法：图的深度优先、广度优先遍历算法，当它们分别用于树形结构时，就分别成了树的先根遍历和按层遍历算法。若这两个算法用于线性结构时，则都成了顺序遍历线性表了。又例如对二叉树的先序遍历算法和后序遍历算法，当其用于线性表时，则成了顺序遍历线性表和逆序遍历线性表。

正因为各种数据结构之间存在这种特殊到一般的关系，在具体算法设计时应充分灵活地利用这一特点。下面通过一些例子来加以说明。

【例 10.1】 已知图 10.2 所示的单链表，其头指针为 head，试编写一个算法将其内容由后向前倒序输出。

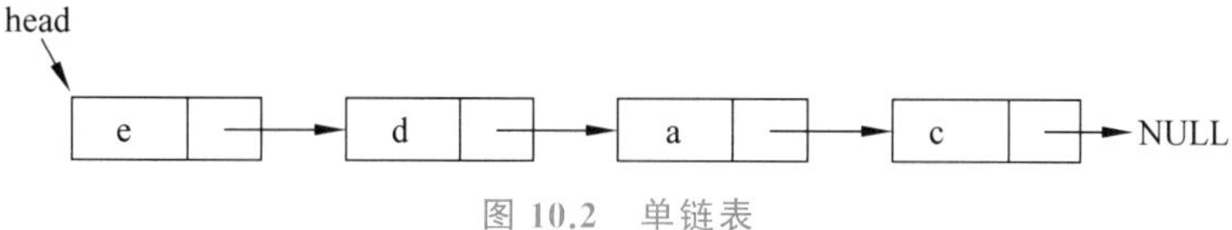

图 10.2 单链表

分析：由于是单链表，因此由后向前遍历较困难。在学习二叉树的时候，已经学习过二叉树的后根次序(后序)遍历，后根次序遍历先访问子结点，再访后父结点。若视此单链表为一棵退化的二叉树的话，则将后根遍历算法稍加改动即可。

先看看二叉树的后序遍历算法。

【算法 10.1】

```
void PostOrder(BTree t)
{
    if(t)
    {
        PostOrder(t->lchild);          /* 访问左子树 */
        PostOrder(t->rchild);          /* 访问右子树 */
        Visit(t->data);                /* 访问根 */
    }
}
```

将单链表看成是只有左子树的二叉树，且左子树的指针域为 next，则对上述算法加以修改可得到本例算法。

【算法 10.2】

```
PostPrint(LinkList p)
{
    if(p==NULL) return;
    PostPrint(p->next);   /* 访问下一结点(视作唯一的左子树，无右子树) */
    Visit(p->data);       /* 此处的 Visit(p->data)可写成打印结点内容的代码即可 */
                          /* 如: printf("%d ",p->data); */
}
```

主程序中可以通过 PostPrint(head)来调用此函数。

【例 10.2】 写出下面程序的输出结果。

【算法 10.3】

```
void fun(int num)
{
    if(num==0) return;
    printf("%d",num);
    fun(num-1);
    fun(num-1);
}
main()
{
    fun(3);
}
```

分析:乍一看,此算法是二重递归算法,其输出次序较难分析。但看其算法形式很像二叉树的先根次序(先序)遍历,因此若想象出一棵二叉树,其结构符合此算法,则其输出结果就是此二叉树的先根次序。此二叉树如图 10.3 所示。

显然对此树的先根次序遍历算法与 fun 函数完全一致,因此,此程序的输出结果应为

```
3 2 1 1 2 1 1
```

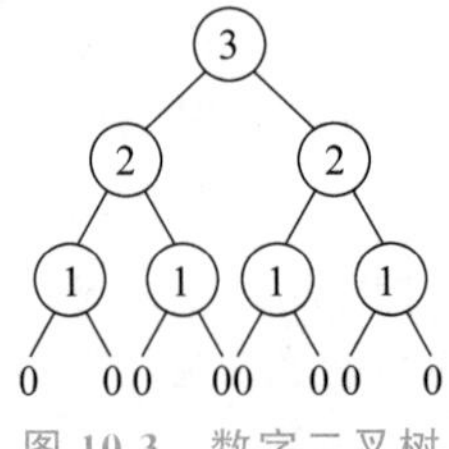

图 10.3 数字二叉树

【例 10.3】 已知一棵树,树根为 root,请写一个算法,要求按层遍历这棵树。

分析:由于树是特殊的图,因此,只要将图的广度优先遍历算法用于树即可。先给出图的广度优先遍历算法。

【算法 10.4】

```
PSeqQueue Q;                        /*定义一个队列*/
bool visited[N+1];          /*N为图的结点数,用以记录结点是否已被访问,初值为false*/
BFS(Graph G,int v)                  /*v为结点序号*/
{
    int w;                          /*临时结点*/
    InitVisited();                  /*假设此函数将visited数组值全置成false*/
    Q=Init_SeqQueue();              /*队列置为空*/
    visit(v);                       /*访问此结点*/
    visited[v]=true;                /*置此结点的已访问标记为true*/
    In_SeqQueue(Q,v);               /*将v插入队列*/
    while(!Empty_SeqQueue(Q))
    {
        Out_SeqQueue(Q,&v);         /*出队结点存于v*/
        w=FirstAdjVertex(G,v);      /*获取v的第一个邻接点*/
        while(w!=0)
```

```
        {
            if(!visited[w])
            {
              visit(w); visited[w]=true;
              In_SeqQueue(Q,w);
            }
            w=NextAdjVertex(G,v,w);    /*取 v 的下一个邻接点*/
        }
    }
}
```

由于树是特殊的图,且图中无环,因此不存在一个结点被访问两次及以上的可能性,在算法中没有必要再设 visited 数组。所以树的按层遍历算法在 BFS 基础上略加修改即可(见算法 10.5)。

【算法 10.5】

```
PSeqQueue Q;                                 /*定义一个队列*/
Level_Tree(BTree t)                          /*t 为根结点指针*/
{
    Bnode*w;                                 /*指向临时结点*/
    Q=Init_SeqQueue();                       /*队列置为空*/
    visit(t->data);                          /*直接输出结点内容*/
    In_SeqQueue(Q,t);                        /*将 t 插入队列*/
    while(!Empty_SeqQueue(Q))
    {
        Out_SeqQueue(Q,&t);                  /*出队结点存于 t*/
        w=FirstChild(t);                     /*获取 t 的第一个子结点*/
        while(w!=0)
        {
            visit(w->data);                  /*输出结点内容*/
            In_SeqQueue(Q,w);
            w=NextChild(t,w);                /*取 t 的下一个子结点*/
        }
    }
}
```

在主程序中,调用 Level_Tree(root)即可按层遍历此树。

思考:在此例算法中,都用到了一个队列,请读者思考一下,若算法中的队列换成堆栈,遍历次序会是怎样?

10.2 二叉树与分治策略

在实际应用中,很多复杂的大问题可以看成由规模较小的问题组成,较小规模问题又可以分成规模更小的问题,如此逐层划分,问题规模最终可以小到可直接解决。这样的层次结构很像一棵树，即原始问题是树的根，由原始问题分解后的两个问题可看成根的两棵子树的根，这样便可用二叉树来对问题进行描述并加以处理，处理算法则直接由二叉树的相关算法经过简单修改即可。这种将大问题不断分解成小问题的方法一般称为分治策略。下面通过一些具体例子来说明这一思想。

【例 10.4】 已知一大小为 N 的整型数组，试写一个算法，求出其中最大数。

分析：看到此题，读者可能立即想这问题太简单，用一遍循环即可解决。在第 3 章递归部分曾介绍过这个算法(见算法 3.19)。下面用分治思想重新讨论这个问题，以便说明分治方法与二叉树之间的关系。

若数组规模很小(只有一个元素)，则直接解决，否则将大数组分成两部分，分别找出其中最大者，再比较作为整个数组的最大者即可。具体处理过程如图 10.4 所示。

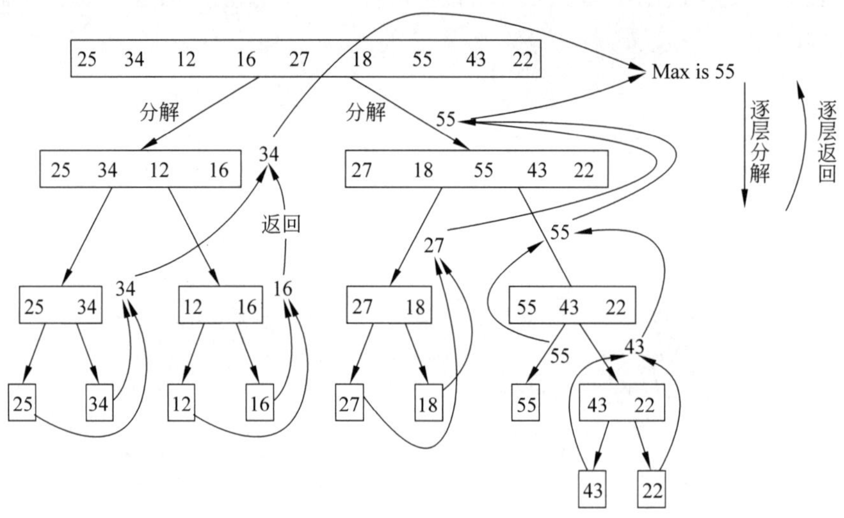

图 10.4 数组分解

从图 10.4 可以看出，这是一棵二叉树，要想求最大值，可后根次序(后序)遍历此树，叶结点是规模足够小问题(一个数)，可直接返回。具体算法如下。

【算法 10.6】

```
int Max(int A[],int l,int h)          /*A为整型数组,l为左界下标,初值为0*/
                                      /*h为右界下标,初值为N-1*/
{
    int m,a,b,mm;
    if(l>h){exit(-1);}                /*出错*/
    if(l==h)return A[l];              /*叶结点,问题足够小,直接返回*/
    m=(l+h)/2;                        /*问题从m处一分为二,即分解该问题*/
    a=Max(A,l,m);                     /*访问左子树(即求左半边最大值)*/
    b=Max(A,m+1,h);                   /*访问右子树(即求右半边最大值)*/
    mm=a>b?a:b;                       /*访问根(即求左右两边的最大值)*/
    return mm;
}
```

调用方法：x＝Max(Array,0,N－1)。

显然，若是将此例的求Max改为求和、查找、排序(快速排序、归并排序)等，其分析过程均与此差不多，且算法形式也几乎一样，即二叉树的后根次序(后序)遍历。下面分别给出这几种问题的算法。

【例10.5】 给定数组的求和算法。

【算法10.7】

```
int Sum(int A[],int l,int h)          /* A为整型数组,l为左界下标,初值为0 */
                                      /* h为右界下标,初值为N-1 */
  {
      int m,a,b,mm;
      if(l>h){exit(-1);}              /* 出错 */
      if(l==h)return A[l];            /* 叶结点,直接返回 */
      m=(l+h)/2;                      /* 问题从m处一分为二,即分解该问题 */
      a=Sum(A,l,m);                   /* 访问左子树(即求左半边数组和) */
      b=Sum(A,m+1,h);                 /* 访问右子树(即求右半边数组和) */
      mm=a+b;                         /* 访问根(即求左右两边的数组和) */
      return mm;
}
```

【例10.6】 在给定数组中查找某关键值。

【算法10.8】

```
int Find(int A[],int l,int h,int key) /* A为整型数组,l为左界下标,*/
                        /* 初值为0,h为右界下标,初值为N-1,key为待查值 */
{
      int m,a,b,mm;
      if(l>h){exit(-1);}              /* 出错 */
      if(l==h)                        /* 叶结点,直接处理 */
      {
          if(A[l]==key)return l;      /* 找到,返回下标 */
          else return -1;             /* 未找到,返回-1 */
      }
      m=(l+h)/2;                      /* 问题从m处一分为二,即分解该问题 */
      a=Find(A,l,m);                  /* 访问左子树(即在左半边查找key) */
      if(a>=0) return a;              /* 在左半边已经找到,直接返回找到的下标即可 */
      else b=Find(A,m+1,h);           /* 左半边没有,在右半边找 */
      return b;                       /* 将右半边的查找结果返回 */
}
```

显然，此例算法很像二分查找。但要注意，本例因为没有要求数组元素必需有序，所以本算法与有序数组的二分查找是不同的，希望读者能从中找出这两种情形下算法的区别与联系。

【例10.7】 写出对给定数组进行快速排序的算法。

快速排序算法在第9章中有专门讨论,所以本例仅从分治策略的角度来讨论快速排序算法的思想。假设有一个函数 int Split(int A[],int l,int h),它能将数组 A 从下标 l 到 h 的一段进行划分,返回值假设为 m,则使得 A[m]的值大于或等于 A[l]~A[m-1]的所有元素值,A[m]的值小于或等于 A[m+1]~A[h]的所有元素值。具体方法见第9.3.2节。这样一来,该问题就变成了与上例同类的问题,分析过程也与例10.4一样。具体算法如下。

【算法 10.9】

```
void QSort(int A[],int l,int h)        /* A 为待排序整型数组,l 为左下标,初值为 0 */
                                       /* h 为右界下标,初值为 N-1 */
{
    int m;
    if(l>h){exit(-1);}                 /* 出错 */
    if(l==h)return;                    /* 叶结点,直接返回 */
    m=Split(A,l,h);                    /* 问题从 m 处一分为二,即分解该问题 */
    QSort(A,l,m);                      /* 访问左子树(将左半边排序) */
    QSort(A,m+1,h);                    /* 访问右子树(将右半边排序) */
}
```

归并排序思想与快速排序思想一致,请读者自己给出相应算法。

由例10.4~例10.7可以看出,很多与数组有关的一些操作算法均可采用这种分治策略。算法思想来源于二叉树的遍历算法,因此算法结构大同小异,只是在具体细节处理上略有不同。

【例 10.8】 汉诺塔问题求解算法。

汉诺塔问题是一个古典的数学问题,是一个只能用递归方能解决的问题。问题是这样的:古代有一个梵塔,塔内有3个座A、B、C,开始时A座上有64个盘子,盘子大小不等,大的在下,小的在上(见图10.5)。有一个老和尚想把这64个盘子从A座移到C座,但每次只允许移动一个盘子,且在移动过程中在3个座上都始终保持大盘在下,小盘在上。

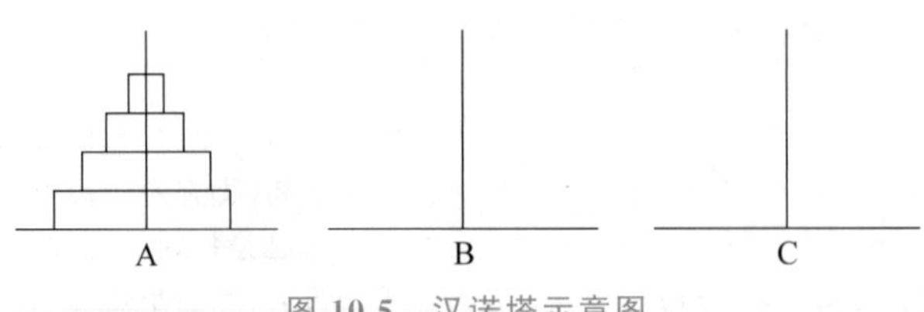

图 10.5 汉诺塔示意图

分析:这样的问题也可先将大问题分解成规模较小的问题,即设想有一个函数叫 void Hanoi(int n,char One,char Two,char Three),它能完成将 n 个圆盘按照给定规则从 One 柱通过 Two 柱移到 Three 柱。那么,该函数也应该能完成将 $n-1$ 个圆盘按照给定规则进行移动。当然,如果 One 柱上只有一个圆盘,则直接将其从 One 柱移至 Three 柱即可。具体分解过程如图10.6所示。

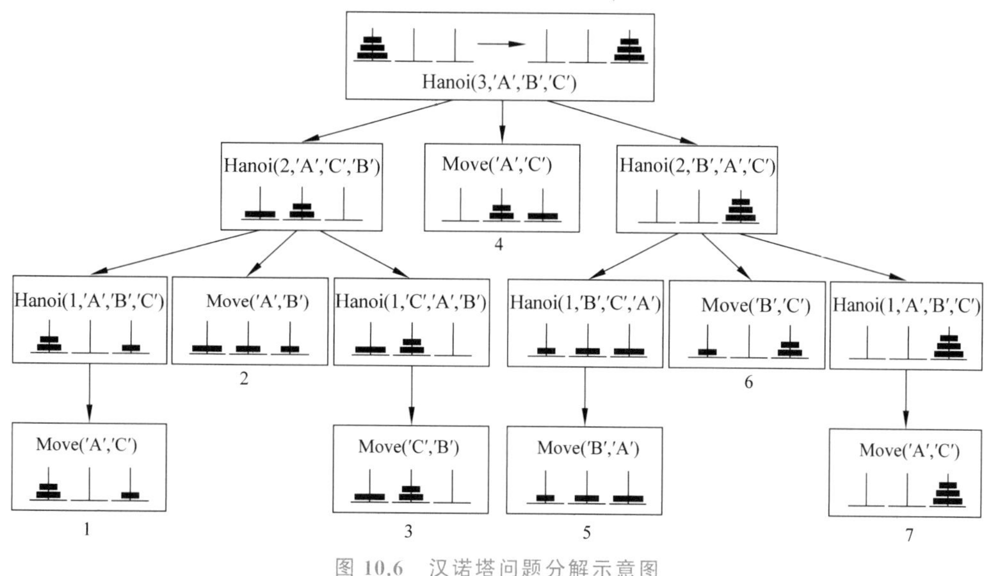

图 10.6 汉诺塔问题分解示意图

这样一来，只要遍历如图 10.6 所示的这棵树，树的叶结点(Move()函数)就是所有移动过程(自左至右，如图中的编号 1～7)，于是对这棵树的遍历算法即为汉诺塔问题的求解算法。

【算法 10.10】

```
void Hanoi(int n,char one,char two,char three)
{
    if(n==1)Move(one,three);            /* 叶结点,规模足够小,直接处理 */
    else
      {
        Hanoi(n-1,one,three,two);       /* 遍历第一棵子树,分解使规模变小 */
        Move(one,three);                /* 叶子,直接处理 */
        Hanoi(n-1,two,one,three);       /* 遍历另一棵子树 */
      }
}
```

分析汉诺塔递归算法的时空效率，此一般情形下的 n 值的汉诺塔问题对应的递归树如图 10.7 所示。

在递归树中，可以实现将递归算法 Hanio(N,A,B,C)的分解，如 Hanio(N,A,B,C)分解为 Hanio(N－1,A,C,B)、(N,A－>C)、Hanio(N－1,B,A,C)之和，对于递归树中的其他结点可以进行类似的分析。

因此 Hanio(N,A,B,C)算法的空间耗费主要是由递归执行过程进栈的深度决定的，而进栈的深度恰好等于递归树的深度减 1，对于算法 Hanio(N,A,B,C)，其递归树的深度是 N。也就是执行算法时，在系统栈中需要有 $N-1$ 个单位(不是 N，最后一次 Hanio(1,A,B,C)无须压栈)的存储单元保证算法的执行。

因此，算法 Hanio(N,A,B,C)的空间代价的数量级是 $O(N)$。

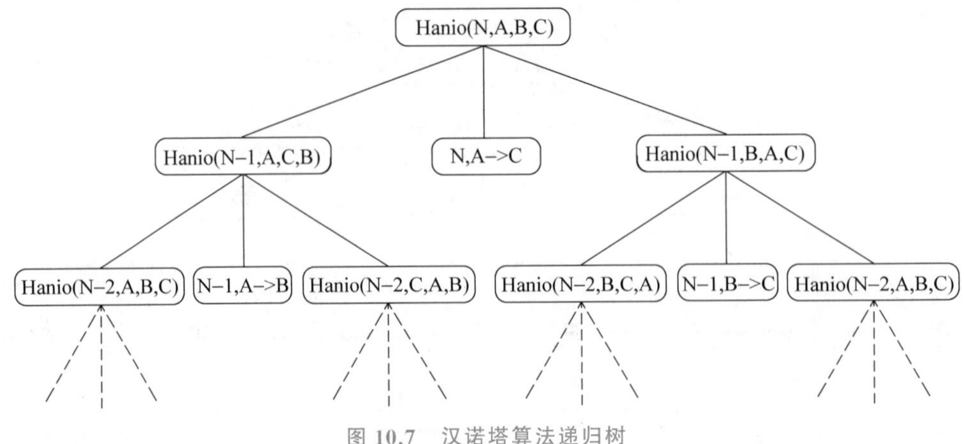

图 10.7 汉诺塔算法递归树

对于算法的时间代价,如果不考虑递归算法在执行时入栈和出栈耗费的时间,则算法 Hanio(N,A,B,C)的主要时间耗费在移动盘片上,即 Move 语句的执行上,仔细观察图 10.7 汉诺塔算法递归树,会发现每次递归调用恰好对应一次盘片的移动。因此盘片的移动次数应等于树中所有的递归调用结点的总和。在递归树中,如果删除 Move 语句结点,递归树将变为一颗完全由递归调用构成的满二叉树,因此,算法 Hanio(N,A,B,C)的时间代价为

$$2^0+2^1+2^2+\cdots+2^{N-1}=2^N-1$$

即算法的数量级是 $O(2^N)$。

10.3 图的遍历及其应用

图的深度优先遍历算法 DFS 在前面相关章节中讲过,本节在此算法的基础上给出树的深度优先遍历算法 TDFS,并结合 TDFS 算法来解决一些实际应用问题。

首先回顾图的深度优先遍历算法 DFS,为方便说明,先写出 DFS 算法的基本描述。

【算法 10.11】

```
bool visited[N+1];                /*用以标记访问过的结点,元素初值均为 false*/
void DFS(int v)                   /*v 为开始点编号*/
{
    if(v<=0)return;               /*不合法的输入*/
    visited[v]=true;              /*置已访问标志*/
    visit(v);                     /*访问 v*/
    for(v 的每个邻接点 w)          /*依次查看 v 的每个邻接点,用 w 表示*/
      if(!visited[w])DFS(w);      /*若 w 未被访问过,则从 w 继续遍历(递归)*/
}
```

由于树可以看成一种特殊的图,即没有环的连通图,因此若用 DFS 对树进行遍历,第一个结点 v 是树的根,则会发现树中每个结点只会被访问一次(因为没有环,所以每个结

点只能从其父结点进入),所以对树的访问就没有必要设 visited 数组来标记结点是否被访问过。这样就对 DFS 稍加修改即可得到针对树的 TDFS 算法。

【算法 10.12】

```
void TDFS(BTree t)                    /* 初始时,t 为树的根 */
{
    if(t==NULL) return;               /* 空树,返回 */
    visit(t);
    for(t 的每个子结点 w)
        TDFS(w);
}
```

当然,对于树来讲,上述算法是先根次序遍历,即 visit(t)在对子树遍历之前进行。只要对 TDFS 算法略作改动也可写出树的后根次序遍历算法,这里不再赘述。

这两个算法看起来平淡,但却十分重要,因此读者必须充分理解和掌握。下面给出的一些例子,其主要思想都是来源于 DFS 或 TDFS。

【例 10.9】 写一个算法,输出 N 个数的全排列。

在例 3.6 中已经给出这个问题的递归定义及求解算法,现在用树的深度优先遍历思想解决这个问题。

分析:这个问题直接处理似乎有些困难,先假设 $N=3$,那么可以把排列过程这样展开:在第一个位置,有 1,2,3 共三种选择,在第二个位置,也有 1,2,3 可能的选择,在第三个位置,仍有 1,2,3 共三种可能的选择,这样一来,把所有可能的选择以图 10.7 形式展开成一棵树。

图 10.8 是一棵树,显然树中的每个分支(从根到叶结点)并非都是一个合法的排列,但它的所有分支中肯定包含了所有可能排列。这些合法的排列是有条件的,即一个分支中不能有重复的数,如图 10.8 中的粗线分支。如果给出一个这棵树的遍历算法,在算法中将所有符合条件的分支输出,即可完成本题要求。

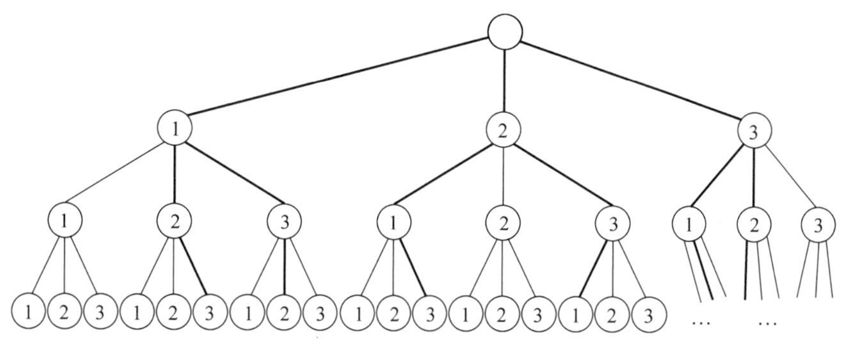

图 10.8 全排列问题状态空间树

为记录正在遍历的分支的各个结点值,先定义一个数组,数组元素个数为 N。数组的元素值为 $1\sim N$,初值为 0,表示每一层的第几个子结点。另外再设一变量 k,其值为 $0\sim N$,表示目前正在访问是树的第 k 层,初值为 0。

显然，在算法10.13中，由于Check函数的存在，所以算法只遍历了符合条件的路径，即图10.8中粗线部分的路径。若没有Check函数，此算法将遍历所有路径。

【算法10.13】

```
#define N 4
#define true 1
#define false 0
int values[N];
bool Check(int k,int num)          /*判断当前层的num在正在访问的这一分支中是否出现过*/
                                   /*若出现过,则返回 false,未出现过,则返回 true*/
{
    int i;
    if(k==0)return true;
    for(i=0;i<k;i++)
        if(num==values[i])return false
    return true;
}
void printvalues()                 /*输出由根到叶子的一条路径,其值记录在 values 数组中*/
{
    int i;
    printf("\n");
    for(i=0;i<N;i++)printf("%d ",values[i]);
}
void Permulate(int k)              /*k的初值为0*/
{
    int i;
    if(k==N)
    {
      printvalues();               /*到达叶结点,输出这条路*/
      return;
    }
    for(i=1;i<=N;i++)              /*对根的每个结点,共N个子结点*/
    {   if(Check(k,i))             /*若i在此路径的前面未出现过,则*/
        {   values[k]=i;           /*将i记录在数组 values 中相应位置*/
            Permulate(k+1);        /*递归遍历该子树*/
        }
    }
}
main()
{
  Permulate(0);
}
```

【例10.10】 写一个算法，求解以下奇怪的问题。

请回答下面10个问题,各题都恰有一个答案是正确的。

(1) 第一个答案是B的问题是哪一个?

(A) 2 (B) 3 (C) 4 (D) 5 (E) 6

(2) 恰好有两个连续问题的答案是一样的,它们是:

(A) 2,3 (B) 3,4 (C) 4,5 (D) 5,6 (E) 6,7

(3) 本问题的答案和哪一个问题的答案相同?

(A) 1 (B) 2 (C) 4 (D) 7 (E) 6

(4) 答案是A的问题的个数是:

(A) 0 (B) 1 (C) 2 (D) 3 (E) 4

(5) 本问题的答案和哪一个问题答案相同?

(A) 10 (B) 9 (C) 8 (D) 7 (E) 6

(6) 答案是A的问题的个数和答案是什么的问题的个数相同?

(A) B (B) C (C) D (D) E (E) 以上都不是

(7) 按照字母顺序,本问题的答案和下一个问题的答案相差几个字母?

(A) 4 (B) 3 (C) 2 (D) 1 (E) 0(注:A和B相差一个字母)

(8) 答案是元音字母的问题的个数是:

(A) 2 (B) 3 (C) 4 (D) 5 (E) 6(注A和E是元音字母)

(9) 答案是辅音字母的问题的个数是:

(A) 一个质数 (B) 一个阶乘数 (C) 一个平方数 (D) 一个立方数

(E) 5的倍数

(10) 本问题的答案是:

(A) A (B) B (C) C (D) D (E) E

这个问题是一个古老的智力题,如果没有明确的思路想给出求解该问题的算法是较困难的。但可以利用例10.9的思路,先给出此问题所有可能解的状态空间图(每个路径可能是个解,对本题而言,其实只有一条路径是满足所有问题的解)。这个状态空间可以这样设想:第一题可能的答案为A,B,C,D,E,当第一题确定后,第二题的答案也可能是A,B,C,D,E,以此类推,可以给出这棵状态树的示意图(见图10.9)。

答案:(1)C;(2)D;(3)E;(4)B;(5)E;(6)E;(7)D;(8)C;(9)B;(10)A。

这棵解空间树是非常庞大的,但它显然包含了所有可能的解,只要遍历此状态树,找出一条路径,使得此路径上的每个答案满足所有问题即可。此题和例10.9全排列是同一类问题,因此算法只要在例10.9基础上略加改动即可。这个问题的主算法Questions很简单,可直接从例10.9中的Permulate算法简单改过来即可。本问题的一个复杂点在于如何检查一组答案是否满足所有问题(或是否可行),因为问题本身都是用文字描述,因此要检查其答案还需要不少量化工作(见算法10.14)。

【**算法10.14**】

```
#define N 10
#define true 1
#define false 0
```

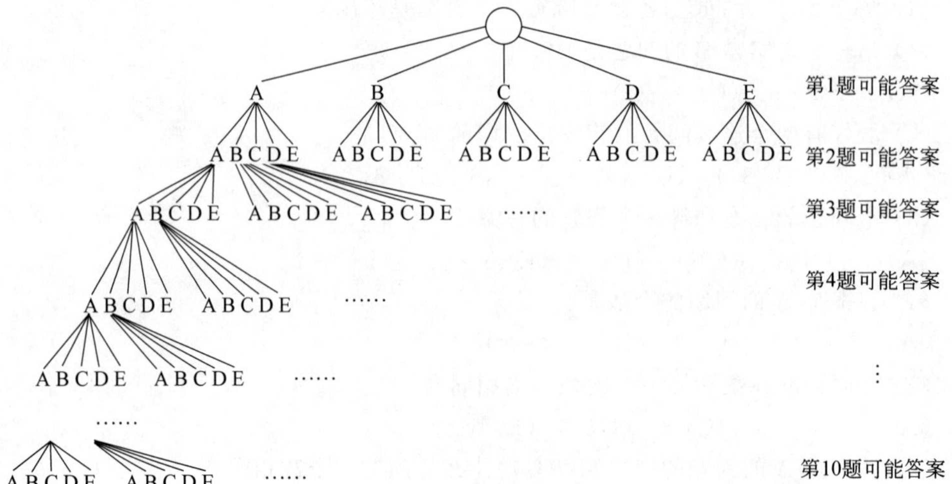

图 10.9 奇怪问题的解空间树

```
int question[N];                               /* 用 1~5 代表 A~E */
bool CheckAllQuestions(int k,int num); /* 检查答案是否满足所有问题 */
void printvalues()                             /* 输出答案,其值记录在 values 数组中 */
{
    int i;
    printf("\n");
    for(i=0;i<N;i++)
    {
      printf("(%d)%c ",i+1,'A'+values[i]-1);     /* 将 1~5 转换成 A~E 输出 */
    }
}
void Questions(int k)                          /* k 的初值为 0 */
{
    int i;
    if(k==N)
    {
      if(CheckAllQuestions())printvalues();   /* 到达叶结点,若满足条件,则输出这条路 */
      return;
    }
    for(i=1;i<=5;i++)        /* 对根的每个结点,共 5 个子结点,即每题可能有 5 种选择 */
    {
        question[k]=i;                         /* 将答案 i 记录在数组 values 中相应位置 */
        Questions(k+1);                        /* 递归遍历该子树 */
    }
}
main()
{
  Questions(0);
```

```
}
```

下面给出检查能否满足所有问题的 CheckAllQuestions 函数。

为方便处理，将 CheckAllQuestions 分解成对每个具体问题的检查，其函数分别是 check1～check10。先给出 CheckAllQuestions(见算法 10.15)。

【算法 10.15】

```
bool CheckAllQuestions(void)          /* 检查 question 数组中答案是否满足要求 */
{
  bool ok=false;
  if(!check1())goto pend;             /* 检查第 1 题,不成功则直接返回 false */
  if(!check2())goto pend;             /* 检查第 2 题,不成功则直接返回 false */
  if(!check3())goto pend;             /* 检查第 3 题,不成功则直接返回 false */
  if(!check4())goto pend;             /* 检查第 4 题,不成功则直接返回 false */
  if(!check5())goto pend;             /* 检查第 5 题,不成功则直接返回 false */
  if(!check6())goto pend;             /* 检查第 6 题,不成功则直接返回 false */
  if(!check7())goto pend;             /* 检查第 7 题,不成功则直接返回 false */
  if(!check8())goto pend;             /* 检查第 8 题,不成功则直接返回 false */
  if(!check9())goto pend;             /* 检查第 9 题,不成功则直接返回 false */
  if(!check10())goto pend;            /* 检查第 10 题,不成功则直接返回 false */
  ok=true;                            /* 全部通过,答案正确 */
pend:
  return ok;
}
```

下面分别给出每题的检查函数(见算法 10.16～算法 10.25)。

(1) 第一个答案是 B 的问题是哪一个?

(A) 2 (B) 3 (C) 4 (D) 5 (E) 6

【算法 10.16】

```
bool check1()                                          /* 检查第 1 题是否正确 */
{
  bool ok=false;
  int x,i;
  x=question[0];                                       /* 取第 1 题答案,置入 x */
  for(i=0;i<N;i++)if(question[i]==2)break;             /* 找答案是 B 的题号 */
  if(x+1==i+1)ok=true;                                 /* 若题号与 x 一致,则第 1 题答案正确 */
  return ok;
}
```

(2) 恰好有两个连续问题的答案是一样的,它们是:

(A) 2,3 (B) 3,4 (C) 4,5 (D) 5,6 (E) 6,7

【算法 10.17】

```
bool check2()           /* 检查第 2 题答案是否正确 */
```

```
{ bool ok=false;
  int i,f,c;
  c=0;f=-1;            /*c表示共有几个连续答案一样,f表示第几题与后一题答案一样*/
  for(i=0;i<N-1;i++)
  {  /*此循环找连续两题答案一样的题号并记数*/
      if(question[i]==question[i+1])
      {
          if(f==-1)f=i+1;
          c++;
      }
   }
   if(c!=1)ok=false;  /*若不只一个连续答案一样,则返回false*/
   else
   {
    switch(question[1])
    { /*有一对连续答案一样,检查与此题答案是否一致*/
      case 1: if(f==2)ok=true; break;
      case 2: if(f==3)ok=true; break;
      case 3: if(f==4)ok=true; break;
      case 4: if(f==5)ok=true; break;
      case 5: if(f==6)ok=true; break;
    }
  }
  return ok ;
}
```

(3) 本问题的答案和哪一个问题的答案相同？

(A) 1　(B) 2　(C) 4　(D) 7　(E) 6

【算法 10.18】

```
bool check3()                                          /*检查第3题答案是否正确*/
{
  bool ok=0;
  int i;
  i=question[2];                                       /*取第3题答案*/
  switch(i)
  {
    case 1: if(i==question[0])ok=true; break;    /*第1题的答案是A吗?*/
    case 2: if(i==question[1])ok=true; break;    /*第2题的答案是B吗?*/
    case 3: if(i==question[3])ok=true; break;    /*第4题的答案是C吗?*/
    case 4: if(i==question[6])ok=true; break;    /*第7题的答案是D吗?*/
    case 5: if(i==question[5])ok=true; break;    /*第6题的答案是E吗?*/
  }
  return ok ;
}
```

(4) 答案是 A 的问题的个数是：

(A) 0 (B) 1 (C) 2 (D) 3 (E) 4

【算法 10.19】

```
bool check4()                                          /* 检查第 4 题答案是否正确 */
{
  bool ok=false;
  int c=0,i;
  for(i=0;i<N;i++){ if(question[i]==1)c++;}  /* 统计答案为 A 的题数,置入 c */
  if(c==question[3]-1)ok=true;                 /* 此题答案对应题数与 c 是否一致 */
  return ok;
}
```

(5) 本问题的答案和哪一个问题答案相同?

(A) 10 (B) 9 (C) 8 (D) 7 (E) 6

【算法 10.20】

```
bool check5()                                          /* 检查第 5 题答案是否正确 */
{
  bool ok=false;
  int i;
  i=question[4];
  switch(i)
  {
    case 1: if(question[9]==1)ok=true; break;
    case 2: if(question[8]==2)ok=true; break;
    case 3: if(question[7]==3)ok=true; break;
    case 4: if(question[6]==4)ok=true; break;
    case 5: if(question[5]==5)ok=true; break;
  }
  return ok;
}
```

(6) 答案是 A 的问题的个数和答案是什么的问题的个数相同?

(A) B (B) C (C) D (D) E (E) 以上都不是

【算法 10.21】

```
bool check6()                            /* 检查第 6 题答案是否正确 */
{
  bool ok=false;
  int a,b,c,d,e,i;                       /* a,b,c,d,e 分别用以统计各答案的题数 */
  a=b=c=d=e=0;
  for(i=0;i<N;i++)
  {  /* 统计答案分别为 A,B,C,D,E 的题数至 a,b,c,d,e */
```

```
    switch(question[i])
    {
      case 1:a++;break;
      case 2:b++;break;
      case 3:c++;break;
      case 4:d++;break;
      case 5:e++;break;
    }
  }
  i=question[5];
  switch(i)
  {
    case 1: if(a==b)ok=true; break;   /*A的题数与B的题数一致?*/
    case 2: if(a==c)ok=true; break;   /*A的题数与C的题数一致?*/
    case 3: if(a==d)ok=true; break;   /*A的题数与D的题数一致?*/
    case 4: if(a==e)ok=true; break;   /*A的题数与E的题数一致?*/
    case 5: if(a!=b && a!=c && a!=d && a!=e)ok=true; break;
  }
  return ok;
}
```

(7) 按照字母顺序,本问题的答案和下一个问题的答案相差几个字母?

(A) 4 (B) 3 (C) 2 (D) 1 (E) 0(注: A和B相差一个字母)

【算法 10.22】

```
bool check7()                         /*检查第7题答案是否正确*/
{
  bool ok=false;
  int i;
  i=question[6]-question[7];          /*与下题答案相差字母数*/
  if(i<0)i=i*(-1);                    /*取绝对值*/
  switch(question[6])
  {
    case 1: if(i==4)ok=true; break;
    case 2: if(i==3)ok=true; break;
    case 3: if(i==2)ok=true; break;
    case 4: if(i==1)ok=true; break;
    case 5: if(i==0)ok=true; break;
  }
  return ok;
}
```

(8) 答案是元音字母的问题的个数是:

(A) 2 (B) 3 (C) 4 (D) 5 (E) 6(注A和E是元音字母)

【算法 10.23】

```
bool check8()                          /* 检查第 8 题答案是否正确 */
{
  bool ok=false;
  int i,c=0;
  for(i=0;i<N;i++)
  { /* 统计答案是元音字母的题数→c */
    if(question[i]==1||question[i]==5) c++;
  }
  switch(question[7])
  {
    case 1: if(c==2) ok=true; break;
    case 2: if(c==3) ok=true; break;
    case 3: if(c==4) ok=true; break;
    case 4: if(c==5) ok=true; break;
    case 5: if(c==6) ok=true; break;
  }
  return ok;
}
```

(9) 答案是辅音字母的问题的个数是：
(A) 一个质数 (B) 一个阶乘数 (C) 一个平方数 (D) 一个立方数
(E) 5 的倍数

【算法 10.24】

```
bool check9()                                    /* 检查第 9 题答案是否正确 */
{
  bool ok=false;
  int i,c=0;
  for(i=0;i<N;i++)
  { /* 统计答案是辅音字母的题数→c */
    if(question[i]>=2 && question[i]<=4) c++;
  }
  switch(question[8])
  {
    case 1: if(c==1||c==3||c==5||c==7) ok=true; break;   /* 是质数? */
    case 2: if(c==1||c==2||c==6) ok=true; break;         /* 是阶乘数? */
    case 3: if(c==1||c==4||c==9) ok=true; break;         /* 是平方数? */
    case 4: if(c==1||c==8) ok=true; break;               /* 是立方数? */
    case 5: if(c==5||c==10) ok=true; break;              /* 是 5 的倍数? */
  }
  return ok;
}
```

,

(10) 本问题的答案是：

(A) A (B) B (C) C (D) D (E) E

【算法 10.25】

```
bool check10()                        /* 检查第 10 题答案是否正确 */
{
    return true;                      /* 本题恒正确 */
}
```

例 10.9 和例 10.10 的方法都是先将问题的所有可能解以树的形式展开，从而形成一棵想象中的解空间树，而问题的答案则由这棵树的一支(一条路径)给出。因此，只要能遍历这棵树，找出符合条件的分支，即可给出问题的算法。类似问题还有 N-皇后问题、跳马问题、迷宫问题等很多问题，都可用此种方法给出求解算法，这类问题求解的核心算法都是图的深度优先遍历算法。同样有许多复杂问题可以利用图的广度优先遍历算法求解，在第 7 章中有具体的实例，这里不再赘述。

本章小结

堆栈、队列是特殊的线性表、线性表是特殊的树、树是特殊的图。数据结构课程中所介绍的几种主要逻辑结构(如线性结构、树形结构和图结构)都具有"特殊到一般"的关系。因此针对更具一般性的图的算法其思想必适合于树和线性表，针对二叉树、树的算法也必适用于线性结构。

很多问题的求解过程可以通过将规模较大的问题分解成若干规模较小的问题，分别解决小问题后再解决大问题。这种思想有点像人口普查，即全国人口普查工作可分解成各省市、各省市再分解成各县镇、各县镇再分解成各街区等。这样一来，问题就变成了一棵分解树，各级子树工作完成后，在根上只要进行汇总工作即可。这种解决问题的方法称为分治方法，在算法设计过程中，很多问题是通过一分为二逐步分解的，因此分解过程更像一棵二叉树，对问题的解决就变成了对二叉树的遍历。

另外有些问题，构成问题的解是一个集合，它是一个更大集合的子集。这类问题往往有一个解空间，这种解空间可以用图或树的形式给出，而对这类问题的求解可以看成是对此空间图或树的遍历，如本章中的全排列问题等。

总之，树、图的一些基本算法尤其是遍历算法，一定要熟练掌握，很多实际问题的求解都可通过对它们的扩展来解决。

习 题

1. 写一个算法，如图 10.10 所示右深度优先遍历一个二叉树。要求用图的宽度优先遍历算法改写。

2. 写一个算法，输出 1～N 个数的所有组合。如{123}，输出为{}，{1}，{2}，{3}，{1，

2},{1,3},{2,3},{1,2,3}。

3. 用图的深度优先遍历或广度优先遍历思想求解迷宫问题。

4. 用图的深度优先遍历思想求解“马的遍历”问题，所谓“马的遍历”是指在 8×8 的棋盘上(64 个空格)，马从任一位置按照“日”字一直走下去，将棋盘所有空格走完的过程。

5. 利用二叉树的遍历算法，写出归并排序的非递归算法。

6. 请根据二叉排序树的特点，写一个对有序数组进行二分检索的递归算法。

7. 写一个算法，输出由 1,2,3,4,5 五个数及＋、－、×、÷ 四个运算符构成的所有可能的算术表达式。(一个表达式中，每个数字、运算符用且只用一次，不带括号。)

8. *N* 列火车进出站问题。

问题描述：如图 10.11 所示，B 为一待进站的一系列火车 12345，A 为将出站的一系列火车，C 为车站，B 中的火车依次进站。但任意一列火车进站后可立即出站，也可在站内逗留。但要想再出站，则必须等其后进站的火车全部出站后方可出站。要求写出一个算法，打印出火车所有可能的出站序列。

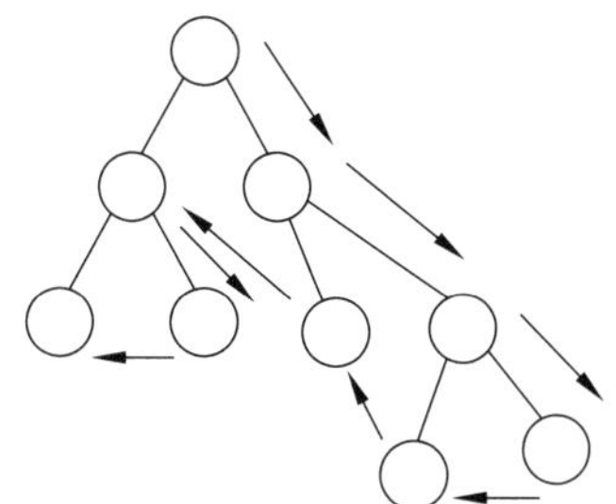

图 10.10 右深度优先示意图

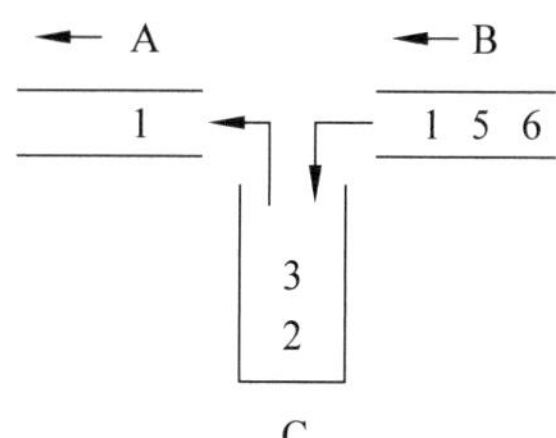

图 10.11 *N* 列火车进出站

9. 按树的深度优先遍历思想，写出八皇后问题的递归算法。

参 考 文 献

[1] 严蔚敏,吴伟民. 数据结构(C语言版)[M]. 北京：清华大学出版社,2007.

[2] 张乃孝,陈光,孙猛. 算法与数据结构——C语言描述[M]. 3版. 北京：高等教育出版社,2011.

[3] 许卓群,杨冬青,唐世渭,等. 数据结构与算法[M]. 北京：高等教育出版社,2004.

[4] 陈向群. 数据结构[M]. 北京：人民邮电出版社,2001.

[5] 王晓东. 数据结构与算法设计[M]. 北京：电子工业出版社,2002.

[6] 胡学钢. 数据结构(C语言版)[M]. 北京：高等教育出版社,2008.

[7] 林锐,韩永泉. 高质量程序设计指南——C++/C语言[M]. 3版. 北京：电子工业出版社,2007.

[8] 严蔚敏,李冬梅,吴伟民.数据结构(C语言版)[M]. 2版. 北京：人民邮电出版社,2015.

[9] 陈越,何钦铭,徐镜春,等. 数据结构[M]. 2版. 北京：高等教育出版社,2016.

[10] 李春葆. 数据结构教程[M]. 5版. 北京：清华大学出版社,2017.

[11] 王晓东. 数据结构(C语言描述)[M]. 3版. 北京：电子工业出版社,2019.

[12] 王红梅,皮德常. 数据结构——从概念到C实现[M]. 北京：清华大学出版社,2017.

图书资源支持

感谢您一直以来对清华版图书的支持和爱护。为了配合本书的使用，本书提供配套的资源，有需求的读者请扫描下方的“书圈”微信公众号二维码，在图书专区下载，也可以拨打电话或发送电子邮件咨询。

如果您在使用本书的过程中遇到了什么问题，或者有相关图书出版计划，也请您发邮件告诉我们，以便我们更好地为您服务。

我们的联系方式：

地　　址：北京市海淀区双清路学研大厦 A 座 714

邮　　编：100084

电　　话：010-83470236　010-83470237

客服邮箱：2301891038@qq.com

QQ：2301891038（请写明您的单位和姓名）

资源下载：关注公众号“书圈”下载配套资源。

资源下载、样书申请

书圈

获取最新书目

观看课程直播